RaspberryPi 樹莓派

Python x AI 超應用聖經

感謝您購買旗標書，
記得到旗標網站
www.flag.com.tw
更多的加值內容等著您…

- FB 官方粉絲專頁：旗標知識講堂
- 旗標「線上購買」專區：您不用出門就可選購旗標書!
- 如您對本書內容有不明瞭或建議改進之處，請連上旗標網站，點選首頁的 聯絡我們 專區。

  若需線上即時詢問問題，可點選旗標官方粉絲專頁留言詢問，小編客服隨時待命，盡速回覆。

  若是寄信聯絡旗標客服email，我們收到您的訊息後，將由專業客服人員為您解答。

  我們所提供的售後服務範圍僅限於書籍本身或內容表達不清楚的地方，至於軟硬體的問題，請直接連絡廠商。

  學生團體　訂購專線：(02)2396-3257 轉 362
  　　　　　傳真專線：(02)2321-2545

  經銷商　　服務專線：(02)2396-3257 轉 331
  　　　　　將派專人拜訪
  　　　　　傳真專線：(02)2321-2545

國家圖書館出版品預行編目資料

RaspberryPi 樹梅派 — Python x AI 超應用聖經 / 陳會安作.

-- 臺北市：旗標科技股份有限公司,

2022.01　面；　公分

ISBN 978-986-312-699-7 (平裝)

1.電腦程式設計

312.2　　110021617

作　　者／陳會安

發行所／旗標科技股份有限公司

台北市杭州南路一段15-1號19樓

電　　話／(02)2396-3257(代表號)

傳　　真／(02)2321-2545

劃撥帳號／1332727-9

帳　　戶／旗標科技股份有限公司

監　　督／陳彥發

執行企劃／王寶翔

執行編輯／王寶翔

美術編輯／陳慧如

封面設計／陳慧如

校　　對／王寶翔

新台幣售價：699 元

西元 2024 年 6 月 初版 5 刷

行政院新聞局核准登記-局版台業字第 4512 號

ISBN 978-986-312-699-7

新版序

樹莓派（Raspberry Pi）是英國「樹莓派基金會」（The Raspberry Pi Foundation）開發和推廣的單板電腦，一台主要是執行 Linux 作業系統的單板迷你電腦，其目的是能使用低廉價格和自由軟體來推廣學校的基礎資訊科學教育，現在，全世界各地的無數創客已經成功使用樹莓派開發出各種不同的創意應用，包含：媒體中心、網路硬碟、遊戲機、機器人、自走車和物聯網應用等。

本書是從購買 Raspberry Pi 樹莓派開始，詳細說明如何安裝 Raspberry Pi OS 與設定樹莓派，並且詳細說明遠端連線管理，不需螢幕、滑鼠和鍵盤，就可以從 Windows 作業系統使用遠端連線管理來使用 Raspberry Pi 樹莓派，可以大幅降低 Linux 作業系統的使用門檻，讓你輕鬆在 Windows 作業系統來玩翻 Raspberry Pi 樹莓派。

在內容上，本書除了完整說明 Raspberry Pi 樹莓派桌面環境的使用外，在軟體部分更是一本最佳的 Linux 作業系統管理的入門書，對於 Python 語言的讀者，則是一本 Python 語言軟硬整合的應用實戰，詳細說明如何使用 Python 執行硬體介面控制、照相、建立串流視訊、建立物聯網的 Web 使用介面、電腦視覺、人工智慧和打造多種智慧車。

因為「創客」最常使用樹莓派搭配單晶片控制的 Arduino 開發板，所以本書詳細說明如何在樹莓派使用 Arduino 開發板。不只如此，樹莓派基金會更推出和 Arduino 定位相當的樹莓派 Pico 開發板，支援 MicroPython 語言（Python 3 簡化版），可以讓我們同時使用 Python 程式來整合樹莓派和樹莓派 Pico 開發板，讀完本書，你將擁有能力整合各種創客神器，輕鬆打造出無限創意的應用專案。

人工智慧和物聯網是目前「創客」專注的當紅應用領域，在人工智慧部分，本書在詳細說明著名的 OpenCV 電腦視覺庫後，分別使用 OpenCV、YOLO、MediaPipe、CVZone 和 TensorFlow Lite，輕鬆使用 Python 來執行即時人臉偵測、臉部網格、多手勢追蹤、人體姿態估計和即時物體辨識等人工智慧的相關應用。

在物聯網部分不只說明如何使用 Python+Flask 框架打造 Web 使用介面，更說明如何使用 Python 上傳溫溼度至 ThingSpeak 網站，然後說明 IBM 開發的 Node-RED 物聯網開發工具，只需拖拉節點建立流程（Flow），就可以讓你輕鬆玩翻物聯網，更進一步，我們可以整合 Node-RED+Teachable Machine 人工智慧，輕鬆建立 AIoT 智慧物聯網的相關應用。

如何閱讀本書

本書架構上是循序漸進從第 1 章認識樹莓派、相關配件和基礎背景知識開始，在第 2 章說明樹莓派的購買清單和連接周邊，然後下載、安裝和設定 Raspberry Pi OS 作業系統，以便建立一台可用的 Linux 單板電腦，並且詳細說明如何建立遠端連線，可以直接讓我們在 Windows 電腦來遠端遙控使用樹莓派。

第 3 章是 Raspberry Pi OS 作業系統的基本使用，這是 Linux 作業系統的桌面環境，在第 4 章是 Linux 系統管理，詳細說明終端機模式的相關指令，並且在最後說明如何安裝中文輸入法，第 5 章說明如何在樹莓派架設 Web 伺服器、PHP 執行環境、MySQL 資料庫伺服器和 FTP 檔案伺服器。

第 6 章是 Python 語言，詳細說明如何使用 Raspberry Pi OS 作業系統內建開發工具來建立 Python 程式，在第 7 章是 GPIO 硬體介面，我們可以使用 Python 程式來控制 LED 燈、按鍵開關、蜂鳴器、PIR、光敏電阻、可變電阻和 Sense HAT，第 8 章是 Arduino 開發板和 Arduino IDE，詳細說明如何使用 Python 來控制 Arduino 開發板，第 9 章是樹莓派 Pico 開發板和 MicroPython 語言，第 10 章是樹莓派官方相機模組和 Webcam 攝影機的使用，並且詳細說明如何建立網頁的串流視訊。

第 11~12 章是 OpenCV、YOLO、MediaPipe、CVZone 和 TensorFlow Lite 的人工智慧應用，在第 13~14 章是物聯網實驗範例，詳細說明如何使用 Python 打造物聯網的相關應用，和使用 Python 上傳溫溼度至 ThingSpeak 網站，然後說明 Node-RED 物聯網開發工具，可以使用 Node-RED 整合 Teachable Machine 來建立 AIoT 智慧物聯網的相關應用。

在第 15 章是硬體介面實驗範例，在說明直流馬達控制、Flask 框架後，就可以整合本書內容打造出一台樹莓派 Wifi 遙控視訊車，第 16 章更進一步整合超音波感測器、OpenCV 電腦視覺庫和 TensorFlow Lite，可以讓我們打造出超音波自動避障車、特定色彩的物體追蹤車和 AI 自駕車。

編著本書雖力求完美，但學識與經驗不足，謬誤難免，尚祈讀者不吝指正。

陳會安於台北 hueyan@ms2.hinet.net

2021.12.30

本書範例檔及電子書請至以下網址下載 (需註冊登入)：

https://www.flag.com.tw/bk/st/F1786

範例檔內容說明

為了方便讀者學習樹莓派 Raspberry Pi，筆者已經將本書使用的範例檔案、專案和相關工具都收錄在書附範例檔中，其說明如下表所示：

資料夾	說明
Ch02~Ch03、Ch06~Ch16 資料夾	本書各章節 Python 程式、HTML 網頁檔案、Arduino 專案、MicroPython 程式和 Node-RED 的 JSON 檔案
Ebooks	本書 Ch.3、Ch.7 及 Ch.8 完整版電子書 (書中 Ch.3 及 Ch.7 為精簡版，Ch.8 則未收錄)
Tools 資料夾	本書各章工具的安裝程式檔，putty.exe 和 ipscan-win32-3.7.2.exe 不需安裝，但是 ipscan-win32-3.7.2.exe 需要 Java 執行環境才能執行

請注意！因為本書內容是使用多片樹莓派來撰寫，所以 IP 位址會有多個不同的位址，別忘了！這些位址都需要改成讀者樹莓派的 IP 位址。

因為新版 Python 會有套件相容問題，很多 Python 套件並不會同時升級支援最新的 Python 版本，在安裝和使用套件時就會出現很多問題。本書的 Raspberry Pi OS 是使用 Debian Buster 版，可以提供穩定 Python 3.7.3 版來執行本書 GPIO 控制、物聯網和人工智慧的相關應用，如下所示：

https://packages.debian.org/buster/python3

版權聲明

目錄

chapter 03 Raspberry Pi OS 基本使用

chapter 04 Linux 系統管理

chapter 05 使用樹莓派架設伺服器

chapter 06 開發 Python 程式

chapter 07 GPIO 硬體介面

chapter 08 當樹莓派遇到 Arduino 開發板（本章為電子書）

chapter 09 Raspberry Pi Pico 開發板 MicroPython 語言

chapter 10 相機模組與串流視訊

chapter 11 AI 實驗範例（一）：電腦視覺 + AI 辨識 - OpenCV + YOLO

chapter 12 AI 實驗範例（二）：進階電腦視覺 + AI 辨識 - TensorFlow + MediaPipe + CVZone

chapter 13 IoT 實驗範例：溫溼度監控與 Node-RED

chapter 14 AIoT 實驗範例：Node-RED+TensorFlow.js

chapter 15 硬體介面實驗範例(一)：樹莓派 WiFi 遙控視訊車

chapter 16 硬體介面實驗範例(二): 樹莓派 AI 自駕車

認識樹莓派

1-1 認識樹莓派

「樹莓派」(Raspberry Pi) 是一張尺寸約信用卡大小的單板迷你電腦，其主要目的是幫助學校推廣資訊科學教育，和讓動手做的創客 (Maker) 發揮創意開發各種電腦基礎的實作專案。

1-1-1 樹莓派的硬體

樹莓派 (Raspberry Pi) 是英國「樹莓派基金會」(The Raspberry Pi Foundation) 開發和推廣的單板電腦，一台主要是執行 Linux 作業系統的單板迷你電腦，其目的是以低廉價格和自由軟體來推廣學校的基礎資訊科學教育，現在，全世界各地的創客已經成功使用樹莓派開發出各種不同的創意應用，包含：媒體中心、網路硬碟、遊戲機、機器人、自走車、人工智慧和物聯網應用等應用。

樹莓派的硬體分成多種版本，提供不同 CPU 型號、記憶體容量和周邊裝置的支援，其硬體的基本結構圖，如下圖所示：

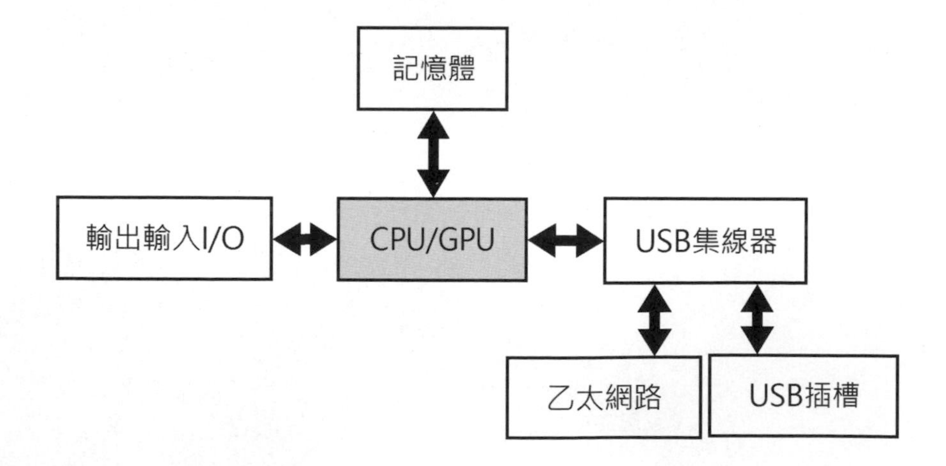

上述圖例是樹莓派 Model B 和 B+ 的硬體結構圖，Model A、A+ 和 Zero 不支援乙太網路，USB 插槽是直接連接 CPU，Model B 和 B+ 的乙太網路連接器和 USB 插槽是連接至內部 USB 集線器，並不是直接連接 CPU。

基本上，樹莓派基金會只負責單板電腦的設計與開發，硬體製造是授權其他廠商來生產和在網路上進行銷售。樹莓派的硬體部分是配備博通（Broadcom）開發的 ARM 架構處理器，256MB~8GB 記憶體，使用 SD 卡或 Micro-SD 卡作為儲存媒體（沒有硬碟），擁有 Ethernet/WiFi 網路和 USB 介面、HDMI、AV 端子輸入和音訊輸出，例如：在 2019 年 6 月底發佈的樹莓派 4，如下圖所示：

1-1-2 樹莓派的軟體

樹莓派的軟體主要是執行開源的 Linux 作業系統，也可以執行其他非 Linux 的作業系統，例如：樹莓派 3 和樹莓派 4 都能執行 Windows for IoT 作業系統。

認識 Raspberry Pi OS（Raspbian）作業系統

在樹莓派官網 https://www.raspberrypi.org 可以免費下載官方 Raspberry Pi OS 作業系統（源於 Debian 的 Linux 作業系統，原名 Raspbian），如下圖所示：

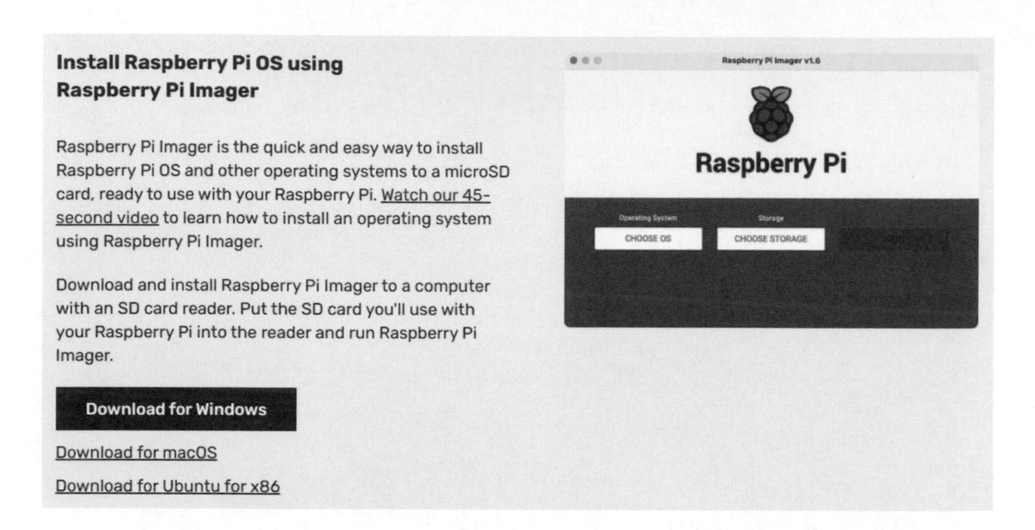

Raspberry Pi OS 作業系統提供類似 Windows 作業系統，名為 PIXEL 的桌面環境，預設內建多種工具軟體和軟體程式開發環境，可以滿足基本網路瀏覽、文字處理、遊戲和程式設計等學習上的種種需求。

樹莓派支援的作業系統

單獨一片樹莓派單板電腦並沒有什麼用，我們一定需要安裝作業系統，樹莓派才能成為真正一台單板迷你電腦，在樹莓派可以安裝的常用作業系統，其簡單說明如下表所示：

作業系統	說明
Raspberry Pi OS	樹莓派官方標準 Linux 套件版本，源於 Debian Linux，這是樹莓派初學者建議安裝的作業系統，原名 Raspbian

→ 接下頁

作業系統	說明
Ubuntu	著名的 Linux 套件版本，一套廣泛使用在 PC、手機和雲端的 Linux 作業系統
Arch Linux ARM	此 Linux 套件版本沒有桌面環境，適合專業使用者來使用
Pidora	一般用途的 Linux 套件版本，源於 Red Hat Linux
RISC OS	這不是 Linux 作業系統，而是針對樹莓派 ARM CPU 設計的一套作業系統，尺寸非常小且高效能，不過，並不能執行 Linux 應用程式
Windows 10 IoT Core	針對樹莓派的微軟 Windows 10 作業系統針對物聯網的特別版本

1-2 樹莓派的型號

樹莓派原始版本分為 A 和 B 兩種型號（Model A 和 Model B），在本書是使用樹莓派 3 和樹莓派 4（屬於 Model B），另外有一種售價更低、尺寸更小的精簡版本 Zero，和完整個人電腦的 Pi400。

第一代樹莓派是在 2012 年 2 月推出的樹莓派 1 Model B，2013 年 2 月是 Model A，2014 年改良版樹莓派 1 Model B+ 和 Model A+，在 2014 年 4 月推出 Zero，2015 年 2 月是樹莓派 2，2016 年 2 月是樹莓派 3，2017 年 2 月推出 Zero W（支援 WiFi 的 Zero 版），2021 年 10 月推出 Zero2W，樹莓派 4 是在 2019 年 6 月底發佈。

Model A

Model A 共有 A 和 A+ 兩型，CPU 都是 BCM2835，記憶體有 256MB（Model A+ 有 256MB 或 512MB 兩種），支援 Video-out，不支援網路，沒有乙太網路連接器，Model A+ 提供 2 個 USB 插槽（Model A 只有 1

個），使用全尺寸 SD 卡，Model A 只有 26 個 GPIO 接腳；Model A+ 有 40 個接腳，Model A+ 的尺寸明顯比 Model A 來的小。樹莓派 1 Model A 的外觀如下圖所示：

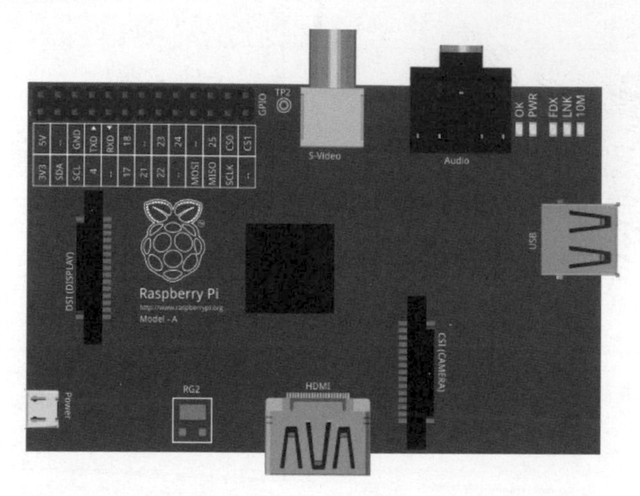

Model B

Model B 是樹莓派最複雜的型號，樹莓派 1 有 Model B 和 Model B+，CPU 都是 BCM2835，Model B 的記憶體有 256MB 或 512MB 兩種，Model B+ 是 512MB，提供 2 個 USB 插槽和 1 個乙太網路連接器，使用全尺寸 SD 卡，GPIO 接腳在 Model B 有 26 個；Model B+ 有 40 個。樹莓派 1 Model B 的外觀如下圖所示：

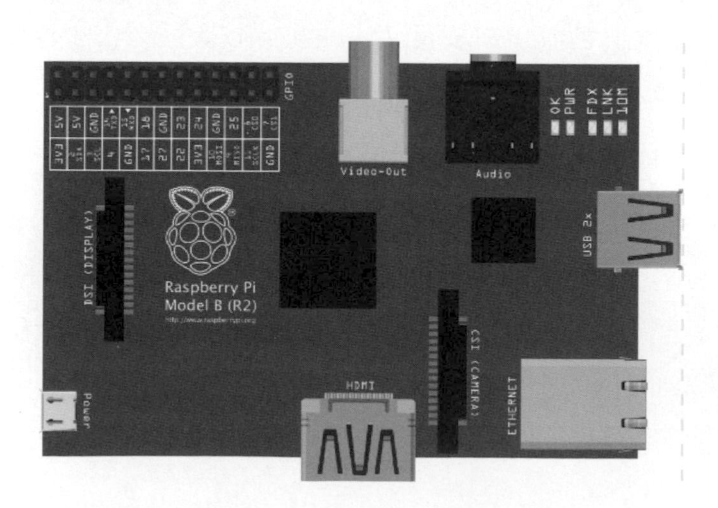

樹莓派 2 Model B 和樹莓派 3/4 Model B 的配置很相似，CPU 在樹莓派 2 是 32 位元的 BCM2836；樹莓派 3 是 64 位元的 BCM2837；樹莓派 4 是 64 位元的 BCM2711，記憶體從 1GB 到樹莓派 4 的 8GB，提供 4 個 USB 插槽和 1 個乙太網路連接器，使用的是 Micro-SD 卡，GPIO 接腳有 40 個。樹莓派 3 Model B 的外觀如下圖所示：

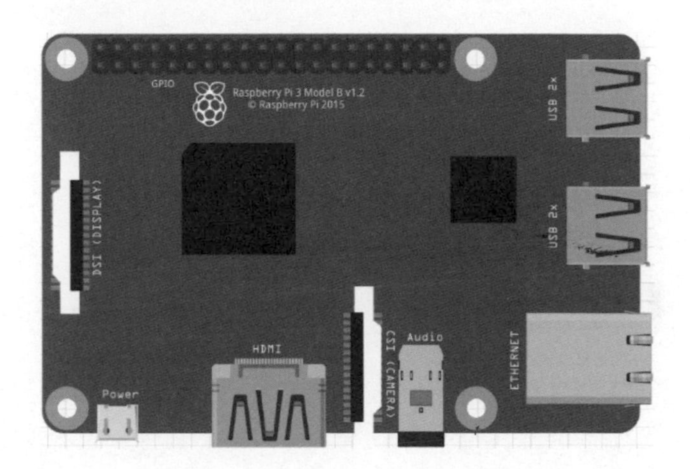

Zero

Zero 是尺寸最小的樹莓派，CPU 是 BCM2835，記憶體是 512MB，只有 1 個 Micro-USB 插槽，使用 mini-HDMI 連接器，沒有音源 /AV 連接器和 DSI，CSI 需要使用轉接器，雖然存在 40 個 GPIO 接腳的焊接洞，不過我們需要自行購買和焊接接腳，其外觀如下圖所示：

1-3 樹莓派的硬體規格

本書內容可以在樹莓派 3 以上版本測試執行，建議購買樹莓派 4（至少 4GB 記憶體），以便擁有執行人工智慧相關應用的效能。

1-3-1 樹莓派 3 和 4 的硬體規格

樹莓派提供多種不同型號的板子，在本書是使用樹莓派 3 和樹莓派 4。

樹莓派 3 的硬體規格

樹莓派 3（完整名稱是樹莓派 3 Model B）是在 2016 年 2 月推出第三世代樹莓派，2018 年 3 月推出 3 M 高 B+ 升級版，其官方規格網頁如下所示：

https://www.raspberrypi.org/products/raspberry-pi-3-model-b/

樹莓派 3 的硬體規格說明，如下表所示：

CPU	BCM2837 四核心 64 位元 ARM Cortex-A8
CPU速度	1.2GHz，3B+ 是 1.4GHz
GPU	VideoCore IV 3D 繪圖核心
記憶體	1GB
USB	4 個 USB 2.0 版
網路	1 個乙太網路連接器
WiFi	802.11n 無線網路，3B+ 支援 802.11ac
藍牙	Bluetooth 4.1，支援 Bluetooth Low Energy (BLE)，3B+ 是 4.2
顯示	HDMI 連接器與音源 /AV 連接器
電源	Micro-USB 5V 2.5A (至少 2A)
儲存	Micro-SD 卡插槽
介面	CSI 與 DSI
GPIO	40 個接腳

樹莓派 4 的硬體規格

樹莓派 4 (完整名稱是樹莓派 4 Model B) 是在 2019 年 6 月底推出，其官方規格網頁如下所示：

https://www.raspberrypi.com/products/raspberry-pi-4-model-b/

樹莓派 4 的硬體規格說明，如下表所示：

CPU	BCM2711 四核心 64 位元 ARM Cortex-A72 (ARM v8)
CPU速度	1.5GHz，可超頻至 1.8GHz
GPU	VideoCore VI 3D 繪圖核心
記憶體	2GB、4GB、8GB
USB	2 個 USB 2.0 版；2 個 USB 3.0 版
網路	1 個乙太網路連接器
WiFi	802.11n/ac 無線網路
藍牙	Bluetooth 5.0，支援 Bluetooth Low Energy (BLE)
顯示	2 組 Micro-HDMI 連接器與音源 /AV 連接器
電源	USB Type-C 5V 3A
儲存	Micro-SD 卡插槽
介面	CSI 與 DSI
GPIO	40 個接腳

1-3-2 樹莓派 4 的硬體配置圖

樹莓派 4 和樹莓派 3 的外型幾乎相同，本書內容是以樹莓派 4 為主；樹莓派 3 為輔。樹莓派 4 的硬體配置圖如下圖所示：

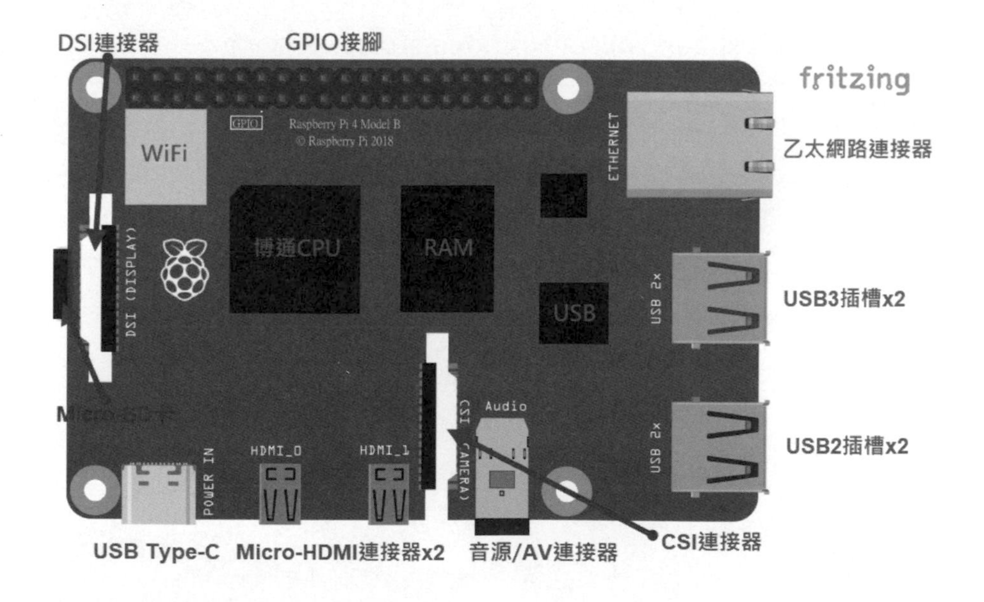

在上述硬體配置圖中，位在中間偏左的是博通 ARM 處理器，左上方是 WiFi 晶片，右方是記憶體晶片，再右下方是 USB 晶片，在樹莓派 4 的上邊是二排 GPIO 接腳，右邊是 Ethernet 和 4 個 USB 2/3 插槽，在下邊從左至右依序是 USB Type-C 電源、2 個 Micro-HDMI 和音源 /AV 連接器，在左邊 DSI 插槽的背面是 Micro-SD 插槽，用來安裝 Micro-SD 卡，其說明如下所示：

- GPIO 接腳（General Purpose Input/Output Pins）：位在樹莓派上方有 2 排共 40 個接腳，這是用來連接外部電子電路或感測器模組。
- USB 插槽（USB Sockets）：在樹莓派右方是兩組各 2 個的 USB 插槽，藍色的 2 個是 USB 3.0；2 個黑色的是 USB 2.0，共有 4 個 USB 插槽，可以用來連接鍵盤和滑鼠等 USB 裝置。
- 乙太網路連接器（Ethernet Connector）：位在 USB 插槽上方是 RJ-45 接頭的乙太網路連接器，可以使用網路線來連接區域網路。
- 音源 /AV 連接器（Audio/AV Socket Connector）：位在樹莓派下方右邊是音源 /AV 連接器，可以連接舊型電視，並不建議使用此連接器來連接輸出裝置，請使用 HDMI 介面。
- HDMI 連接器（HDMI Connector）：位在樹莓派下方中間是 HDMI 連接器，樹莓派 4 支援 2 組 Micro-HDMI 介面（樹莓派 3 是 1 組標準 HDMI 介面），這是連接支援 HDMI 介面的螢幕顯示裝置。
- USB Type-C 插槽：位在樹莓派下方左邊是供應電源的 USB Type-C 插槽（樹莓派 3 是使用 Micro-USB 插槽），和目前大部分 Android 智慧型手機使用的插槽相同，樹莓派 4 至少需 3A（樹莓派 3 至少 2A，最好 2.5A）的電源供應。

- Micro-SD 卡插槽（Micro-SD Card Slot）：位在樹莓派左邊背面是 Micro-SD 卡插槽，因為樹莓派沒有硬碟，我們是在 Micro-SD 卡安裝作業系統，請直接將 Micro-SD 卡插入至最底即可。

- DSI 和 CSI 連接器（DSI and CSI Connectors）：位在樹莓派下方中間是 CSI 連接器，這是連接樹莓派專用相機模組，位在左邊的 DSI 連接器是連接專用 LCD 或觸控螢幕。

1-4 樹莓派的硬體配件

樹莓派只是一片名片大小的單板電腦，官方或第三方廠商都推出很多樹莓派的專屬硬體配件，在本節筆者準備介紹一些常用的樹莓派硬體配件。

樹莓派外殼

樹莓派因為只是一片電路板，為了保護這塊電路板，我們可以購買多種壓克力或不同材質的外殼來保護樹莓派，樹莓派官方版本的外殼，如右圖所示：

請注意！雖然樹莓派 3 和樹莓派 4 的外觀相似，不過，因為電源和視訊介面不同，樹莓派外殼並不能共用。

散熱片

樹莓派 4 理論來說並不需要使用散熱片，但是，如果會長時間使用樹莓派，建議購買一組 4 個散熱片貼在樹莓派正面的 3 個 IC（最大的貼在 CPU；長方形是記憶體；最小的是 USB 晶片）和 WiFi 晶片（黃銅色散熱片），如下圖所示：

相機模組

樹莓派的相機模組是樹莓派的專屬配件，我們可以使用排線連接樹莓派的 CSI（Camera Serial Interface）連接器，讓樹莓派擁有照相和錄影功能，如右圖所示：

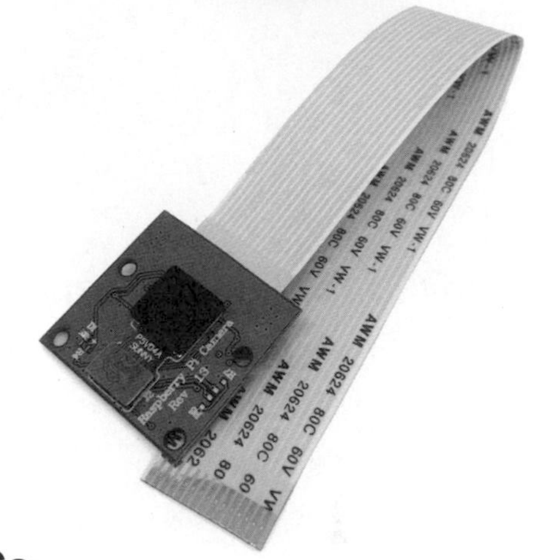

GPIO 接腳參考板（Reference Card）

樹莓派的 GPIO 接腳沒有任何說明文字，我們可以購買一片電路板的 GPIO 接腳參考板（樹莓派 3 使用的版本因為太寬，並不能用在樹莓派 4，反過來則可用），如下圖所示：

上述圖例是樹莓派 4 的 GPIO 接腳參考板，參考板是直接插在 40 個 GPIO 接腳上方，可以清楚標示各接腳的用途，避免在實作電子電路時不小心接錯了接腳，如下圖所示：

GPIO 接腳轉接器（Adapter）

因為樹莓派的 GPIO 接腳沒有十分堅固，為了避免經常使用接腳造成損傷，在市面上可以購買多種轉接器來轉接至麵包板，並且提供腳位名稱，方便我們使用 GPIO 接腳。常見轉接器有 T 型和 U 型二種，可以使用 40 個接頭的排線連接樹莓派的 GPIO 接腳，如下圖所示：

GPIO 接腳轉接器還有一種 I 型稱為 GPIO Cobbler，如下圖所示：

不論是購買 I、T 或 U 型的轉接器，我們都需要使用一條 40 個接頭的排線連接至樹莓派的 GPIO 接腳，如下圖所示：

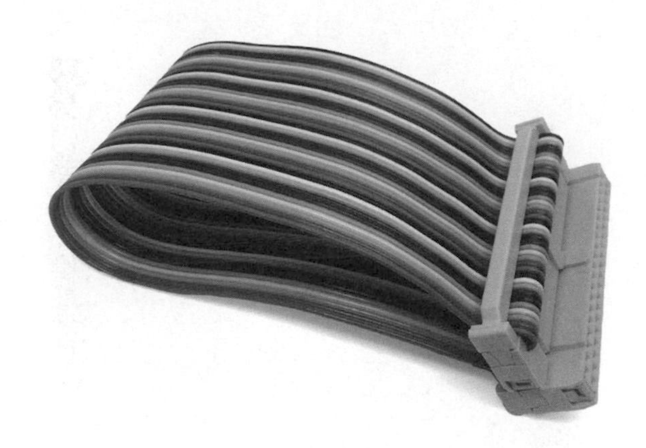

樹莓派 B 型的 GPIO 多功能擴展板（Raspberry Pi Model B GPIO Multi-Function Expansion Board）

樹莓派 B 型的 GPIO 多功能擴展板是將全部 40 個 GPIO 接腳拉出，其接線端子兼容工控擴展板，非常適合在工控環境之下使用，如下圖所示：

HAT 擴展板

HAT（Hardware Attached on Top）是樹莓派官方制定的規格，一種安裝在樹莓派上方的擴展板規格，廠商可以開發支援 HAT 規格的擴展板，就可以使用在 Model B+ 和之後版本的樹莓派，輕鬆擴充樹莓派的功能。

HAT 規格是擴展板的硬體規格，尺寸是長方形 65 X 55mm，支援擁有 40 個 GPIO 接腳的樹莓派，在板上擁有 EEPROM（Electrically Erasable Programmable Read-Only Memory）儲存 GPIO 接腳如何使用和擴展板功能的資訊。例如：樹莓派官方的 Sense HAT，如下圖所示：

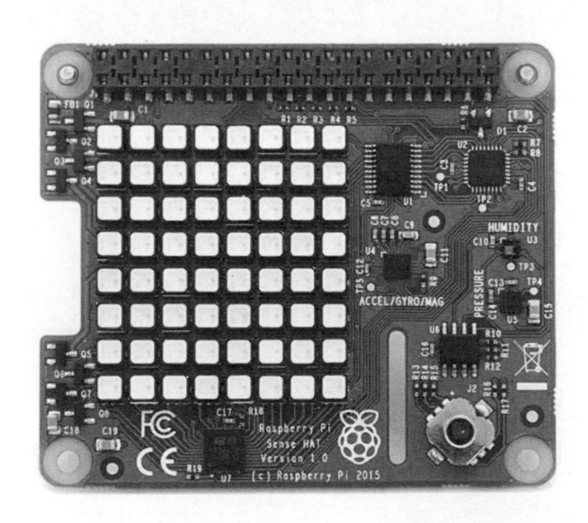

1-5 你需要知道的背景知識

在實際開始使用樹莓派前，一些 Intel CPU 和 Windows 作業系統完全不同的背景知識，讀者需要有一定的認識。

1-5-1 ARM 與 Intel x86

ARM 與 Intel x86 是目前 PC 電腦和智慧型手機使用 CPU 的主流架構，其簡單說明如下所示：

- ARM 架構：在 1980 年之後 Acorn 電腦公司開發的 CPU 架構，這是一種精簡指令集（RISC，Reduced Instruction Set Computing）處理器架構，已經廣泛使用在嵌入式系統，其設計目標是低成本、高效能和低耗電特性。目前絕大多數智慧型手機和樹莓派都是使用此架構的 CPU。
- Intel x86 架構：Intel 英特爾公司在 1978 年從 Intel 8086 CPU 上開發出的 CPU 架構，x86 是一種複雜指令集（CISC，Complex Instruction Set Computing）處理器架構。這是目前桌上型和筆記型電腦主要使用的 CPU 架構。

CISC 與 RISC 指令集

ARM 與 Intel x86 的 CPU 架構使用不同的指令集，稱為 CISC 和 RISC，基本上，早期開發的 CPU 都是 CISC，因為編譯器技術並不純熟，為了簡化程式設計，CPU 指令集愈加愈多，程式設計師只需一個指令就可以完成所需工作，造成 CPU 電晶體數量大幅成長，消耗功耗也直線上昇。

事實上，在整個 CISC 指令集的眾多指令中，只有約 20%的指令會常常使用，所以，在 1979 年加州大學柏克萊分校的 David Patterson 教授提出 RISC，CPU 應該專注加速少少的常用指令，讓複雜指令直接使用軟體來處理，可以大幅簡化 CPU 設計來降低 CPU 功耗。

筆者準備使用一個簡單範例來說明 CISC 和 RISC 的差異，如下所示：

- CISC：可以視為是一個支援乘法指令的 CPU，我們需要在 CPU 設計複雜電路來執行乘法，乘法運算只需一個指令就可以完成。
- RISC：不支援乘法指令，在 CPU 並不需要設計執行乘法的複雜電路，可以簡化 CPU 架構，而是大幅改進加法指令的電路設計，提供速度快 N 倍的加法運算電路。

RISC 架構的 CPU 一樣可以執行乘法，只是我們需要使用多個加法指令，使用軟體程式碼來執行乘法運算，所以 RISC 需要軟體優化來提昇執行效能。

樹莓派的 ARM 架構 CPU

樹莓派是使用 ARM 架構 CPU，這是博通（Broadcom）開發 BCM283x 系統的 SoC，SoC（System on Chip）是系統單晶片，將 ARM 架構的 CPU 和 GPU 集成到單一晶片的積體電路。各種樹莓派型號使用的 SoC 和 ARM 指令集版本，如下表所示：

樹莓派型號	SoC型號	ARM指令集
Model A、A+、B、B＋ 和 Zero	BCM2835	ARM v6
Pi 2 Model 2	BCM2836	32 位元 ARM v7
Pi 3 Model 3	BCM2837	64 位元 ARM v8
Pi 4 Model 4	BCM2711	64 位元 ARM v8

樹莓派的 ARM 架構 CPU，不同於傳統 PC 桌上型和筆記型電腦使用的 x86 架構 CPU，因為指令集不同，樹莓派並不能執行 Windows 作業系統的軟體應用程式，在樹莓派 Raspberry Pi OS 作業系統提供的是替代功能的辦公室軟體，包含文書處理、試算表和簡報軟體，不過，並不是 Windows 作業系統熟悉的 Word、Excel 和 PowerPoint，而是 LibreOffice 辦公室軟體。

1-5-2 Linux 與 Windows 作業系統

樹莓派除了 CPU 架構和傳統 PC 桌上型和筆記型電腦不同，另一個最大差異是執行的作業系統（Operating System）。目前 PC 桌上型和筆記型電腦主流的作業系統是微軟 Windows 作業系統，和 Apple 電腦的 OS X 作業系統（源於 Unix 的作業系統）。

在樹莓派執行的作業系統是一種開放原始碼（Open Source）的 GNU/Linux 作業系統，簡單的說，這些作業系統的原始程式碼（Source Code）可以自行下載，誰都看的到，如果你看的懂，你也可以修改它。不同於 Windows 作業系統是微軟公司的財產，你只能購買、安裝和授權使用 Windows 作業系統，並不能下載原始程式碼，也不允許使用者任易修改原始程式碼。

Linux 作業系統

Linux 作業系統核心（Kernel）是 Linus Benedict Torvalds 在 1991 年 10 月 5 日首次發布，最初只是支援英特爾 x86 架構 PC 電腦的一個免費作業系統，Linus Torvalds 希望在 PC 電腦也可以執行 Unix 作業系統，Unix 作業系統是當時大型電腦普遍執行的作業系統，換句話說，Linux 作業系統是源於 Unix 作業系統。

目前的 Linux 作業系統已經移植到各種電腦硬體平台，包含：單板電腦（例如：樹莓派）、智慧型手機（Android）、平板電腦、PC 電腦、路由器、智慧電視和電子遊戲機等，Linux 也可以在專業伺服器電腦和其他大型平台上執行，例如：大型主機、雲端運算中心和超級電腦。

嚴格來說，Linux 只是作業系統核心（Kernel），我們所泛稱的 Linux 作業系統是指基於 Linux 核心的一套完整作業系統，包含相關軟體應用程式、開發工具和桌面環境 GUI 圖形使用介面，稱為「套件版本」（Distributions），或稱為 Linux 發行版。

基本上，不同 Linux 套件版本都是針對不同需求所開發，它們都擁有相同的特點：使用相同 Linux 核心（版本可能不同）和都是開放原始碼（Open Source），而且大部分應用程式都可以在不同 Linux 套件版本執行，例如：針對 Debian Linux 開發的應用程式，也可以在 Ubuntu、Fedora、openSUSE 和 Arch Linux 等 Linux 套件版本上執行。

Windows 作業系統

Windows 作業系統是微軟公司開發的 GUI 圖形使用介面的作業系統，其主要操作邏輯是使用滑鼠和圖形使用介面的視窗與控制項來操作 Windows 電腦，我們幾乎不需要從鍵盤輸入任何文字指令，就可以操作 Windows 電腦。

對於熟悉 Windows 作業系統的使用者來說，Linux 作業系統是一種完全不同的使用經驗，不只在 Windows 作業系統熟悉的軟體工具不能在 Linux 作業系統上執行，還好，我們可以找到相同功能的 Linux 對應工具。

而且目前很多使用者根本不曾使用過 Windows 作業系統「命令提示字元」視窗和下達 MS-DOS 指令，Linux 作業系統雖然提供桌面環境，不過，仍然有很多功能需要下達 Linux 指令來完成。Windows 與 Linux 作業系統對應使用介面的簡單說明，如下所示：

- Windows 作業系統和 Linux 桌面環境：事實上，Windows 作業系統是對應 Linux 作業系統的桌面環境，在樹莓派的 Raspberry Pi OS 作業系統預設啟動 PIXEL 桌面環境，在第 3 章有進一步的說明。

- 命令提示字元視窗和終端機：一般來說，Windows 作業系統沒有人會預設啟動進入「命令提示字元」視窗的命令列模式，Linux 作業系統的專業使用者大多預設進入命令列模式；並不是桌面環境，稱為 CLI（Command-Line Interface）命令列使用介面，簡單的說，這就是文字使用介面，我們只能使用鍵盤輸入 Linux 指令來操作電腦，滑鼠在 CLI 幾乎是英雄無用武之地，在第 4 章有進一步的說明。

本書內容為了讓大多數熟悉 Windows 作業系統的使用者也能夠輕鬆使用 Linux 作業系統，在內容上主要說明 Raspberry Pi OS 作業系統的 PIXEL 桌面環境，只有桌面環境沒有提供的功能，或操作上更複雜的部分才會啟動終端機視窗，使用鍵盤輸入文字內容的 Linux 指令來完成相關操作。

學習評量

1. 請說明什麼是樹莓派？何謂樹莓派基金會？
2. 在樹莓派執行的是開源 ____________ 作業系統，官方建議安裝的作業系統名稱是 ___________；其桌面環境名稱是 __________。
3. 請簡單描述樹莓派 4 的硬體配置為何？什麼是 GPIO 多功能擴展板和 HAT 擴展板？
4. 請簡單說明 ARM 和 Intel x86？CISC 和 RISC 的 CPU 有何不同？
5. 請比較 Linux 和 Windows 作業系統在操作上的主要差異為何？

MEMO

購買、安裝與設定

2-1 購買樹莓派與周邊裝置

樹莓派只是一片信用卡大小的單板電腦，並不包含任何周邊裝置，例如：螢幕、滑鼠與鍵盤，我們需要購買相關周邊裝置和連接線，並且在 Micro-SD 寫入作業系統映像檔後，才能啟動和使用樹莓派。

請注意！如果想馬上透過 Windows 作業系統使用樹莓派，只需購買 Micro-SD 卡和 3A USB 電源，不需螢幕、滑鼠與鍵盤，即可依第 2-3-2 節的步驟，在 Windows 電腦透過 WiFi 基地台來遠端遙控使用樹莓派。

2-1-1 樹莓派的購買清單

單獨購買一片樹莓派並無法馬上使用，我們需要完整購買樹莓派所需的周邊裝置和連接線，才能連接組裝成可使用的樹莓派迷你電腦。樹莓派的購買清單，如下表所示：

購買項目	說明
樹莓派	樹莓派 3 或樹莓派 4 (建議購買)
電源供應器	5V Micro-USB 接頭的電源供應器，樹莓派 3 是 2.5A；樹莓派 4 是 3A
鍵盤和滑鼠	使用 USB 接頭或藍牙介面的滑鼠與鍵盤
Micro-SD 記憶卡	容量 8GB 以上著名品牌的 Micro-SD 記憶卡
Micro-SD 記憶卡讀卡機	在 PC 電腦需要擁有 Micro-SD 記憶卡的讀卡機，以便將 Raspberry Pi OS 作業系統映像檔寫入 Micro-SD 記憶卡
電視或電腦螢幕	支援 HDMI 介面的電視或電腦螢幕，樹莓派 4 支援連接 2 台 4K 雙螢幕
螢幕連接線	HDMI 連接線，樹莓派 3 是標準接頭，樹莓派 4 是 Micro-HDMI 接頭，如果擁有標準接頭的 HDMI 連接線，可以購買 Micro-HDMI 轉接頭來連接
區域網路線	如果使用區域網路連線 Internet，需要購買網路線，樹莓派 3/4 都內建 WiFi 無線網路

2-1-2 連接樹莓派與周邊裝置

在準備或購買好第 2-1-1 節樹莓派購買清單的項目後，就可以連接樹莓派與周邊裝置，組裝成可用的樹莓派迷你電腦。因網路可以使用無線或有線方式連接，基本上我們有兩種連接方式。

第一種：連接區域網路

鍵盤和滑鼠連接至樹莓派的 USB 連接埠，需佔用 2 個 USB 連接埠（2.4G 無線鍵盤和滑鼠只需一個 USB 連接埠），網路部分是使用網路線連接網路集線器來建立 Internet 連線，樹莓派 4 可接 2 個螢幕，第 1 個螢幕是連接 USB 電源旁的 Micro-HDMI 連接埠，如下圖所示：

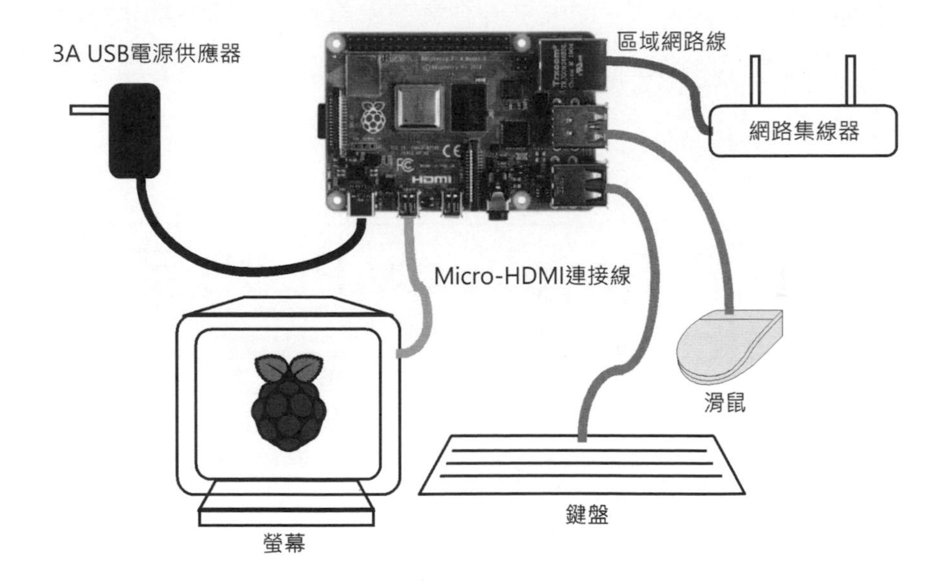

第二種：使用 WiFi 無線網路

網路部分是連接 WiFi 基地台，樹莓派 3/4 內建 WiFi 無線網路，在本書是使用此方式來連接樹莓派的周邊裝置，如下圖所示：

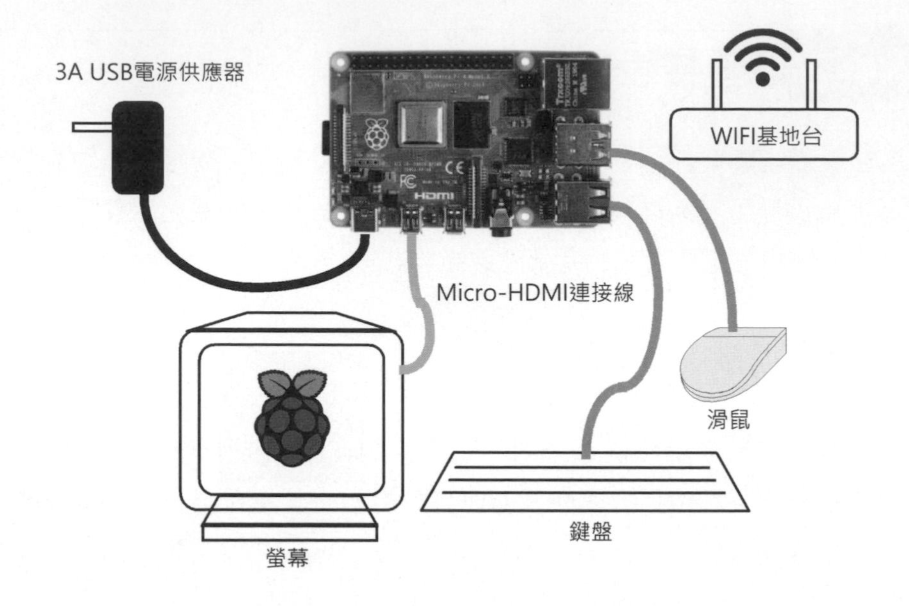

請注意！雖然樹莓派支援藍牙介面的滑鼠與鍵盤，除非是使用遠端遙控連接，第 1 次仍然需要使用 USB 鍵盤和滑鼠來進行藍牙滑鼠與鍵盤的配對操作。

2-2 安裝 Raspberry Pi OS 至 Micro-SD 卡

因為樹莓派單板電腦沒有硬碟，我們是在 Micro-SD 卡安裝作業系統，雖然樹莓派支援多種作業系統，對於初學者來說，建議使用官方 Raspberry Pi OS 作業系統，這是入門樹莓派的最佳選擇。

樹莓派基金會提供 Raspberry Pi Imager 工具來幫助我們安裝 Raspberry Pi OS 作業系統。

2-2-1 下載和安裝 Raspberry Pi Imager

Raspberry Pi OS 映像檔可以使用 Raspberry Pi Imager 來寫入 Micro-SD 卡，在樹莓派基金會官方網站可以免費下載，其下載網址如下所示：

- https://www.raspberrypi.org/software/

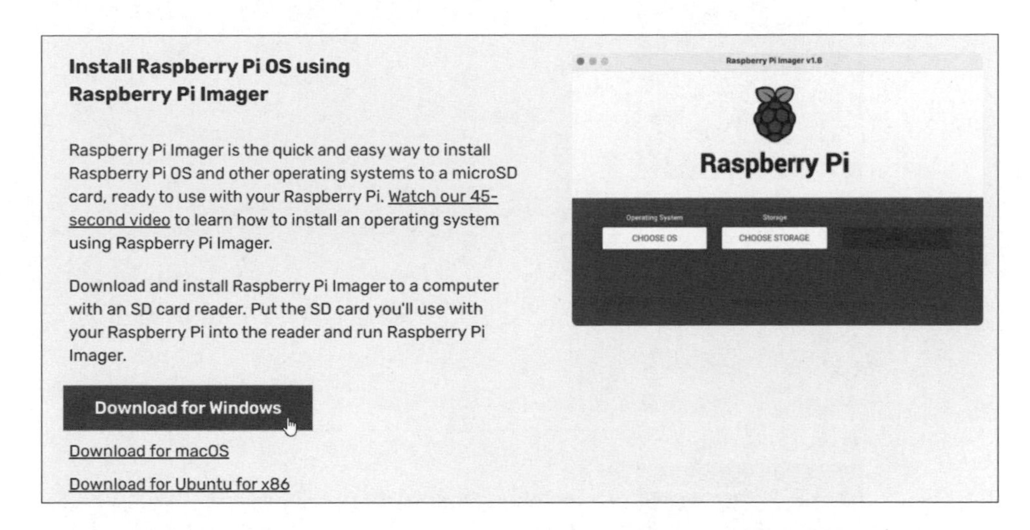

上述網頁內容左邊可以下載指定作業系統的 Raspberry Pi Imager，在本書是使用 Windows 作業系統，請按 **Download for Windows** 鈕下載 Raspberry Pi Imager，在本書的下載檔名是 imager_1.6.2.exe。其安裝步驟如下所示：

Step 1：請雙擊下載檔 imager_1.6.2.exe，可以看到歡迎安裝的精靈畫面，請按 **Install** 鈕。

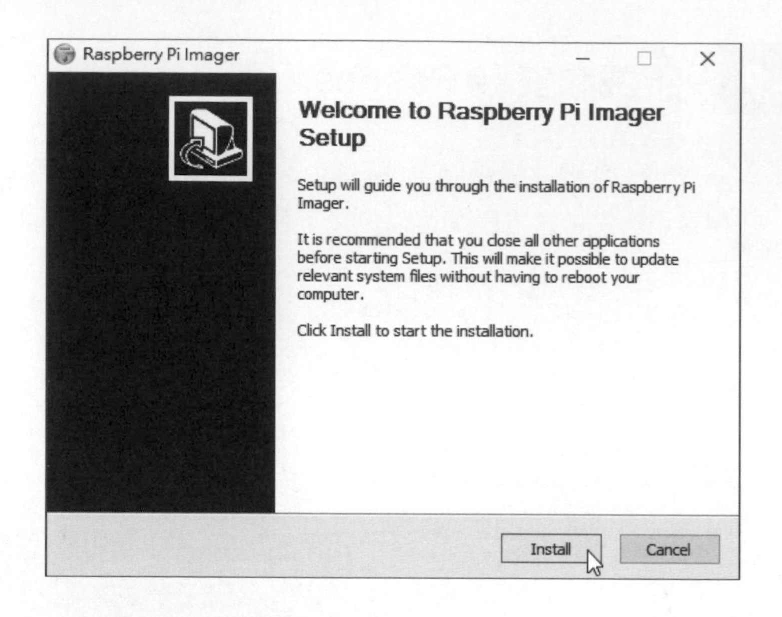

Step 2：等到安裝完成可以看到完成安裝的精靈畫面，按 **Finish** 鈕完成安裝。

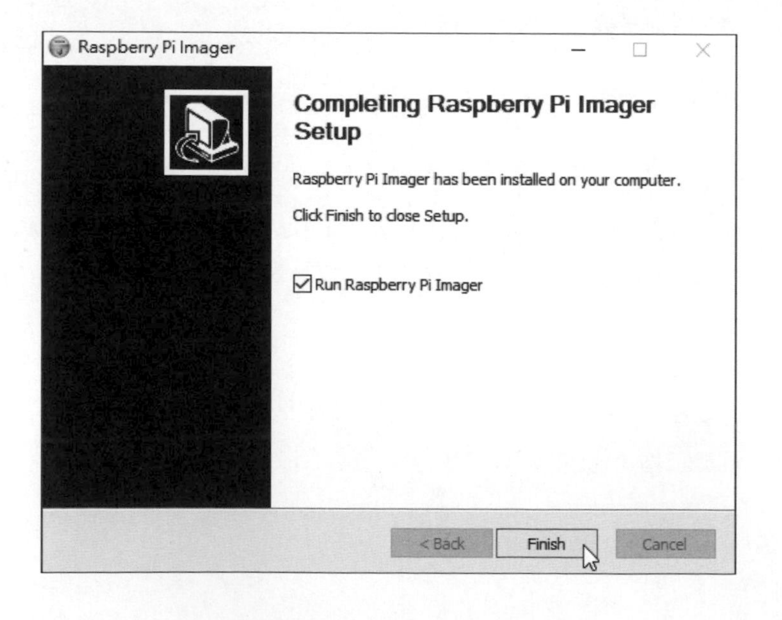

上述精靈畫面步驟如果勾選 **Run Raspberry Pi Imager**，完成安裝就會馬上啟動 Raspberry Pi Imager。

2-2-2 將 Raspberry Pi OS 映像檔寫入 Micro-SD 卡

我們可以在 Windows 電腦使用 Raspberry Pi Imager 工具將 Raspberry Pi OS 映像檔寫入 Micro-SD 卡，在本書是安裝完整 Raspberry Pi OS，包含相關工具程式，其映像檔的寫入步驟，如下所示：

Step 1：請將 Micro-SD 卡插入讀卡機和連上 Windows 電腦的 USB 連接埠。

Step 2：執行「開始 /Raspberry Pi/Raspberry Pi Imager」命令，在安全性警告按**是**鈕後，在使用介面按 **CHOOSE OS** 鈕，選擇 OS 映像檔的作業系統。

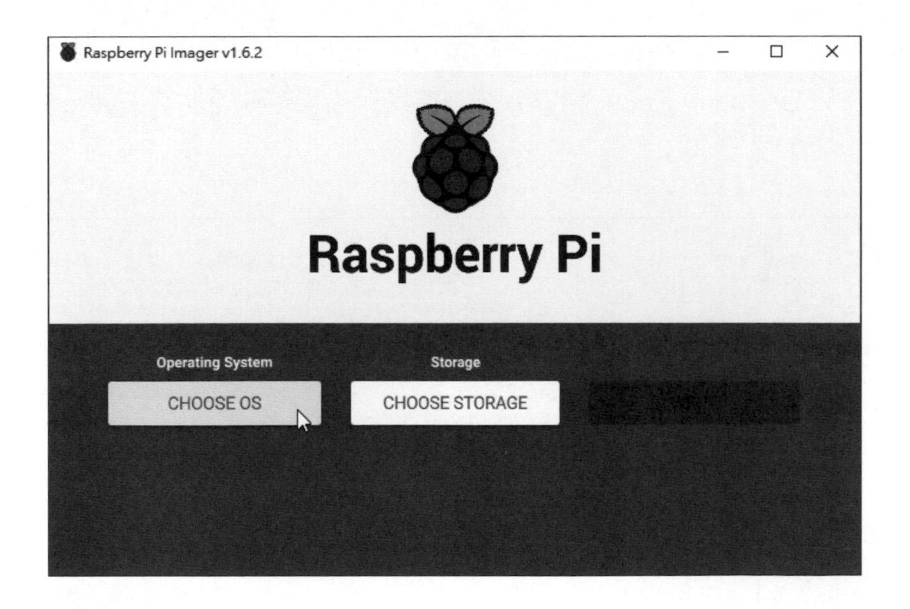

Step 3：選第 2 個 **Raspberry Pi OS (other)** 分類的作業系統。

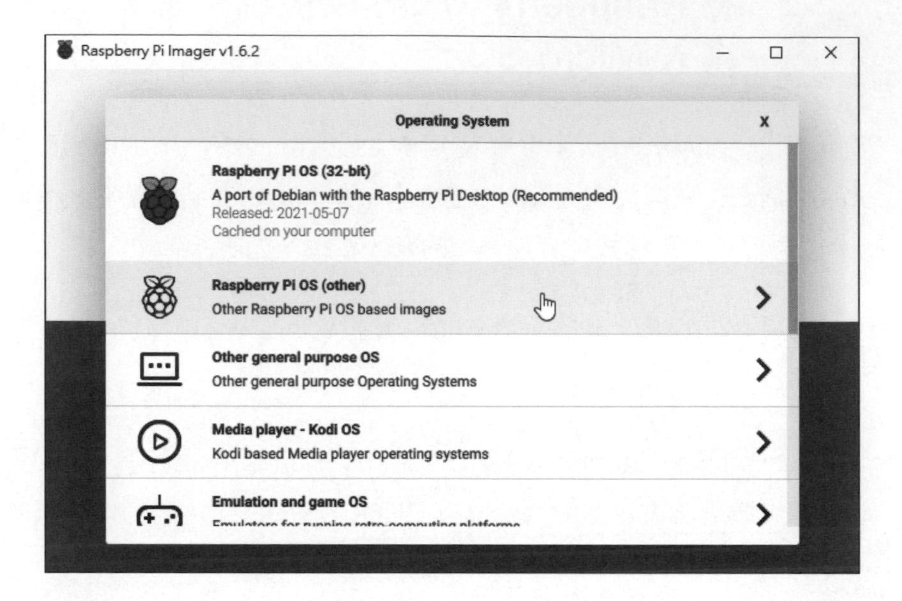

Step 4：選第 3 個 **Raspberry Pi OS (Legacy)**，同時支援 3 和 4 代的 Raspberry Pi OS 作業系統，這是提供穩定執行本書 Python 程式的 Buster 版本。

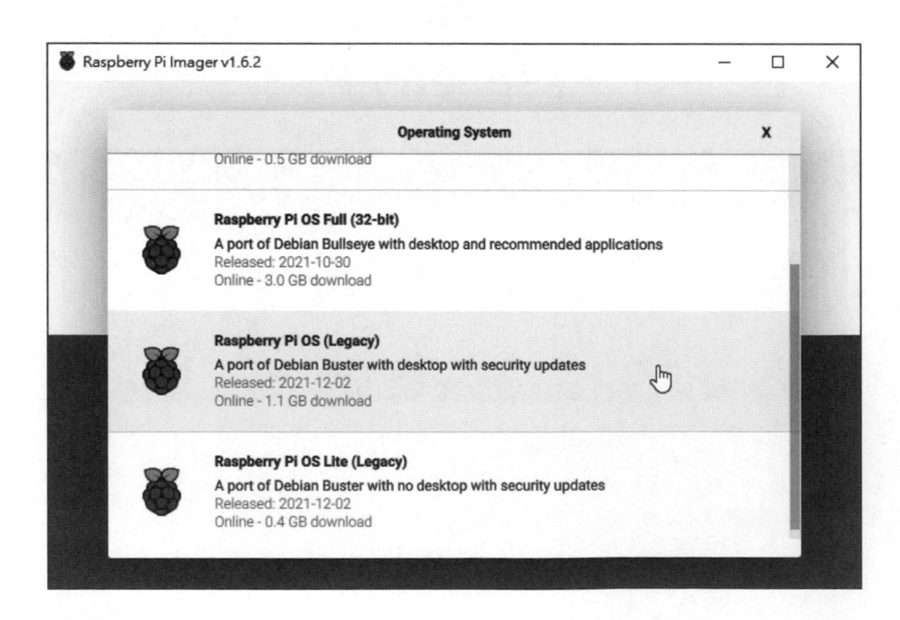

Step 5：按 **CHOOSE STORAGE** 鈕選擇寫入的 Micro-SD 卡。

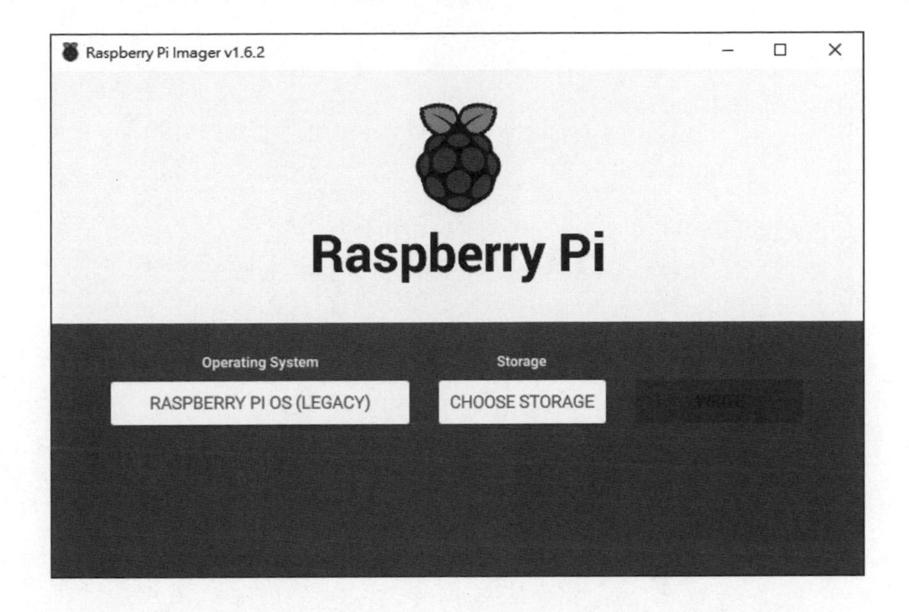

Step 6：選 **Mass Storage Device USB Device - ??.?GB** 的 Micro-SD 卡，請注意！不要選到電腦的硬碟。

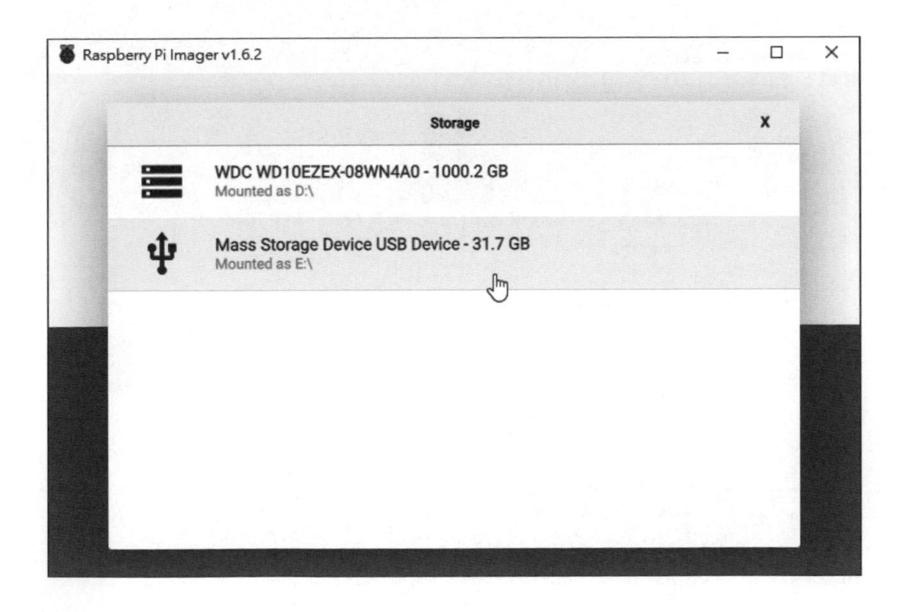

Step 7：請按 **WRITE** 鈕準備開始寫入 Micro-SD 卡。

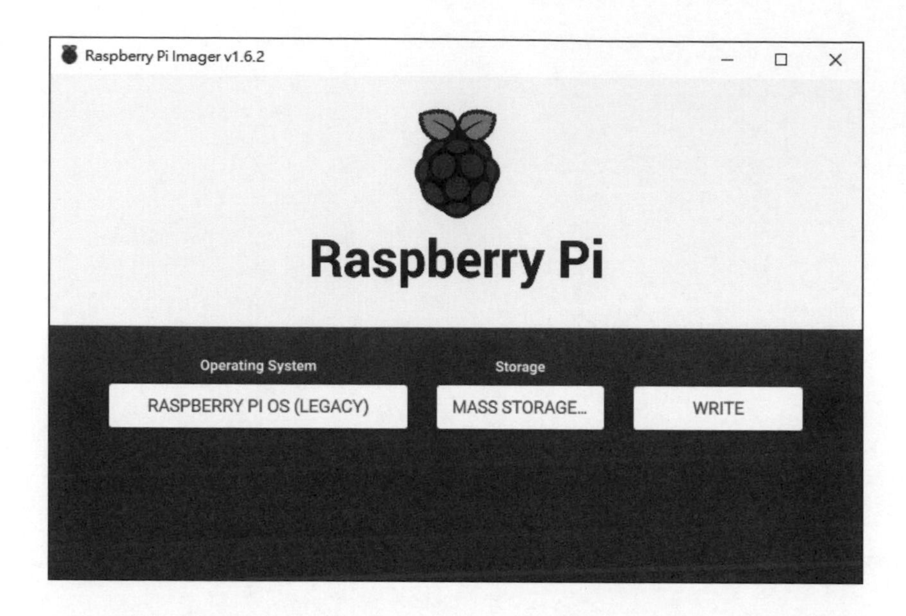

Step 8：因為寫入操作會清除 Micro-SD 卡上的所有資料，請按 **YES** 鈕確認執行寫入操作。

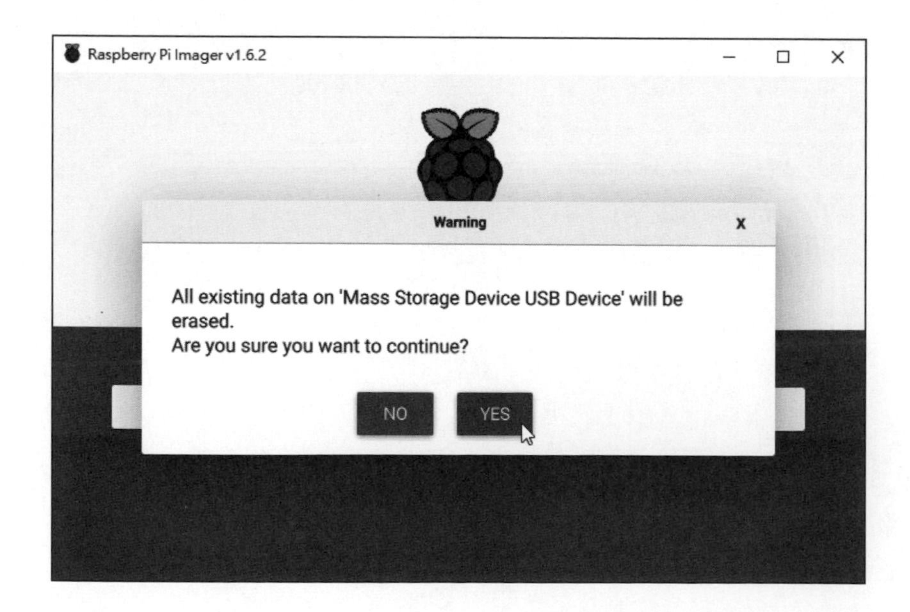

Step 9：請等待下載和寫入 OS 映像檔，因為還需驗證，所以需花一些時間，等到完成後，請按 **CONTINUE** 鈕。

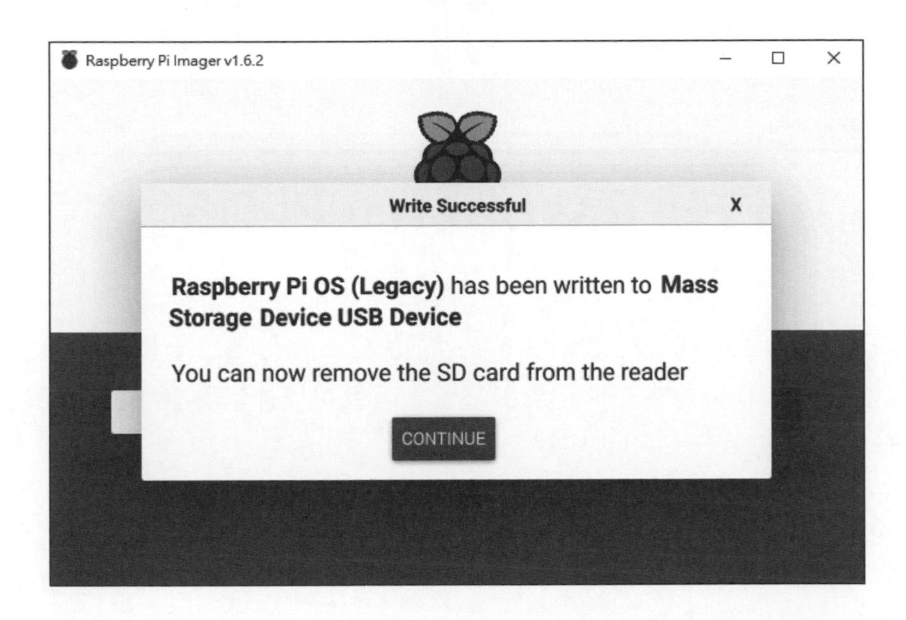

Step 10：請移除讀卡機的 Micro-SD 卡，因為 OS 映像檔的關係，Windows 電腦會顯示格式化 Micro-SD 卡的訊息視窗，請不用理會此視窗。

2-2-3 將 Micro-SD 卡插入樹莓派

在成功下載與寫入 Raspberry Pi OS 作業系統映像檔至 Micro-SD 卡後，我們就可以將 Micro-SD 卡插入樹莓派背面的 Micro-SD 插槽，如右圖所示：

取出 Micro-SD 卡請直接拉出記憶卡即可。請注意！如果準備使用 Windows 遠端遙控使用樹莓派，請先執行第 2-3-2 節的步驟一後，再將 Micro-SD 卡插入樹莓派。

2-3 啟動 Raspberry Pi OS

在完成下載與安裝 Raspberry Pi OS 至 Micro-SD 卡後，請參閱第 2-1-2 節的圖例連接樹莓派和周邊裝置後，就可以在第 2-3-1 節啟動和使用樹莓派。

為了方便初學者透過 Windows 作業系統來學習樹莓派，我們可以直接跳至第 2-3-2 節將樹莓派接上電源和連線 WiFi 基地台後，不需連接鍵盤、滑鼠和螢幕，就可從直接從 Windows 遠端遙控使用樹莓派。

2-3-1 啟動和使用樹莓派

啟動與關機樹莓派就是啟動 Raspberry Pi OS 作業系統，和結束 Raspberry Pi OS 作業系統的執行，目前版本的 Raspberry Pi OS 作業系統啟動預設進入 PIXEL 桌面環境（對比 Windows 視窗系統），而不是終端機的命令列模式。

因為樹莓派單板電腦沒有電源開關，當將 5V 電源插入，就會馬上啟動 Raspberry Pi OS 作業系統，請稍等一下，預設進入 PIXEL 桌面環境，如下圖所示：

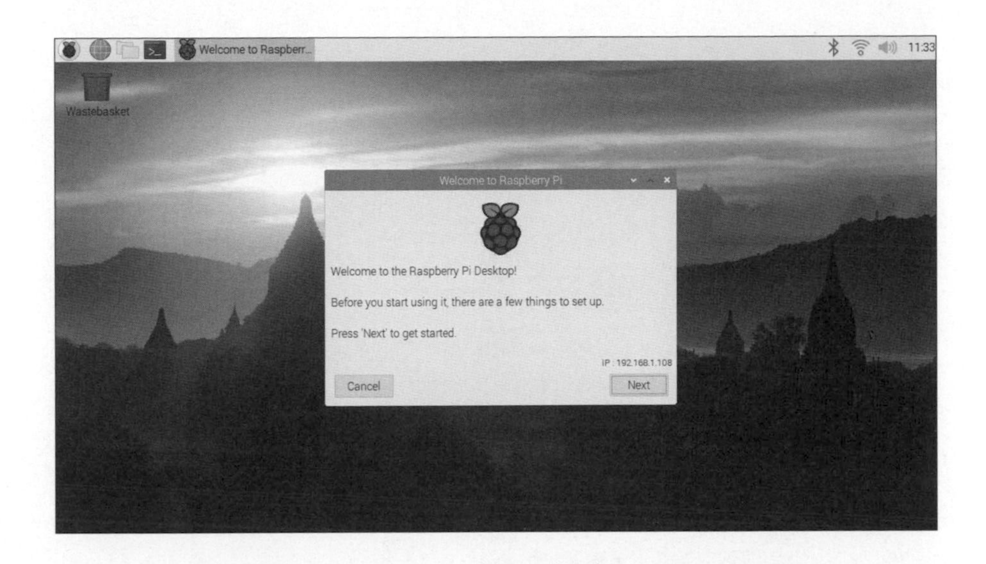

上述桌面環境類似 Windows 作業系統，在第 1 次啟動需要執行第 2-4-1 節的相關設定，如下圖所示：

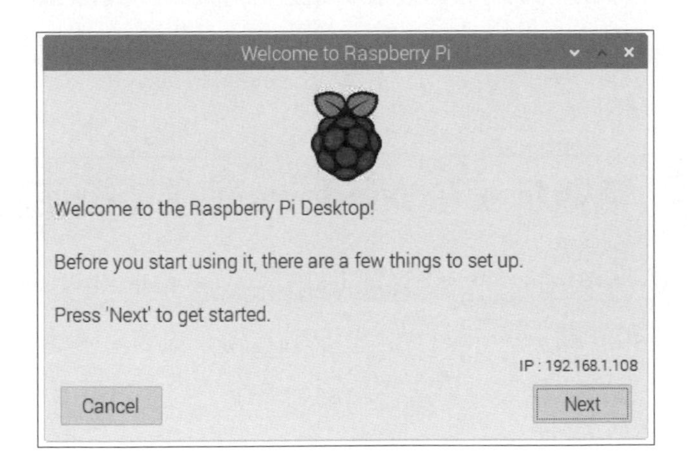

在桌面左上角的圖示是垃圾桶，位在桌面上方是應用程式列的圖示清單，可以快速啟動常用應用程式，和顯示目前開啟的應用程式清單，在右上方圖示顯示藍牙、WiFi、音量和時間等系統資訊。

在上方應用程式列的第 1 個圖示，即左上角樹莓派圖示，這是應用程式選單（Menu）的主功能表，點選可以看到分類顯示的應用程式清單（預設是英文使用介面），如下圖所示：

點選上述功能表命令，就可以啟動選擇的應用程式。

2-3-2 無顯示器在 Windows 遠端遙控使用樹莓派

Windows 電腦可以透過 SSH 或 VNC 來遠端遙控使用樹莓派，不需連接鍵盤、滑鼠和螢幕，就可以直接使用 Windows 電腦來遠端使用樹莓派。請注意！本書部分功能可能無法使用遠端遙控，仍然需要實際連接樹莓派與周邊裝置來使用樹莓派。

如果樹莓派已經連接螢幕、滑鼠與鍵盤，而且在第 2-3-1 節成功啟動樹莓派進入桌面環境後，請先完成第 2-4-1 節的設定後，參閱第 2-4-3 節啟用 SSH 和 VNC 伺服器，就可以使用本節步驟三和四的 VNC Viewer 來遠端連接樹莓派的桌面環境。

在本節是繼續第 2-2 節，樹莓派不需連接螢幕、滑鼠與鍵盤，當自動啟用 SSH 後，即可使用 SSH 開啟 VNC 伺服器，和連線 WiFi 基地台來建立 Windows 遠端遙控使用樹莓派的桌面環境。

步驟一：在 OS 映像檔加入啟用 SSH 介面和 WiFI 連線設定

樹莓派 Raspberry Pi OS 預設停用 SSH 介面，我們需要在 Raspberry Pi OS 映像檔加入 2 個檔案，以便在啟動樹莓派時，自動啟用 SSH 和連線 WiFi 基地台，其步驟如下所示：

Step 1：請將第 2-2 節寫入 Raspberry Pi OS 映像檔的 Micro-SD 卡插入讀卡機後，連接 USB 連接埠，可以看到名為 boot 的磁碟機（在下方的 USB 磁碟機是讀卡機，如果出現格式化訊息視窗，請不用理會）。

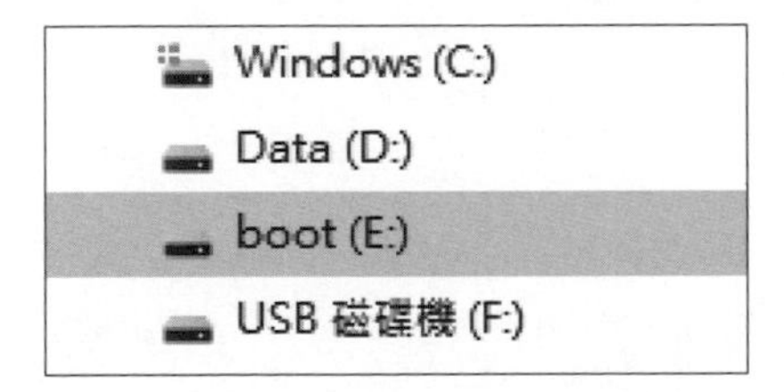

Step 2：開啟書附範例檔的「Ch02」目錄，可以看到 ssh（自動啟用 SSH）和 wpa_supplicant.conf（WiFi 設定）兩個檔案。

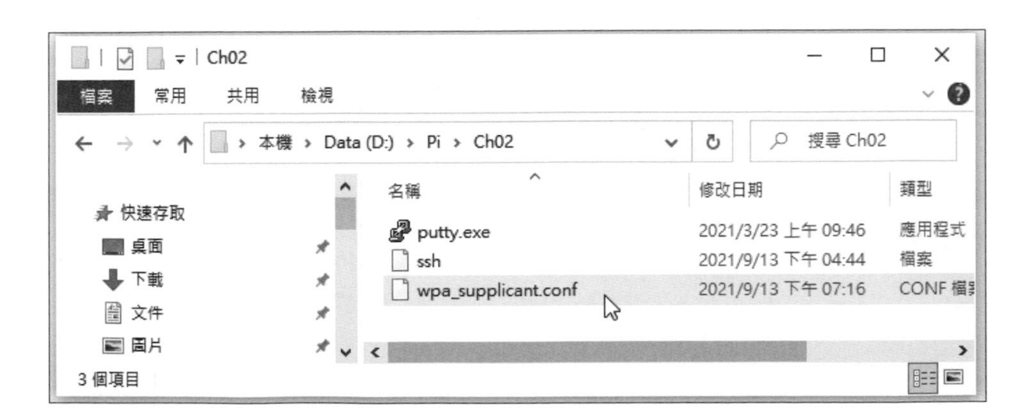

Step 3：請用記事本開啟 wpa_supplicant.conf 檔案，修改 ssid 和 psk 這 2 行成為你的 WiFi 基地台名稱和密碼後，執行「檔案 / 儲存檔案」命令儲存檔案。

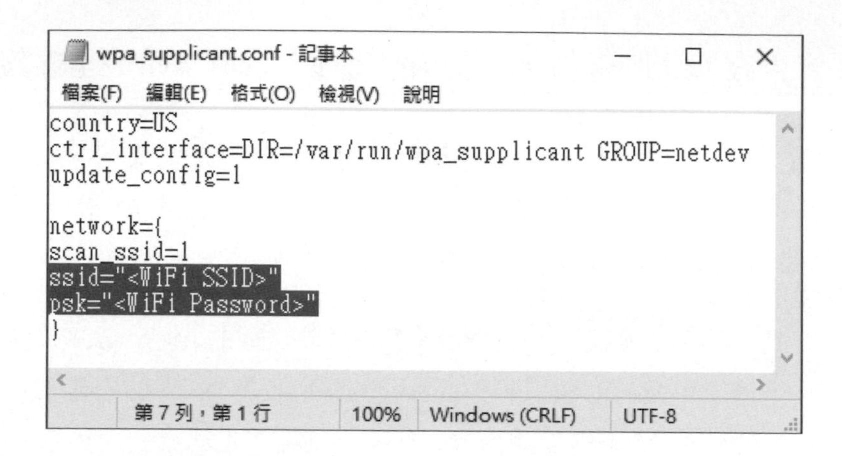

Step 4：然後將這 2 個檔案複製至 boot 磁碟的根目錄。

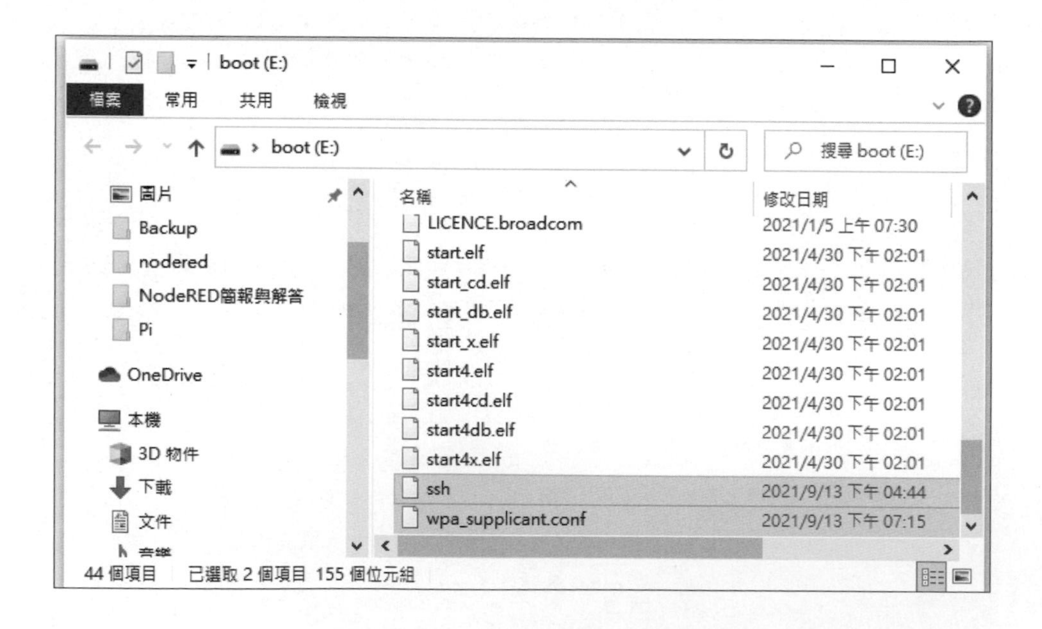

Step 5：請參閱第 2-2-3 節將 Micro-SD 卡插入樹莓派。

步驟二：使用 PuTTY 遠端連線啟用 VNC 伺服器

PuTTY 工具是一套免費工具，其官方下載網址，如下所示：

- http://www.chiark.greenend.org.uk/~sgtatham/putty/latest.html

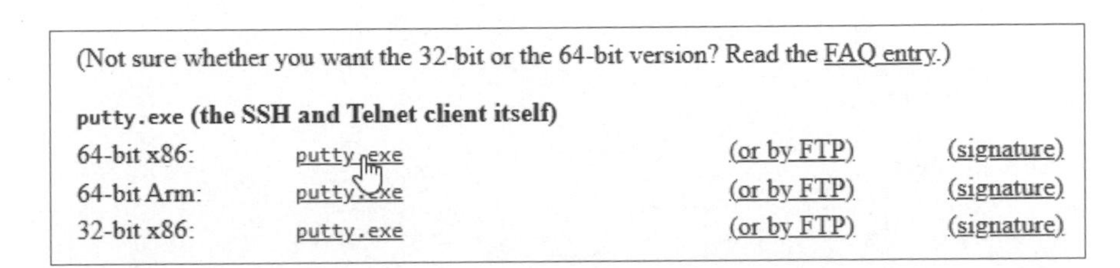

在成功下載 PuTTY 工具 putty.exe 後，我們可以在 Windows 電腦遠端連線樹莓派，其步驟如下所示：

Step 1：請將樹莓派插上 5V 電源啟動 Raspberry Pi OS 作業系統和連線 WiFi 基地台，請稍等一下，如果需要，請在 Windows 搜尋 CMD 啟動「命令提示字元」視窗後，輸入 ping 指令測試樹莓派是否成功啟動，如果看到回應訊息，就表示已經成功啟動（回應的是 IP v6 版的 IP 位址），如下所示：

```
ping raspberrypi.local Enter
```

命令提示字元

```
C:\Users\hueya>ping raspberrypi.local

Ping raspberrypi.local [2001:b011:30d0:39b4:5d99:4d80:4e6f:2a13] (使用 32 位元組的資料):
回覆自 2001:b011:30d0:39b4:5d99:4d80:4e6f:2a13: 時間=222ms
回覆自 2001:b011:30d0:39b4:5d99:4d80:4e6f:2a13: 時間=2ms
回覆自 2001:b011:30d0:39b4:5d99:4d80:4e6f:2a13: 時間=21ms
回覆自 2001:b011:30d0:39b4:5d99:4d80:4e6f:2a13: 時間=5ms

2001:b011:30d0:39b4:5d99:4d80:4e6f:2a13 的 Ping 統計資料:
    封包: 已傳送 = 4，已收到 = 4, 已遺失 = 0 (0% 遺失)，
大約的來回時間 (毫秒):
    最小值 = 2ms，最大值 = 222ms，平均 = 62ms

C:\Users\hueya>
```

說明

正常情況！樹莓派 4 可以使用主機名稱 raspberrypi.local 或 IP 位址來連線，樹莓派 3 經筆者測試只能使用 IP 位址（使用主機名稱有時會找不到），此時，請啟動書附 ipscan-win32-3.7.2.exe 工具（需安裝 Java JDK）後，按**開始**鈕掃瞄樹莓派的 IP 位址，以此例是 192.168.0.108（請注意！如果更換網卡或基地台，IP 位址都會不同），如下圖所示：

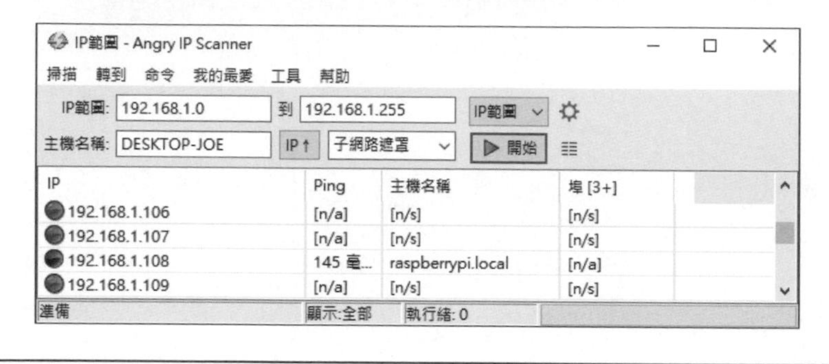

Step 2：然後執行下載的 **putty.exe** 啟動 PuTTY 工具，在「PuTTY Configuration」對話方塊的 **Host Name (or IP address)** 欄輸入樹莓派的主機名稱 **raspberrypi.local** 或 IP 位址 **192.168.1.108**，Port 埠號是 22，下方選 **SSH**，按 **Open** 鈕。

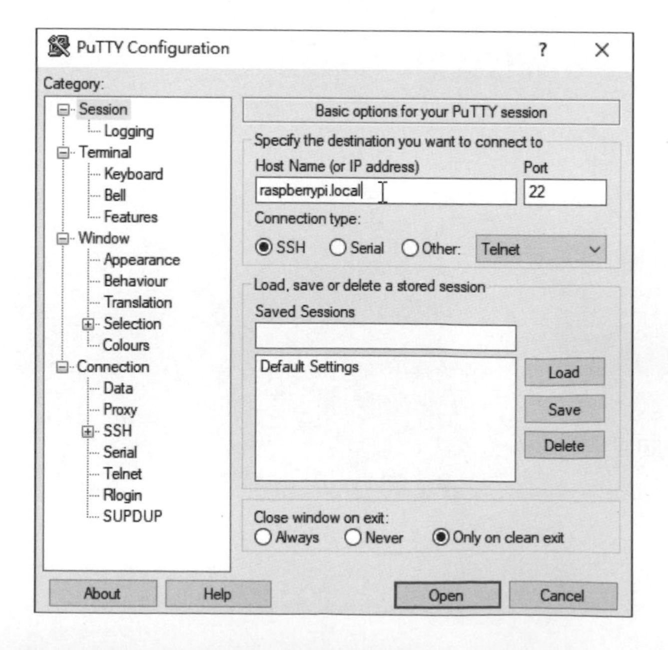

Step 3：如果主機 SSH 金鑰沒有儲存，就會出現一個警告訊息，不用理會，按 **Accept** 鈕。

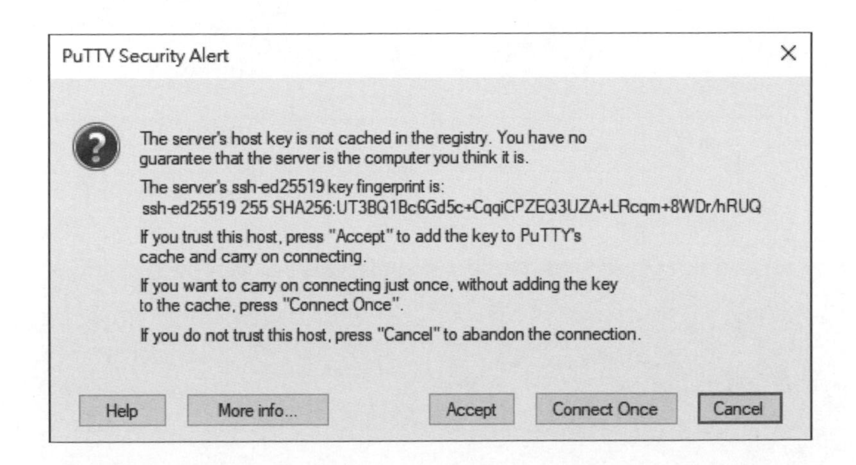

Step 4：可以開啟命令列模式的連線視窗，在 **login as:** 提示文字後輸入預設使用者名稱 **pi**，按 Enter 鍵，接著輸入預設密碼 **raspberry**（可更改），按 Enter 鍵，稍等一下，等到看到提示字元「$」，就表示已經連線成功，如下圖所示：

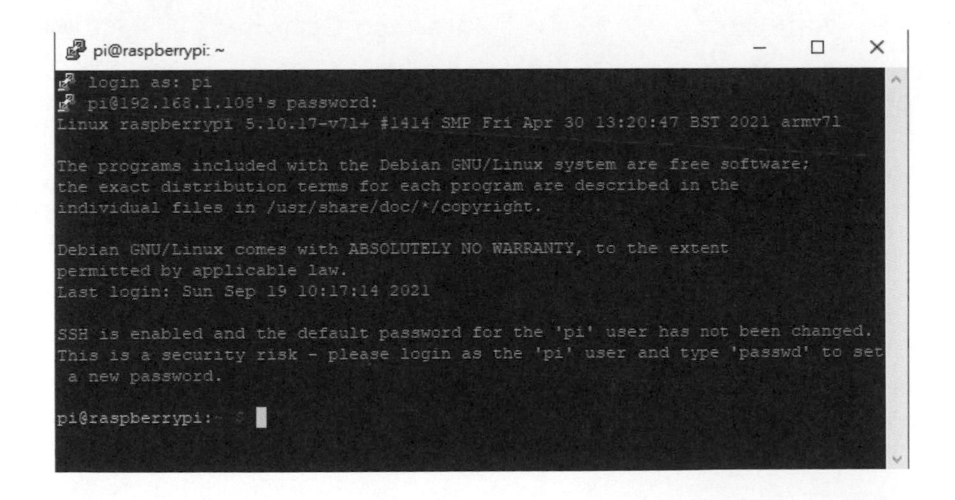

上述畫面是 Linux 終端機的命令列模式（對應 Windows 作業系統的「命令提示字元」視窗），我們可以在此畫面輸入命令列的 Linux 指令來操作樹莓派，進一步的指令說明請參閱第 4 章。

接著，我們可以使用樹莓派的設定工具來啟用 VNC 伺服器和設定螢幕解析度，請繼續下列的步驟，如下所示：

Step 5：請輸入下列指令來啟動設定工具，如下所示：

```
$ sudo raspi-config Enter
```

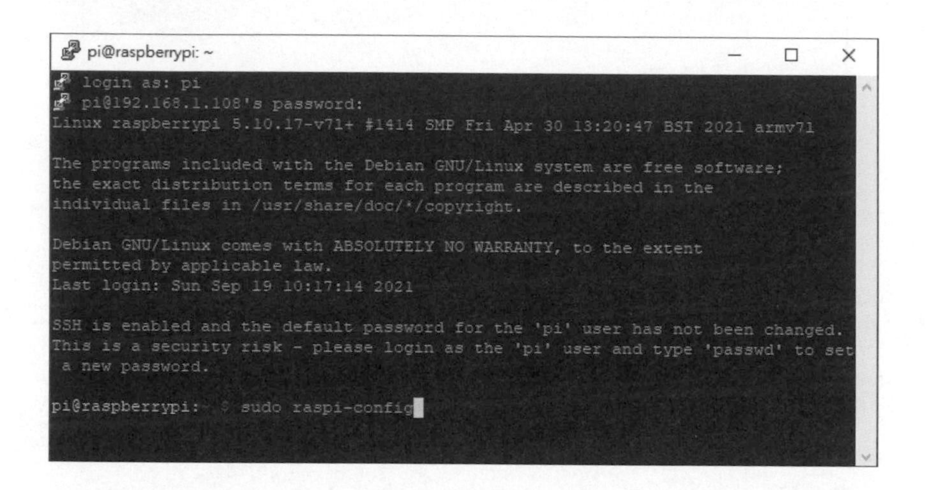

Step 6：使用鍵盤上 / 下方向鍵移至 **Interface Options** 選項，按 Enter 鍵。

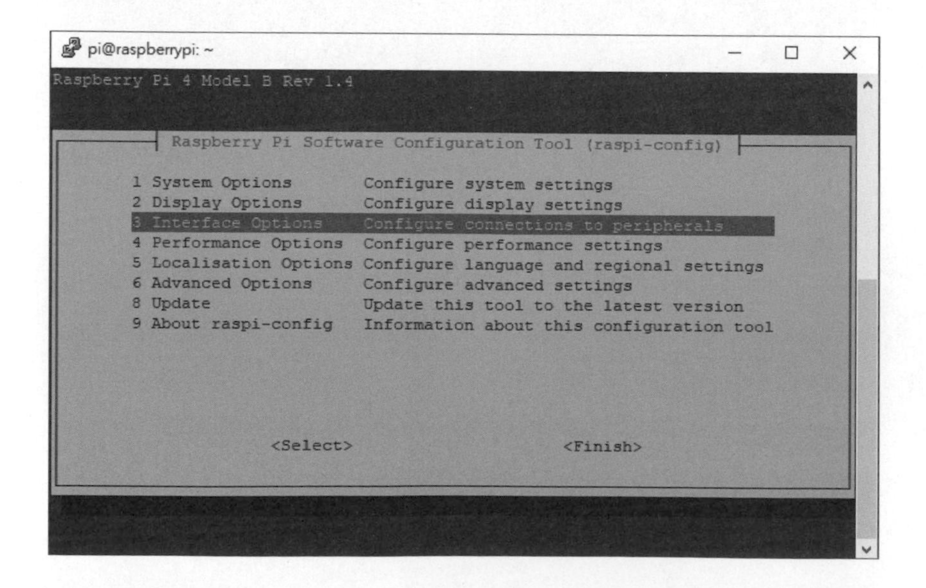

Step 7：使用鍵盤上 / 下方向鍵移至 **VNC** 選項，按 Enter 鍵。

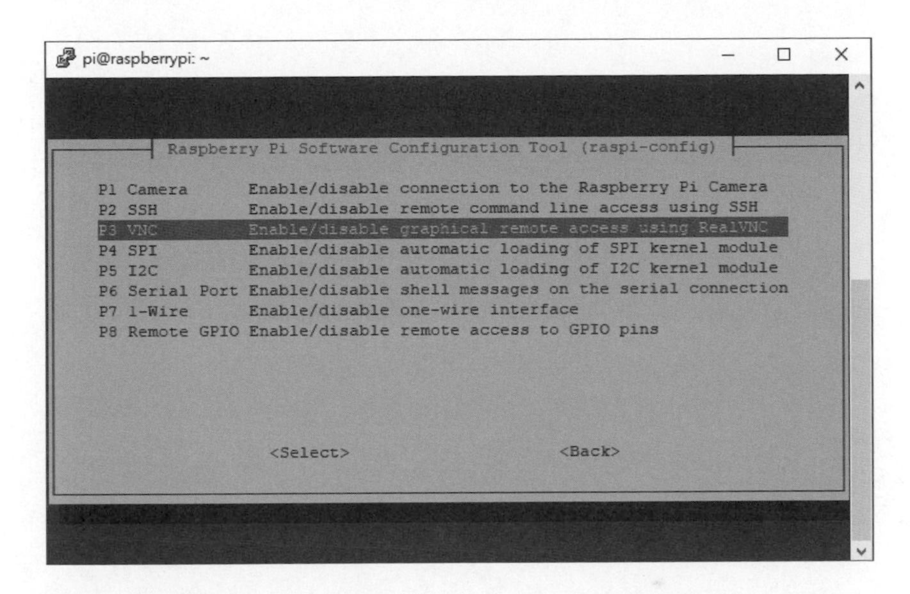

Step 8：使用鍵盤左 / 右方向鍵移至 **<Yes>**，按 Enter 鍵。

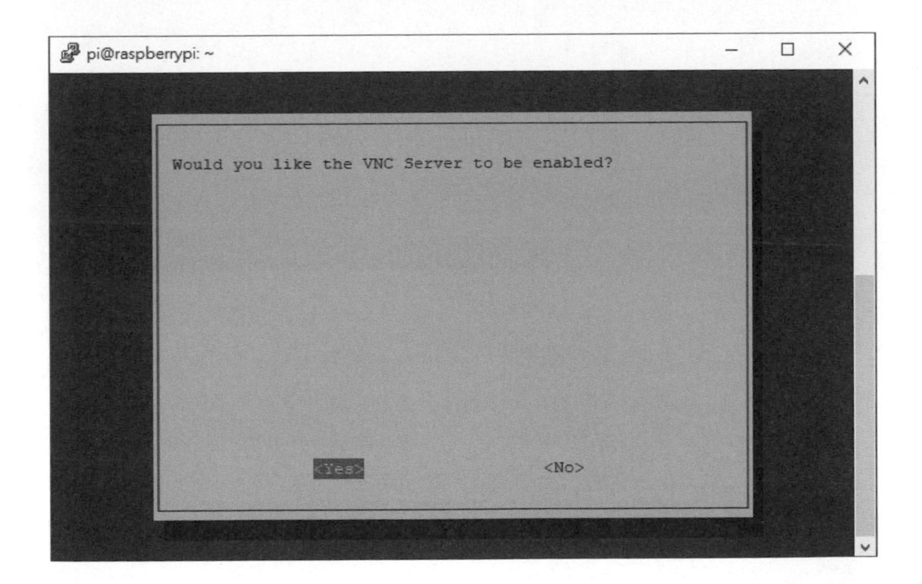

Step 9：目前是 **<Ok>**，請按 Enter 鍵啟用 VNC 伺服器。

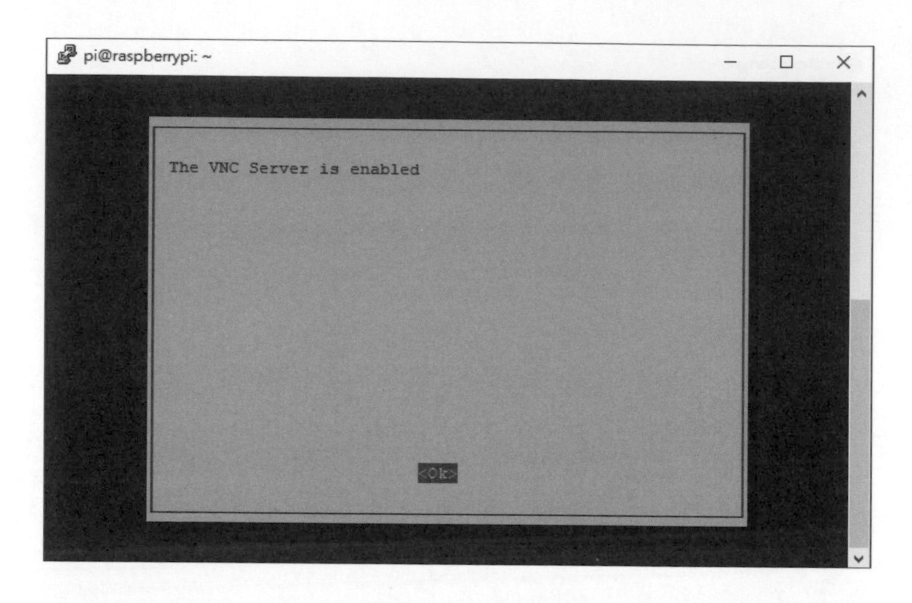

Step 10：使用鍵盤上 / 下方向鍵移至 **Display Options** 選項，按 Enter 鍵。

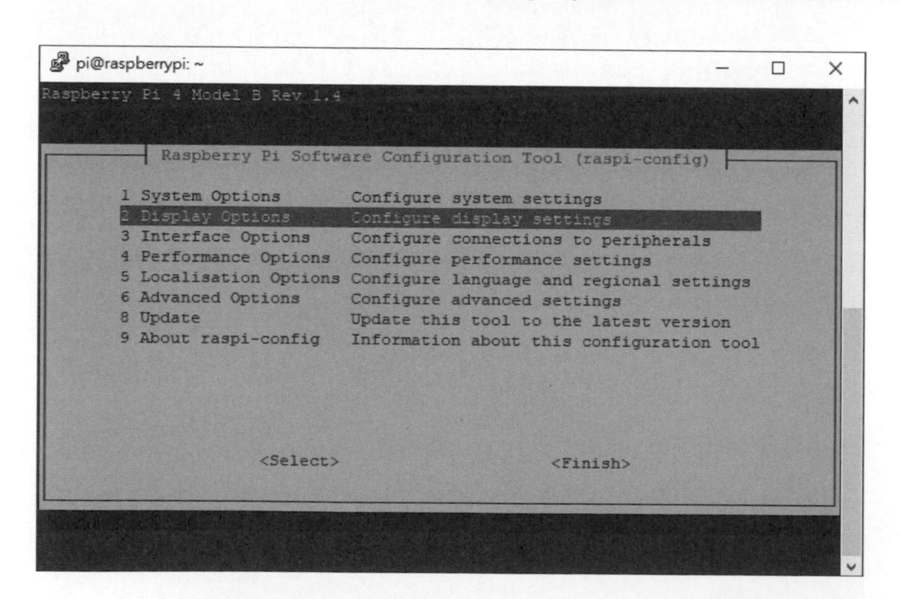

Step 11：目前是在 **Resolution** 選項，按 Enter 鍵。

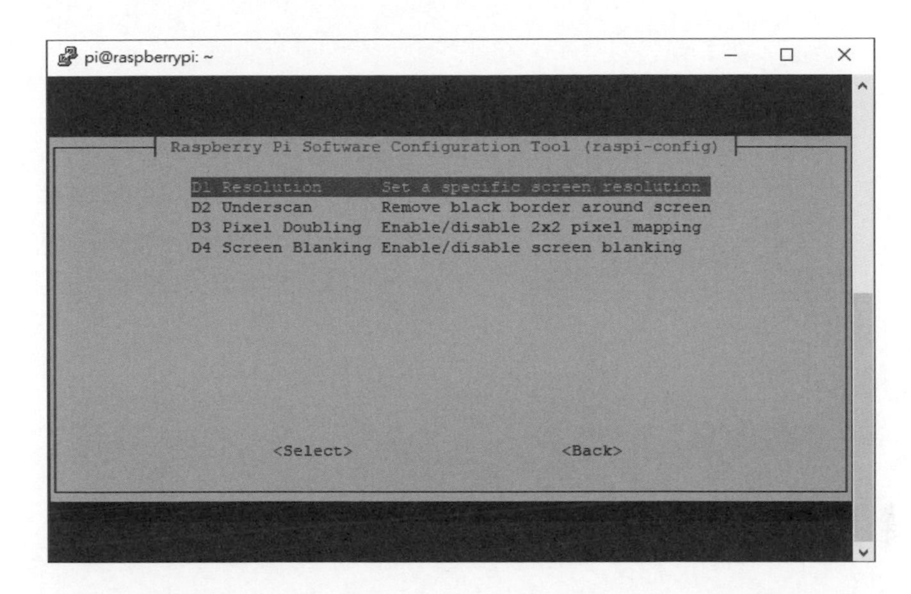

Step 12：使用鍵盤上 / 下方向鍵移至 **DMT Mode 85 1280x720 60Hz 16:9** 選項，按 Enter 鍵。

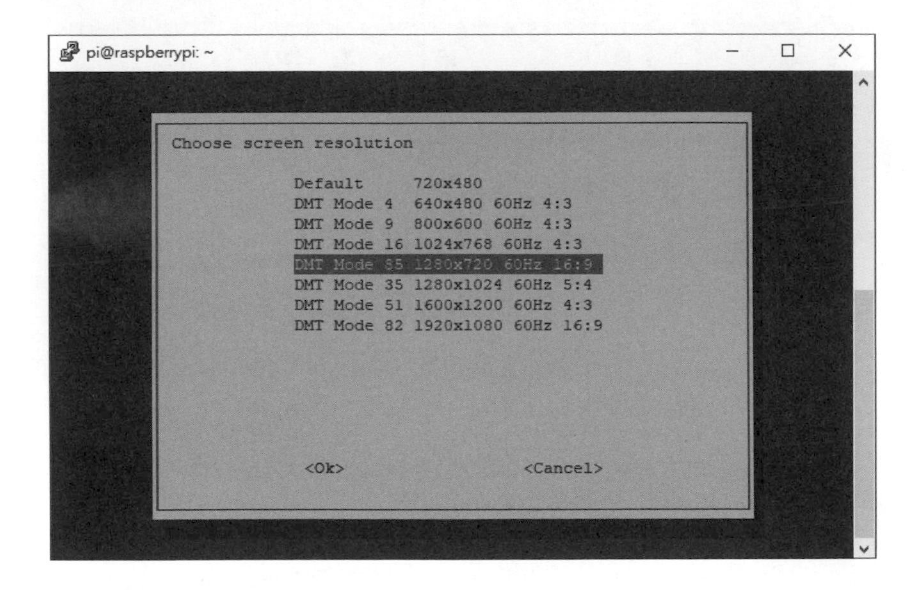

Step 13：目前是 **<Ok>**，請按 Enter 鍵更改螢幕解析度。

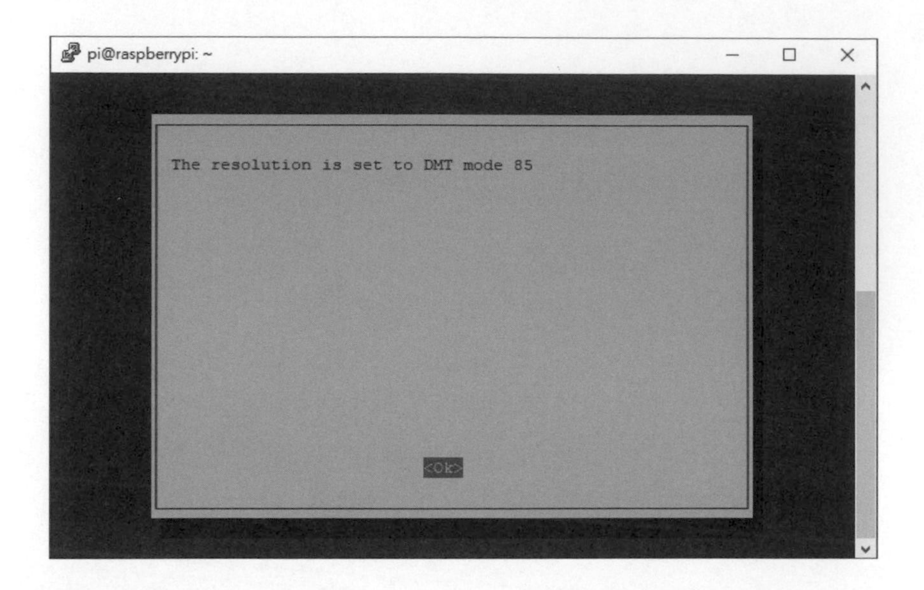

Step 14：請使用 Tab 鍵移至 **<Finish>**，按 Enter 鍵結束設定工具。

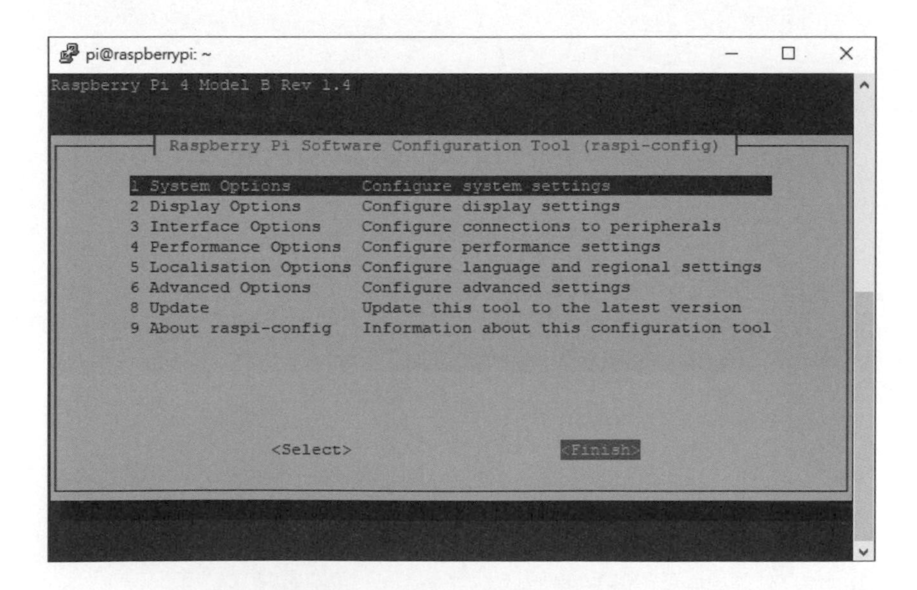

Step 15：更改螢幕解析度需重新啟動樹莓派，目前是 **<Ok>**，請按 Enter 鍵來重啟樹莓派。

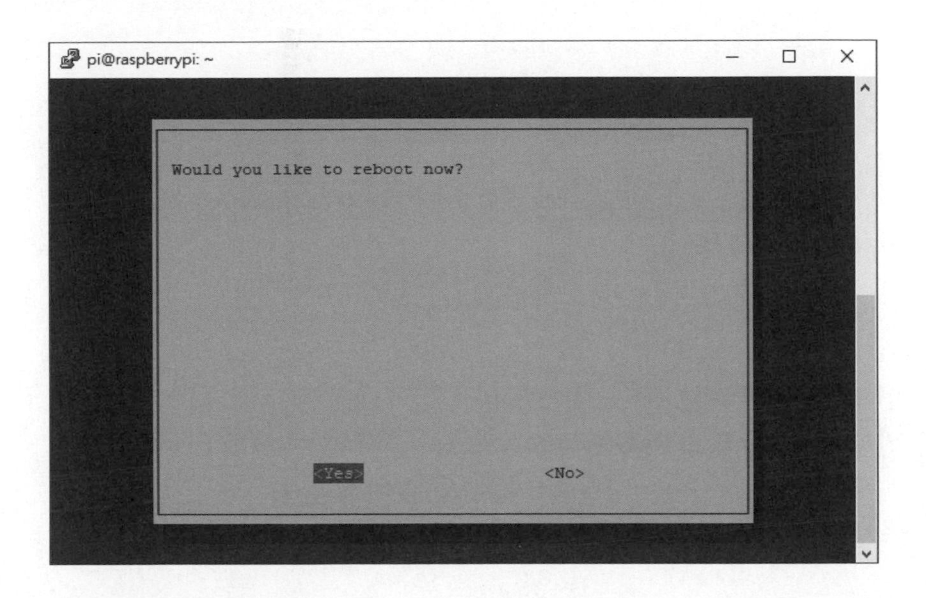

Step 16：因為重啟樹莓派，所以 PuTTY 會和樹莓派之間就會斷線，請按 **確定** 鈕。

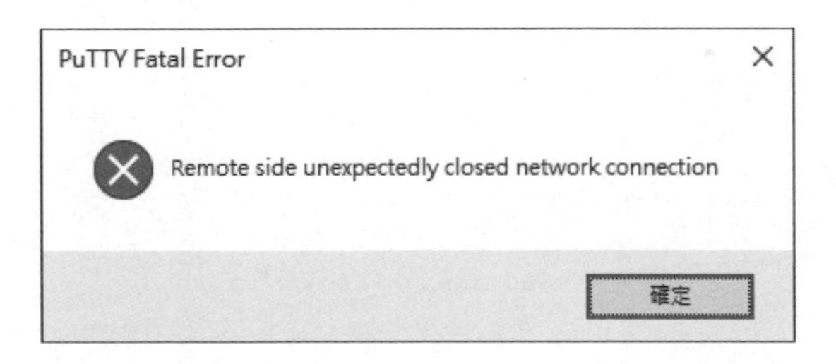

等待樹莓派重啟後，我們就可以使用 VNC Viewer 遠端連接桌面環境。

步驟三：下載與安裝 VNC Viewer

VNC Viewer 檢視器是 RealVNC 公司產品，這是連線 VNC Server 伺服器的客戶端程式，其下載網址如下所示：

● https://www.realvnc.com/en/connect/download/viewer/

請按 **Download VNC Viewer** 鈕下載 VNC Viewer，在本書的下載檔名是 **VNC-Viewer-6.21.406-Windows.exe**。其安裝步驟如下所示：

Step 1：請雙擊下載檔 VNC-Viewer-6.21.406-Windows.exe，選安裝介面語言 **English**，按 **OK** 鈕。

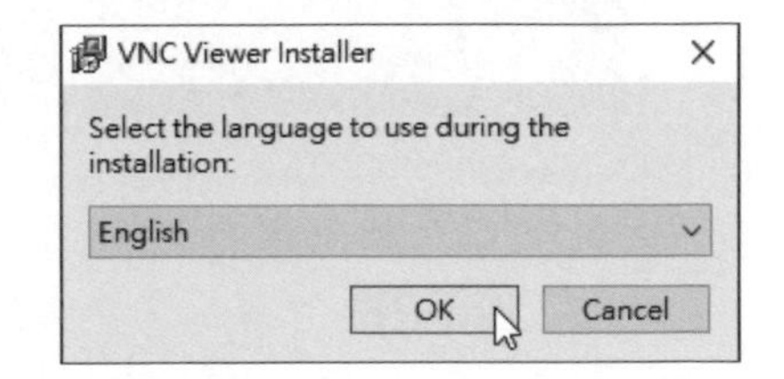

Step 2：在歡迎安裝的精靈畫面，請按 **Next** 鈕。

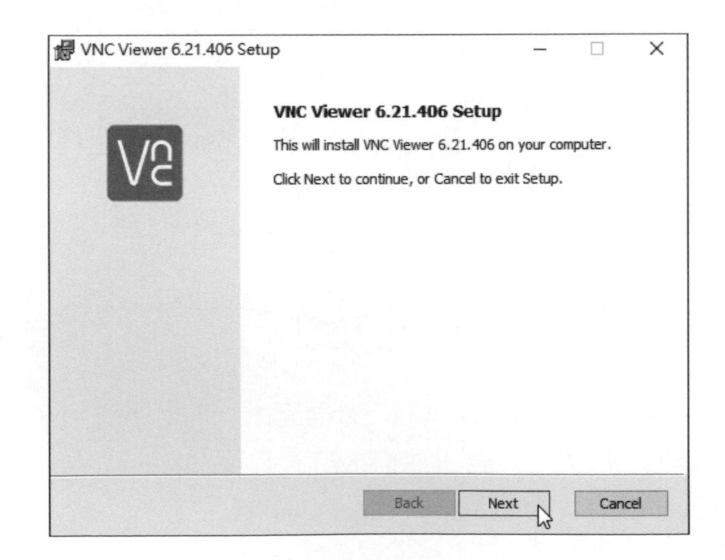

Step 3：勾選 **I accept the terms in the License Agreement** 同意授權後，按 **Next** 鈕。

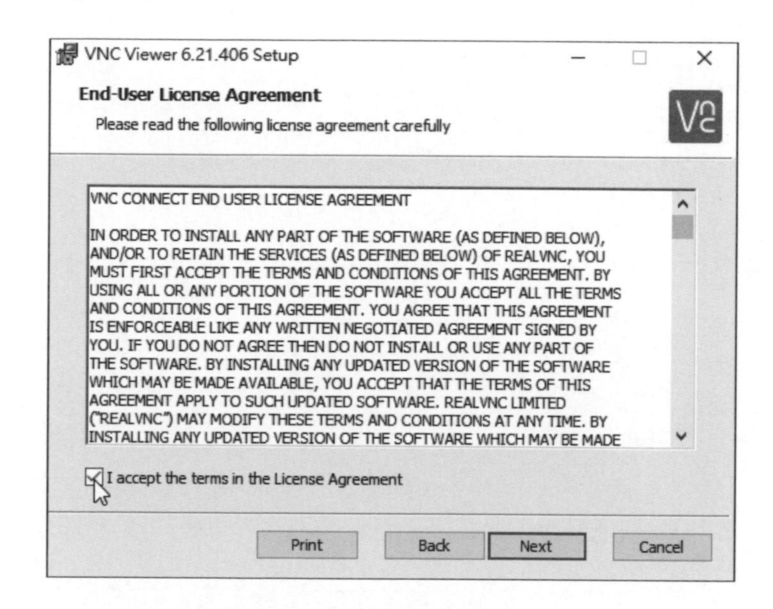

Step 4：選擇安裝元件，不用更改，按 **Next** 鈕。

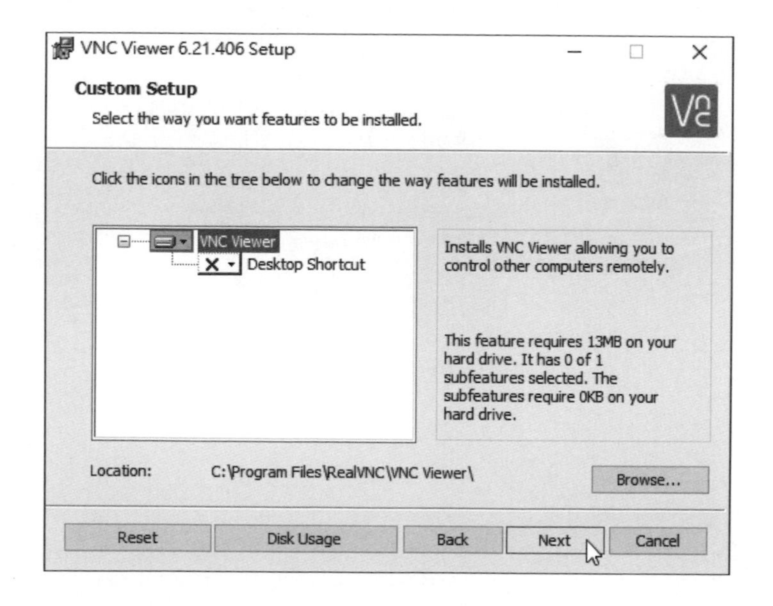

Step 5：按 **Install** 鈕開始安裝。

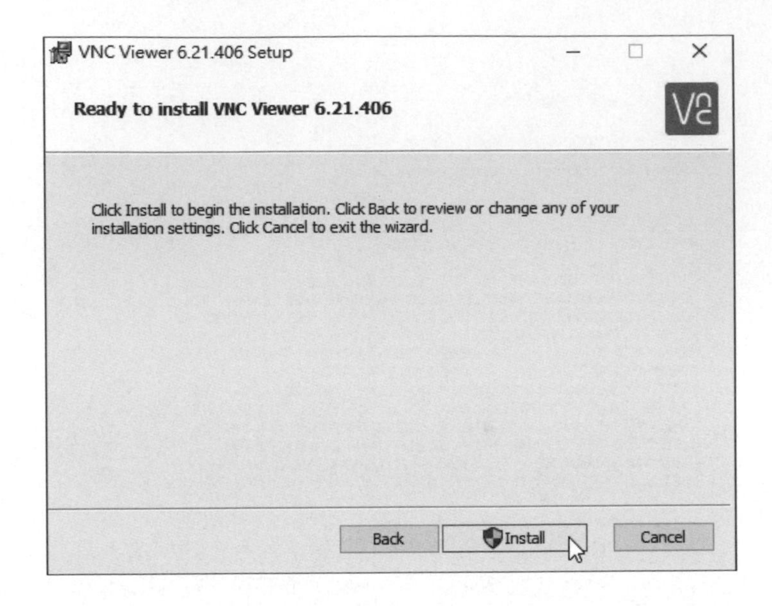

Step 4：等到安裝完成可以看到完成安裝的精靈畫面，按 **Finish** 鈕完成安裝。

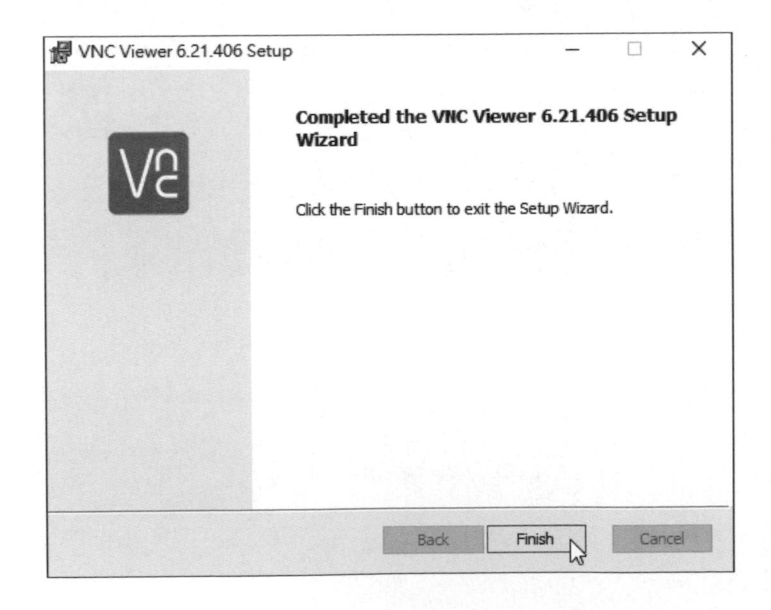

步驟四：使用 VNC Viewer 遠端連線桌面環境

在成功下載 VNC Viewer 工具後，就可以啟動 VNC Viewer 遠端連線 VNC Server 看到桌面環境，其步驟如下所示：

Step 1：請執行「開始 /RealVNC/VNC Viewer」命令啟動 VNC Viewer。

Step 2：執行「File/New connection」命令新增連線，在 **VNC Server** 欄輸入連線樹莓派的主機名稱 raspberrypi.local 或 IP 位址，**Name** 欄輸入連線名稱，按 **OK** 鈕。

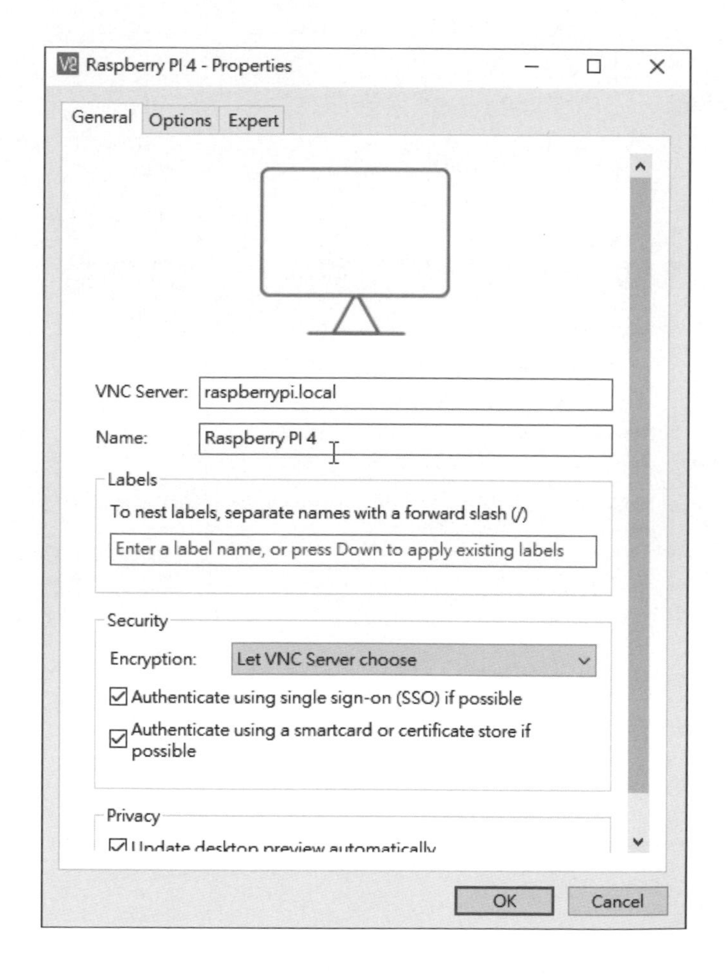

Step 3：可以看到新增的連線，請雙擊 **Raspberry PI 4** 進行連線。

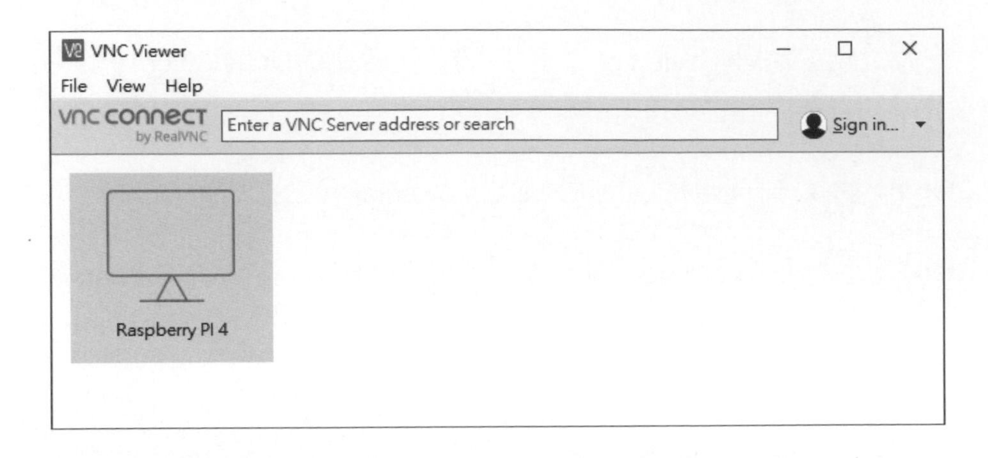

Step 4：稍等一下，可以看到一個警告訊息指出連線 VNC Server 伺服器並沒有加密，請按 **Continue** 鈕。

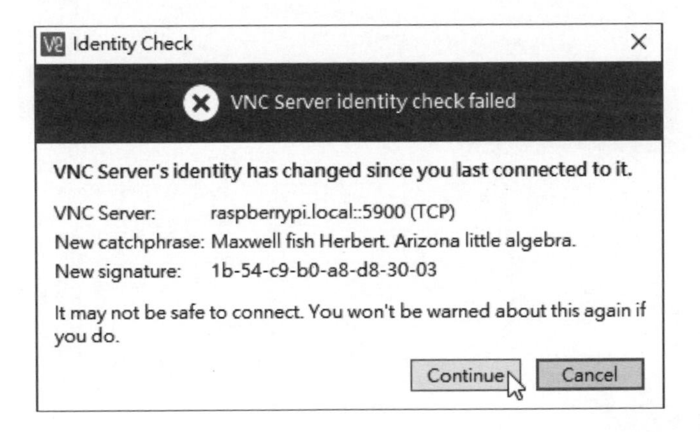

Step 5：在「Authentication」認證對話方塊的 **Username** 欄輸入 **pi**；**Password** 欄輸入 **raspberry**，按 **OK** 鈕。

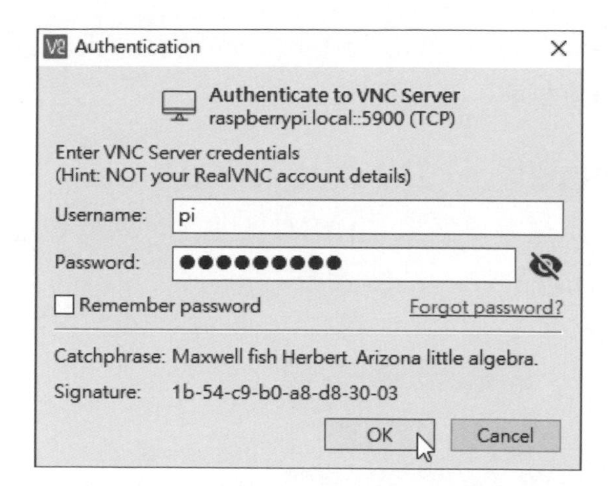

Step 5：可以看到成功連接遠端的 PIXEL 桌面環境，因為啟用 SSH，所以顯示一個警告訊息，和在右上角看到 VNC 圖示，表示已經啟用 VNC 伺服器。

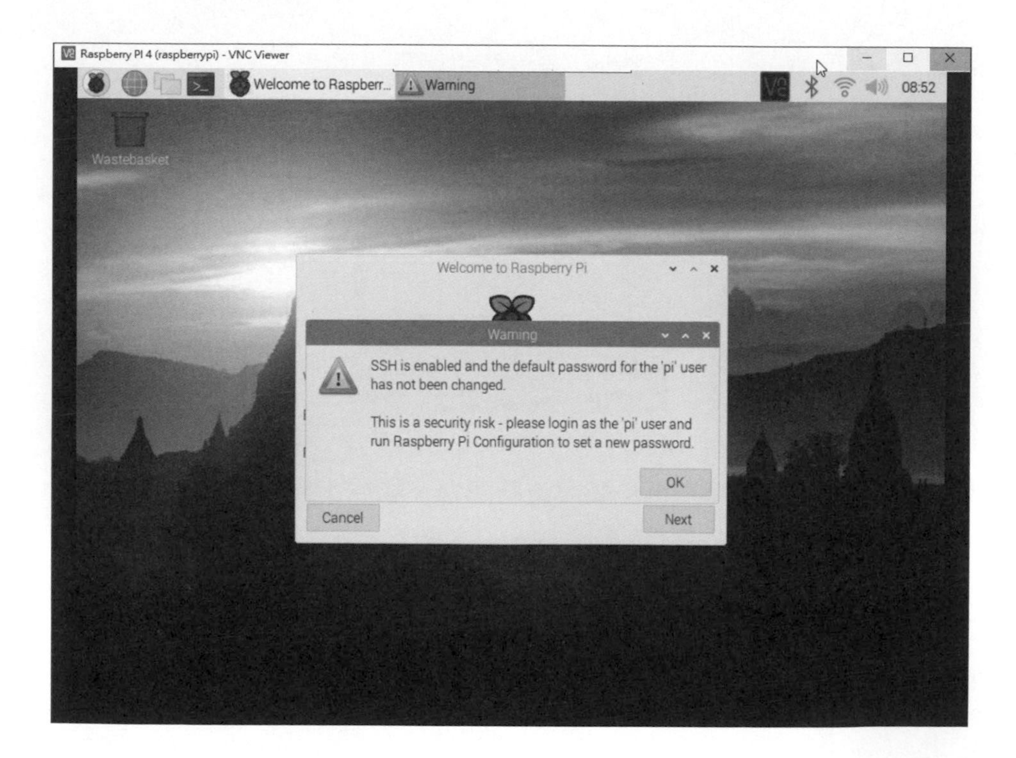

上述螢幕視窗左右有二條黑邊，因為解析度設定並不正確，請繼續下列步驟重設螢幕解析度，如下所示：

Step 6：請在桌面環境執行「Menu/Preferences/Screen Configuration」命令設定螢幕，然後在 **HDMI-1** 框上，執行**右**鍵快顯功能表的「Resolution/1280x720」命令。

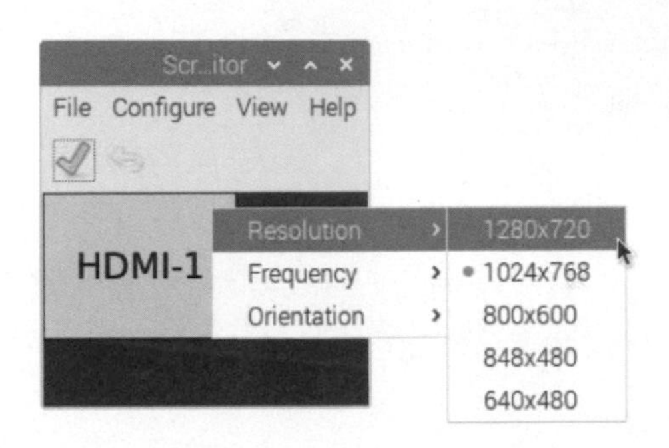

Step 7：執行「Configure/Apply」命令套用螢幕設定。

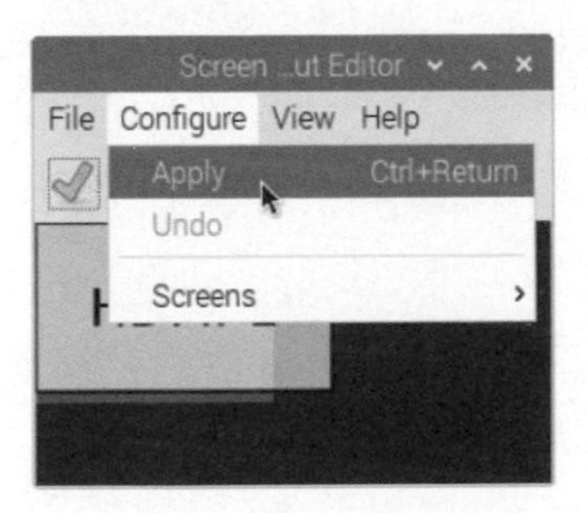

Step 8：螢度設定已經更新，如果沒有問題，請在 10 秒內按 **OK** 鈕來完成設定。

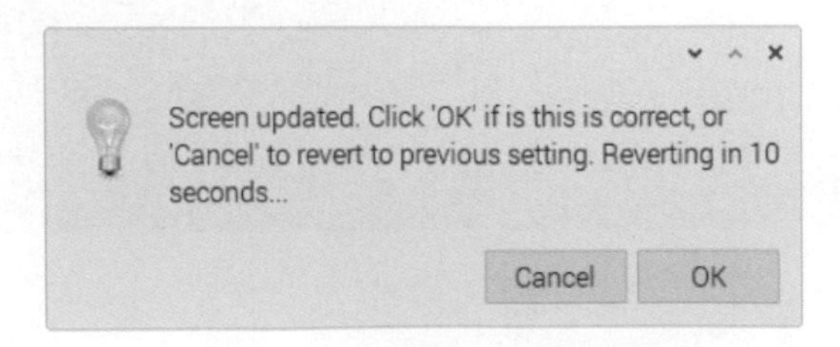

Step 9：可以看到螢幕解析度已經更改，沒有再看到左右兩條黑邊，如下圖所示：

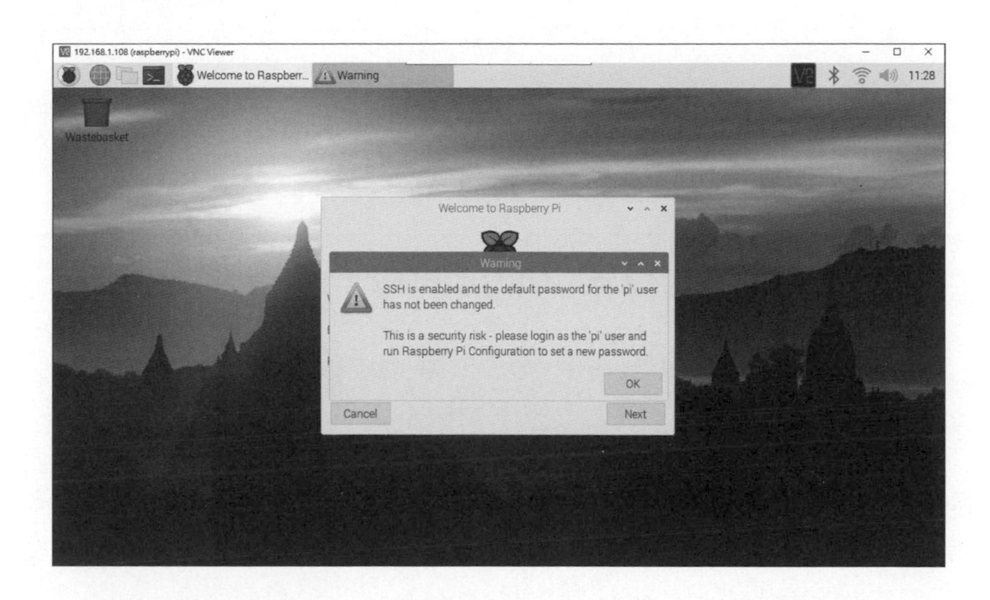

現在，我們可以直接在 Windows 作業系統透過遠端桌面來進行樹莓派設定和使用樹莓派。

2-3-3 結束 Raspberry Pi OS 作業系統

如同 Windows 作業系統，樹莓派的 Raspberry Pi OS 作業系統一樣需要正確的關機，也就是結束 Raspberry Pi OS 作業系統。請在桌面環境執行「Menu/Shutdown」命令（中文是**登出**命令），可以看到「Shutdown Options」對話方塊。

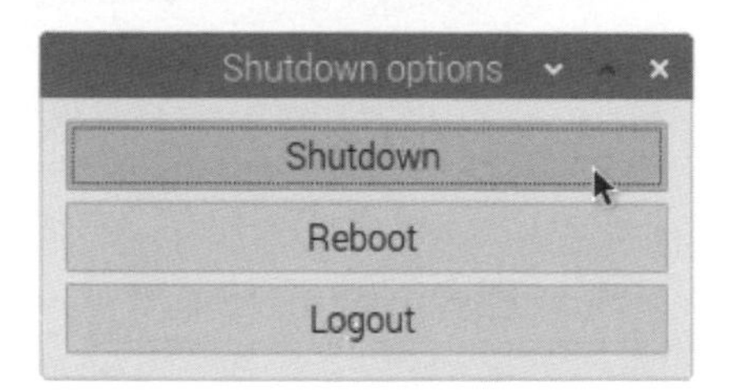

按 **Shutdown** 鈕關機，稍等一下，就可以移除電源。如果是按 **Reboot** 鈕是重新啟動 Raspberry Pi OS 作業系統；按 **Logout** 鈕是登出使用者。

2-4 設定 Raspberry Pi OS

在成功進入 Raspberry Pi OS 桌面環境後，接著，我們需要第 1 次設定 Raspberry Pi OS，和進行所需的本地和客製化設定。

2-4-1 第一次設定 Raspberry Pi OS 作業系統

在成功啟動 Raspberry Pi OS 作業系統後，就可以第一次設定 Raspberry Pi OS 作業系統，其步驟如下所示：

Step 1：如果是使用第 2-3-2 節方式啟動樹莓派，因為開啟 SSH，所以看到一個警告訊息，警告沒有更改使用者 pi 的密碼，因為在第 1 次設定就會更改密碼，所以請按 **OK** 鈕。

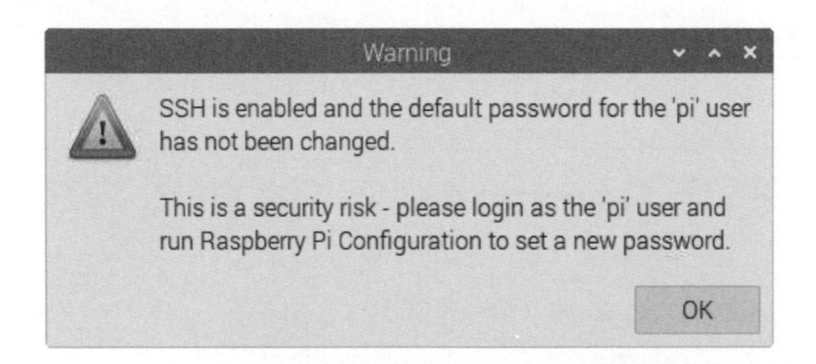

Step 2：可以看到第一次設定樹莓派的歡迎畫面，按 **Next** 鈕。

Step 3：首先是位置設定，請在 **Country** 欄選 **Taiwan**，**Language** 欄選 **Chinese**，**Timezone** 欄選 **Taipei**，因為是使用美式英文鍵盤，請勾選下方 **Use English language** 和 **Use US keyboard** 選項後，按 **Next** 鈕。

Step 4：稍等一下，在完成位置設定後，就可以更改預設使用者 pi 的密碼，請在 **Enter new password** 和 **Confirm new password** 欄輸入二次相同密碼後（在本書是使用 a123456），按 **Next** 鈕。

Welcome to Raspberry Pi

Change Password

The default 'pi' user account currently has the password 'raspberry'. It is strongly recommended that you change this to a different password that only you know.

Enter new password: •••••••

Confirm new password: •••••••

Hide characters

Press 'Next' to activate your new password.

Back Next

Step 5：桌面環境應該填滿整個螢幕，如果四周有黑邊，請勾選 **This screen shows a black boarder around the desktop**，按 **Next** 鈕。

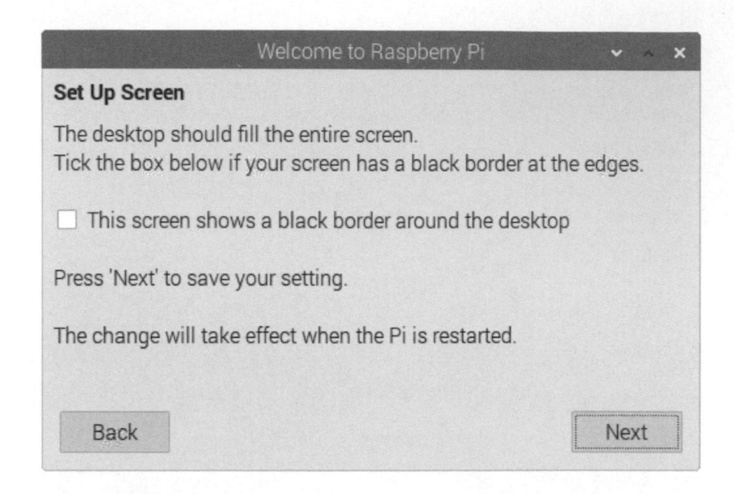

Step 6：然後在清單選擇無線網路，在選擇和設定後，按 **Next** 鈕。

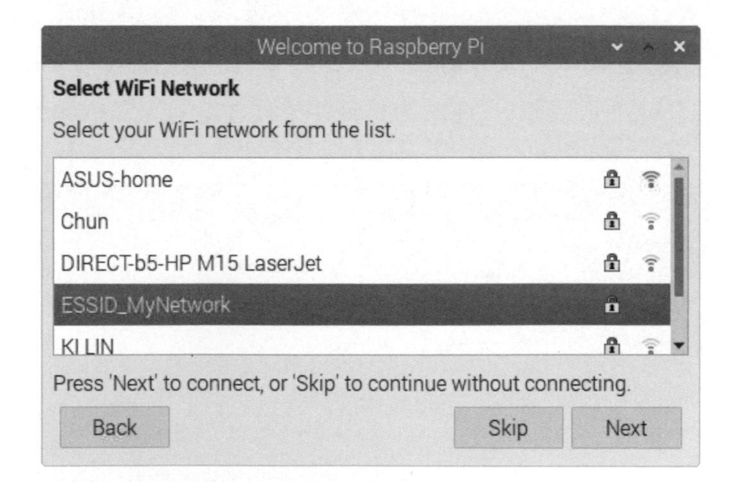

Step 7：接著是作業系統和相關軟體更新（需連線 Internet），這需花費不少時間，按 **Skip** 鈕可跳過不更新，建議第一次使用按 **Next** 鈕進行軟體更新。

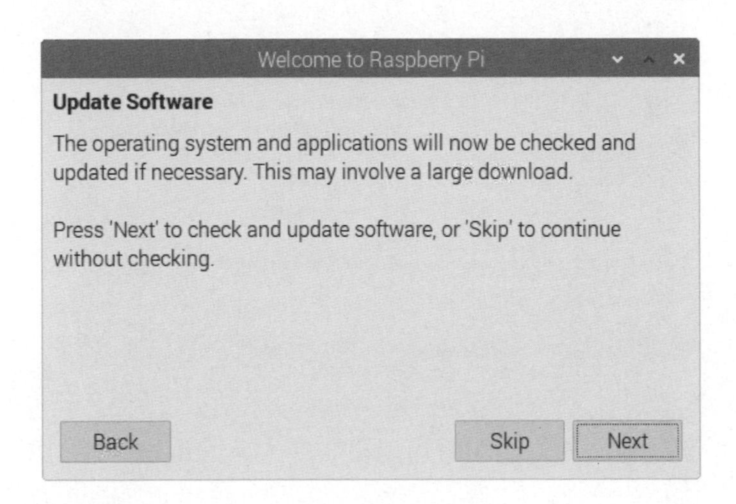

Step 8：等到軟體更新完成後，可以看到系統已經更新至最新的訊息視窗，請按 **OK** 鈕。

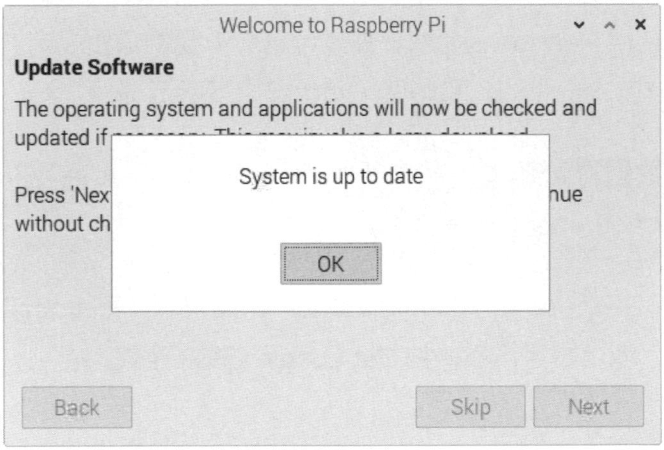

Welcome to Raspberry Pi

Update Software

The operating system and applications will now be checked and updated if

Press 'Nex

without ch

nue

System is up to date

OK

Back Skip Next

Step 9：按 **Restart** 鈕重新啟動樹莓派，以完成第一次設定。

等到重新啟動樹莓派後，就可以再次進入桌面環境來進行下一節的本地化設定。

2-4-2 Raspberry Pi OS 作業系統的本地化設定

在實際使用 Raspberry Pi OS 作業系統前，我們需要設定 Raspberry Pi OS 作業系統的本地化設定和時區，其步驟如下所示：

Step 1：在啟動樹莓派後，請執行「Menu/Preferences/Raspberry Pi Configuration」命令。

Step 2：在「Raspberry Pi Configuration」對話方塊，選 **Localisation** 標籤的本地化設定，然後按 **Set Locale** 鈕進行設定。

Raspberry Pi Configuration

System | Display | Interfaces | Performance | Localisation

Locale: Set Locale...

Timezone: Set Timezone...

Keyboard: Set Keyboard...

WiFi Country: Set WiFi Country...

Cancel OK

Step 3：在 **Language** 語言欄選 **zh (Chinese)**，**Country** 欄選 **TW (Taiwan)**，**Character Set** 字元集欄選 **UTF-8**，按 **OK** 鈕。

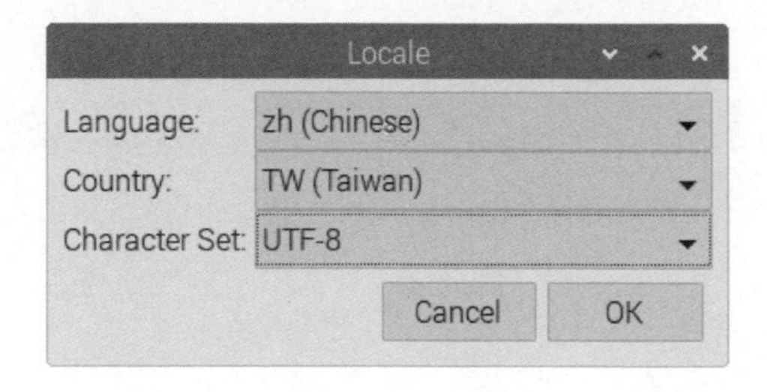

Step 4：請稍等一下，等待設定完成後，在「Raspberry Pi Configuration」對話方塊按 **OK** 鈕，可以看到「Reboot needed」訊息視窗，按 **Yes** 鈕重新啟動樹莓派，就可以完成本地化設定。

Reboot needed

The changes you have made require the Raspberry Pi to be rebooted to take effect.

Would you like to reboot now?

No Yes

在成功重新啟動樹莓派後，可以看到桌面環境的介面語言已經改成中文。

2-4-3 啟用 SSH 和 VNC 伺服器

樹莓派 Raspberry Pi OS 預設停用 SSH 介面和 VNC 伺服器，我們需要自行啟用 SSH 和 VNC 伺服器來使用遠端遙控，其步驟如下所示：

Step 1：請執行「Menu/Preferences/Raspberry Pi Configuration」命令（中文介面是「選單 / 偏好設定 /Raspberry Pi 設定」命令），可以看到「Raspberry Pi Configuration」對話方塊（中文是 Raspberry Pi 設定）。

Step 2：選 **Interfaces**（介面）標籤，在 SSH 列選 **Enabled**（啟用）啟用 SSH；VNC 列選 **Enabled**（啟用）啟用 VNC 伺服器後，按 **OK**（確定）鈕完成設定。

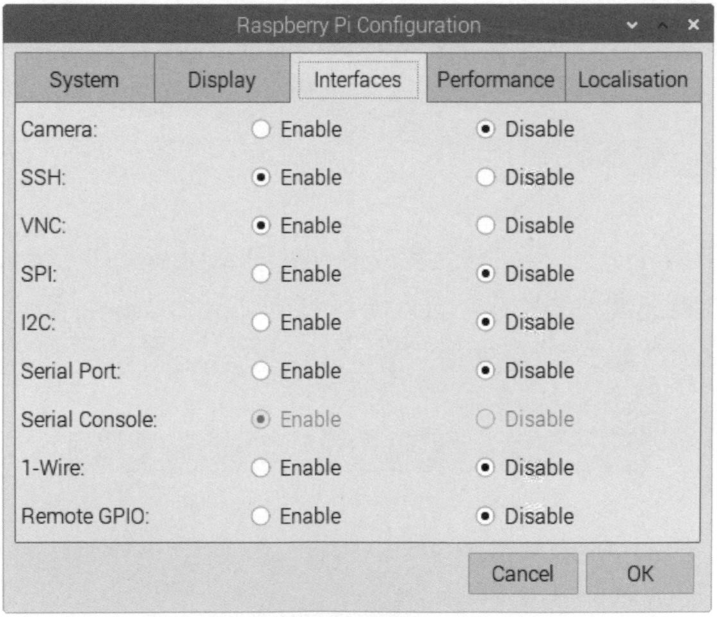

Raspberry Pi Configuration

System | Display | Interfaces | Performance | Localisation

Camera:	Enable	Disable
SSH:	Enable	Disable
VNC:	Enable	Disable
SPI:	Enable	Disable
I2C:	Enable	Disable
Serial Port:	Enable	Disable
Serial Console:	Enable	Disable
1-Wire:	Enable	Disable
Remote GPIO:	Enable	Disable

Cancel　OK

（英文介面）

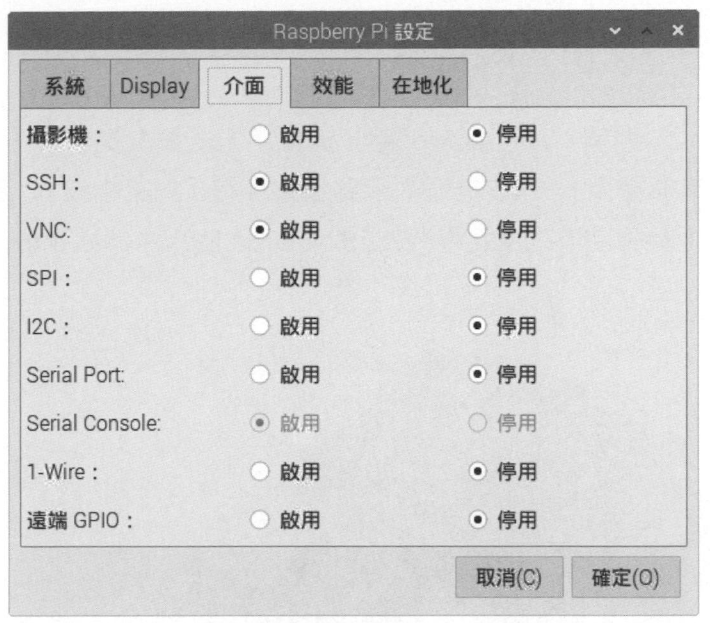

（中文介面）

當啟用 VNC 伺服器，在右上方工作列可以看到 Vnc 圖示（下圖左）；如果是遠端連線，可以看到圖示有黑色背景（下圖右），如下圖所示：

2-5 網路連線與藍牙裝置

樹莓派的網路連線可以使用 RJ-45 接頭的網路線來連接區域網路的有線網路（Wired Networking），或使用 WiFi 無線網路（Wireless Networking）。

2-5-1 使用有線網路

樹莓派如果使用 WiFi 無線網路，其使用方式請參閱第 2-5-2 節的說明，如果準備使用 RJ-45 接頭的網路線來連接「網路集線器」(Network Hub)，如此就是使用有線網路 (Wired Networking) 來連線 Internet，如下圖所示：

上述圖例在樹莓派的乙太網路連接器插入網路線後，啟動 Raspberry Pi OS 預設會自動進行網路設定，動態取得 IP 位址，可以在右上方看到網路連線的圖示，如下圖所示：

10:49

上述圖例第 2 個圖示的上下箭頭線是使用有線網路成功連線的圖示，當游標移至圖示上，稍等一下，可以看到 IP 位址，如下圖所示：

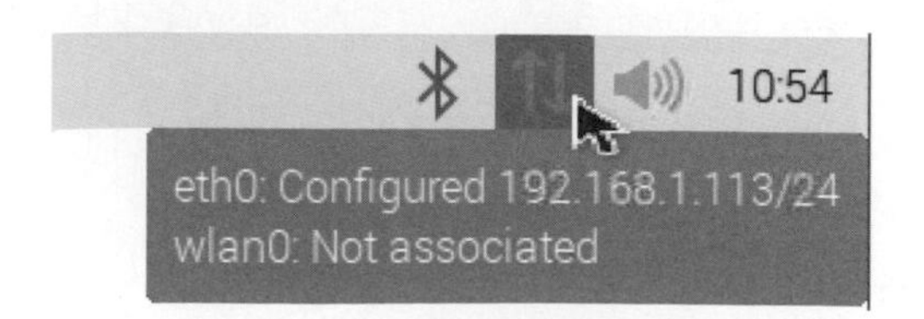

上述第 1 列的 eth0 是有線網路；第 2 列的 wlan0 是無線網路，訊息文字指出目前無線網路是斷線狀態。如果樹莓派使用固定 IP 位址，我們需要自行設定有線網路的相關參數（記得詢問網管人員取得相關參數值），請在圖示上按滑鼠**右**鍵，可以看到一個快顯功能表，如下圖所示：

執行 **Wireless & Wired Network Settings** 命令，可以看到「Network Preferences」對話方塊。

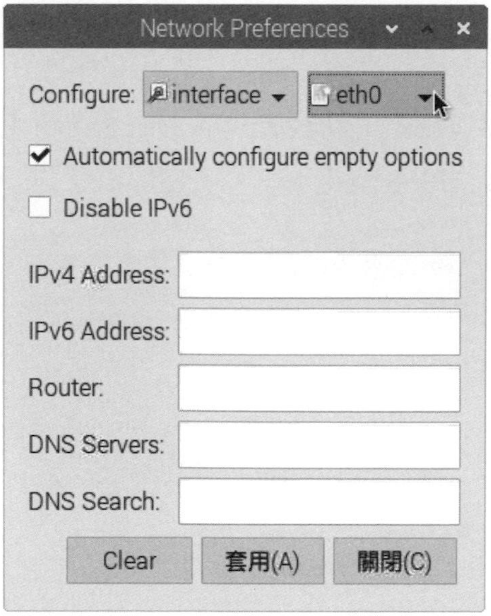

在上方右邊選 **eth0** 有線網路，可以在下方欄位輸入網路設定，相關欄位說明，如下所示：

- IPv4/v6 Address：輸入樹莓派指派的固定 IP 位址，因為勾選 **Automatically configure empty options**，如果欄位空白，就會自動指定動態 IP 位址。
- Router：輸入區域網路的路由器或閘道器的 IP 位址，如果沒有指定，樹莓派只能連接區域網路的電腦，而無法連線 Internet。
- DNS Server：輸入 DNS 伺服器的 IP 位址（請詢問網管人員），我們才能將輸入的網域名稱（Domain Name）轉換成 IP 位址。
- DNS Search：輸入 DNS 搜尋的字頭（請詢問網管人員），如果不確定輸入什麼，請勿輸入保留空白即可。

2-5-2 使用 WiFi 無線網路

在樹莓派 3/4 內建 WiFi 無線網路，在樹莓派成功啟動 Raspberry Pi OS 作業系統後，點選右上方倒數第 2 個 WiFi 圖示，稍等一下，可以看到可用的基地台清單，如下圖所示：

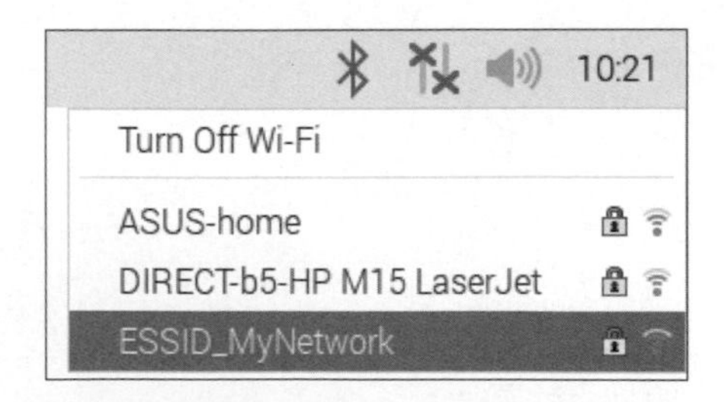

上述第 1 個命令 **Turn Off Wi-Fi** 是關閉無線網路，在選擇基地台後，如果有連線密碼，就會顯示對話方塊來輸入密碼，請在 **Pre Shared Key** 欄位輸入密碼後，按**確定**鈕建立 Internet 連線，如下圖所示：

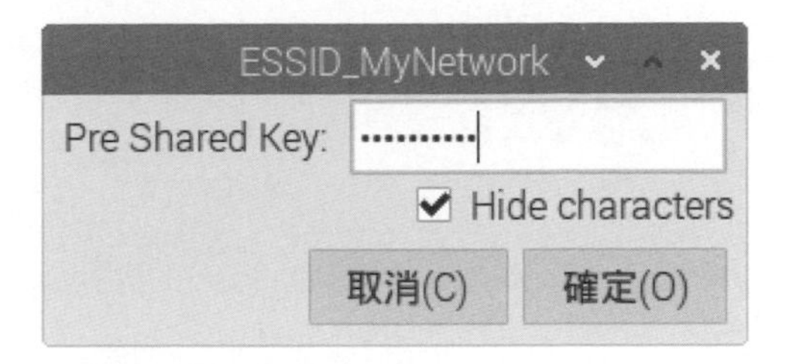

2-5-3 藍牙裝置配對

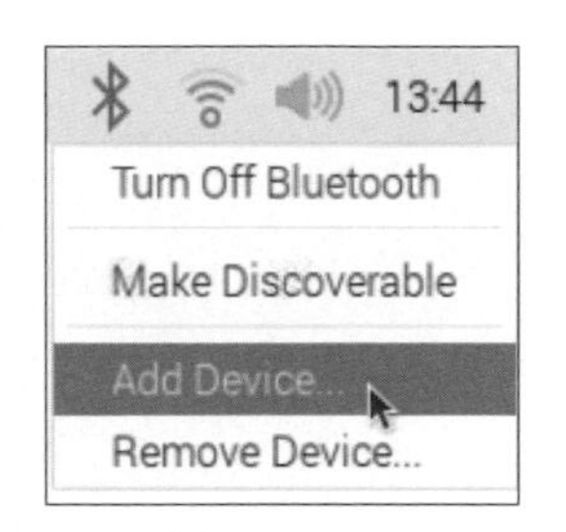

樹莓派 3/4 內建藍牙（Bluetooth），藍牙裝置配對是點選第 1 個藍牙圖示，在功能表第 1 個 **Turn Off Bluetooth** 命令是關閉藍牙功能，第 2 個 **Make Discoverable** 命令可以讓其他裝置搜尋到樹莓派，**Add Device** 命令是新增藍牙裝置，**Remove Device** 命令是移除藍牙裝置，如右圖所示：

請執行 **Add Device** 命令新增藍牙裝置，可以在「Add New Device」對話方塊，顯示搜尋到可用藍牙裝置。

在選擇後，請按 **Pair** 鈕進行配對，成功配對裝置後，可以看到成功配對的訊息視窗。

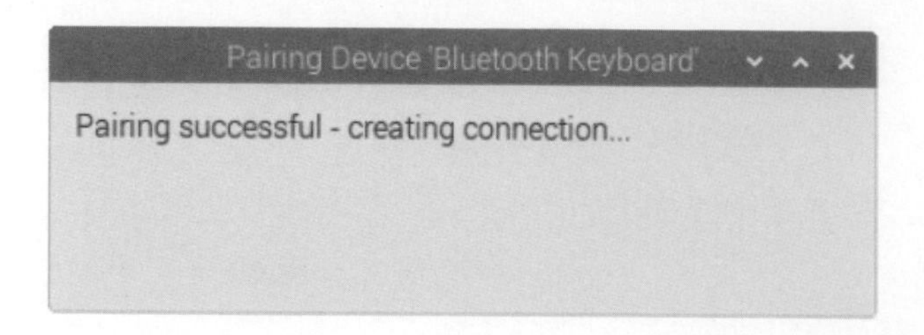

在樹莓派就可以使用藍牙來連接此裝置，以此例是藍牙鍵盤，如右圖所示：

學習評量

1. 請自行列出樹莓派的購買清單？
2. 請以你手上的樹莓派和周邊裝置為例，試著繪出樹莓派如何連接這些周邊裝置。
3. 請參考第 2-2 節的步驟在樹莓派的 Micro-SD 卡安裝 Raspberry Pi OS 作業系統後，直接參考第 2-3-2 節的說明和步驟，在 Windows 作業系統使用 VNC 來遠端遙控樹莓派。
4. 當成功啟動樹莓派後，請參考第 2-4 節的說明與步驟來啟動和設定 Raspberry Pi OS 作業系統。
5. 當成功啟動樹莓派後，請參考第 2-5 節的說明和步驟，將樹莓派連上 Internet 網路。

Raspberry Pi OS 基本使用

3-1 認識 Linux、終端機和桌面環境

樹莓派的 Raspberry Pi OS 作業系統是一種 Linux 作業系統，Linux 是一套開放原始碼的作業系統專案，其開發的「核心」(Kernel) 可以免費讓任何人使用，例如：Android 作業系統的核心也是 Linux。

3-1-1 終端機和桌面環境

Linux 核心 (Kernel) 是作業系統的心臟，負責使用者和硬體之間的通訊，請注意！核心並不包含應用程式，如果電腦只安裝 Linux 核心，事實上，我們根本作不了什麼事。

目前市面上的 Linux 作業系統，只有 Linux 核心相同，各家廠商都會依據不同需求建立客製化的套件版本 (Distributions)，套件會搭配不同的應用程式和桌面環境，樹莓派官方的 Linux 套件稱為 Raspberry Pi OS，這是源於著名的 Debian Linux 套件，所以，Debian Linux 就是 Raspberry Pi OS 作業系統的父套件。

早期 Linux 作業系統只有控制台的命令列模式，稱為「終端機」(Terminal)，我們需要使用鍵盤輸入文字的 Linux 指令來指揮電腦工作，所有 Linux 套件的終端機幾乎相同。但是，隨著視窗操作系統的興起，Linux 也支援稱為 X Window 的視窗系統，即 GUI 圖形使用介面 (Graphical User Interface)，或稱為「桌面環境」(Desktop Environment)。

Linux 套件因為各家支援的桌面環境不同，在外觀上有很大差異，例如：GNOME 和 KDE 是二套著名的 Linux 桌面環境，Raspberry Pi OS 作業系統的桌面環境在舊版稱為 LXDE（Lightweight X11 Desktop Environment），在 2016 年 9 月推出 PIXEL（Pi Improved X Window Environment, Lightweight），這是源於 X Window 的輕量型桌面環境。

3-1-2 Raspberry Pi OS 作業系統的使用方式

對於熟悉 Windows 作業系統的使用者來說，Raspberry Pi OS 這種 Linux 作業系統在使用上有一些差異，大部分 Windows 作業系統的使用者並不需要了解或使用到「命令提示字元」視窗的 MS-DOS 指令，因為視窗操作系統已經提供所有的操作功能。

Linux 作業系統的桌面環境雖然也可以執行大部分功能，不過，仍然有些功能，只能在終端機下達 Linux 指令來達成，而且，有時使用 Linux 指令反而比較簡單。Raspberry Pi OS 作業系統的使用有 2 種方式，其說明如下所示：

- 終端機的命令列模式：對比 Windows 作業系統是在「命令提示字元」視窗輸入 MS-DOS 指令，我們需要下達 Linux 指令來使用 Raspberry Pi OS 作業系統，進一步說明請參閱第 4 章。
- 桌面環境：對比 Windows 作業系統的視窗操作環境，可以使用滑鼠和視窗介面來使用 Raspberry Pi OS 作業系統，在本章說明的就是 Linux 作業系統的桌面環境。

3-2 使用 Raspberry Pi OS 桌面環境

Raspberry Pi OS 作業系統的桌面環境是 PIXEL，一套輕量化的 X Window，對於熟悉 Windows 作業系統的使用者來說，在操作上應該沒有太大的問題。

主功能表

在桌面左上角的第 1 個圖示是選單 (Menu) 的主功能表，對比 Windows 作業系統就是開始功能表，點選圖示即可開啟主功能表，如右圖所示：

在主功能表是使用分類方式來管理各種應用程式，各分類的應用程式說明，請參閱第 3-3 節。

應用程式列

位在桌面上方的橫條是應用程式列，對比 Windows 作業系統，就是下方的應用程式列，當在 Raspberry Pi OS 開啟應用程式，該應用程式標籤就會顯示在應用程式列上，例如：檔案管理程式和新增 / 刪除應用程式，如下圖所示：

上述應用程式列的第 1 個圖示是選單（對應 Windows 的開始功能表），在之後有 3 個預設的快速啟動圖示，如下圖所示：

在選單圖示旁的第 2 個是地球圖示，這是瀏覽器（Web Browser），點選可以啟動 Chromium 瀏覽器，如下圖所示：

我們只需在上方欄位輸入 URL 網址 https://www.google.com.tw/，按 Enter 鍵，就可以瀏覽網站內容。點選第 3 個檔案管理圖示，可以開啟檔案管理程式（File Manager），如下圖所示：

上述檔案管理程式預設使用者 pi 的根目錄「/home/pi」，其操作方式和 Windows 作業系統的檔案總管很相似，在右下角可以看到檔案系統的全部（Total）和可用空間（Free space）。

第 4 個圖示是 LX 終端機（Terminal），即 Windows 的「命令提示字元」視窗，其進一步說明請參閱第 4 章，如下圖所示：

3-3 Raspberry Pi OS 應用程式介紹

Raspberry Pi OS 作業系統支援多種實用的應用程式，我們可以使用 Raspberry Pi OS 作業系統的相關應用程式，來寫程式、瀏覽網頁、收發電子郵件、編輯文件、作簡報和玩遊戲等。

3-3-1 軟體開發

樹莓派本來的目的是為了程式設計教學，所以在「軟體開發」（Programming）分類下擁有多種程式編輯工具和整合開發環境，如下圖所示：

Geany

Geany 是 Linux 作業系統（也支援 Windows 作業系統）著名的輕量級整合開發環境，支援多種程式語言，包含：C、Java、PHP、HTML、Python、Perl 和 Pascal 等語言，其官方網址：https://www.geany.org/。Geany 執行畫面（以此例是 C 語言），如下圖所示：

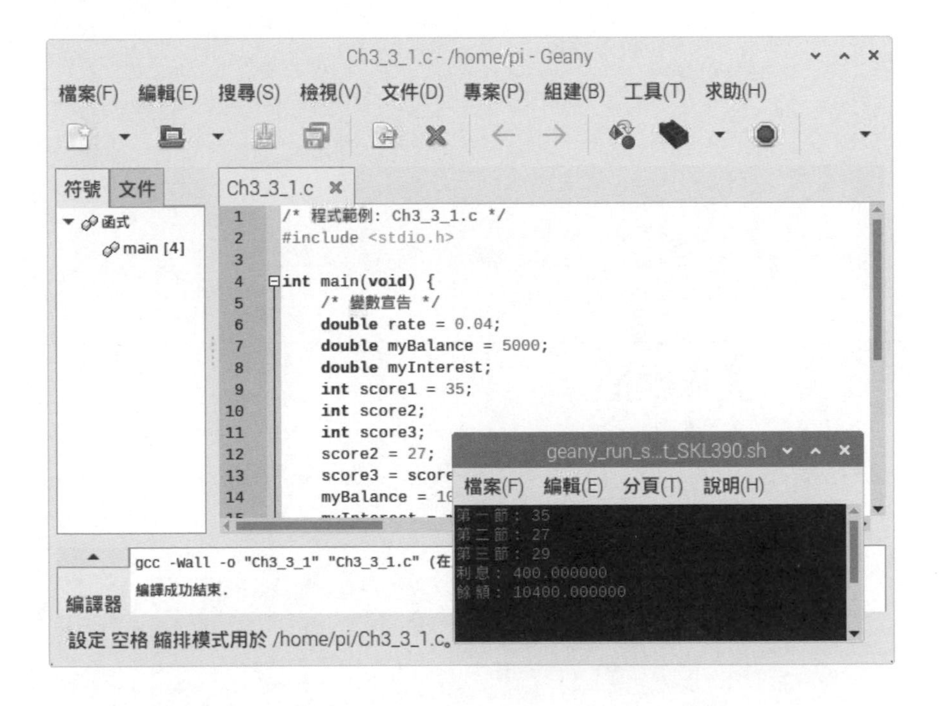

Thonny Python IDE

Thonny Python IDE 是愛沙尼亞 Tartu 大學所開發，一套完全針對初學者開發的免費 Python 整合開發環境，支援多種開發板的 MicroPython 程式語言。在本書第 6 章 Python 基礎教學有 Thonny 的進一步說明。Thonny Python IDE 執行畫面，如下圖所示：

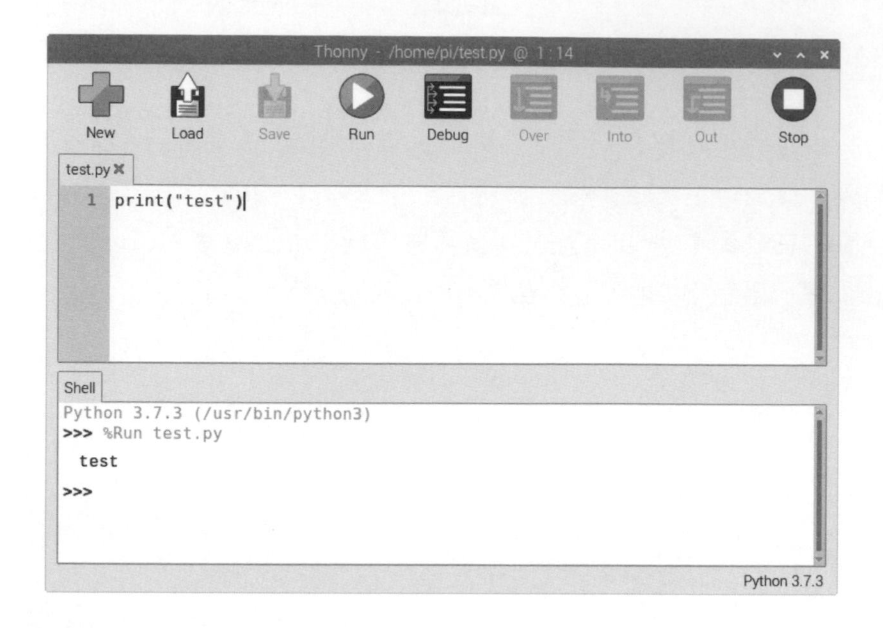

3-3-2 網際網路

「網際網路」(Internet) 分類包含瀏覽器，如下圖所示：

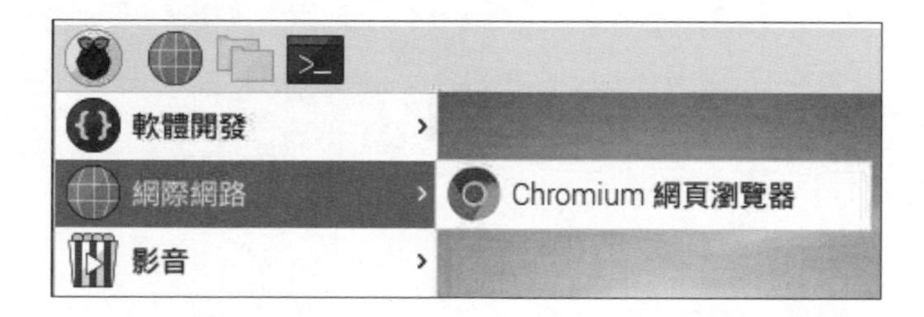

Chromium 網頁瀏覽器

Chromium 網頁瀏覽器 (Chromium Web Browser) 是 Raspberry Pi OS 內建瀏覽器，相當於 Windows 作業系統的 Microsoft Edge、Chrome 或 FireFox 等瀏覽器。

3-3-3 影音 / 美工繪圖

在「影音」(Sound & Video) 分類有媒體播放程式，「繪圖」(Graphics) 分類是秀圖的圖片檢視器，如下圖所示：

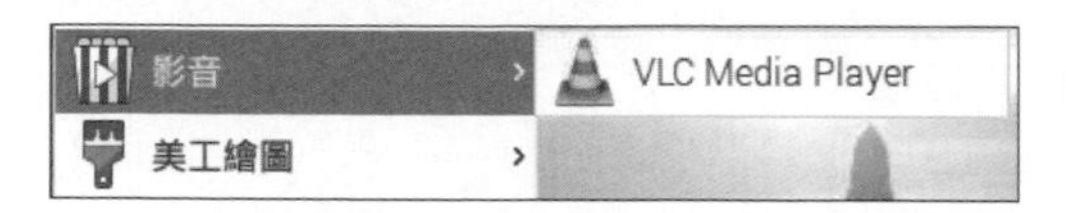

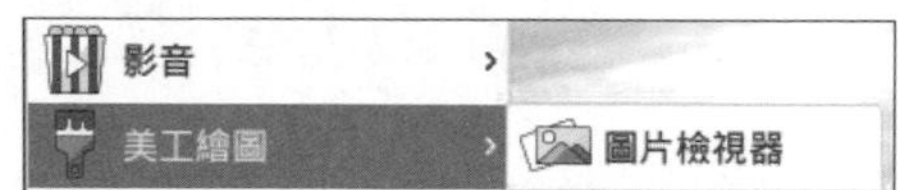

影音 /VLC Media Player

VLC Media Player (VLC 媒體播放器) 是 VideoLAN 計劃的開源多媒體播放器，支援眾多音訊與視訊解碼器及檔案格式，其官方網址：https://www.videolan.org/vlc/。VLC Media Player 執行畫面正在播放 Youtube 影片，如下圖所示：

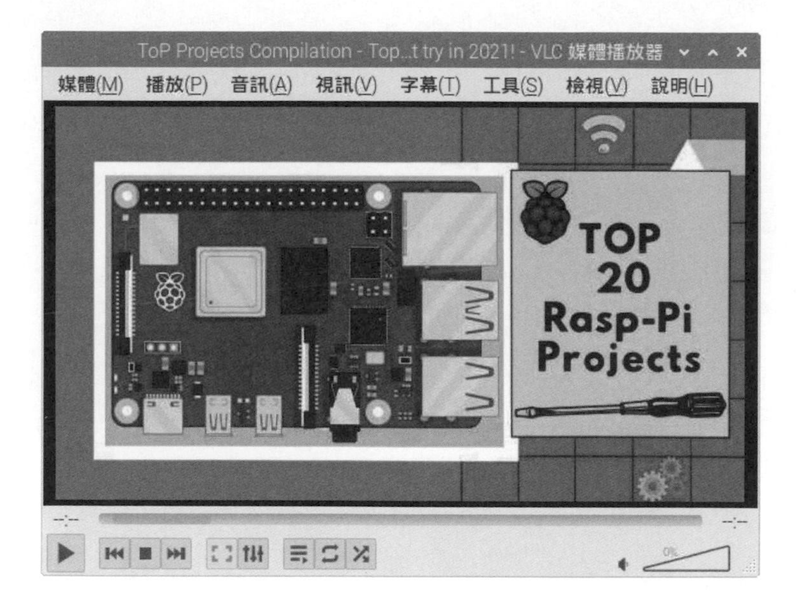

美工繪圖 / 圖片檢視器

圖片檢視器（Image Viewer）可以預覽數位相機、抓圖程式或檔案系統中的圖檔，如下圖所示：

3-3-4 附屬應用程式

「附屬應用程式」(Accessories) 分類是對比 Windows 作業系統的附屬應用程式，提供一些基本操作的好用工具，如下圖所示：

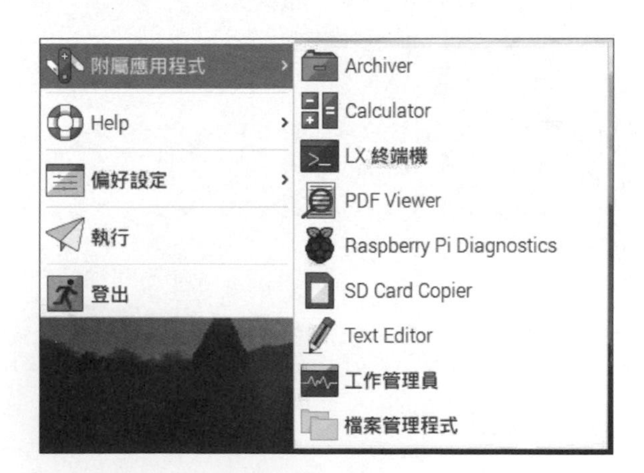

Archiver

Archiver 是 Raspberry Pi OS 作業系統內建的 ZIP 工具，可以幫助我們建立和解壓縮檔案，如下圖所示：

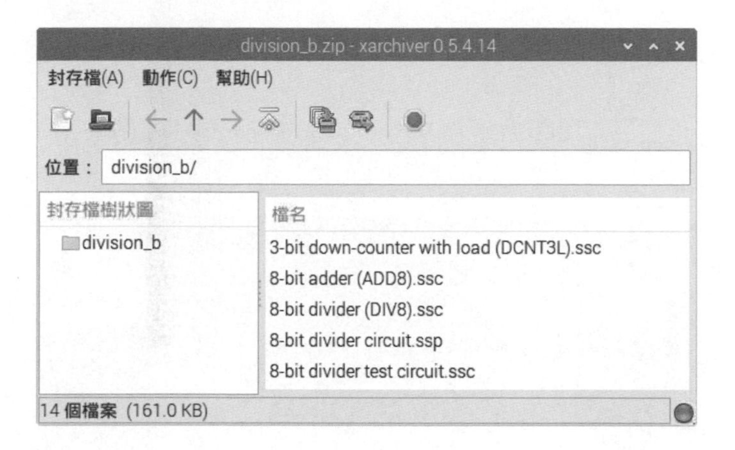

Calculator

Calculator 對比 Windows 小算盤，這是一個科學計算機，其執行畫面(已經執行「檢視」功能表命令切換成工程計算機)，如下圖所示：

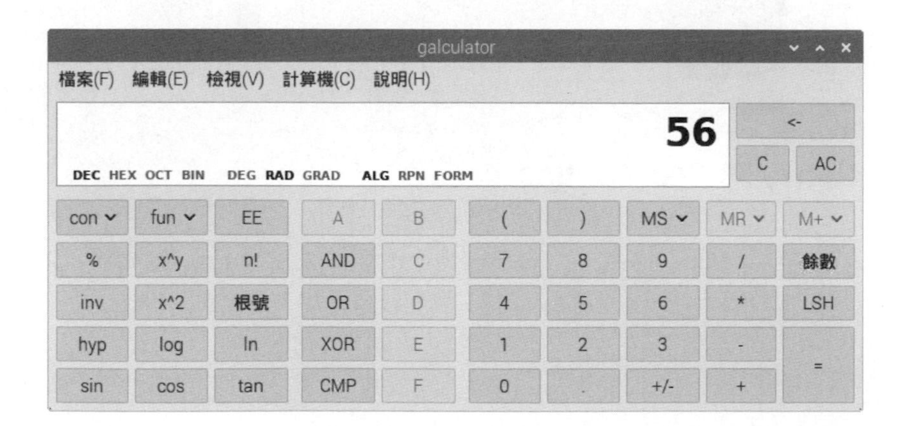

LX 終端機

LX 終端機相當於是 Windows 作業系統的「命令提示字元」視窗，可以讓我們輸入執行 Linux 指令，詳見第 4 章的說明。

PDF Viewer

PDF Viewer 可以預覽 PDF 格式的文件檔案，如下圖所示：

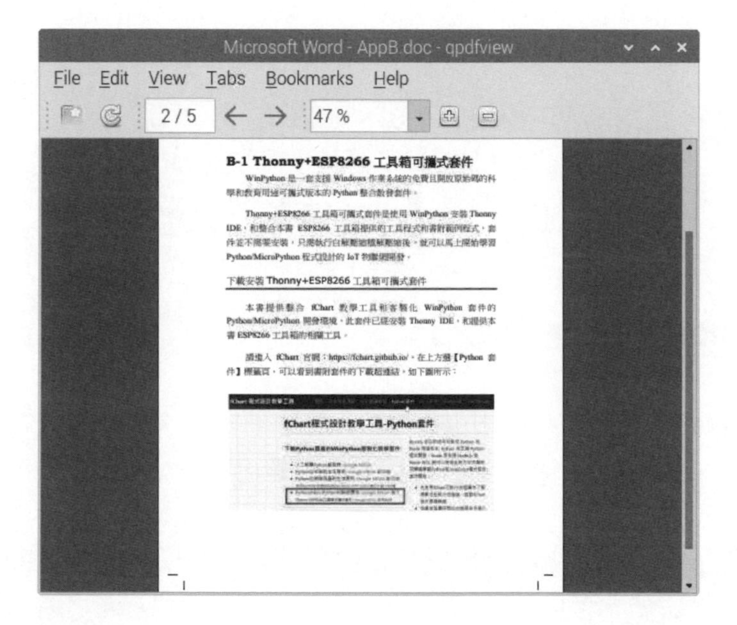

Raspberry Pi Diagnostics

Raspberry Pi Diagnostics 官方診斷工具可以測試 Micro-SD 卡的讀寫速度。

SD Card Copier

SD Card Copier 可以建立目前 Micro-SD 卡的備份，我們需要一張空白的 Micro-SD 卡和讀卡機來進行資料備份，如下圖所示：

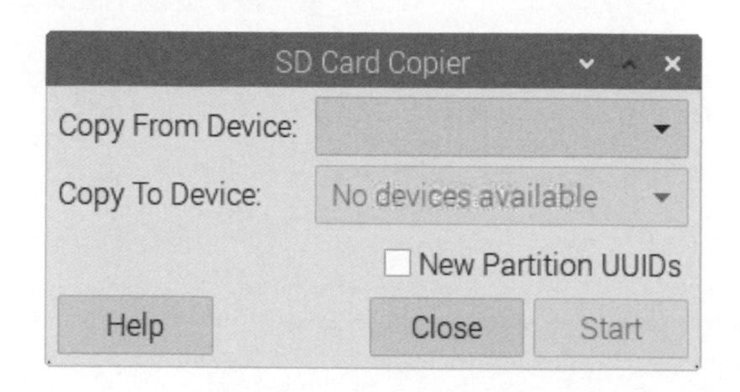

Text Editor

Text Editor 對比 Windows 作業系統的記事本，可以用來編輯簡單的純文字檔案，如下圖所示：

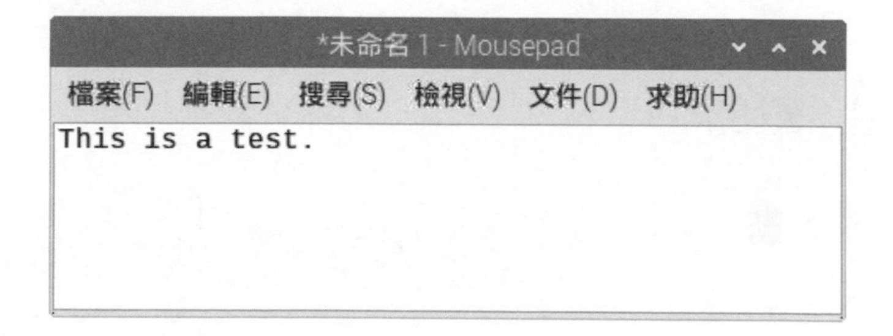

工作管理員

工作管理員（Task Manager）可以檢視目前 CPU 和記憶體的使用量，並且列出開啟的應用程式清單和使用多少資源，對於出錯的應用程式，我們可以在右鍵快顯功能表來結束或強行中止，如下圖所示：

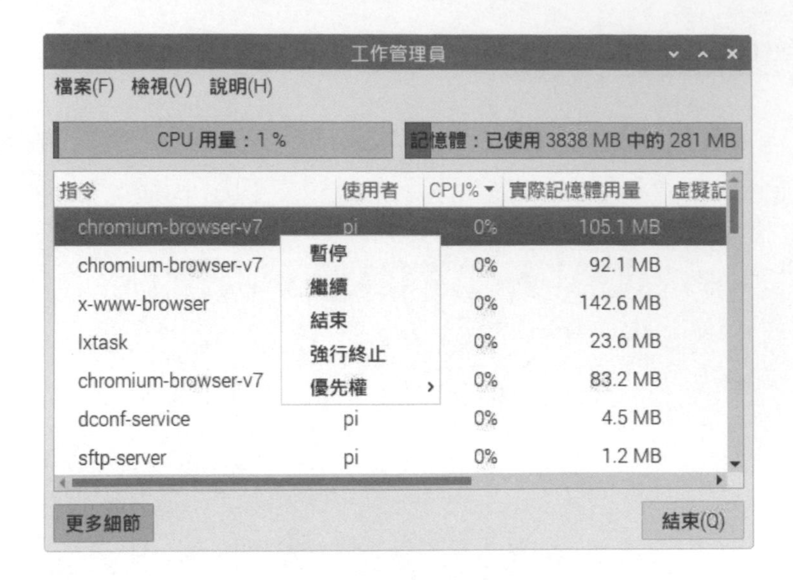

檔案管理程式

檔案管理程式（File Manager）是樹莓派的檔案總管，使用圖形化方式來管理連接儲存裝置的檔案，在第 3-2 節已經有說明此應用程式。

3-3-5 幫助

「Help」（幫助）分類是 Debian 和 Raspberry Pi 的線上參考資料和說明文件，如右圖所示：

BookShelf

Raspberry Pi 相關圖書、MagPi 雜誌的書架，如下圖所示：

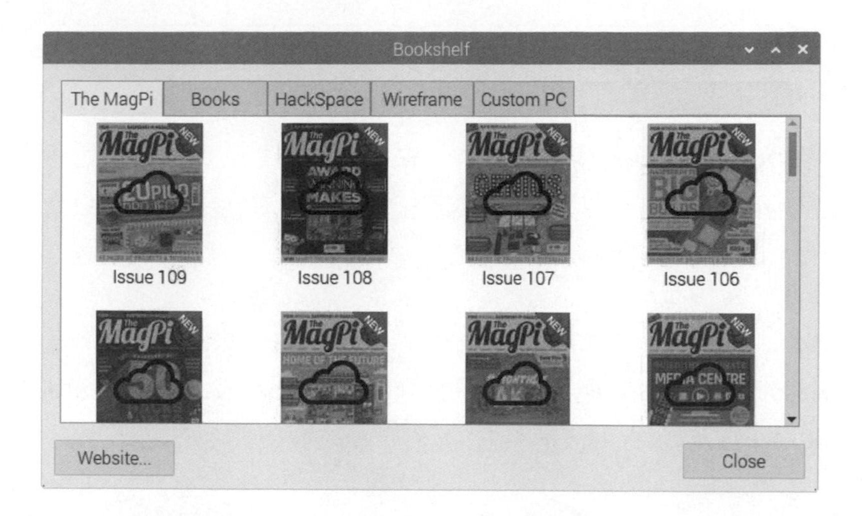

Debian 參考手冊

Debian Reference 是 Debian Linux 作業系統的線上參考文件，如下圖所示：

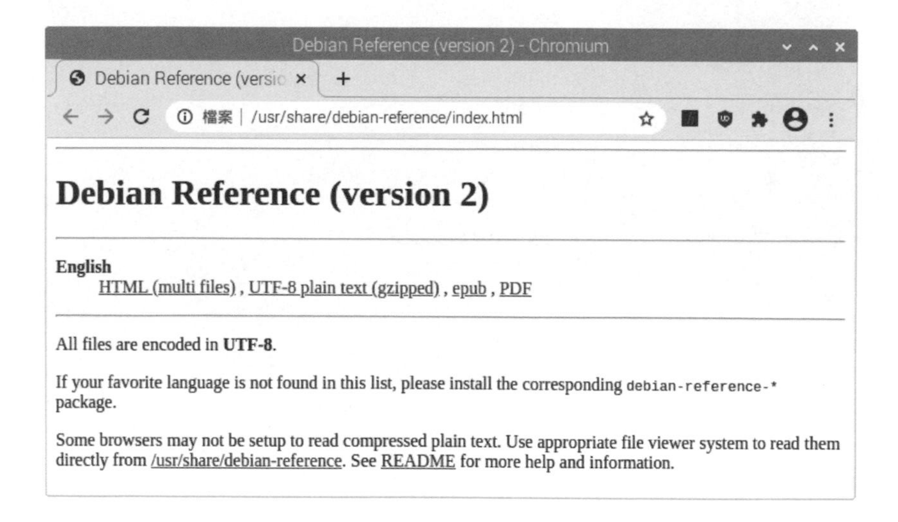

Get Started、Help 和 Projects

Raspberry Pi OS 的開始使用、幫助和專案的線上說明文件。

3-3-6 安裝建議的應用程式

Raspberry Pi OS 提供多種版本，在本書附的第三章完整版電子書會詳列 Raspberry Pi OS 完整版內建的應用程式清單。其他版本預設只會安裝部分應用程式，我們需要自行安裝所需的應用程式。

例如：本書第 7 章使用的 Sense HAT Emulator 和第 13 章的 Node-RED 如果沒有安裝，我們可以自行使用 **Recommended Software** 工具來安裝這些應用程式，以 Node-RED 為例，其安裝步驟如下所示：

Step 1：請執行「選單 / 偏好設定 /Recommended Software」命令啟動 Recommended Software，可以看到分類顯示的建議應用程式清單。

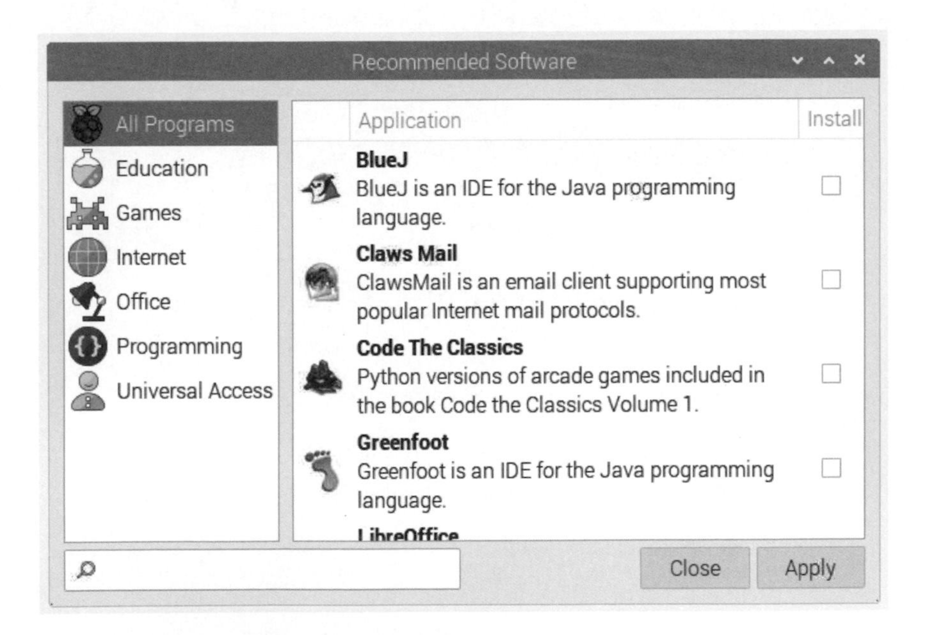

Step 2：在左邊選 **Programming** 軟體開發，可以在右邊看到此分類下的建議應用程式清單，請勾選 **Node-RED** 後，按 **Apply** 鈕。

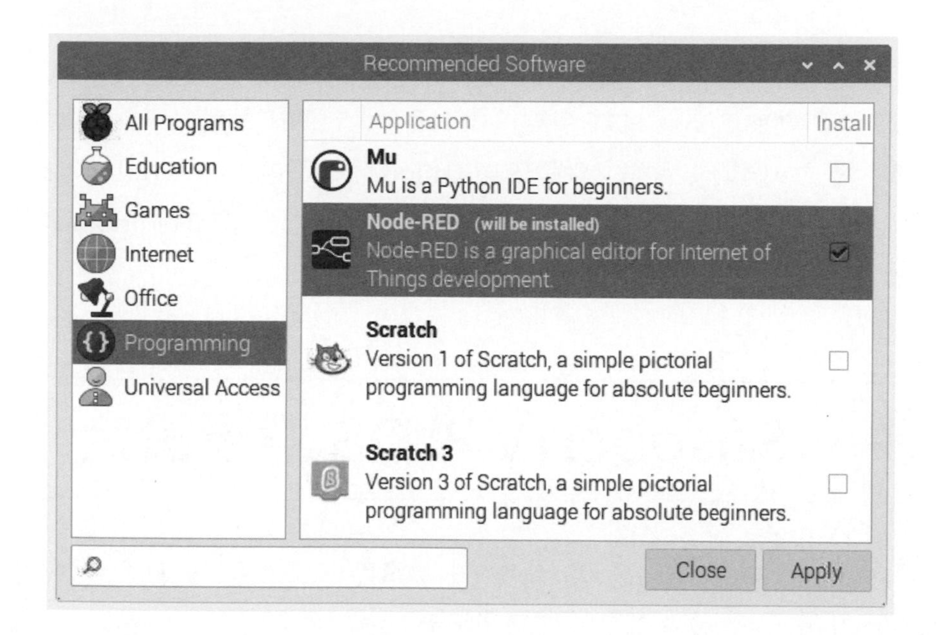

Step 3：可以看到下載和安裝進度，等到下載和安裝完成，可以看到完成安裝的訊息視窗，請按 **OK** 鈕。

Step 4：在選單的**軟體開發**就可以看到安裝的 Node-RED，如下圖所示：

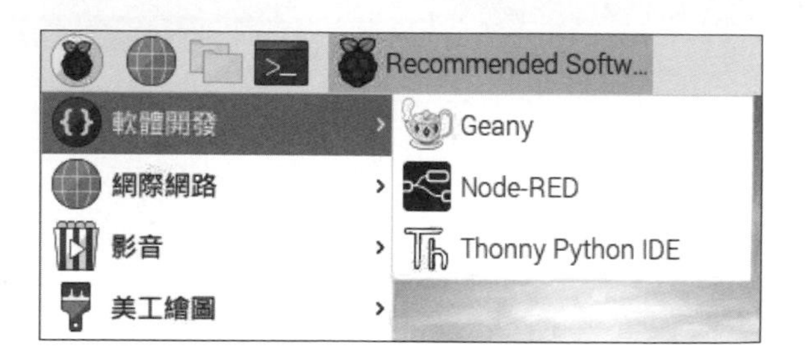

相同步驟，請勾選 **Programming** 分類下的 **Sense HAT Emulator**，安裝第 7 章所需的 Sense HAT 模擬程式。現在，我們可以依需求來安裝所需的應用程式，例如：編輯文件是安裝 **Office** 分類下的 **LibreOffice** 辦公室軟體（對比微軟 Office）；休閒娛樂是安裝 **Games** 分類下的 **Minecraft** 和 Python 遊戲等。

3-4 Raspberry Pi OS 選項設定

Preferences 選項設定可以新增 / 刪除應用程式、設定外觀、音效、主功能表和 Raspberry Pi 設定，如下圖所示：

上述執行（Run）命令可以執行應用程式，登出（Shutdown）命令是關機（詳見第 2-3-3 節的說明）。

3-4-1 新增 / 刪除應用程式

Add / Remove Software 新增 / 刪除應用程式可以使用圖形介面來新增或刪除應用程式。請執行「選單 / 偏好設定」下的「Add / Remove Software」命令，在左邊是分類管理系統已安裝和可新增的應用程式清單，選取**程式設計**分類，稍等一下，可以在右邊顯示以英文字母排序的程式清單，如下圖所示：

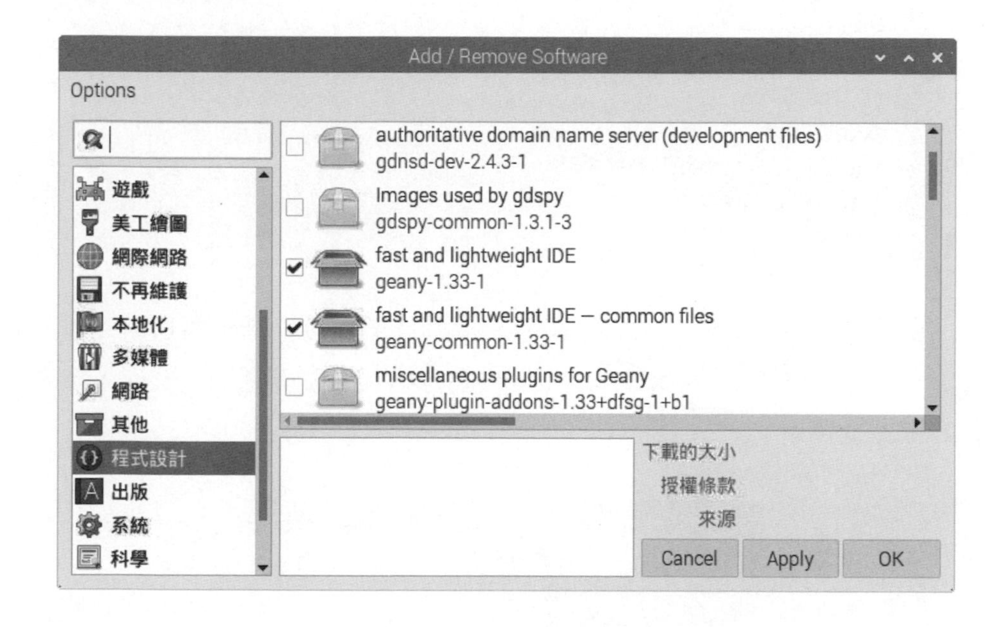

在上述圖例如果程式已經安裝，程式清單的名稱前會有勾號，例如：Geany，沒有勾號就是可新增的應用程式。

新增應用程式

因為 Raspberry Pi OS 支援的應用程式相當多，建議使用搜尋方式來新增安裝應用程式，請在左上方欄位輸入程式名稱的關鍵字，例如：抓圖程式 gnome-screenshot。請在左上方欄位輸入 gnome-screenshot，按

Enter 鍵，稍等一下，可以在右邊列出符合條件的應用程式清單，最後 1 個就是 gnome-screenshot，如下圖所示：

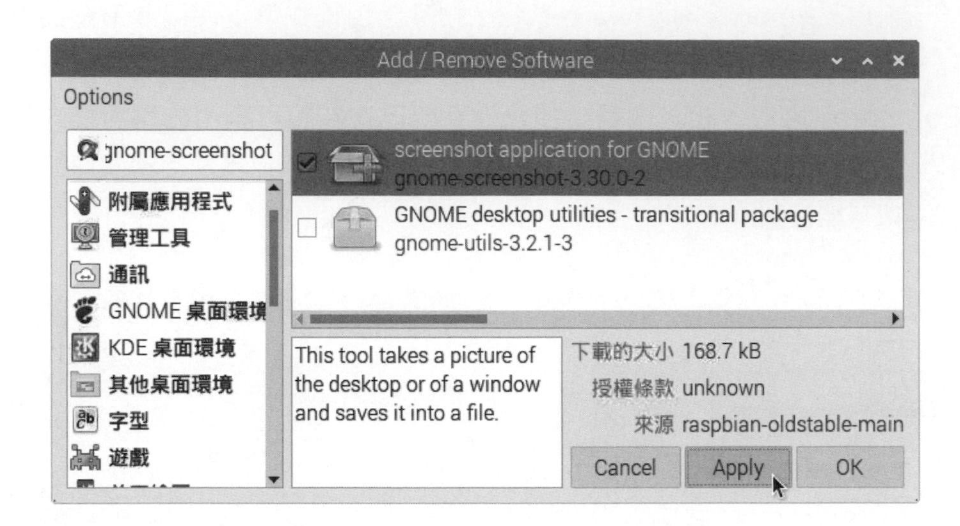

請勾選此應用程式，按右下角 **Apply** 鈕開始下載安裝，可以看到輸入密碼的「身份驗證」(Authentication) 對話方塊。在**密碼**欄輸入密碼，按**確定**鈕開始安裝。

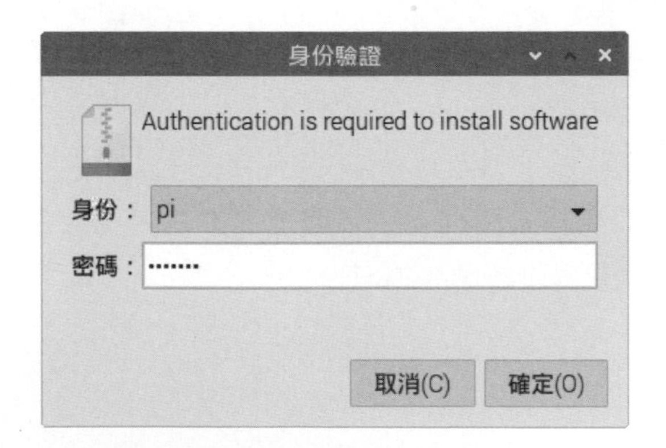

可以看到目前安裝進度視窗，請稍等一下，完成後，就可以在主功能表的**附屬應程式**分類看到安裝的應用程式**螢幕擷圖**。

請注意！因為 Linux 應用程式的安裝和刪除是使用套件管理，在安裝新的應用程式時，就會自動安裝所需的相關聯的應用程式，所以在主功能表可能會多出更多的應用程式。

刪除應用程式（解除安裝）

刪除應用程式的步驟和新增應用程式相反，在取消勾選已經安裝的應用程式後，按 **Apply** 鈕，就可以解除安裝已經安裝的應用程式。

3-4-2 外觀設定

外觀設定（Appearance Settings）可以設定桌面、功能表和系統的外觀，請執行「選單 / 偏好設定 / 外觀設定」命令，可以看到擁有四個標籤的「外觀設定」對話方塊，在最後的預設（Default）標籤可以設定三種螢幕尺寸的預設值。

桌面標籤

在桌面（Desktop）標籤是桌面的外觀設定，包含桌布圖片、色彩和文字色彩等，如下圖所示：

上述欄位說明如下所示：

- 佈局（Layout）：選擇是否有背景圖片和顯示方式是置中和擴展，無圖片（No image）是沒有背景圖片。
- 照片（Picture）：選擇佈局使用的背景圖片。
- 色彩（Colour）：選擇佈局使用的背景色彩。
- 文字色彩（Text Colour）：選擇文字色彩。

在下方勾選 **Documents** 可以在桌面顯示文件圖示，**Wastebasket** 是垃圾桶圖示，**Mounted Disks** 是掛載的硬碟圖示。

選單列標籤

在選單列（Menu Bar）標籤是主功能表的外觀設定，包含尺寸、位置和色彩，如下圖所示：

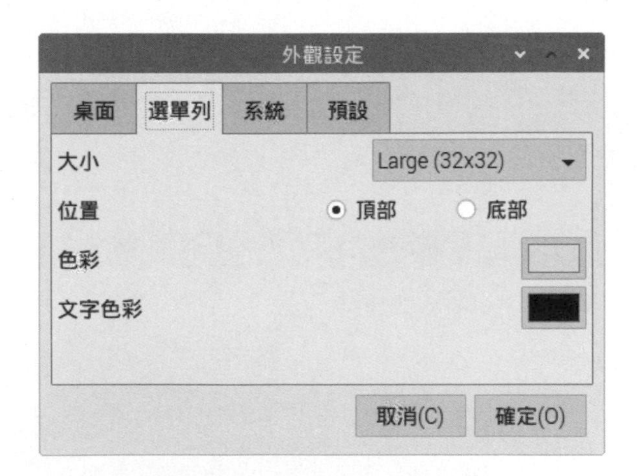

上述大小（Size）可以指定主功能表尺寸是大（Large）、中（Medium）和小（Small），位置（Position）選擇位在頂部（Top）；或底部（Bottom），色彩（Colour）和文字色彩（Text Colour）是背景和文字色彩。

系統標籤

在系統（System）標籤是系統外觀設定的字型和高亮度色彩，如下圖所示：

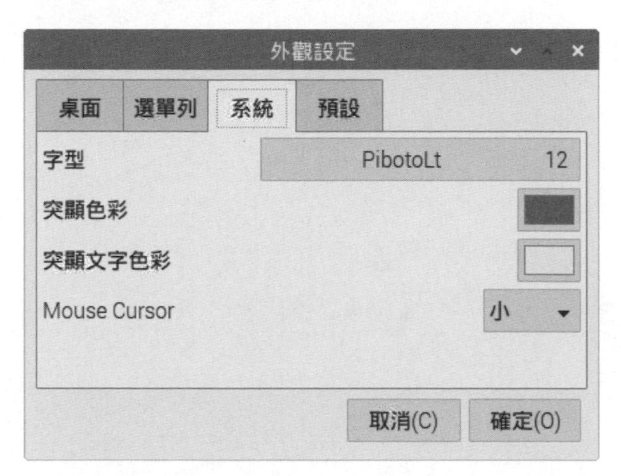

上述字型（Font）可以更改系統使用的字型，突顯色彩（Highlight Colour）和突顯文字色彩（Highlight Text Colour）是高亮度的背景和文字色彩，Mouse Cursor 是設定滑鼠游標的尺寸是大、中和小。

3-4-3 鍵盤及滑鼠

鍵盤及滑鼠（Mouse and Keyboard）是用來設定鍵盤與滑鼠的靈敏度，請執行「選單 / 偏好設定 / 鍵盤及滑鼠」命令，可以看到擁有二個標籤的「Mouse and Keyboard Settings」對話方塊。

滑鼠標籤

在滑鼠（Mouse）標籤上方的「Motion」區段可以拖拉調整滑鼠的加速度（Acceleration），在之下的「Double click」區段是調整雙擊之間的延遲時間（Delay），最後的**慣用左手**（Left handed）核取方塊，可以設定是使用左手來操作滑鼠，如下圖所示：

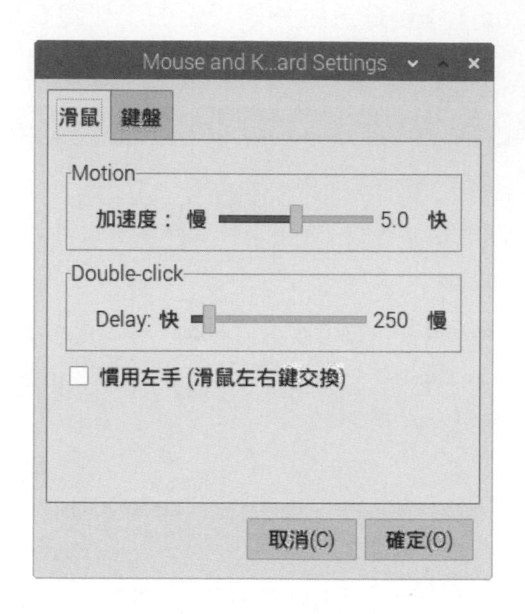

鍵盤標籤

在鍵盤（Keyboard）標籤是在「Character Repeat」區段拖拉調整重複按鍵的重複延遲（Delay）和重複間隔（Interval）時間，下方核取方塊是錯誤時是否嗶聲提醒，按 **Keyboard Layout** 鈕指定鍵盤配置，如右圖所示：

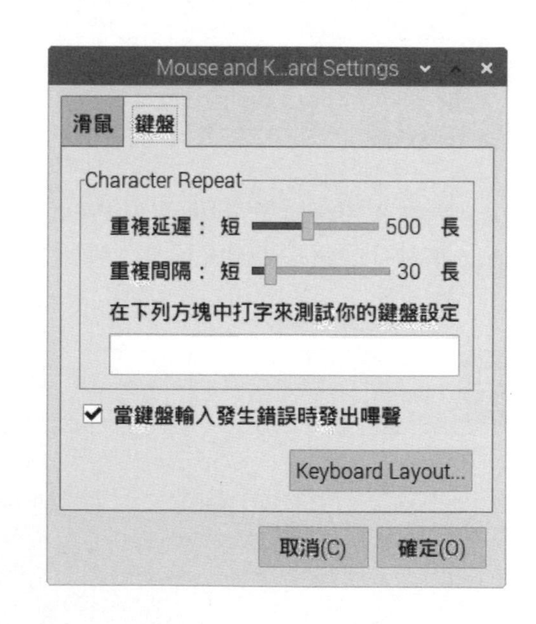

3-4-4 主功能表編輯器

Main Menu Editor 主功能表編輯器是用來客製化 Raspberry Pi OS 的主功能表，請執行「選單 / 偏好設定 /Main Menu Editor」命令，可以看到「Main Menu Editor」對話方塊。

按右上角**新增選單**和**新增項目**鈕可以新增選單和項目，下方按鈕是用來調整項目位置和刪除項目。

3-4-5 樹莓派設定

Raspberry Pi Configuration 是用來設定樹莓派的系統、介面、效能和本地化的相關設定，請執行「選單 / 偏好設定 /Raspberry Pi 設定」命令，可以看到五個標籤的「Raspberry Pi 設定」對話方塊。

系統標籤

在系統（System）標籤可以更改密碼、指定樹莓派的主機名稱、是否預設進入桌面環境和是否自動登入等，如下圖所示：

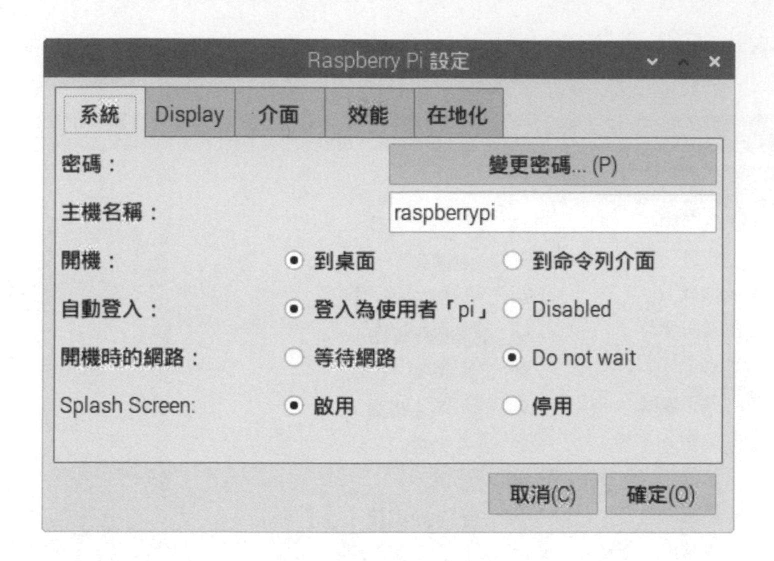

上述各欄位的說明，如下所示：

- 密碼（Password）：按**變更密碼**鈕可以更改登入使用者的密碼，即預設使用者 pi 的密碼。
- 主機名稱（Hostname）：指定樹莓派的主機名稱，這就是網路上看到的名稱。
- 開機（Boot）：指定啟動 Raspberry Pi OS 是進入桌面環境**到桌面**（To Desktop），或是終端機的**到命令列介面**（To CLI）。
- 自動登入（Auto Login）：是否啟動 Raspberry Pi OS 自動登入使用者 pi，勾選就是自動以使用者 pi 來登入。
- 開機時的網路（Network at Boot）：是否等待網路連線才執行啟動程序，勾選**等待網路**（Wait for network）是等待，預設是 Do not wait 不等待。

- Splash Screen：在啟動時是否顯示 PIXEL 歡迎畫面，預設值**啟用**是顯示。

Display 標籤

在 Display 標籤是顯示設定，可以設定過掃描、像素倍增和螢幕自動變黑（樹莓派 3 還可以設定螢幕解析度），如下圖所示：

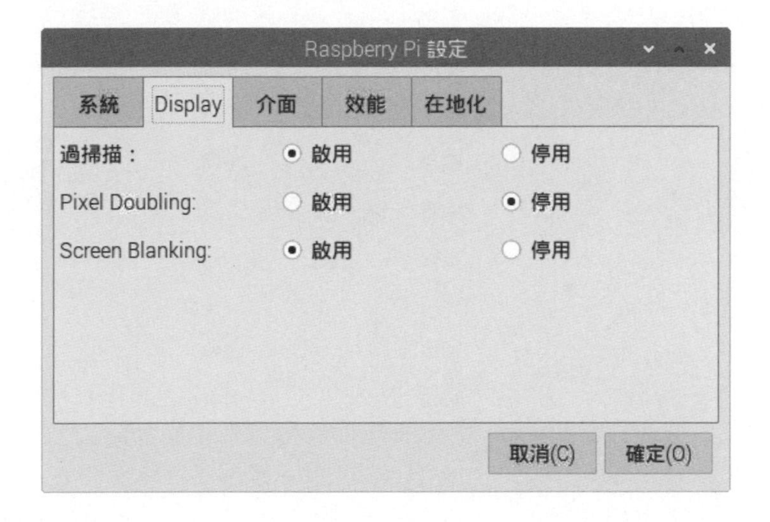

上述各欄位的說明，如下所示：

- Resolution：樹莓派 3 才有此欄位，樹莓派 4 因為支援雙螢幕，所以改用第 3-4-6 節的 Screen Configuration 來設定，按 **Set Resolution** 鈕可以指定螢幕解析度。
- 過掃描（Overscan）：當樹莓派顯示畫面超過螢幕尺寸時，請選**啟用**；反之，如果四周顯示黑邊，請選**停用**。
- Pixel Doubling：像素倍增是每一個像素使用 2×2 區塊的像素來繪出。
- Screen Blanking：設定是否在一段時間後，螢幕就會自動變黑。

介面標籤

在介面（Interface）標籤是用來啟用和停用樹莓派的一些硬體或軟體介面，如下圖所示：

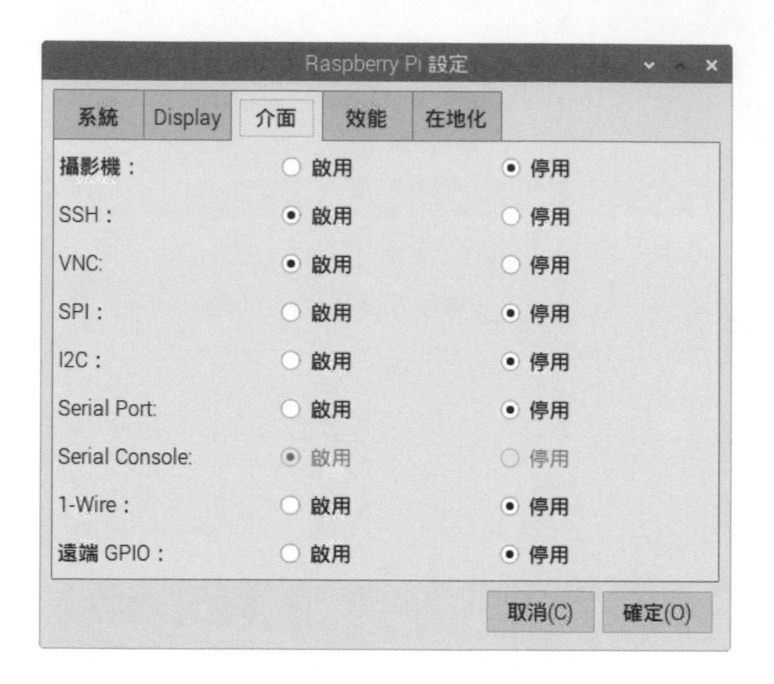

上述攝影機（Camera）是樹莓派專屬相機模組的介面，SSH（Secure Shell）是啟用在網路遠端使用樹莓派的終端機，SPI、I2C、Serial 和 1-Wire 是啟用樹莓派 GPIO 的硬體通訊協定，最後的遠端 GPIO（Remote GPIO）是否允許遠端使用 GPIO。

效能標籤

在效能（Performance）標籤是用來設定是否增加系統的運算效能，我們可以指定是否超頻（Overclock，保留給樹莓派二代的功能，三代以上則須手動修改設定檔），和保留給 GPU 使用的記憶體，筆者的樹莓派是 76MB，如下圖所示：

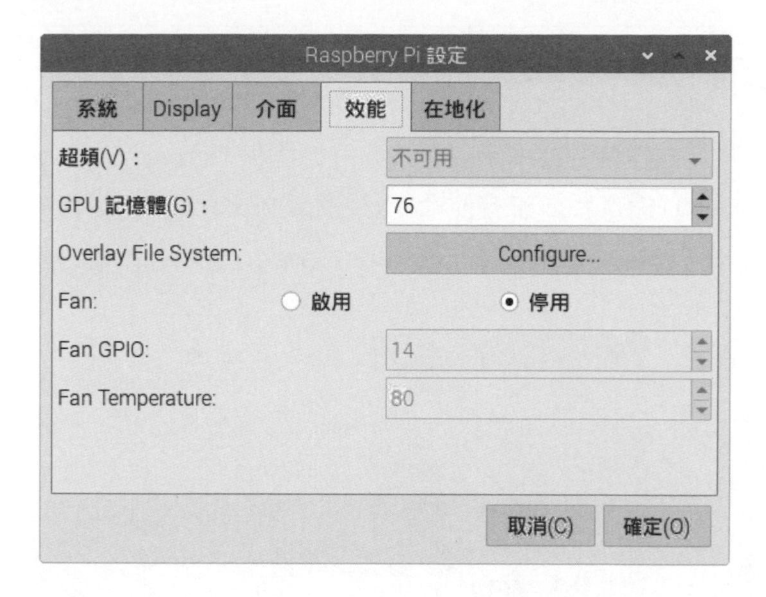

在地化標籤

在地化（Localisation）標籤是本地化設定，第 2-4-2 節已經說明過，最後的 WiFi 國家（WiFi Country）是用來指定不同國家使用的 WiFi 頻率，如下圖所示：

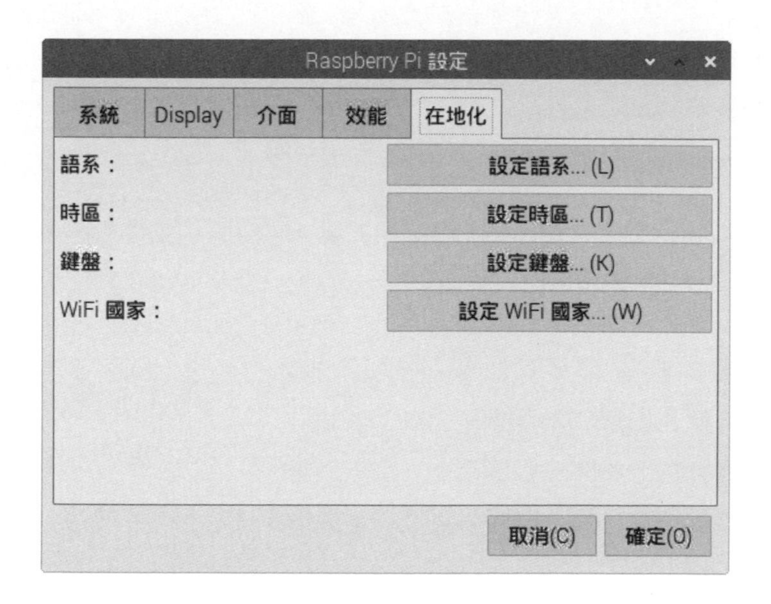

3-4-6 螢幕設定

樹莓派 4 支援雙螢幕，所以在偏好設定提供 Screen Configuration 來進行螢幕設定（樹莓派 3 沒有此命令）。請執行「選單 / 偏好設定 /Screen Configuration」命令，可以看到「Screen Configuration」對話方塊。

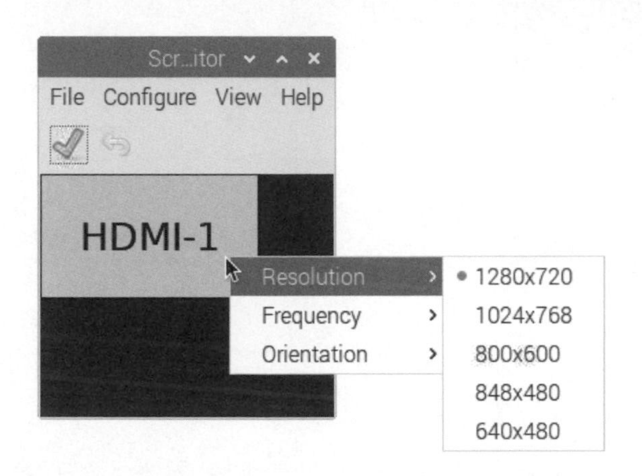

上述圖例顯示一個 HDMI-1 的螢幕，修改螢幕設定請執行右鍵快顯功能表的命令，Resolution 是解析度；Frequency 是頻率；Orientation 是方向。

請注意！在完成螢幕設定後，別忘了執行「Configure/ 套用」命令來套用螢幕設定，執行「File/ 結束」命令結束螢幕設定。

3-4-7 音效輸出設定

樹莓派的音效裝置可以設定是輸出至 HDMI 或使用 3.5mm 音頻插孔（AV Jack）。請在桌面環境右上角的喇叭圖示上，執行右鍵快顯功能表的切換音效是從哪裡輸出，如右圖所示：

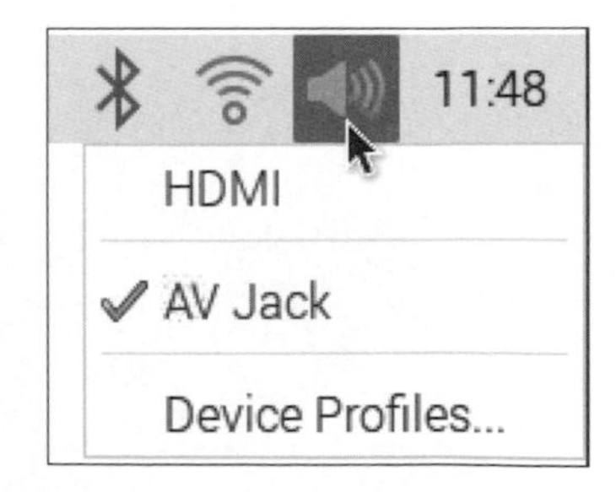

執行 **Device Profiles** 命令，可以看到「Device Profiles」對話方塊，我們可以設定 AV Jack 和 HDMI 的輸出或關閉輸出，如下圖所示：

3-5 在 Raspberry Pi OS 執行命令

在 Raspberry Pi OS 執行「選單 / 執行」命令可以輸入應用程式名稱來執行指定的應用程式，例如：在第 3-4-1 節安裝的 gnome-screenshot，如下圖所示：

在欄位輸入應用程式名稱 gnome-screenshot，按**確定**鈕，可以啟動螢幕擷圖程式來抓取螢幕。在「/home/pi/Pictures」目錄可以看到抓取的螢幕擷圖，如下圖所示：

請注意！主功能表的項目名稱並不是應用程式的真正名稱，例如：啟動 Text Editor 需要輸入 mousepad；Web 瀏覽器輸入 chromium-browser。

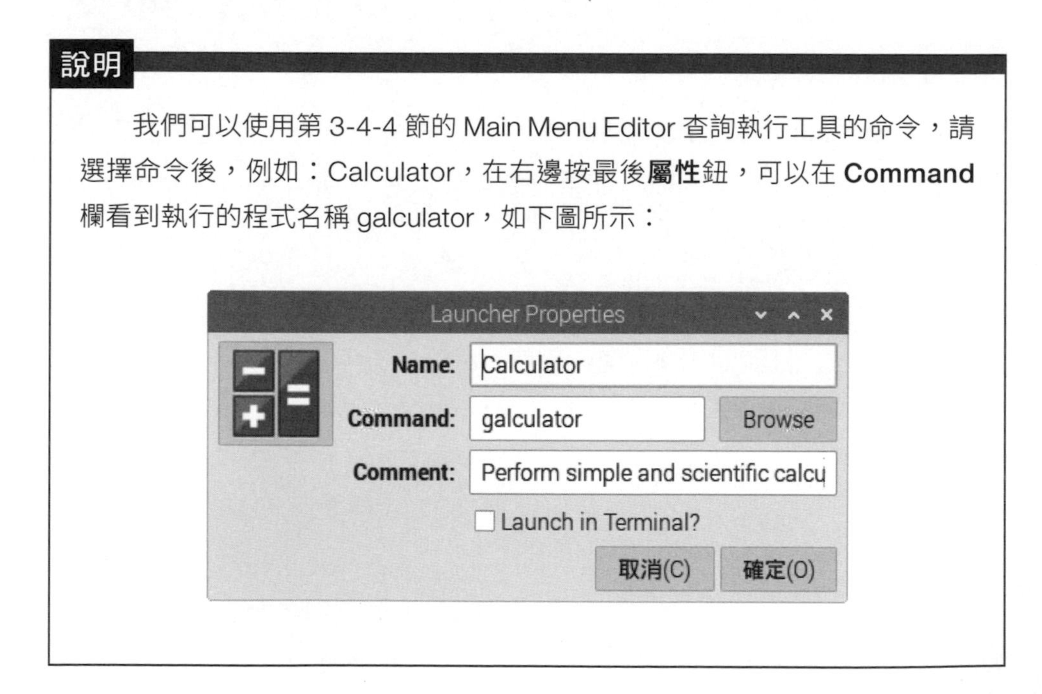

說明

我們可以使用第 3-4-4 節的 Main Menu Editor 查詢執行工具的命令，請選擇命令後，例如：Calculator，在右邊按最後**屬性**鈕，可以在 **Command** 欄看到執行的程式名稱 galculator，如下圖所示：

3-6 在 Windows 和樹莓派之間交換檔案

在 Windows 作業系統的 PC 電腦可以安裝 SFTP 客戶端，然後使用 SFTP 通訊協定，在 Windows 作業系統和樹莓派之間交換檔案，例如：將本書 Python 範例程式上傳至樹莓派。

下載與安裝 WinSCP

WinSCP 是免費的 SFTP 客戶端，其官方下載網址如下所示：

https://winscp.net/eng/download.php

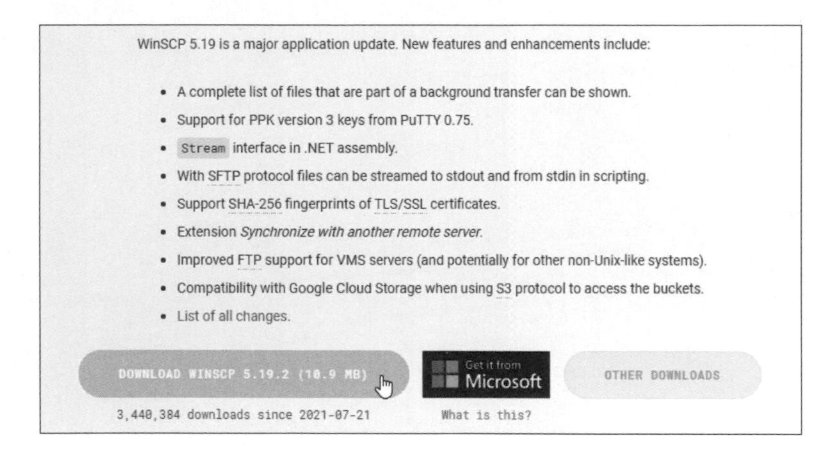

請點選 **DOWNLOAD WINSCP 5.19.2** 超連結下載安裝程式，其下載檔案名稱是 **WinSCP-5.19.2-Setup.exe**。

請執行安裝程式，在安裝的精靈畫面依序按**接受**、2 次**下一步**、**安裝**和**完成**鈕來安裝 WinSCP。

使用 WinSCP 在 Windows 和樹莓派之間交換檔案

在成功下載和安裝 WinSCP 後，就可以啟動 WinSCP 在 Windows 和樹莓派之間交換檔案，其步驟如下所示：

Step 1：請執行「開始 /WinSCP」命令啟動 WinSCP，可以看到「登入」對話方塊。

Step 2：在**主機名稱**欄輸入樹莓派主機名稱或 IP 位址，下方**使用者名稱**欄輸入使用者 pi，**密碼**欄輸入更改後的密碼 a123456，按**登入**鈕進行登入。

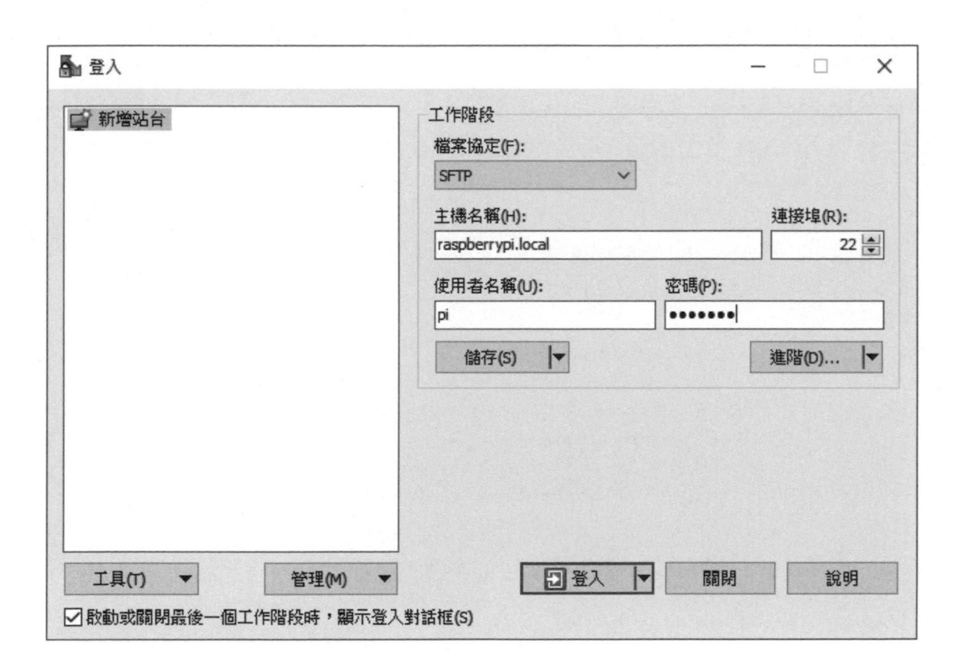

Step 3：如同 PuTTY 因為主機 SSH 金鑰沒有儲存，請按**是**鈕。

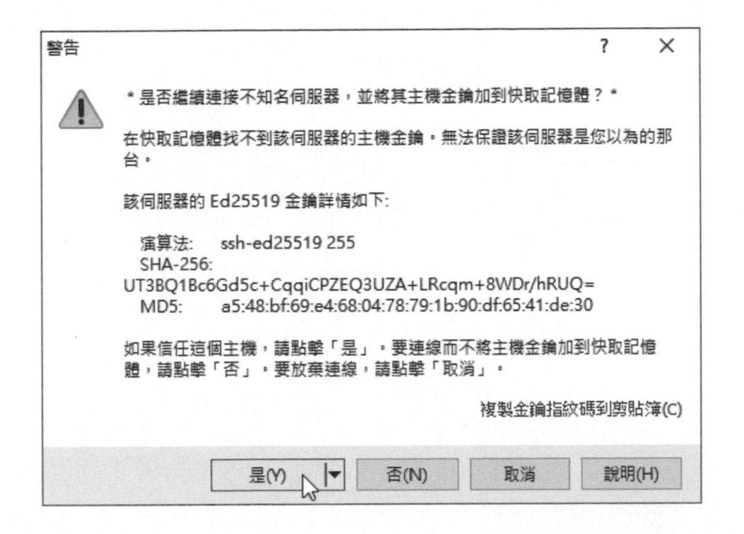

Step 4：稍等一下，可以看到本地 PC 和遠端樹莓派的檔案系統，如下圖所示：

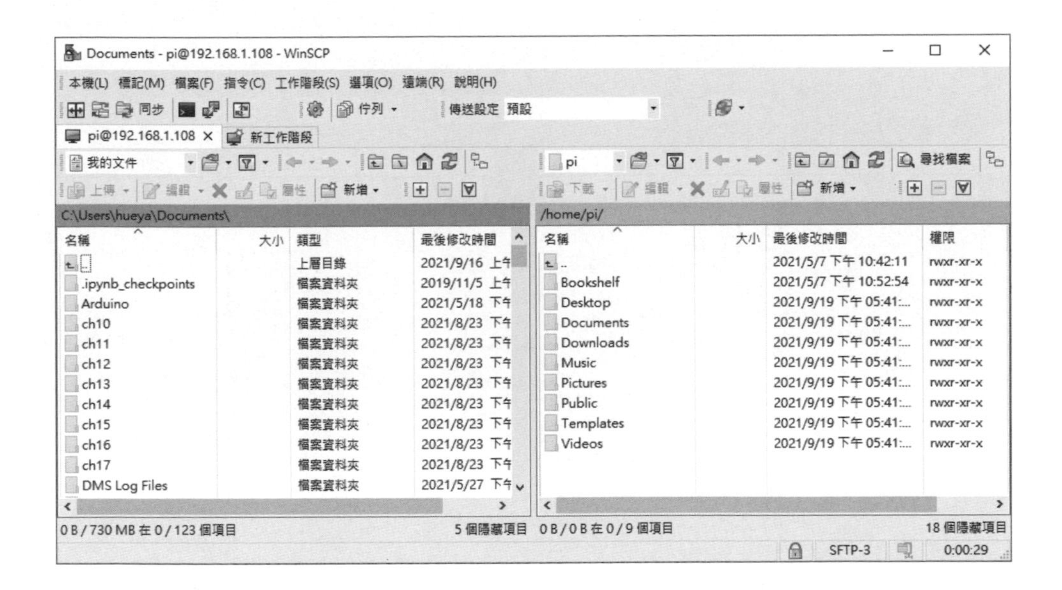

上述圖例左邊是 PC 端，選擇檔案後，按上方**上傳**鈕可以上傳至樹莓派，右邊是樹莓派登入使用者 pi 的根目錄，選取檔案，按上方**下載**鈕，可以從樹莓派下載至 PC 電腦的 Windows 作業系統。

學習評量

1. 請簡單說明 Linux、終端機和桌面環境是什麼？
2. 在樹莓派 Raspberry Pi OS 可以使用哪些工具來開發 Python 程式。
3. 樹莓派 Raspberry Pi OS 內建的辦公室軟體是 ___________ 辦公室軟體，對應 Windows 記事本的程式是 ___________。
4. 請簡單說明樹莓派 Raspberry Pi OS 如何安裝新的應用程式，和如何在**執行**命令啟動應用程式。
5. 請參考第 3-5 節的說明將本書第 6 章的 Python 程式範例上傳至樹莓派。

chapter 4

Linux 系統管理

4-1 啟動終端機使用命令列的 Linux 指令

Raspberry Pi OS 作業系統預設進入 PIXEL 桌面環境，如果需要下達 Linux 指令，請使用 CLI 命令列介面（Command-Line Interface），在第 2-3-2 節我們使用 PuTTY 遠端連線的畫面，就是終端機的 CLI 命令列介面。

啟動 LX 終端機的 CLI 命令列介面

在桌面環境是啟動終端機來執行命令列的 Linux 指令，請執行功能表的「附屬應用程式 /LX 終端機」命令，或點選上方應用程式列的第 4 個圖示來啟動 LX 終端機，如下圖所示：

上述視窗如同 Windows 作業系統的「命令提示字元」視窗，我們可以在 "pi@raspberrypi:~ $" 提示文字的「$」符號後，輸入 Linux 指令，關於 Linux 指令的進一步說明請參閱本章後各章節。

更改 LX 終端機的字型尺寸

因為樹莓派的螢幕預設解析度很高，如果 LX 終端機的字型尺寸有些小，看起來有些困難，我們可以更改字型尺寸，其步驟如下所示：

Step 1：請啟動 LX 終端機，執行「編輯 / 偏好設定」命令，可以看到「LX 終端機」對話方塊，在**風格**標籤，點選**終端機字型**欄位的內容。

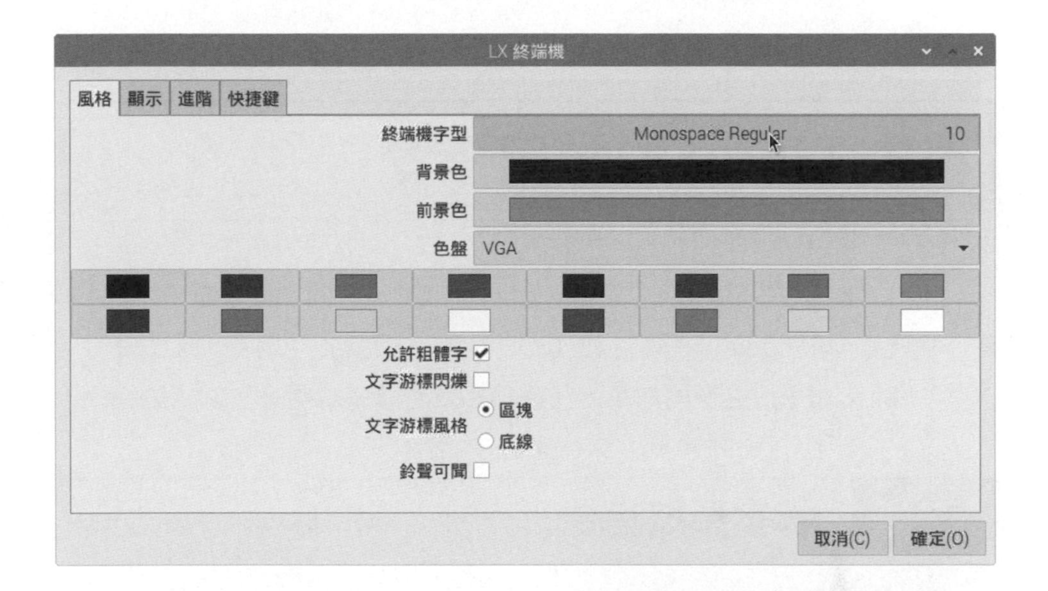

Step 2：在「請選擇字型」對話方塊，在下方 Size 欄按 + 鈕放大尺寸至 14，按**選擇**鈕，再按**確定**鈕。

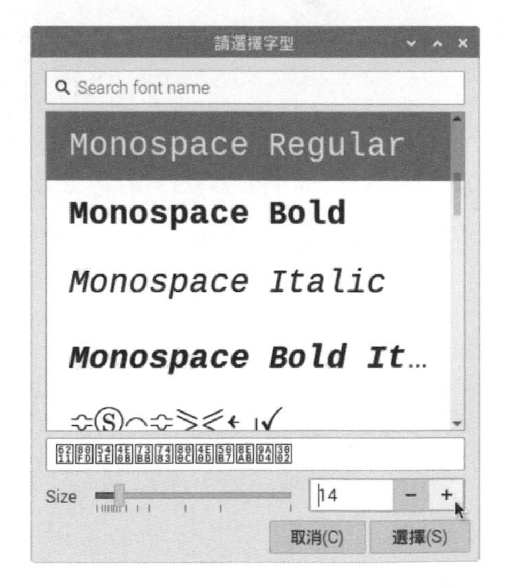

Step 3：可以看到字型已經放大，如下圖所示：

4-2 Linux 的常用指令

Linux 主控台模式相當於是 Windows 作業系統的「命令提示字元」視窗，我們在 Windows 下達的 MS-DOS 指令，相當於使用 Linux 的命令列指令。Linux 命令列指令相當多，在這一節筆者準備說明一些常用的指令。

4-2-1 檔案系統指令

Linux 檔案系統指令是用來處理作業系統檔案和目錄的相關指令，可以建立目錄，複製、搬移和刪除檔案或目錄，如下所示：

pwd 指令：顯示目前的工作目錄

pwd 指令可以顯示目前的工作目錄（Working Directory），如下所示：

```
$ pwd Enter
```

請輸入 pwd 後，按 Enter 鍵，可以顯示目前的工作目錄「/home/pi」，因為預設的登入使用者名稱是 pi，如下圖所示：

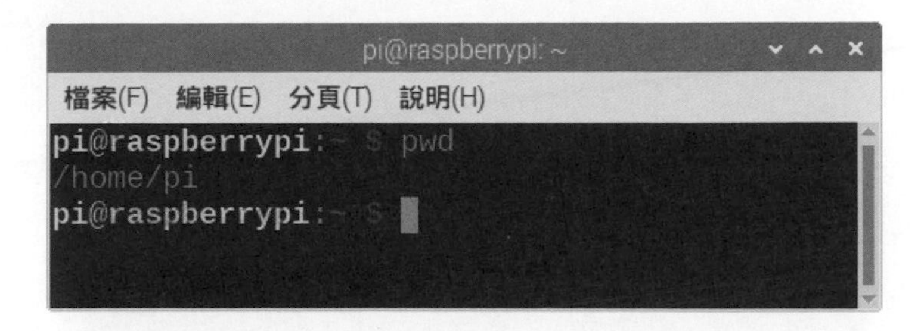

ls 指令：顯示檔案和目錄資訊

ls 指令是 list 簡寫，可以顯示目前工作目錄的檔案和目錄清單，如下所示：

```
$ ls Enter
```

上述指令可以顯示目前工作目錄「/home/pi」下的檔案和目錄清單，如下圖所示：

上述圖例只顯示檔案和目錄名稱清單，我們可以加上 -l（小寫字母 L），可以顯示詳細資訊的權限、擁有者、尺寸、日期和最後修改日期等資訊，如下所示：

```
$ ls -l Enter
```

上述指令在輸入 ls 後，空一格，再輸入參數 -l，可以顯示目前工作目錄「/home/pi」下檔案和目錄的詳細資訊，如下圖所示：

如果沒有指明路徑，預設是顯示目前工作目錄，我們也可以自行加上路徑參數，顯示指定路徑的檔案和目錄資訊（如果指定檔案名稱，就是顯示此檔案的資訊），如下所示：

```
$ ls -l /home/pi Enter
```

上述指令顯示目錄「/home/pi」下檔案和目錄的詳細資訊。

cd 指令：切換目錄

cd 指令的全名是 Change Directory，可以切換至其他目錄，請注意！目錄名稱區分英文大小寫，請輸入 Desktop；不是 desktop，如下所示：

```
$ cd Desktop Enter
```

上述指令因為目前工作目錄是「/home/pi」，可以切換至「/home/pi/Desktop」目錄。我們可以使用「~」代表切換至目前使用者的根目錄，「..」

是回到上一層目錄，「.」是目前目錄，如下所示：

```
$ cd ~ Enter
$ cd .. Enter
$ cd . Enter
```

mkdir 指令：建立新目錄

mkdir 指令可以建立新目錄，例如：建立名為 Joe 的目錄，如下所示：

```
$ mkdir Joe Enter
```

上述指令可以在「/home/pi」目錄下，建立名為 Joe 的新目錄。

rm 指令：刪除檔案

rm 指令可以刪除指定檔案，參數是欲刪除的檔案名稱。請先使用 Text Editor 工具建立名為 test.txt 的檔案，如下圖所示：

上述 Joe 目錄是之前使用 mkdir 指令新增的目錄，test.txt 是新增的文字檔案。我們可以使用 rm 指令刪除 test.txt 檔案，如下所示：

```
$ rm test.txt Enter
```

上述指令因為目前工作目錄是「/home/pi」，可以刪除此目錄下的 test.txt 檔案。請注意！rm 指令並沒有真的刪除檔案，只是標記檔案空間成為可用的空間。

rmdir 指令：刪除目錄

rmdir 指令可以刪除沒有檔案的空目錄，參數是欲刪除的目錄名稱，請注意！我們需要將整個目錄中的檔案都刪除後，才能使用 rmdir 指令刪除空目錄，如下所示：

```
$ rmdir Joe Enter
```

cp 指令：複製檔案

cp 指令可以複製指定檔案，第 1 個參數是欲複製的檔案名稱；第 2 個參數是複製新增的檔案名稱，可以是不同的檔名。例如：先使用 Text Editor 建立名為 file.txt 的檔案後，複製 file.txt 檔案成為 file2.txt 檔案，如下所示：

```
$ cp file.txt file2.txt Enter
```

上述指令可以在目前工作目錄「/home/pi」之下複製一個新檔案，所以共有 2 個檔案，如下圖所示：

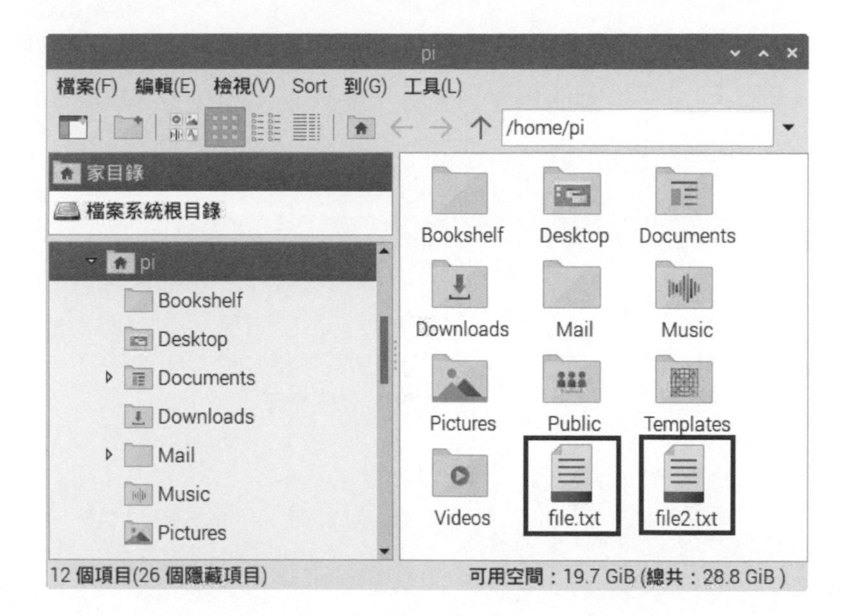

cp 指令不只可以複製在同一個目錄，也可以複製至其他目錄，如同移動一個新檔案至其他目錄，如下所示：

```
$ cp file.txt Documents/file2.txt  Enter
```

當執行上述 cp 指令後，我們可以在「/home/pi/Documents」目錄新增一個名為 file2.txt 的檔案。

mv 指令：移動檔案或替檔案更名

mv 指令可以移動指定檔案至指定的目錄，第 1 個參數是欲移動的檔案名稱；第 2 個參數的目的地的目錄，例如：將之前 file.txt 檔案移至「/home/pi/Documents」目錄，如下所示：

```
$ mv file.txt /home/pi/Documents  Enter
```

上述指令可以將檔案 file.txt 移至「/home/pi/Documents」目錄，目前在「/home/pi/Documents」目錄下共有 2 個檔案（file2.txt 是 cp 指令複製的檔案），如下圖所示：

mv 指令除了移動檔案至指定目錄，如果有指定第 2 個參數的檔案名稱，就是替檔案更名，例如：將「/home/pi」目錄的 file2.txt 檔案更名為 file3.txt，如下所示：

```
$ mv file2.txt file3.txt Enter
```

find 指令：搜尋檔名

find 指令是用來在檔案系統搜尋指定的檔名，例如：搜尋副檔名 .txt 的文字檔案，如下所示：

```
$ find /home/pi/Documents -name '*.txt' Enter
```

上述第 1 個參數是開始搜尋的 Documents 目錄，-name 參數是使用檔名範本來搜尋，在之後的參數值 '*.txt' 就是範本，可以找出副檔名 .txt 的 2 個檔案，如下圖所示：

```
pi@raspberrypi:~ $ find /home/pi/Documents -name '*.txt'
/home/pi/Documents/file.txt
/home/pi/Documents/file2.txt
pi@raspberrypi:~ $
```

如果已經知道檔案名稱，我們可以直接搜尋指定檔案，例如：搜尋文字檔案 file2.txt，如下所示：

```
$ find . -name 'file2.txt' Enter
```

上述指令的「.」是目前目錄，可以找到 1 個檔案，和一個目錄不允許搜尋，如下圖所示：

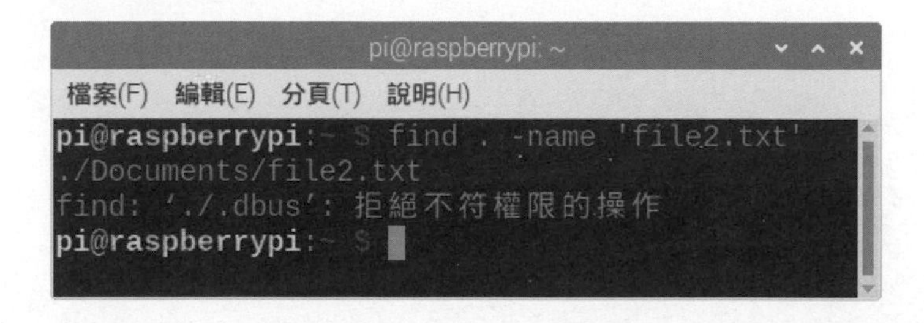

上述圖例只有 1 個目錄，讀者的搜尋結果可能一個目錄都沒有。我們可以更改第 1 個參數搜尋目錄的搜尋範圍，例如：改在「/」目錄進行搜尋，如下所示：

```
$ find / -name 'file2.txt' Enter
```

上述指令的執行結果因為權限不足，可以看到更多目錄都不允許搜尋，如下圖所示：

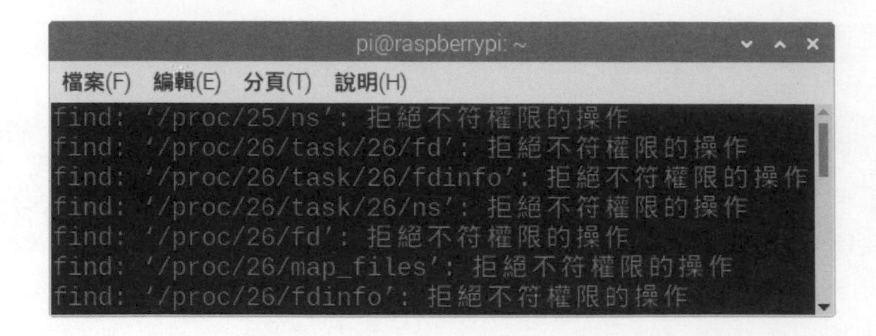

我們可以使用第 4-2-4 節的 sudo 指令以更大權限來執行 find 指令，如下所示：

```
$ sudo find / -name 'file2.txt' Enter
```

上述指令的執行結果，可以看到只有一個目錄不允許搜尋，如下圖所示：

df 指令：顯示檔案系統的磁碟使用狀況

df 指令可以顯示檔案系統磁碟清單的使用狀況，如下所示：

```
$ df Enter
```

上述指令可以顯示所有掛載至檔案系統的磁碟清單，和各磁碟空間的使用狀況，如下圖所示：

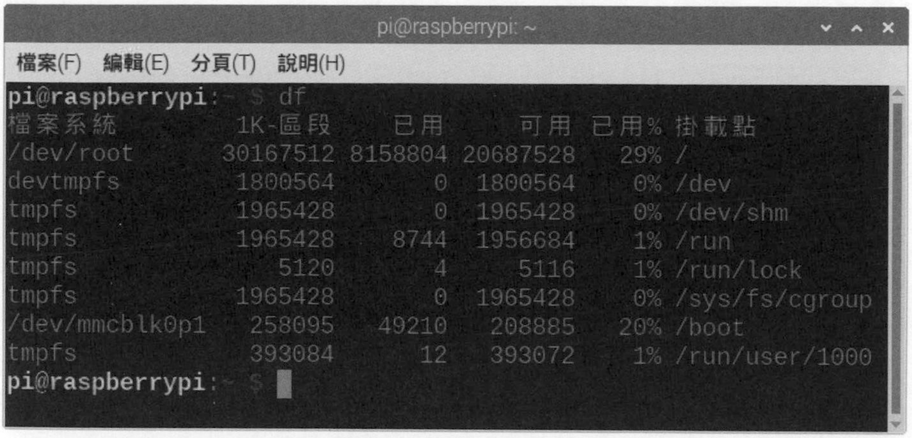

```
pi@raspberrypi:~ $ df
檔案系統          1K-區段    已用      可用 已用% 掛載點
/dev/root       30167512 8158804 20687528   29% /
devtmpfs         1800564       0  1800564    0% /dev
tmpfs            1965428       0  1965428    0% /dev/shm
tmpfs            1965428    8744  1956684    1% /run
tmpfs               5120       4     5116    1% /run/lock
tmpfs            1965428       0  1965428    0% /sys/fs/cgroup
/dev/mmcblk0p1    258095   49210   208885   20% /boot
tmpfs             393084      12   393072    1% /run/user/1000
pi@raspberrypi:~ $ 
```

clear 指令：清空終端機的內容

如果覺得 LX 終端機的內容有些混亂，我們可以執行 clear 指令來清空終端機螢幕的內容，如下所示：

```
$ clear Enter
```

4-2-2 網路與系統資訊指令

Linux 網路指令可以查詢主機名稱、IP 位址、連線狀態和網路設定，如下所示：

ping 指令：檢查連線狀態

ping 指令可以檢查其他主機或 IP 位（顯示 IP v6 的位址）的連線狀態，例如：HiNet 網站 www.hinet.net，如下所示：

```
$ ping www.hinet.net Enter
```

```
pi@raspberrypi:~ $ ping www.hinet.net
PING www.hinet.net(2001-b000-0589-0000-0000-0000-0000-0002.hinet-ip6.hinet.net (2001:b000:589::2)) 56 data bytes
64 bytes from 2001-b000-0589-0000-0000-0000-0000-0002.hinet-ip6.hinet.net (2001:b000:589::2): icmp_seq=1 ttl=57 time=18.3 ms
64 bytes from 2001-b000-0589-0000-0000-0000-0000-0002.hinet-ip6.hinet.net (2001:b000:589::2): icmp_seq=2 ttl=57 time=17.2 ms
^C
--- www.hinet.net ping statistics ---
2 packets transmitted, 2 received, 0% packet loss, time 2ms
rtt min/avg/max/mdev = 17.201/17.751/18.301/0.550 ms
pi@raspberrypi:~ $
```

上述封包測試並不會停止，請按 Ctrl + C 鍵結束測試，可以在最後看到統計資料。

hostname 指令：顯示主機名稱或 IP 位址

hostname 指令可以顯示目前的主機名稱，如下所示：

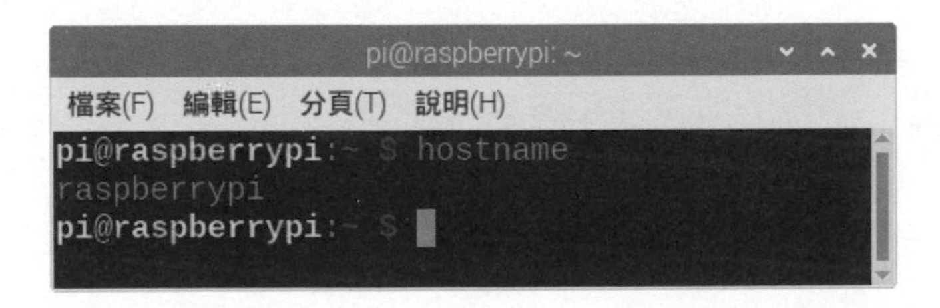

上述圖例顯示主機名稱 raspberrypi。如果需要查詢 IP 位址，請加上 -I 參數（大寫英文字母 i），如下所示：

```
$ hostname -I Enter
```

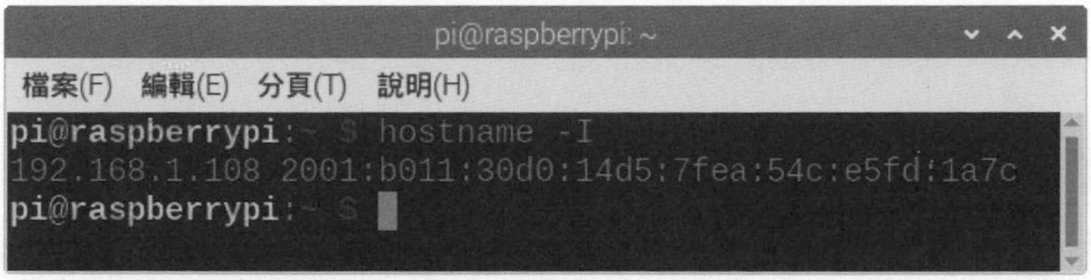
pi@raspberrypi: ~
檔案(F) 編輯(E) 分頁(T) 說明(H)
pi@raspberrypi:~ $ hostname -I
192.168.1.108 2001:b011:30d0:14d5:7fea:54c:e5fd:1a7c
pi@raspberrypi:~ $

ifconfig 指令：顯示網路介面設定

ifconfig 指令可以顯示目前系統各網路介面設定的詳細資料，如下所示：

```
$ ifconfig Enter
```

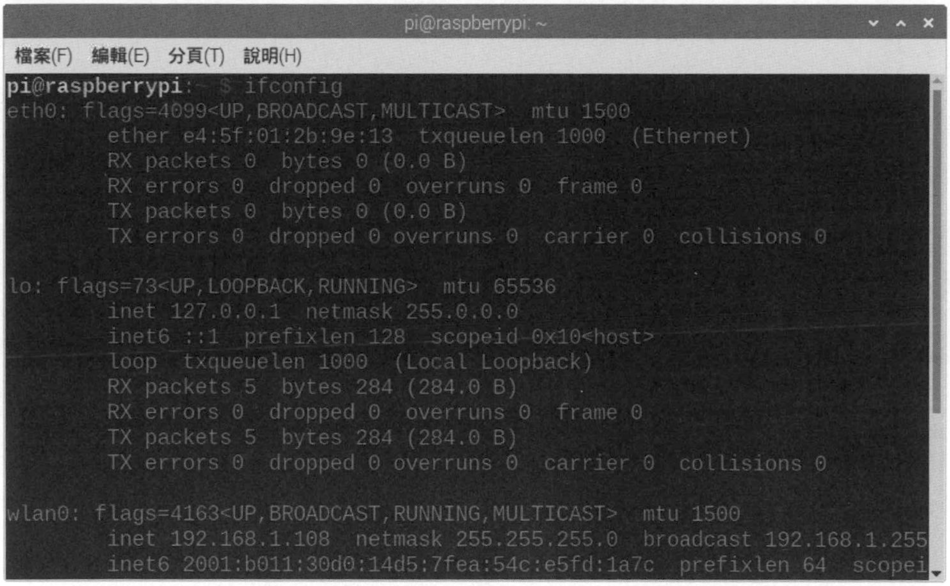
pi@raspberrypi: ~
檔案(F) 編輯(E) 分頁(T) 說明(H)
pi@raspberrypi:~ $ ifconfig
eth0: flags=4099<UP,BROADCAST,MULTICAST> mtu 1500
ether e4:5f:01:2b:9e:13 txqueuelen 1000 (Ethernet)
RX packets 0 bytes 0 (0.0 B)
RX errors 0 dropped 0 overruns 0 frame 0
TX packets 0 bytes 0 (0.0 B)
TX errors 0 dropped 0 overruns 0 carrier 0 collisions 0
lo: flags=73<UP,LOOPBACK,RUNNING> mtu 65536
inet 127.0.0.1 netmask 255.0.0.0
inet6 ::1 prefixlen 128 scopeid 0x10<host>
loop txqueuelen 1000 (Local Loopback)
RX packets 5 bytes 284 (284.0 B)
RX errors 0 dropped 0 overruns 0 frame 0
TX packets 5 bytes 284 (284.0 B)
TX errors 0 dropped 0 overruns 0 carrier 0 collisions 0
wlan0: flags=4163<UP,BROADCAST,RUNNING,MULTICAST> mtu 1500
inet 192.168.1.108 netmask 255.255.255.0 broadcast 192.168.1.255
inet6 2001:b011:30d0:14d5:7fea:54c:e5fd:1a7c prefixlen 64 scopei

上述圖例顯示 eth0、l0、wlan0 等介面的詳細網路設定，如果針對指定介面，可以加上介面名稱參數，wlan0 可以取得 WiFi 的 IP 位址，如下所示：

```
$ ifconfig wlan0 Enter
```

```
pi@raspberrypi: ~
檔案(F) 編輯(E) 分頁(T) 說明(H)
pi@raspberrypi:~ $ ifconfig wlan0
wlan0: flags=4163<UP,BROADCAST,RUNNING,MULTICAST>  mtu 1500
        inet 192.168.1.108  netmask 255.255.255.0  broadcast 192.168.1.255
        inet6 2001:b011:30d0:14d5:7fea:54c:e5fd:1a7c  prefixlen 64  scopei
d 0x0<global>
        inet6 fe80::51ca:fb23:9d25:b4f4  prefixlen 64  scopeid 0x20<link>
        ether e4:5f:01:2b:9e:15  txqueuelen 1000  (Ethernet)
        RX packets 41508  bytes 2713839 (2.5 MiB)
        RX errors 0  dropped 0  overruns 0  frame 0
        TX packets 40010  bytes 20908222 (19.9 MiB)
        TX errors 0  dropped 0 overruns 0  carrier 0  collisions 0

pi@raspberrypi:~ $
```

lsusb 指令：顯示連接的 USB 裝置

lsusb 指令可以顯示目前系統上 USB 插槽的狀態，與連接的 USB 裝置清單，如下所示：

```
$ lsusb Enter
```

```
pi@raspberrypi: ~
檔案(F) 編輯(E) 分頁(T) 說明(H)
pi@raspberrypi:~ $ lsusb
Bus 002 Device 002: ID 18a5:0243 Verbatim, Ltd Flash Drive (Store'n'Go)
Bus 002 Device 001: ID 1d6b:0003 Linux Foundation 3.0 root hub
Bus 001 Device 005: ID 14cd:1212 Super Top microSD card reader (SY-T18)
Bus 001 Device 002: ID 2109:3431 VIA Labs, Inc. Hub
Bus 001 Device 001: ID 1d6b:0002 Linux Foundation 2.0 root hub
pi@raspberrypi:~ $
```

上述圖例的第 1 個是 USB 行動碟；第 3 個是 USB 讀卡機。

lsmod 指令：顯示載入的模組清單

lsmod 指令可以顯示目前 Linux 核心載入的模組清單，在第 8 章我們會使用此指令來查詢載入的驅動程式模組，如下所示：

```
$ lsmod Enter
```

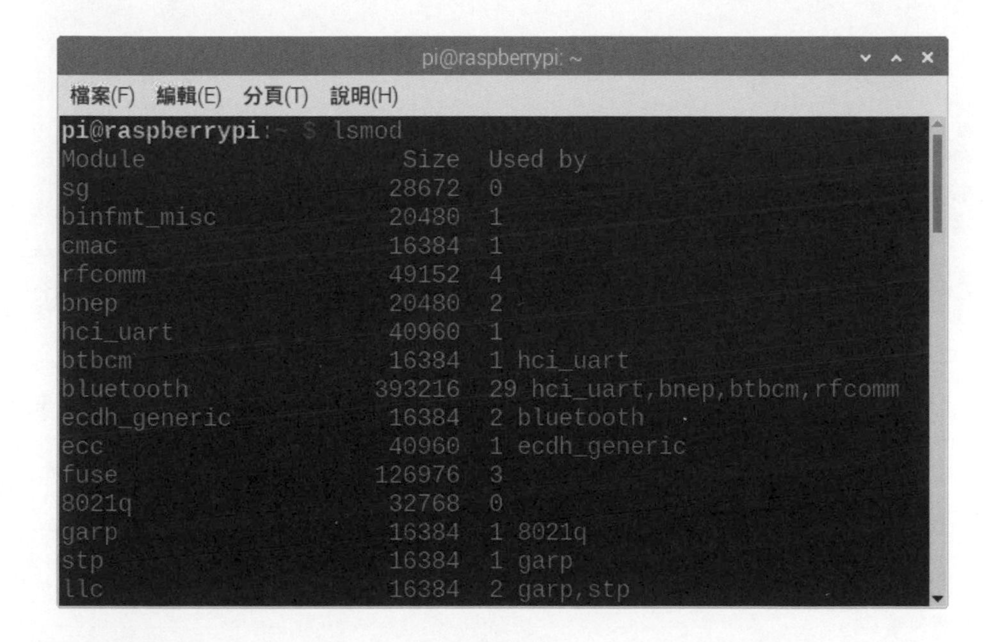

4-2-3 檔案下載與壓縮指令

我們可以使用 Linux 指令從 Web 網站下載檔案和進行檔案壓縮與解壓縮。

wget 指令：從 Web 網站下載檔案

wget 指令可以從 Web 網站下載指定檔案至樹莓派，我們只需知道檔案的 URL 網址，就可以使用此指令來下載檔案，如下所示：

```
$ wget https://fchart.github.io/img/koala.png [Enter]
```

上述指令可以從網站下載一個 PNG 圖檔，如下圖所示：

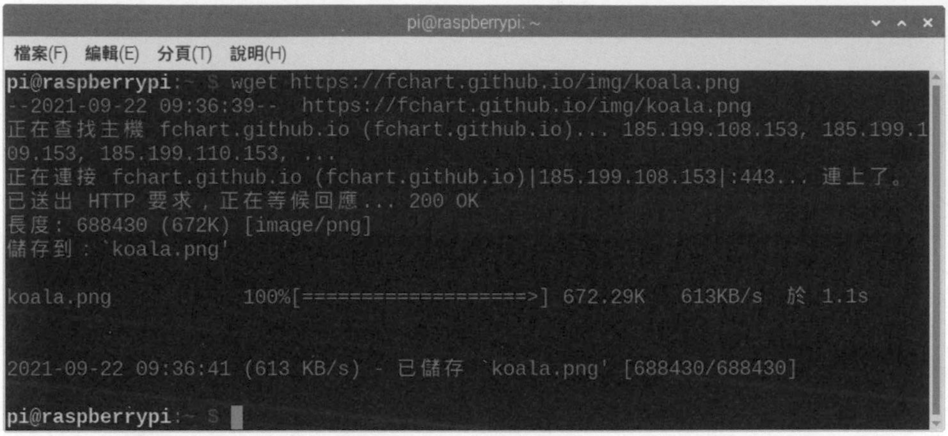
pi@raspberrypi: ~
檔案(F) 編輯(E) 分頁(T) 說明(H)
pi@raspberrypi:~ $ wget https://fchart.github.io/img/koala.png
--2021-09-22 09:36:39-- https://fchart.github.io/img/koala.png
正在查找主機 fchart.github.io (fchart.github.io)... 185.199.108.153, 185.199.109.153, 185.199.110.153, ...
正在連接 fchart.github.io (fchart.github.io)|185.199.108.153|:443... 連上了。
已送出 HTTP 要求，正在等候回應... 200 OK
長度: 688430 (672K) [image/png]
儲存到：`koala.png'
koala.png 100%[===================>] 672.29K 613KB/s 於 1.1s
2021-09-22 09:36:41 (613 KB/s) - 已儲存 `koala.png' [688430/688430]
pi@raspberrypi:~ $

unzip 指令：解壓縮 ZIP 格式檔案

unzip 指令可以解壓縮 ZIP 格式的檔案，如下所示：

```
$ unzip test.zip [Enter]
```

上述指令可以解壓縮名為 test.zip 的 ZIP 格式壓縮檔。

tar 指令：壓縮和解壓縮 TAR 格式檔案

Linux 作業系統使用的檔案壓縮格式是 TAR，我們可以使用 tar 指令建立壓縮檔和進行解壓縮。首先請將「/home/pi/Documents」目錄的 file.txt 和 file2.txt 兩個檔案複製到上一層目錄，然後將這 3 個 .txt 檔案建立成 TAR 格式的壓縮檔，如下所示：

```
$ tar -cvzf file.tar.gz *.txt [Enter]
```

上述 tar 指令使用 -c 參數建立壓縮檔 file.tar.gz，最後的參數是壓縮目前目錄下所有副檔名 .txt 的檔案，如下圖所示：

```
pi@raspberrypi: ~
檔案(F) 編輯(E) 分頁(T) 說明(H)
pi@raspberrypi:~ $ tar -cvzf file.tar.gz *.txt
file2.txt
file3.txt
file.txt
pi@raspberrypi:~ $
```

同一個 tar 指令也可以解壓縮，使用的是 -x 參數，請使用 mkdir 指令建立 Tmp 目錄後，將 file.tar.gz 檔案複製至此目錄，就可以切換至 Tmp 目錄來解壓縮檔案，如下所示：

```
$ mkdir Tmp Enter
$ cp file.tar.gz Tmp/file.tar.gz Enter
$ cd Tmp Enter
$ tar -xvzf file.tar.gz Enter
```

上述 tar 指令可以壓縮檔 file.tar.gz 解壓縮至目前的 Tmp 目錄，如下圖所示：

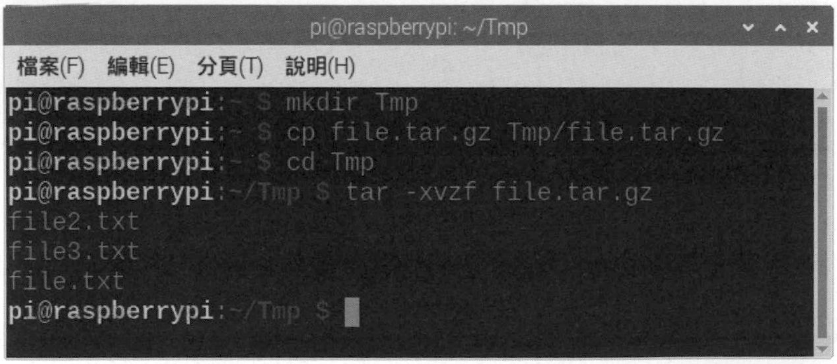

```
pi@raspberrypi: ~/Tmp
檔案(F) 編輯(E) 分頁(T) 說明(H)
pi@raspberrypi:~ $ mkdir Tmp
pi@raspberrypi:~ $ cp file.tar.gz Tmp/file.tar.gz
pi@raspberrypi:~ $ cd Tmp
pi@raspberrypi:~/Tmp $ tar -xvzf file.tar.gz
file2.txt
file3.txt
file.txt
pi@raspberrypi:~/Tmp $
```

4-2-4 sudo 超級使用者指令

sudo 指令的全名是 Super-user Do，對於登入使用者來說，有些指令需要超級使用者 root 才能執行，此時可以使用 sudo 指令暫時使用超級使用者 root 來執行之後的 Linux 指令，如下所示：

```
$ sudo ls Enter
```

上述指令的執行結果和單純 ls 相同，因為 ls 指令是顯示目前工作目錄的檔案和目錄清單，並不需要使用超級使用者來執行。

如果需要使用第 4-2-1 節的 find 指令搜尋「/」目錄的整個檔案系統，就需要使用 sudo 才能擁有權限來搜尋目錄，如下所示：

```
$ sudo find / -name 'flippy.py' Enter
```

上述指令的執行結果因為使用 sudo，就可以成功執行檔名搜尋，如下圖所示：

樹莓派安全關機指令 shutdown 也需要使用 sudo，如下所示：

```
$ sudo shutdown -h now Enter
```

上述指令可以安全的替樹莓派關機。在第 4-3-2 節說明的使用者指令和第 4-5 節安裝和解除安裝應用程式指令，部分指令就需要使用 sudo 來執行 Linux 指令。

4-2-5 nano 文字編輯器

在 Linux 作業系統安裝應用程式常常需要更改文字內容的設定檔，如果使用桌面環境的 Text Editor 進行編輯，我們需要更改檔案或目錄的擁有者，以便擁有權限來進行檔案內容的編輯。

另一種方式是直接使用 Linux 作業系統的文字編輯器，然後使用 sudo 指令來開啟和編輯文字檔案，最常用的是 nano 文字編輯器，請輸入下列指令來啟動 nano，如下所示：

```
$ nano Enter
```

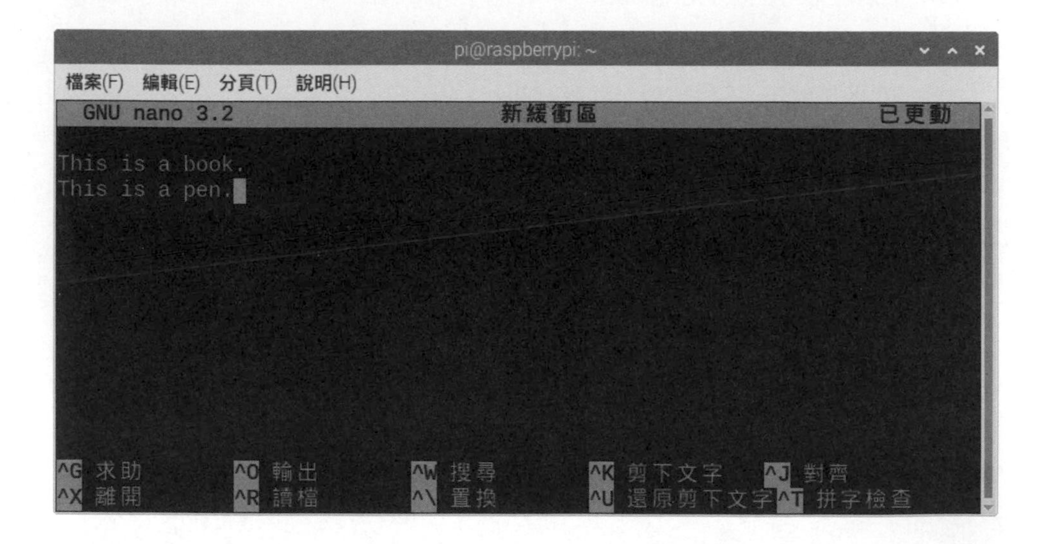

上述指令啟動一個空白文字檔案，我們可以馬上輸入文字內容，如果是開啟存在檔案，請在後面空一格後，加上檔案名稱。在上述執行畫面下方是常用按鍵說明，這是使用 Ctrl 鍵開始的操作按鍵。nano 文字編輯器的基本操作說明，如下表所示：

操作	按鍵說明
移動游標	使用上、下、左和右方向鍵
上一頁/下一頁	按 Ctrl + Y 鍵是上一頁，按 Ctrl + V 鍵是下一頁
搜尋文字	按 Ctrl + W 鍵後，在下方輸入關鍵字，按 Enter 鍵開始搜尋
開啟/儲存檔案	按 Ctrl + R 鍵開啟檔案，按 Ctrl + O 鍵儲存檔案
離開	按 Ctrl + X 鍵

4-2-6 關機指令

我們可以使用 SSH 下達關機的 Linux 指令 shutdown 來安全的替樹莓派關機，請注意！需要使用 sudo 來執行，如下所示：

```
$ sudo shutdown -h now Enter
```

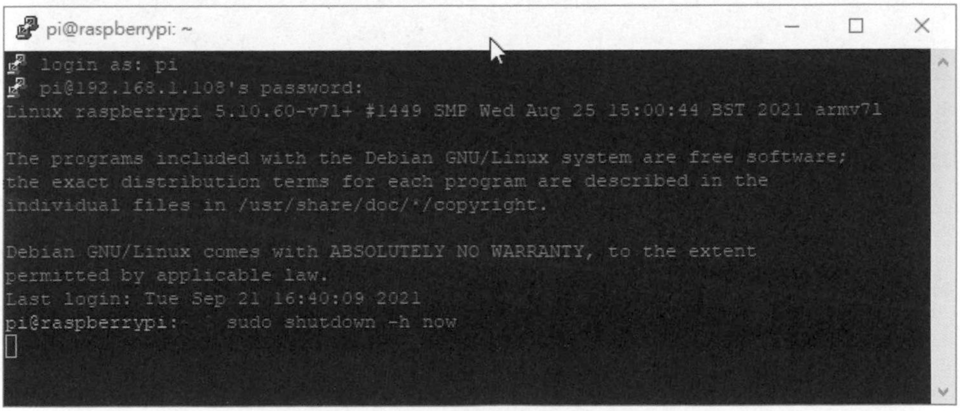

pi@raspberrypi: ~

```
login as: pi
pi@192.168.1.108's password:
Linux raspberrypi 5.10.60-v7l+ #1449 SMP Wed Aug 25 15:00:44 BST 2021 armv7l

The programs included with the Debian GNU/Linux system are free software;
the exact distribution terms for each program are described in the
individual files in /usr/share/doc/*/copyright.

Debian GNU/Linux comes with ABSOLUTELY NO WARRANTY, to the extent
permitted by applicable law.
Last login: Tue Sep 21 16:40:09 2021
pi@raspberrypi:    sudo shutdown -h now
```

4-3 Linux 的使用者與檔案權限指令

樹莓派的 Raspberry Pi OS 作業系統預設建立 2 位使用者，root 系統管理者（超級使用者）和使用者 pi，我們可以使用 Linux 指令來新增系統的使用者和指定檔案的權限。

4-3-1 使用者管理指令

Linux 使用者管理指令可以查詢登入使用者、新增使用者和更改使用者密碼。

who 指令：顯示登入使用者清單

who 指令可以顯示目前登入系統的使用者清單，如下所示：

```
$ who Enter
```

上述指令的執行結果可以顯示登入使用者 pi，如下圖所示：

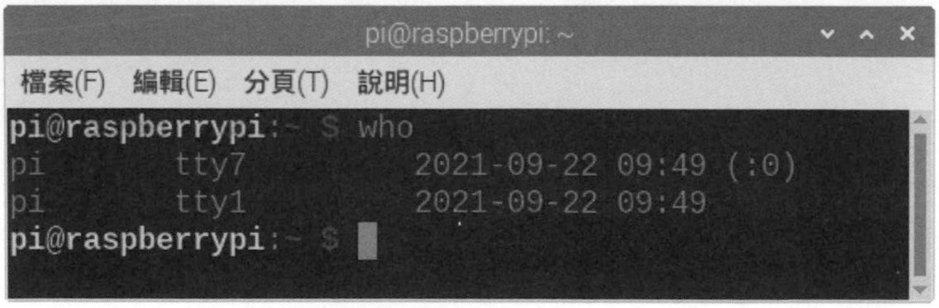

```
pi@raspberrypi: ~
檔案(F) 編輯(E) 分頁(T) 說明(H)
pi@raspberrypi:~ $ who
pi       tty7         2021-09-22 09:49 (:0)
pi       tty1         2021-09-22 09:49
pi@raspberrypi:~ $
```

useradd 指令：新增使用者

useradd 指令可以新增作業系統的使用者，我們需要使用 sudo 指令執行 useradd 指令來新增使用者。例如：在 Raspberry Pi OS 作業系統新增名為 joe 的使用者，如下所示：

```
$ sudo useradd -m -G adm,dialout,cdrom,sudo,audio,video,plugdev,games,users,input,netdev,gpio,i2c,spi joe Enter
```

請注意！上述指令是同一列指令，在之間並沒有換行，而且任何「,」逗號之後都不可有空白字元，在最後就是新增的使用者名稱，可以建立一位空的新使用者 joe，如下圖所示：

在「/home」目錄可以看到新增 joe 的使用者根目錄，如下圖所示：

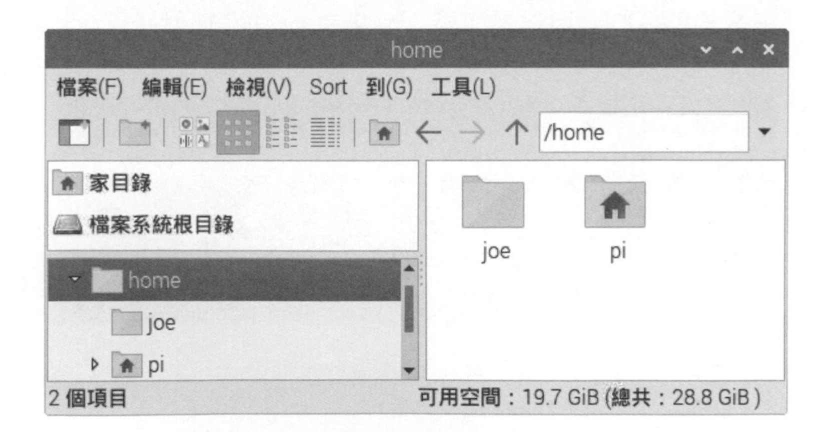

passwd 指令：更改使用者密碼

對於 Linux 作業系統的使用者，例如：預設登入的 pi，或之前新增的 joe，我們都可以使用 passwd 指令來更改使用者密碼，例如：更改使用者 joe 的密碼，如下所示：

```
$ sudo passwd joe Enter
```

上述指令也需要使用 sudo 執行，我們需要輸入 2 次密碼來更新使用者密碼，如下圖所示：

4-3-2 檔案權限管理指令

Linux 檔案權限管理指令主要有 2 個，一個是更改檔案權限；一個是更改檔案的擁有者。

chmod 指令：更改檔案權限

chmod 指令可以更改指定檔案的權限，我們是使用字元來指定檔案權限，即檔案擁有者擁有檔案的哪些權限。擁有者的字元 u 是使用者 (User)；g 是群組 (Group)；o 是其他使用者 (Other Users)，檔案權限字元 r 是讀取 (Read)；w 是寫入 (Write)；x 是執行 (Execute)。

例如：替檔案 file.txt 的擁有者新增執行權限，如下所示：

```
$ chmod u+x file.txt Enter
```

上述指令的「+」號表示新增，可以替檔案新增執行權限，如下圖所示：

上述圖例在執行 chmod 指令後，再執行 ls -l 指令，可以看到前方的權限新增了 x。除了新增，我們也可以使用「=」符號指定檔案的權限，如下所示：

```
$ chmod u=rw file.txt Enter
```

上述指令的「=」號指定檔案擁有讀寫權限，當執行 ls -l 指令，可以看到前方的 x 不見了，如下圖所示：

```
pi@raspberrypi: ~
檔案(F) 編輯(E) 分頁(T) 說明(H)
pi@raspberrypi:~ $ chmod u=rw file.txt
pi@raspberrypi:~ $ ls -l file.txt
-rw-r--r-- 1 pi pi 14  9月 21 16:06 file.txt
pi@raspberrypi:~ $
```

chown 指令：更改檔案的擁有者

chown 指令可以更改檔案擁有者的使用者或群組，我們需要使用 sudo 指令來執行 chown 指令，如下所示：

```
$ sudo chown joe:root file.txt Enter
```

上述指令的「:」號前是使用者 joe；之後是群組 root，當執行 ls -l 指令，可以看到擁有者從 pi pi 改成 joe root，如下圖所示：

```
pi@raspberrypi: ~
檔案(F) 編輯(E) 分頁(T) 說明(H)
pi@raspberrypi:~ $ sudo chown joe:root file.txt
pi@raspberrypi:~ $ ls -l file.txt
-rw-r--r-- 1 joe root 14  9月 21 16:06 file.txt
pi@raspberrypi:~ $
```

4-4 Linux 作業系統的目錄結構

不同於 Windows 作業系統的周邊硬體裝置都有不同名稱和圖示來表示，在 Linux 作業系統的硬碟、目錄和裝置都是檔案系統的一個目錄，稱為根檔案系統（Root File System）。

在 Linux 作業系統是使用一個目錄來對應連接的硬碟裝置，稱為虛擬目錄（Virtual Directories），因此 Linux 作業系統的目錄有可能是儲存檔案的目錄，也有可能是對應指定裝置的虛擬目錄。

在 Linux 作業系統檢視目錄結構

我們可以在終端機使用 **ls /** 指令，在 Terminal 終端機檢視根目錄結構，如下圖所示：

```
pi@raspberrypi: ~
檔案(F)  編輯(E)  分頁(T)  說明(H)
pi@raspberrypi:~ $ ls /
bin   etc   lost+found  opt   run   sys  var
boot  home  media       proc  sbin  tmp
dev   lib   mnt         root  srv   usr
pi@raspberrypi:~ $
```

在桌面環境可以開啟檔案管理程式（File Manager）來檢視目錄結構，預設顯示使用者 pi 的根目錄「/home/pi」，如下圖所示：

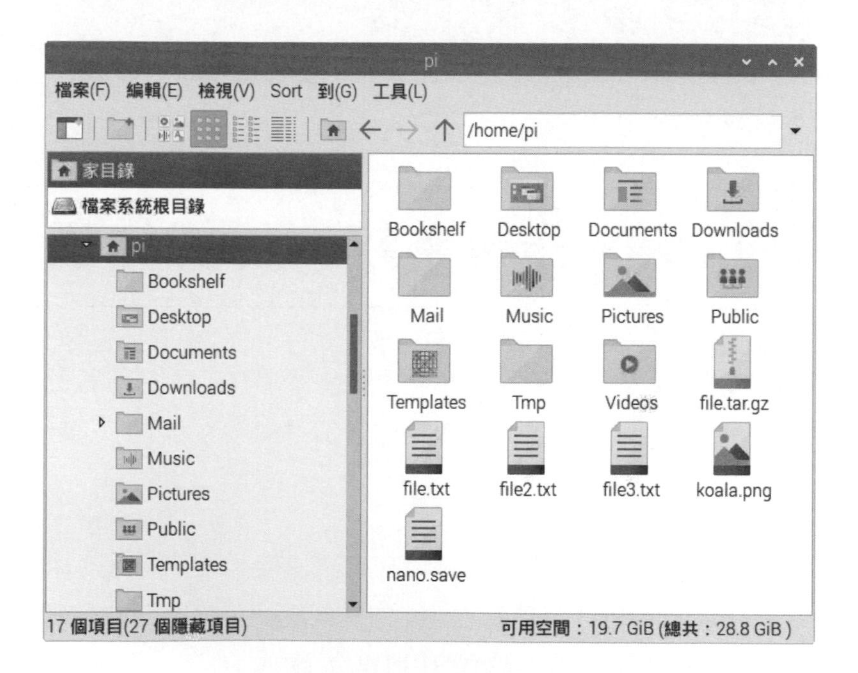

請在上方輸入「/」，可以看到 Linux 檔案系統的根目錄，如下圖所示：

根目錄「/」下的子目錄說明

在 Linux 作業系統根目錄「/」下各子目錄的簡單說明，如下所示：

- bin 目錄：儲存作業系統相關的二進位檔案，例如：執行桌面環境的相關檔案。
- boot 目錄：啟動樹莓派所需的 Linux 核心和其他套件。
- dev 目錄：對應裝置的虛擬目錄，此目錄並沒有真的存在 Micro-SD 卡，所有系統連接的硬碟和音效卡等裝置就是在此目錄存取。
- etc 目錄：儲存系統設定檔案的目錄，包含使用者清單和加密的密碼。
- home 目錄：使用者的根目錄，所有系統的使用者都會對應此目錄下的子目錄，例如：使用者 pi 是對應「/home/pi」目錄。
- lib 目錄：儲存各種不同應用程式函式庫的目錄。

- lost+found 目錄：一個特殊的目錄用來儲存當系統當機時找回的遺失檔案片段。
- man 目錄：這是儲存使用說明文件的目錄，以便執行 man 指令可以取得使用說明內容。
- media 目錄：這個特殊目錄是對應 USB 行動碟和外接式光碟機等可移除儲存裝置（Removable Storage Devices）。
- mnt 目錄：此目錄是用來手動掛載（Mount）儲存裝置的目錄，例如：外接式硬碟。
- opt 目錄：這是儲存安裝應用程式的目錄，當我們在樹莓派安裝新的應用程式，就是儲存在此目錄。
- proc 目錄：在此虛擬目錄是執行應用程式的行程（Processes）資訊。
- root 目錄：root 超級使用者（Super-user）的檔案是儲存在此目錄，其他使用者是儲存在「/home」子目錄。
- run 目錄：這是背景程式使用的一個特殊目錄。
- sbin 目錄：在此目錄儲存 root 使用者使用的一些特殊二進位檔案，這是一些用來維護系統的檔案，
- srv 目錄：儲存作業系統服務所需的資料，在 Raspberry Pi OS 是空目錄。
- sys 目錄：這是一個虛擬目錄，讓 Linux 核心用來儲存系統資訊。
- tmp 目錄：所有暫存檔案會自動儲存在此目錄。
- usr 目錄：此目錄是讓使用者存取（User-accessible）應用程式來儲存資料。
- var 目錄：這是用來儲存各應用程式的更改資料或變數。

4-5 使用命令列安裝和解除安裝應用程式

雖然 Raspberry Pi OS 桌面環境提供新增和解除安裝應用程式的工具，但因為分類的應用程式太多，並不容易搜尋到欲安裝的應用程式，在實務上，反而使用命令列指令來安裝和解除安裝應用程式更簡單。

4-5-1 認識套件管理

在說明如何使用命令列安裝和解除安裝應用程式前，我們需要先了解 Linux 作業系統的應用程式管理，這和 Windows 作業系統有很大的不同，在 Linux 作業系統是使用套件管理（Package Manager）來管理作業系統上安裝的應用程式。

套件管理簡介

套件管理（Package Manager）或稱為套件管理系統（Package Management System）是一組工具程式用來管理和追蹤作業系統上應用程式的安裝、更新、設定與刪除的操作。每一個套件（Package）包含軟體本身、相關資料、軟體描述和套件之間的相依關係等資料，套件管理工具在安裝應用程式時，可以參考套件之間的相依關係，自動安裝相關套件，以便安裝的應用程式可以成功且正確的執行。

基本上，套件管理會維護一個套件管理資料庫，儲存應用程式的版本和相依關係，以便了解作業系統安裝的軟體是否有新版本，和需要安裝更新哪些相關套件。

Linux 作業系統的套件管理工具

Linux 作業系統的套件管理工具有很多種，樹莓派 Raspberry Pi OS 作業系統源於 Debian，套件管理工具是使用和 Debian 和 Ubuntu 相同的 apt，常見 Linux 套件管理工具還有 Fedora 和 Red Hat 使用的 yum 和 Arch Linux 的 pcman 等。

請注意！各種套件管理工具的指令並不相同，在本書是以樹莓派 Raspberry Pi OS 作業系統的 apt 為例。

4-5-2 安裝應用程式

我們除了可以使用第 3 章的圖形介面來安裝應用程式，也可以直接在終端機輸入命令列指令來安裝應用程式，請注意！當升級已經安裝的應用程式時，事實上，Linux 作業系統就是再次重新安裝應用程式。

步驟一：更新套件資料庫

在安裝應用程式前，我們需要先使用 update 來更新套件資料庫，這就是在更新 Raspberry Pi OS，如下所示：

```
$ sudo apt-get update Enter
```

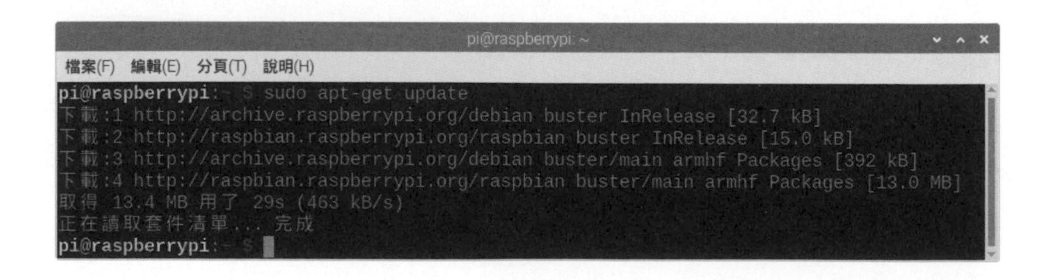

上述 sudo 指令後是 apt-get，使用套件管理資料庫執行應用程式安裝，在空一格後的 update，可以更新套件管理資料庫。

步驟二：升級已經安裝的應用程式

在更新套件管理資料庫後，我們就可以使用 upgrade 升級已經安裝的所有應用程式（此步驟可以不用執行），這就是在升級 Raspberry Pi OS，如下所示：

```
$ sudo apt-get -y upgrade Enter
```

上述指令可以升級已經安裝的所有應用程式，因為過程可能會按 y 鍵確認繼續，所以加上 -y 參數，如此就不需自行按 y 鍵進行確認。

步驟二：安裝應用程式套件

在使用 update 更新套件資料庫後（upgrade 可以不執行），我們就可以安裝應用程式，因為安裝過程可能會顯示套件所需空間，我們需要輸入 y 鍵確認繼續安裝，如果不想輸入，請在指令加上 -y 參數，例如：安裝 nethack-console 的一個命令列小遊戲，如下所示：

```
$ sudo apt-get -y install nethack-console Enter
```

上述指令使用 install 安裝之後的套件，等於再看到提示文字的「$」符號後，就表示已經成功安裝應用程式，如下圖所示：

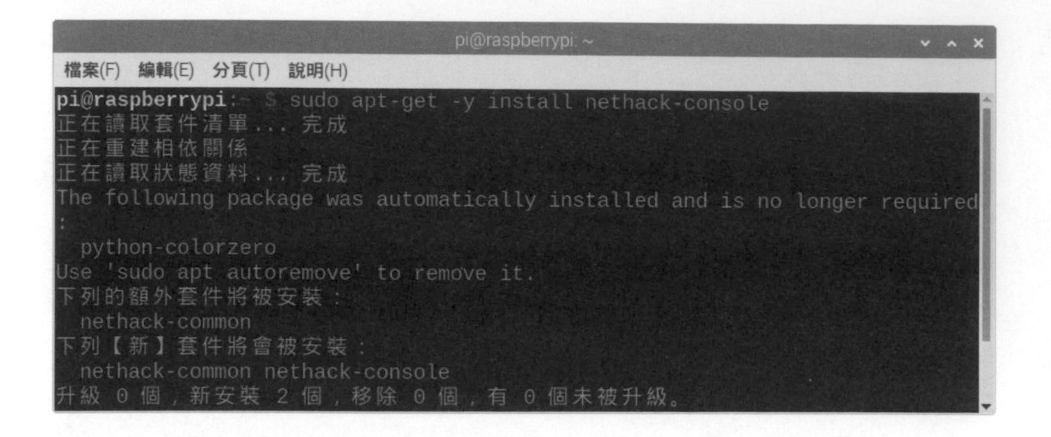

在遊戲（Game）分類可以看到新增了一個遊戲，如下圖所示：

4-5-3 解除安裝應用程式

解除安裝應用程式就是從套件管理刪除套件，在上一節安裝套件時，出現訊息文字指出可解除安裝 python-colorzero（因為不再使用），此時，我們可以執行下列指令來解除安裝 python-colorzero，如下所示：

```
$ sudo apt-get -y remove python-colorzero Enter
```

說明

當新增或刪除套件時，如果看到有不再使用套件的訊息文字，除了使用 remove 自行一一刪除不再使用的套件外，我們也可以使用下列指令，自動刪除這些不再使用的套件，如下所示：

```
$ sudo apt -y autoremove Enter
```

請注意！單純使用 remove 解除安裝的套件仍然有可能保留一些設定檔，如果需要完全刪除套件，請使用 purge，例如：完全解除安裝 nethack-console 套件，如下所示：

```
$ sudo apt-get -y purge nethack-console Enter
```

4-5-4 清除作業系統的暫存檔

當在 Raspberry Pi OS 執行安裝和解除安裝應用程式後，作業系統會留下一些更新下載的安裝檔，和不再需要的相依套件，我們可以執行下列指令來清除更新下載的安裝檔，如下所示：

```
$ sudo apt-get -y clean Enter
```

執行下列指令可以清除不再需要的相依套件，如下所示：

```
$ sudo apt-get -y autoremove --purge Enter
```

在執行上述指令清除暫存檔後，記得執行下列指令來重新啟動樹莓派，如下所示：

```
$ sudo reboot Enter
```

4-6 安裝中文輸入法

Linux 作業系統支援中文輸入法和中文字型，如果需要輸入中文內容，我們需要安裝中文輸入法，目前有 SCIM 和 HIME 等多種中文輸入法可供選擇，在本書是安裝 HIME 和新酷音輸入法。請注意！並不是每一種應用程式都支援中文輸入。

安裝 HIME 中文輸入法

我們可以使用下列指令安裝 HIME 中文輸入法，HIME 中文輸入法的使用方式和 Windows 作業系統的輸入法十分相似，如下所示：

```
$ sudo apt-get update Enter
$ sudo apt-get -y install hime Enter
$ sudo apt-get -y install hime-chewing Enter
```

上述第 2 個指令是安裝 HIME 中文輸入法，第 3 個指令是安裝新酷音輸入法（類似 Windows 的新注音輸入法），在成功安裝後，請重新啟動樹莓派。

設定 Raspberry Pi OS 使用 HIME 輸入法

在重新啟動樹莓派後，我們需要設定 Raspberry Pi OS 啟用 HIME 輸入法，其步驟如下所示：

Step 1：請執行「選單 / 偏好設定 / 輸入法」命令設定輸入法，可以看到可用的輸入法 hime 和 xim，按**確定**鈕。

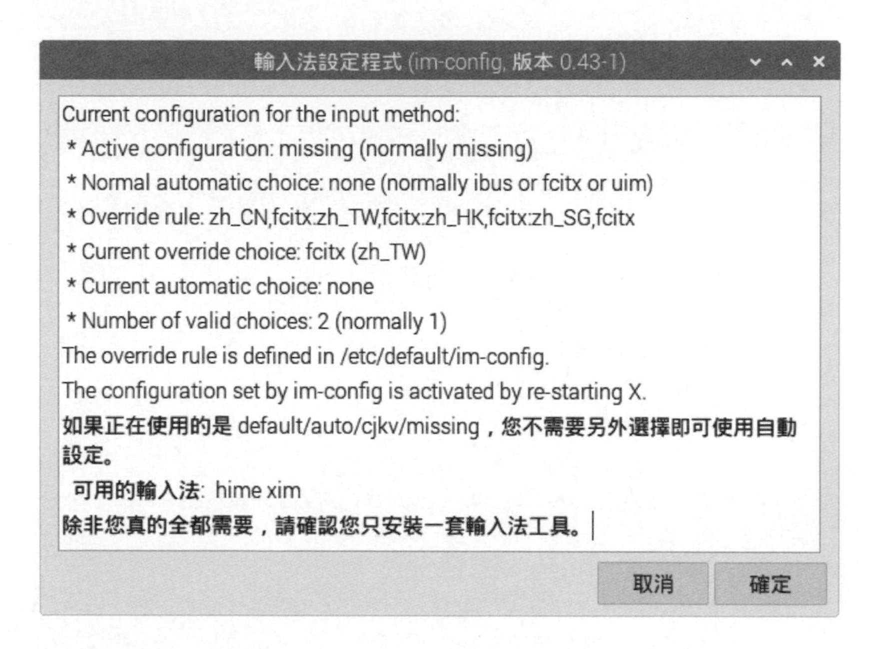

Step 2：按**是**鈕確認指定輸入法。

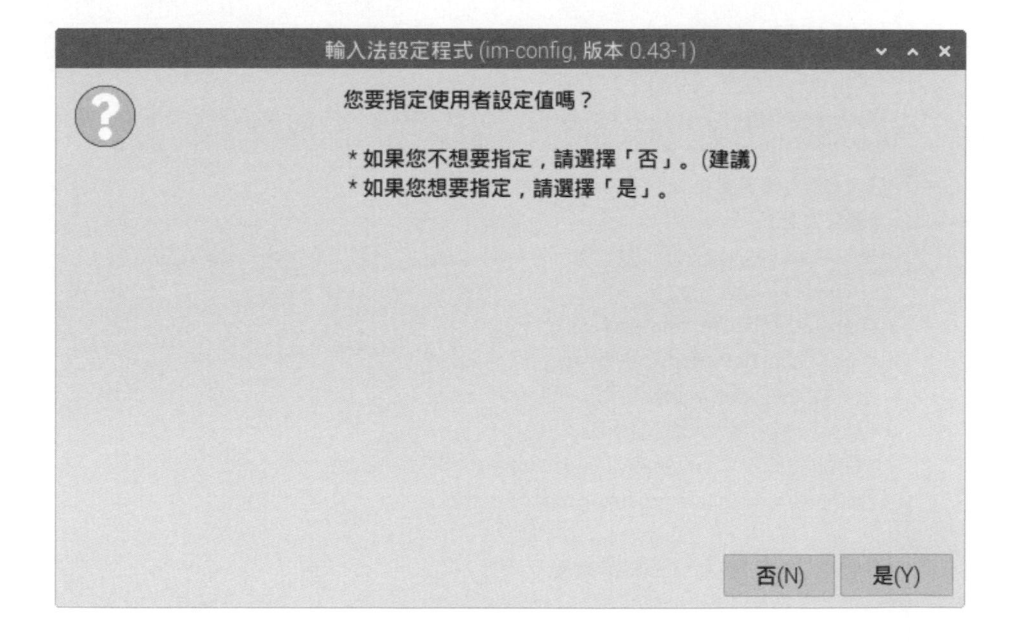

Step 3：選 **hime**，按**確定**鈕啟動 HIME 輸入法。

輸入法設定程式 (im-config, 版本 0.43-1)

Select **使用者設定值**. The user configuration supersedes the system one.

選擇	名稱	註釋
○	default	**依** /etc/default/im-config **使用** auto **模式**
○	auto	activate IM with @-mark for most locales
○	cjkv	use auto mode only under CJKV
○	REMOVE	**移除使用者設定值** /home/pi/.xinputrc
◉	hime	**啟動** HIME **輸入法** (hime)
○	none	do not set any IM from im-config @
○	xim	activate the bare XIM with the X Keyboard Extension

取消　確定

Step 4：可以看到使用者設定值已經更改，請按**確定**鈕完成設定。

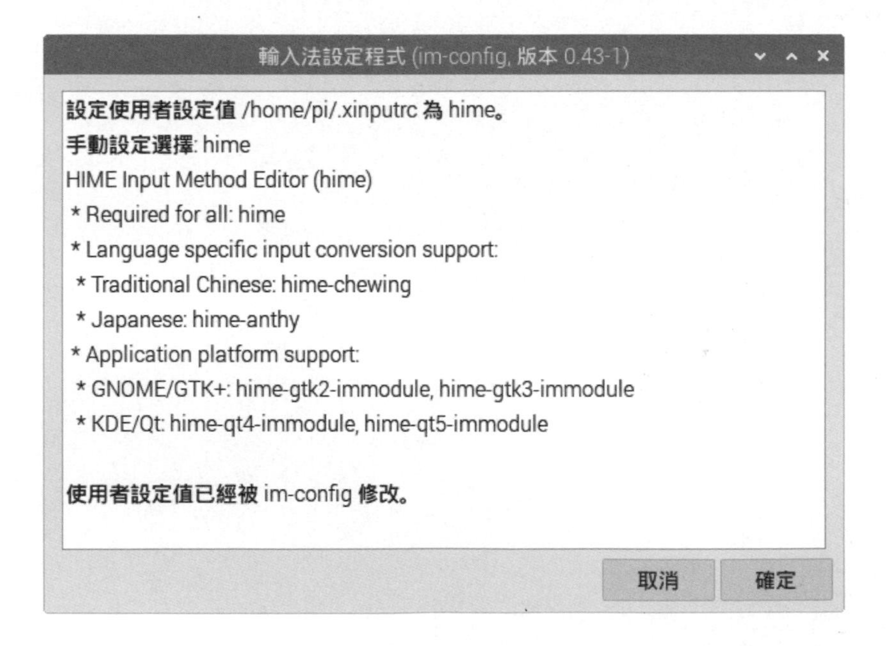

使用與設定 HIME 中文輸入法

在重新啟動樹莓派後，可以在工作列的右上角看到 HIME 輸入法圖示，如下圖所示：

上述第 1 個圖示是輸入法，目前是 En 英文，在開啟編輯器，例如：Text Editor 後，點選圖示或按 Ctrl + Space 鍵，可以切換中英文輸入法，第 2 個圖示是全形和半形，可以點選圖示或使用 Shift + Space 鍵進行切換。

當切換成中文輸入法後，按 Ctrl + Shift 鍵可以切換使用的輸入法，在輸入時，按 Shift 鍵可以切換中英文輸入。在圖示上點選滑鼠**右**鍵，可以看到一個快顯功能表，如下圖所示：

上述**選擇輸入法**命令可以選擇輸入法，執行**設定 / 工具**命令，或執行「選單 / 偏好設定 /hime 輸入法設定」命令，可以看到「SCIM 輸入法設定」對話方塊。

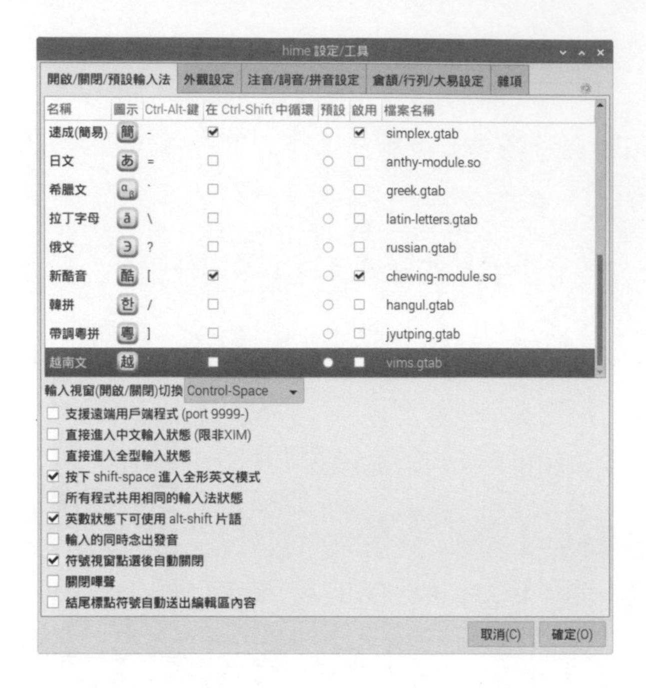

在上述**開啟 / 關閉 / 預設輸入法**標籤，可以在**啟用**欄勾選啟用的輸入法，請自行取消勾選不使用的輸入法後，按**確定**鈕設定輸入法。請注意！部分輸入法設定可能需要重新啟動樹莓派後，相關設定才能生效。

學習評量

1. Linux 作業系統的桌面環境需要啟動 ______ 工具來下達 Linux 指令。
2. 請問 sudo 的用途是什麼？
3. 請使用 nano 編輯器建立 name.txt 檔案，內容是讀者的英文名字。
4. 請簡單說明什麼是 Linux 作業系統的套件管理？
5. 請參考第 4-6 節的說明在樹莓派 Raspberry Pi OS 安裝 HIME 中文輸入法。

使用樹莓派架設伺服器

5-1 架設 Web 伺服器

Apache 是一套著名開放原始碼（Open Source）的 Web 伺服器，我們可以在樹莓派使用 Apache 架設 Web 伺服器，更進一步，我們可以安裝 PHP+MySQL 資料庫系統，輕鬆在樹莓派建立支援 PHP 技術的 Web 網站。

5-1-1 安裝 Apache 伺服器

Apache 伺服器可以讓瀏覽器使用 HTTP 通訊協定來下載 HTML 網頁，首先我們需要安裝 apache2 套件，如下所示：

```
$ sudo apt-get update Enter
$ sudo apt-get -y install apache2 Enter
```

上述指令首先更新套件資料庫，然後安裝 Apache 伺服器，在完成安裝後，可以在「/var/www/html」目錄看到預設首頁 index.html，如下圖所示：

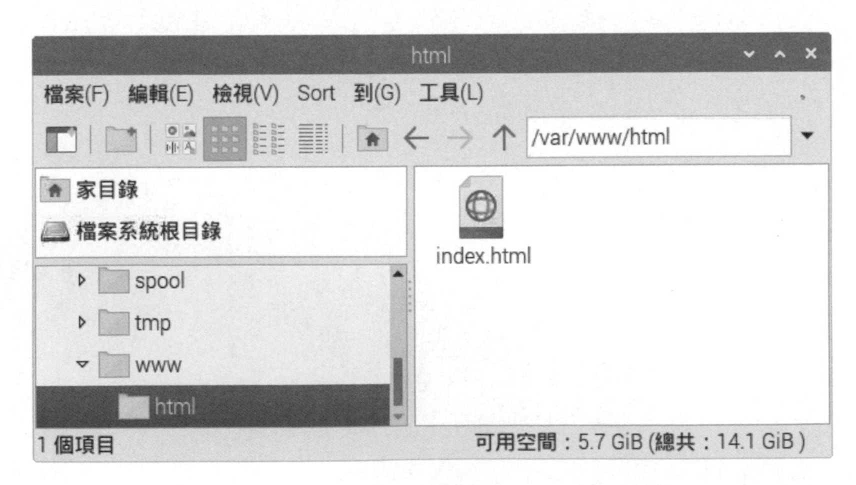

現在，我們可以啟動瀏覽器來預覽 Apache 伺服器的首頁，請輸入下列網址，如下所示：

```
http://localhost/
```

如果是其他電腦，請使用樹莓派的 IP 位址來瀏覽首頁，例如：192.168.1.18，如下所示：

```
http://192.168.1.18/
```

上述 IP 位址可以使用 hostname -I 指令取得，如下圖所示：

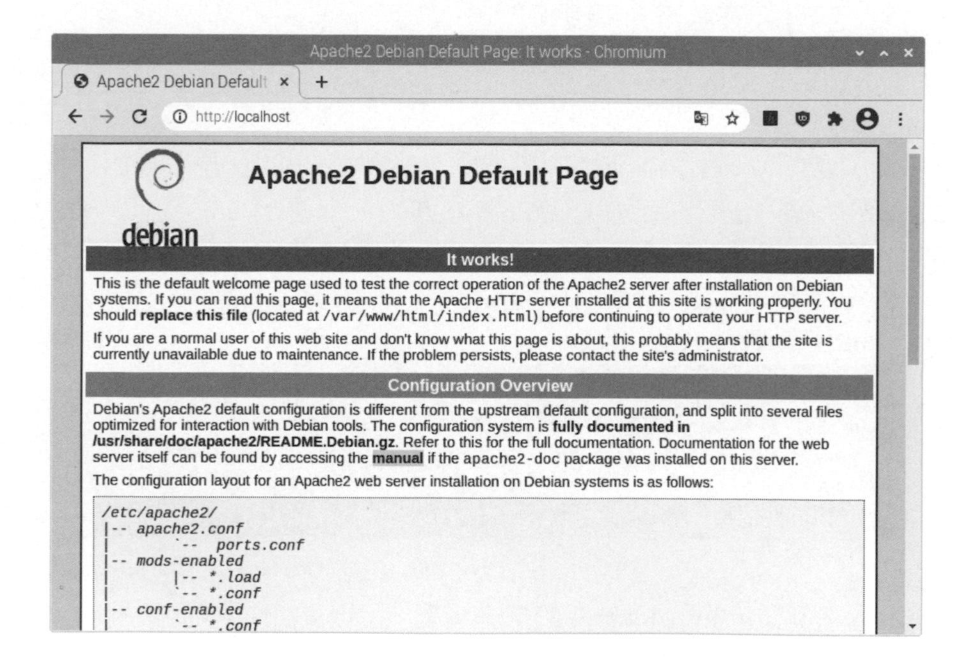

如果成功看到上述網頁，就表示 Apache 伺服器已經成功安裝。

5-1-2 使用 Geany 編輯 HTML 網頁

Raspberry Pi OS 作業系統的 Geany 整合開發環境支援 HTML 網頁的編輯，我們需要先更改檔案權限的擁有者，才能使用 Geany 編輯 HTML 網頁。

查詢和更改 index.html 的擁有者

請啟動終端機依序執行 cd 和 ls 指令來查詢 index.html 檔案資訊，如下所示：

```
$ cd /var/www/html Enter
$ ls -l Enter
```

上述指令首先執行 cd 指令切換至「/var/www/html」目錄後，使用 ls 指令顯示 index.html 檔案資訊，如下圖所示：

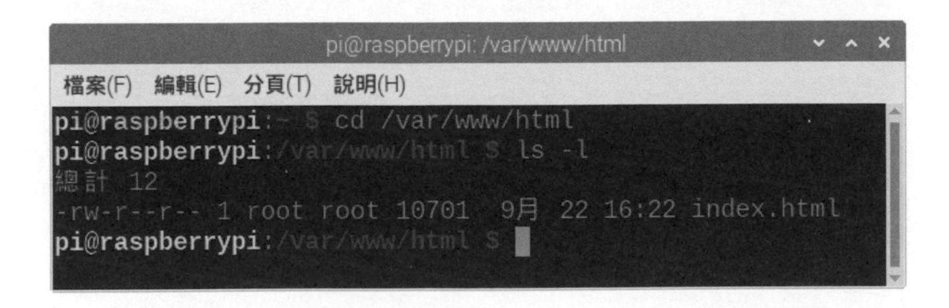

上述圖例顯示 index.html 的擁有者是 root，我們需要更改擁有者為 pi，如此才能編輯 index.html 檔案的內容，如下所示：

```
$ sudo chown pi:root index.html Enter
$ ls -l Enter
```

首先執行 chown 指令更改檔案的擁有者是 pi，然後使用 ls 指令顯示 index.html 檔案資訊，可以看到現在 index.html 檔案的擁有者是 pi，如下圖所示：

```
pi@raspberrypi: /var/www/html
檔案(F) 編輯(E) 分頁(T) 說明(H)
pi@raspberrypi:/var/www/html $ sudo chown pi:root index.html
pi@raspberrypi:/var/www/html $ ls -l
總計 12
-rw-r--r-- 1 pi root 10701  9月  22 16:22 index.html
pi@raspberrypi:/var/www/html $
```

使用 Geany 編輯 index.html 檔案

在成功更改 index.html 檔案的擁有者後，我們就可以執行「選單 / 軟體開發 /Geany」命令啟動 Geany 後，再執行「檔案 /Open」命令，可以看到「開啟檔案」對話方塊。

在左邊框選 **+ 其他的位置**，右邊選**電腦**，然後切換至「/var/www/html」目錄，選 **index.html** 檔案後，按**開啟**鈕開啟 index.html，如下圖所示：

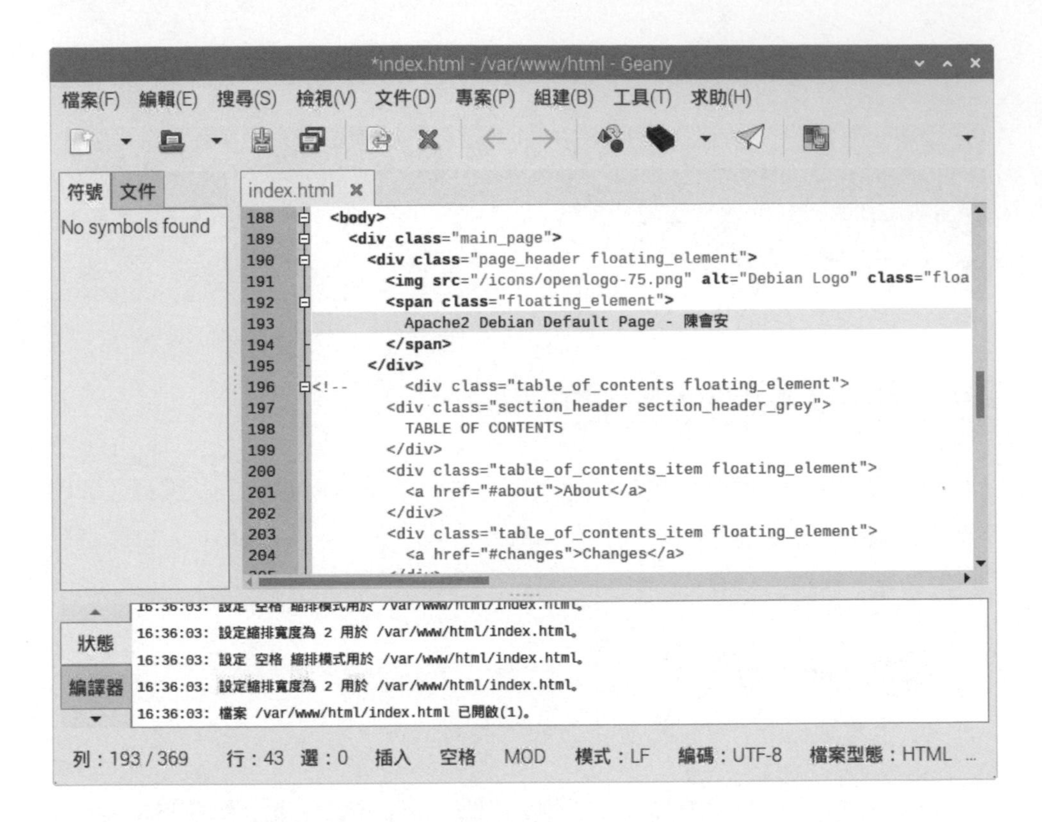

請捲動視窗找到 <body> 標籤下的 <span> 標籤，然後在標題文字 Apache Debian Default Page 後輸入姓名 **- 陳會安**，然後執行「檔案 / 儲存」命令儲存 index.html 檔案的變更。

現在，當再次使用瀏覽器進入 Apache 伺服器的預設首頁，可以看到標題文字後的姓名，如下圖所示：

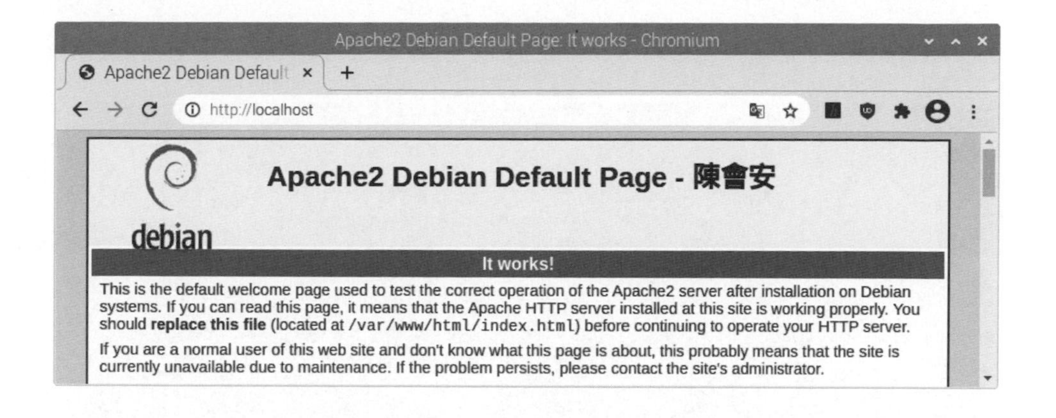

5-2 安裝 PHP 開發環境

PHP（PHP: Hypertext Preprocessor）是通用和開放原始碼（Open Source）的伺服端腳本語言（Script），我們可以直接將 PHP 程式碼內嵌於 HTML 網頁，這是一種 Unix/Linux 的伺服端網頁技術，也支援 Windows 作業系統，其官方網址：http://www.php.net/。

安裝 PHP

當成功在樹莓派安裝 Apache 伺服器後，接著，就可以使用下列指令安裝 PHP，目前安裝的 PHP 版本是 7.3 版，如下所示：

```
$ sudo apt-get -y install php Enter
```

當執行上述指令安裝 PHP 後，就會安裝最新版 PHP 和相關套件，包含：libapache2-mod-php7.3、php-common、php7.3、php7.3-cli、php7.3-common、php7.3-json、php7.3-opcache 和 php7.3-readline，如下圖所示：

接著，我們需要使用 Geany 建立 PHP 程式 index.php 來測試 PHP 程式的執行。

更改「/var/www/html」目錄的擁有者

因為目錄權限不足，我們並無法啟動 Geany 工具在「/var/www/html」目錄新增 PHP 程式檔案 index.php。請先啟動終端機執行 chown 指令更改「/var/www/html」目錄擁有者為 pi，如下所示：

```
$ cd /var/www Enter
$ sudo chown pi:root html Enter
$ ls -l Enter
```

上述指令首先使用 cd 切換至「/var/www」目錄，然後使用 chown 指令更改「html」目錄的擁有者是 pi，最後使用 ls 指令顯示「/var/www/html」目錄資訊，可以看到「html」目錄的擁有者是 pi，如下圖所示：

```
pi@raspberrypi: /var/www
檔案(F)  編輯(E)  分頁(T)  說明(H)
pi@raspberrypi:~ $ cd /var/www
pi@raspberrypi:/var/www $ sudo chown pi:root html
pi@raspberrypi:/var/www $ ls -l
總計 4
drwxr-xr-x 2 pi root 4096  9月  22 16:22 html
pi@raspberrypi:/var/www $
```

使用 Geany 新增 PHP 程式 index.php

請啟動 Geany 後，執行「檔案 / 新增」命令新增程式檔案，然後執行「檔案 /Save As」命令將新增檔案儲存成 index.php，如下圖所示：

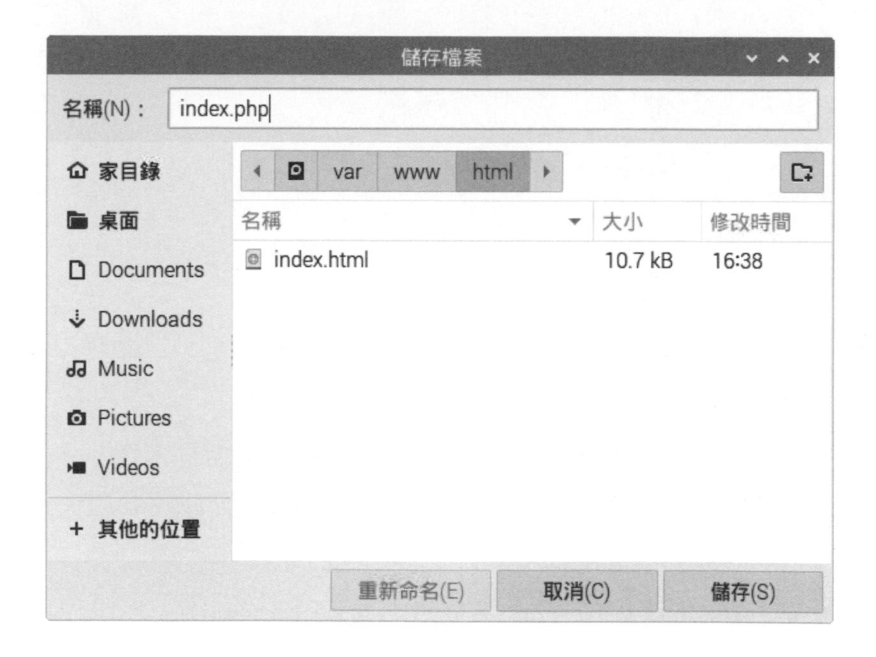

在上述「儲存檔案」對話方塊的左邊框選 **+ 其他的位置**，右邊選**電腦**後，切換至「/var/www/html」目錄，即可在上方欄位輸入檔名 index.php，按**儲存**鈕儲存成 index.php。

然後，請在 Geany 的編輯標籤頁輸入 index.php 程式碼，如下所示：

```
<?php phpinfo(); ?>
```

上述 PHP 程式碼呼叫 phpinfo() 函數來顯示 PHP 版本和載入模組等相關資訊，如下圖所示：

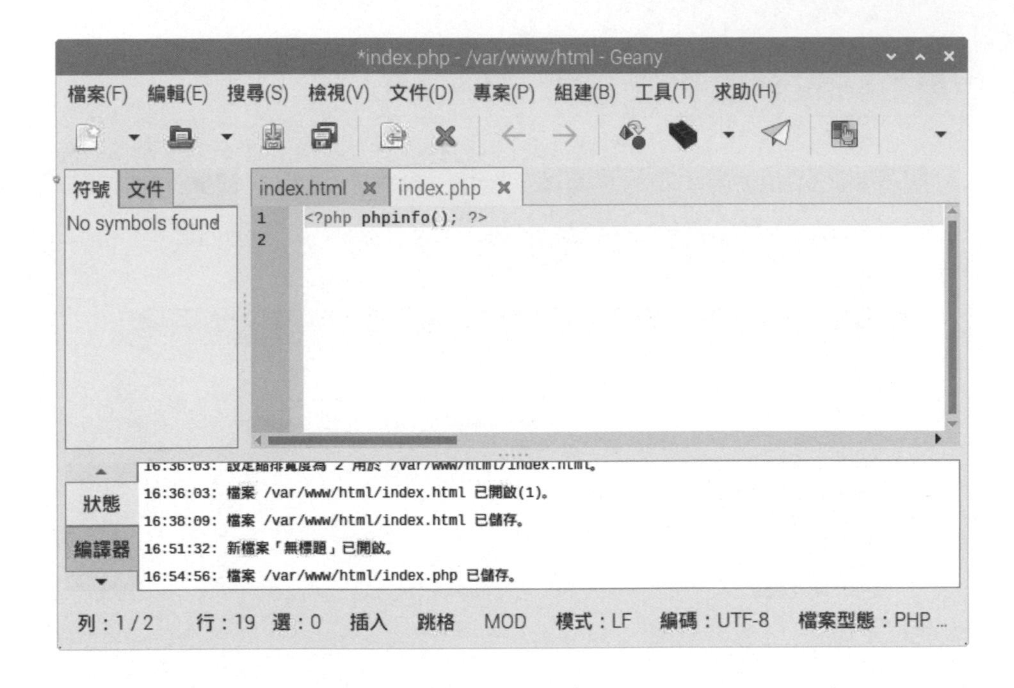

上述圖例的檔名標籤是紅色字，表示內容有變更但尚未儲存，請執行「檔案 / 儲存」命令儲存 PHP 程式檔案 index.php。

在瀏覽器測試執行 PHP 程式

在成功建立 PHP 程式 index.php 後，我們就可以啟動瀏覽器輸入下列網址來測試執行 PHP 程式，如下所示：

```
http://localhost/index.php
```

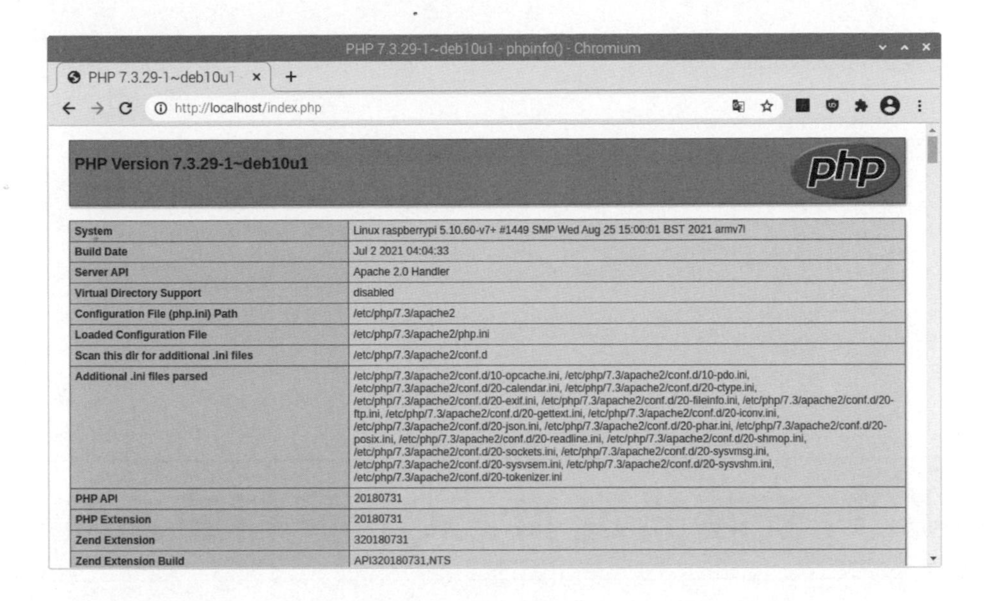

上述圖例是 PHP 程式的執行結果，使用 HTML 表格顯示 PHP 的相關資訊，請注意！URL 網址一定需要輸入 index.php，因為在同一目錄下還有 index.html，如果沒有指明，就會先執行 index.html，而不是執行 index.php，如下圖所示：

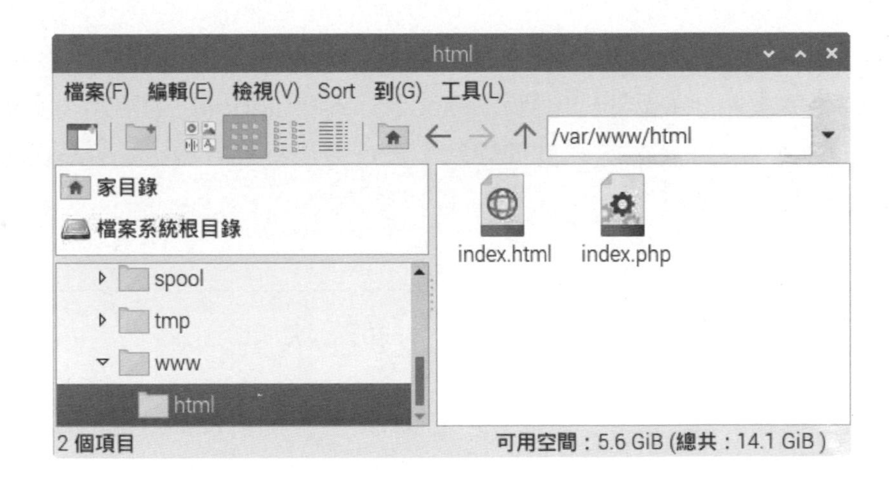

如果想輸入 http://localhost 就執行 index.php 的 PHP 程式，請在終端機切換至「/var/www/html」目錄，使用 rm 指令刪除 index.html 檔案，如此 index.php 就會成為預設首頁，如下所示：

```
$ cd /var/www/html Enter
$ sudo rm index.html Enter
```

請注意！如果沒有成功顯示 PHP 資訊的網頁內容，請在終端機執行下列指令重新啟動 Apache 伺服器，如下所示：

```
$ sudo service apache2 restart Enter
```

5-3 安裝設定 MySQL 資料庫系統

MySQL 是一套開放原始碼（Open Source）的關聯式資料庫管理系統，原來是由 MySQL AB 公司開發與提供技術支援（已經被 Oracle 購併），這是 David Axmark、Allan Larsson 和 Michael Monty Widenius 在瑞典設立的公司，其官方網址為：http://www.mysql.com。

MariaDB 是 MySQL 原開發團隊開發的資料庫系統，保證永遠開放原始碼且完全相容 MySQL，目前 Facebook 和 Google 公司都已經改用 MariaDB 取代 MySQL 資料庫伺服器，其官方網址是：https://mariadb.org/。.

5-3-1 安裝 MySQL 資料庫系統

在樹莓派安裝 MySQL 資料庫系統（事實上是安裝 MariaDB），除了資料庫伺服器本身外，我們還需要安裝支援程式語言的 MySQL 模組，例如：PHP 語言和 Python 語言。

安裝 MySQL 資料庫伺服器

在樹莓派安裝 MySQL 資料庫伺服器，如下所示：

```
$ sudo apt-get -y install mariadb-server Enter
$ sudo service apache2 restart Enter
```

執行上述指令可以安裝 MySQL 資料庫伺服器，在安裝完成後，重新啟動 Apache 伺服器。

安裝 PHP 的 MySQL 模組

如果需要使用 PHP 存取 MySQL 資料庫，我們需要安裝 PHP 的 MySQL 模組，如下所示：

```
$ sudo apt-get -y install php-mysql Enter
```

安裝 Python 的 MySQL 模組

如果需要使用 Python 存取 MySQL 資料庫，我們需要安裝 Python 的 MySQL 模組，如下所示：

```
$ sudo apt-get -y install python-mysqldb Enter
```

設定 MySQL 安全性：更改 root 使用者的密碼

MySQL 的 root 使用者預設並沒有密碼，基於安全性考量，建議設定 root 使用者密碼。我們準備使用 mysqle_secure_installation 設定 MySQL 資料庫的安全性，如下所示：

```
$ sudo mysql_secure_installation Enter
```

在提示文字 Enter current password for root (Enter for none)，因為目前沒有密碼，請按 Enter 鍵，再輸入 **y** 和按 Enter 鍵確認更改密碼，如下圖所示：

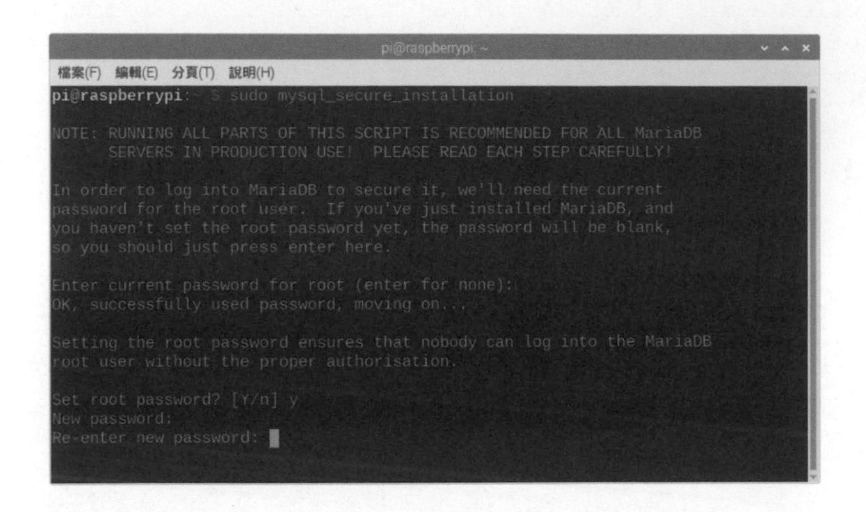

在 **New password:** 輸入新密碼，例如：a123456，按 Enter 鍵後，需要再輸入一次相同的密碼後，按 Enter 鍵，然後重複按 4 次 **y** 和按 Enter 鍵，可以依序刪除匿名使用者、不允許遠端登入、刪除測試資料庫和重新載入權限表，如下圖所示：

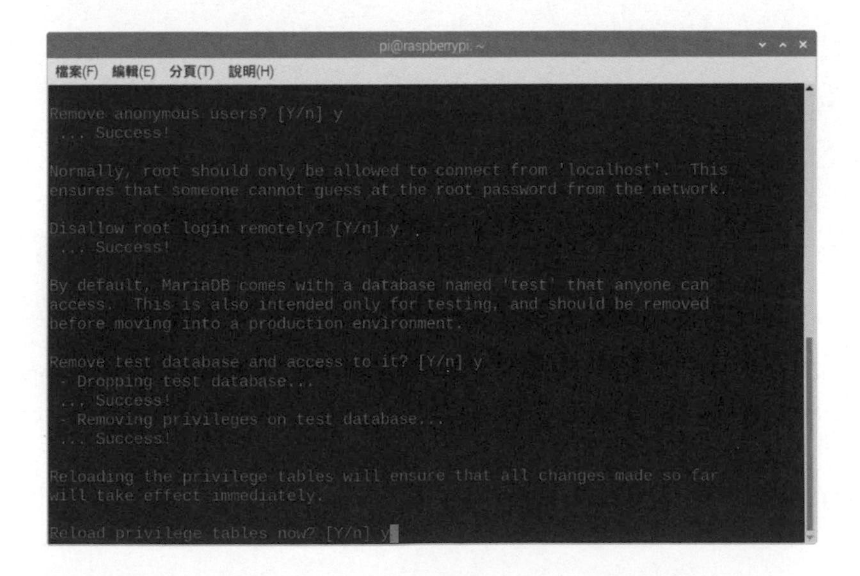

使用 MySQL 監視器（MySQL Monitor）的 CLI 介面

MySQL 監視器就是 MySQL 的 CLI 介面，請在終端機使用下列指令進入 MySQL 監視器的 CLI 介面，如下所示：

```
$ sudo mysql -u root -p Enter
```

當執行上述指令後，就會要求輸入密碼，成功登入就進入 MySQL 監視器來建立、更改和刪除資料庫，離開 MySQL 監視器是輸入 **quit** 指令，如下圖所示：

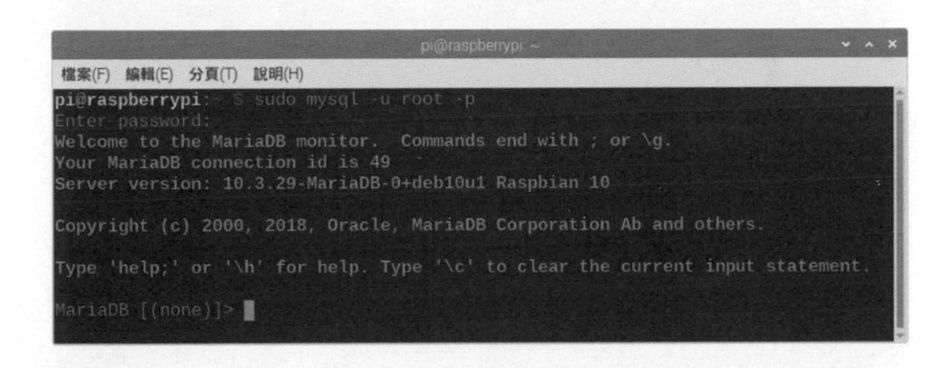

5-3-2 安裝 MySQL 管理工具 phpMyAdmin

phpMyAdmin 是一套免費 Web 介面的 MySQL 管理工具，可以幫助我們管理 MySQL 資料庫系統。

安裝 phpMyAdmin

phpMyAdmin 因為本身就是使用 PHP 技術建立的 Web 應用程式，請先參閱本節前的說明的步驟成功安裝 PHP 開發環境後，我們就可以安裝 phpMyAdmin，如下所示：

```
$ sudo apt-get -y install phpmyadmin Enter
```

上述指令的執行過程中，也會一併設定 phpMyAdmin，其步驟如下所示：

Step 1：因為 Raspberry Pi OS 作業系統有 2 種 Web 伺服器可供選擇，所以顯示選項畫面選擇使用的 Web 伺服器，請選 **apache2**（可用上下方向鍵選擇），按 Enter 鍵繼續安裝。

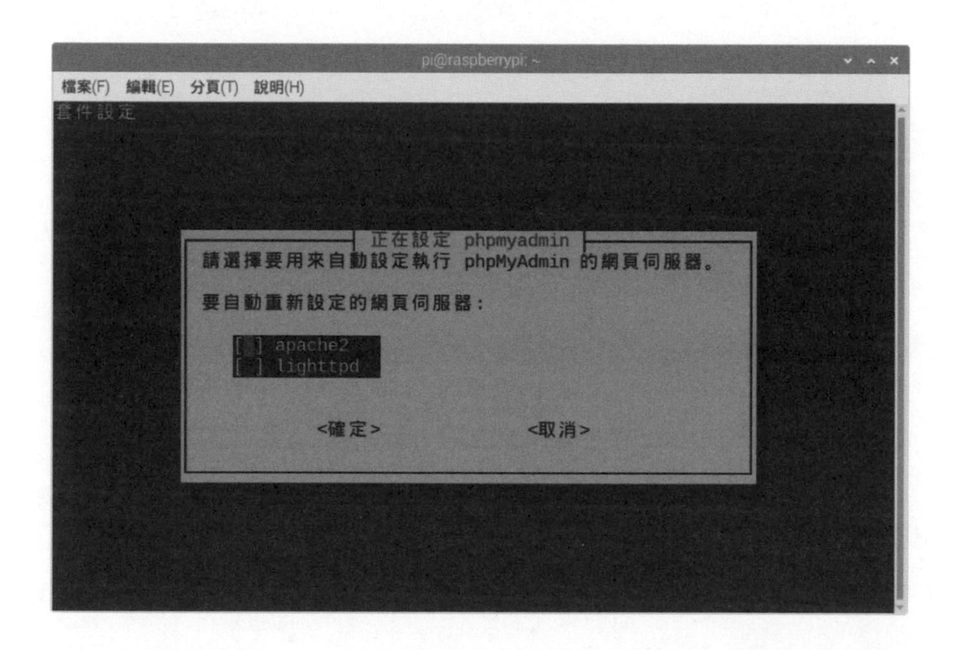

Step 2：等到安裝完成，可以看到設定 phpMyAdmin 的畫面，訊息指出 phpMyAdmin 必須安裝好資料庫和設定 dbconfig-common 檔後才能啟動，你可以手動自行設定，或在安裝過程使用套件設定介面來幫助我們設定 phpMyAdmin。請按 Tab 鍵切換選項，當看到**是**的背景成為紅色後，按 Enter 鍵。

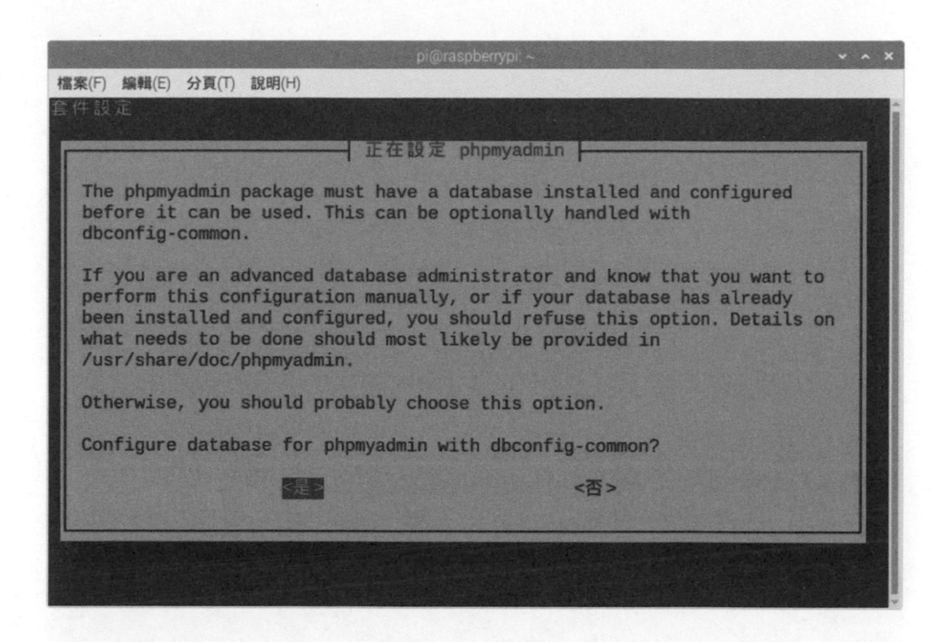

Step 3：請輸入 MySQL 資料庫伺服器使用者 root 的密碼 a123456 後，按 Tab 鍵切換選項，當看到**確定**的背景成為紅色後，按 Enter 鍵。

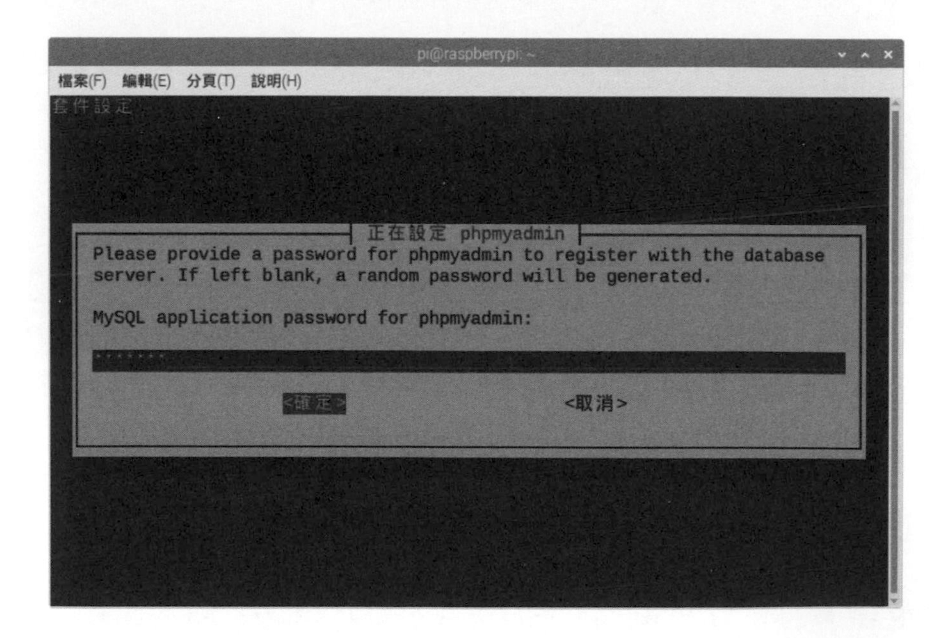

Step 4：請再輸入一次相同的密碼，在輸入相同密碼後，按 Enter 鍵，就完成 phpMyAdmin 的安裝與設定。

啟用 PHP 的 MySQLi 擴充功能

接著，請使用下列指令來啟用 PHP 的 MySQLi 擴充功能，如下所示：

```
$ sudo phpenmod mysqli Enter
$ sudo service apache2 restart Enter
```

設定 Apache 與啟動 phpMyAdmin

在成功安裝與設定 phpMyAdmin 後，我們還需要設定 Apache 伺服器的 apache2.conf 檔案後，才能成功啟動 phpMyAdmin，其步驟如下所示：

Step 1：請切換至「/etc/apache2」目錄，更改 apache2.conf 檔案的擁有者是使用者 pi，如下所示：

```
$ cd /etc/apache2 Enter
$ sudo chown pi:root apache2.conf Enter
$ ls -l Enter
```

```
pi@raspberrypi: /etc/apache2
檔案(F) 編輯(E) 分頁(T) 說明(H)
pi@raspberrypi:~ $ cd /etc/apache2
pi@raspberrypi:/etc/apache2 $ sudo chown pi:root apache2.conf
pi@raspberrypi:/etc/apache2 $ ls -l
總計 80
-rw-r--r-- 1 pi   root  7224  6月 10 18:13 apache2.conf
drwxr-xr-x 2 root root  4096  9月 22 16:22 conf-available
drwxr-xr-x 2 root root  4096  9月 22 16:22 conf-enabled
-rw-r--r-- 1 root root  1782  8月  8  2020 envvars
-rw-r--r-- 1 root root 31063  8月  8  2020 magic
drwxr-xr-x 2 root root 12288  9月 22 16:44 mods-available
drwxr-xr-x 2 root root  4096  9月 22 16:44 mods-enabled
-rw-r--r-- 1 root root   320  8月  8  2020 ports.conf
drwxr-xr-x 2 root root  4096  9月 22 16:22 sites-available
drwxr-xr-x 2 root root  4096  9月 22 16:22 sites-enabled
pi@raspberrypi:/etc/apache2 $
```

說明

我們也可以直接使用第 4-2-5 節的 nano 指令來編輯 apache2.conf 設定檔，請先切換至檔案所在目錄後，使用 sudo 執行 nano 指令進行檔案編輯，如下所示：

```
$ cd /etc/apache2 Enter
$ sudo nano apache2.conf Enter
```

在完成檔案編輯後，請按 Ctrl + O 鍵儲存檔案的變更。

Step 2：請執行「選單 / 附屬應用程式 /Text Editor」命令啟動 Text Editor，然後執行「檔案 / 開啟」命令開啟「/etc/apache2」目錄下的 apache2.conf 檔案，如下圖所示：

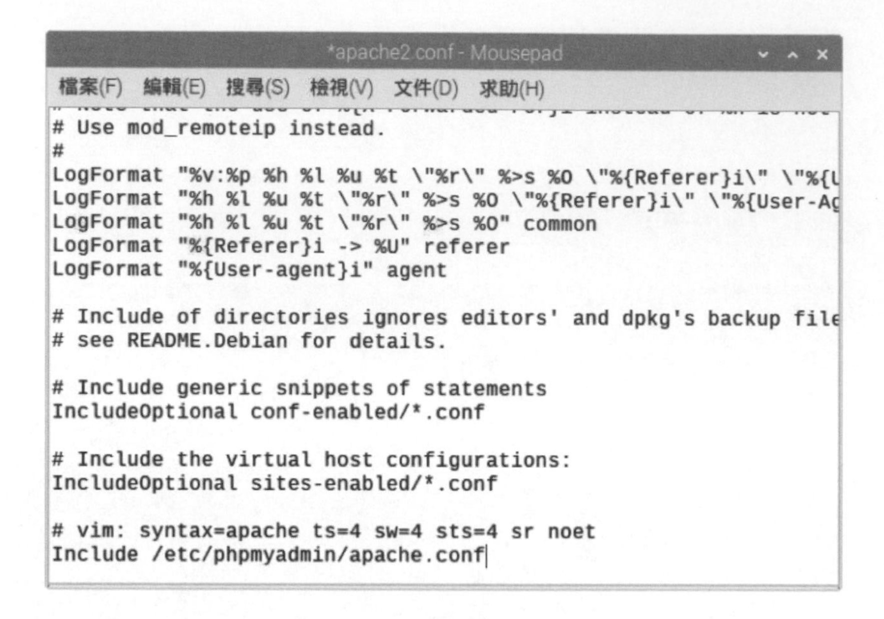

Step 3：請捲動視窗至最後，在最後輸入一行設定指令，如下所示：

```
Include /etc/phpmyadmin/apache.conf
```

Step 4：在編輯後，請執行「檔案 / 儲存」命令儲存 apache2.conf 檔的變更。

Step 5：然後在終端機輸入下列指令來重新啟動 Apache 伺服器，如下所示：

```
$ sudo service apache2 restart Enter
```

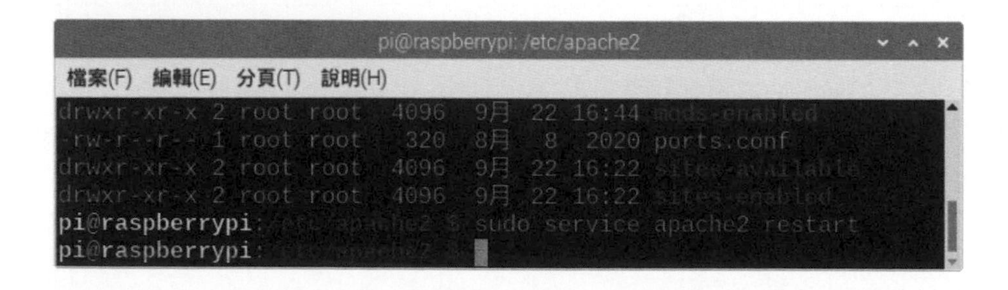

在 MySQL 新增使用者

因為 MySQL 並不允許使用 root 登入 phpMyAdmin，我們需要新增一位使用者來登入 phpMyAdmin。請在終端機使用下列指令進入 MySQL 監視器的 CLI 介面，如下所示：

```
$ sudo mysql -u root -p Enter
```

當執行上述指令後，就會要求輸入密碼，成功登入就進入 MySQL 監視器，然後新增一位使用者和授予最大的權限，例如：新增名為 pma 的使用者，密碼是 a123456，如下所示：

```
CREATE USER 'pma'@'localhost' IDENTIFIED BY 'a123456';
```

```
pi@raspberrypi ~
檔案(F) 編輯(E) 分頁(T) 說明(H)
pi@raspberrypi:~ $ sudo mysql -u root -p
Enter password:
Welcome to the MariaDB monitor.  Commands end with ; or \g.
Your MariaDB connection id is 52
Server version: 10.3.29-MariaDB-0+deb10u1 Raspbian 10

Copyright (c) 2000, 2018, Oracle, MariaDB Corporation Ab and others.

Type 'help;' or '\h' for help. Type '\c' to clear the current input statement.

MariaDB [(none)]> CREATE USER 'pma'@'localhost' IDENTIFIED BY 'a123456';
Query OK, 0 rows affected (0.003 sec)

MariaDB [(none)]>
```

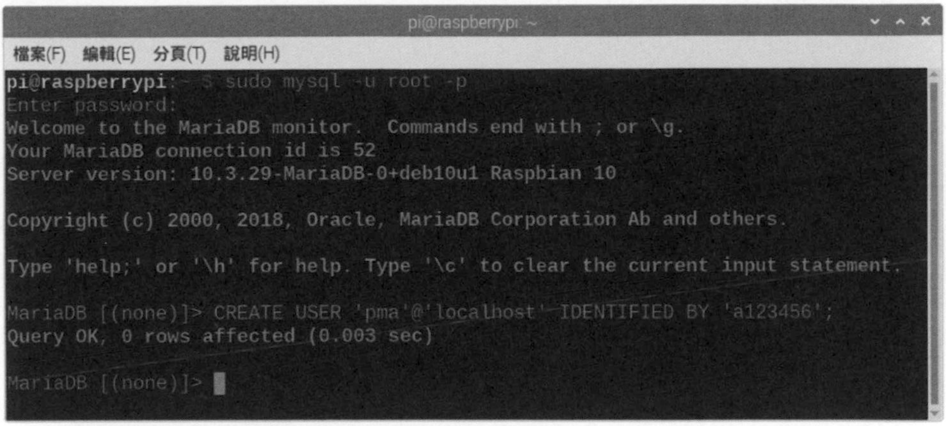

然後，授予 pma 使用者擁有最大的權限，如下所示：

```
GRANT ALL PRIVILEGES ON *.* TO 'pma'@'localhost' WITH GRANT OPTION;
```

```
pi@raspberrypi: ~
檔案(F) 編輯(E) 分頁(T) 說明(H)
Enter password:
Welcome to the MariaDB monitor.  Commands end with ; or \g.
Your MariaDB connection id is 52
Server version: 10.3.29-MariaDB-0+deb10u1 Raspbian 10

Copyright (c) 2000, 2018, Oracle, MariaDB Corporation Ab and others.

Type 'help;' or '\h' for help. Type '\c' to clear the current input statement.

MariaDB [(none)]> CREATE USER 'pma'@'localhost' IDENTIFIED BY 'a123456';
Query OK, 0 rows affected (0.003 sec)
MariaDB [(none)]> GRANT ALL PRIVILEGES ON *.* TO 'pma'@'localhost' WITH GRANT OPTION;
Query OK, 0 rows affected (0.001 sec)

MariaDB [(none)]> quit
Bye
pi@raspberrypi:~ $
```

最後請輸入 **quit** 指令離開 MySQL 監視器。

5-3-3 使用 phpMyAdmin 建立 MySQL 資料庫

phpMyAdmin 提供完整 Web 使用介面，可以幫助我們在 MySQL 伺服器建立資料庫、定義資料表和新增記錄資料。

啟動 phpMyAdmin

請啟動瀏覽器輸入 URL 網址：http://localhost/phpmyadmin/，就可以看到 phpMyAdmin 的登入頁面。

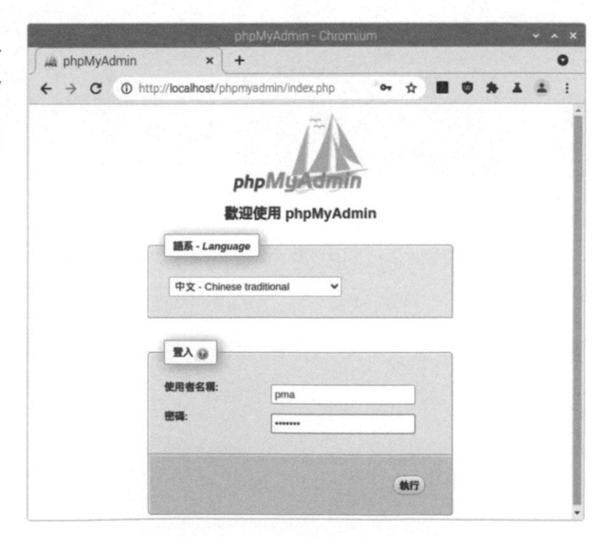

在**使用者名稱**：欄輸入上一節新增的使用者 pma；**密碼**：欄輸入 **a123456**，按**執行**鈕，可以進入 phpMyAdmin 管理頁面。

建立 MySQL 資料庫

現在，我們準備使用 phpMyAdmin 在 MySQL 資料庫伺服器建立名為 **myschool** 的資料庫，其步驟如下所示：

Step 1：請啟動瀏覽器登入 phpMyAdmin 管理工具的網頁，點選上方**伺服器；localhost:3306** 後，再選**資料庫**標籤來新增資料庫。

Step 2：在**建立新資料庫**欄輸入資料庫名稱 **myschool**（MySQL 並不區分英文字母大小寫），在之後選 **utf8_general_ci** 不區分大小寫的字元校對，按**建立**鈕。

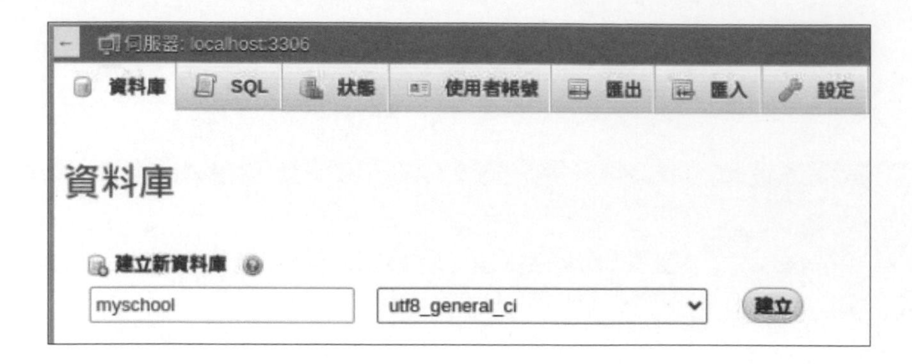

Step 3. 可以看到訊息顯示 myschool 資料庫已經建立，然後切換至建立資料表的頁面。點選上方**伺服器；localhost:3306** 後，再選**資料庫**標籤，可以在下方看到我們建立的 myschool 資料庫，如下圖所示：

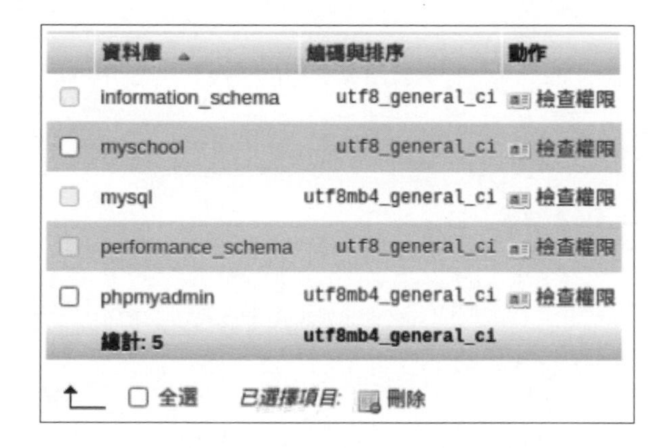

	資料庫	編碼與排序	動作
☐	information_schema	utf8_general_ci	檢查權限
☐	myschool	utf8_general_ci	檢查權限
☐	mysql	utf8mb4_general_ci	檢查權限
☐	performance_schema	utf8_general_ci	檢查權限
☐	phpmyadmin	utf8mb4_general_ci	檢查權限
	總計: 5	utf8mb4_general_ci	

☐ 全選　已選擇項目: 刪除

在資料庫清單勾選資料庫，點選右下角**刪除**圖示，就可以刪除選取的資料庫。

新增資料表

接著，我們準備在 myschool 資料庫新增名為 **students** 的資料表，資料表的欄位定義資料，如下表所示：

資料表：students			
欄位名稱	**MySQL資料類型**	**大小**	**欄位說明**
sno	VARCHAR	5	學號（主鍵）
name	VARCHAR	12	姓名
address	VARCHAR	50	地址
birthday	DATE	N/A	生日

現在，請啟動 phpMyAdmin 在 myschool 資料庫新增 students 資料表，其步驟如下所示：

Step 1：在 phpMyAdmin 管理畫面左邊目錄選 **myschool** 資料庫，可以在此資料庫新增資料表。

Step 2：在右邊**名稱**欄位輸入資料表名稱 **students**（MySQL 並不區分英文字母大小寫），**欄位**欄輸入資料表的欄位數，以此例是 **4**，按**執行**鈕。

Step 3：可以看到編輯資料表欄位的表單，請輸入前述 students 資料表的欄位定義資料，資料類型的型態是使用下拉式清單來選擇。

Step 4：接著在 **sno** 欄位，請向右捲動視窗，在**索引**欄選 **PRIMARY** 主鍵，可以看到「新增索引」對話方塊。

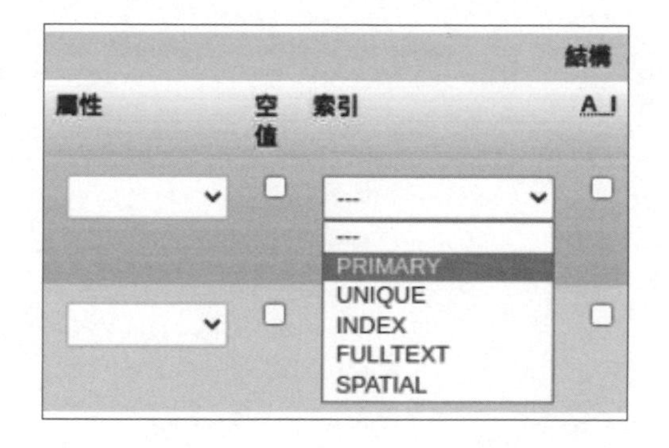

說明

欄位型態如果是數值且需要自動增加欄位值時，請勾選 **A_I** 欄。

Step 5：我們可以指定部分欄位值來建立索引，以此例不用更改，按**執行**鈕。

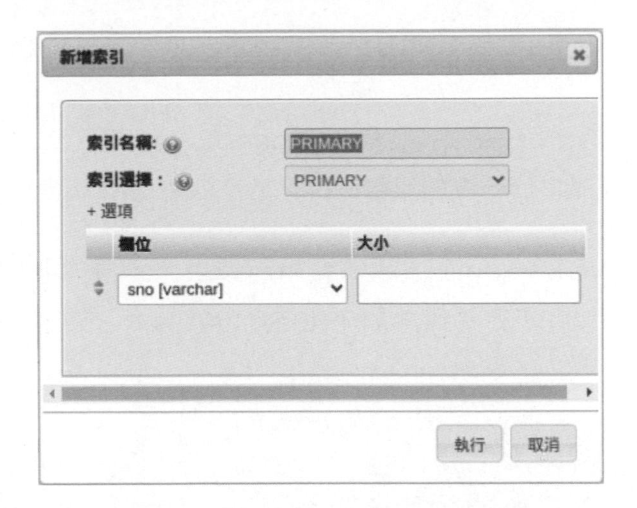

Step 6：請將畫面向右且往下捲動，可以看到下方**儲存**鈕，請按此按鈕儲存資料表，即可建立 students 資料表，和檢視資料表的欄位定義資料，如下圖所示：

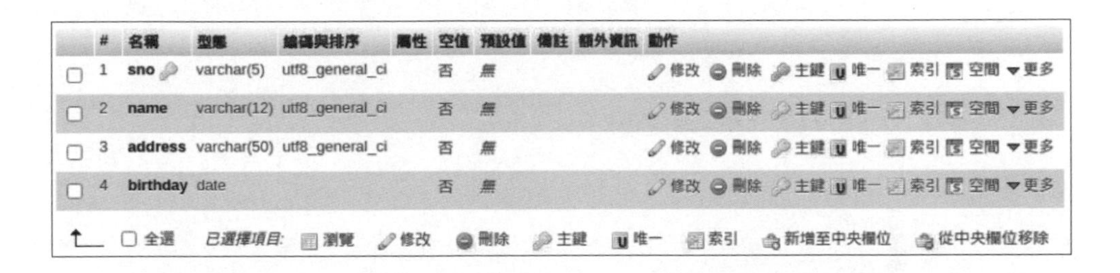

#	名稱	型態	編碼與排序	屬性	空值	預設值	備註	額外資訊	動作
1	sno	varchar(5)	utf8_general_ci		否	無			修改 刪除 主鍵 唯一 索引 空間 更多
2	name	varchar(12)	utf8_general_ci		否	無			修改 刪除 主鍵 唯一 索引 空間 更多
3	address	varchar(50)	utf8_general_ci		否	無			修改 刪除 主鍵 唯一 索引 空間 更多
4	birthday	date			否	無			修改 刪除 主鍵 唯一 索引 空間 更多

全選 已選擇項目: 瀏覽 修改 刪除 主鍵 唯一 索引 新增至中央欄位 從中央欄位移除

上表資料表欄位的編輯方式是先勾選需要處理的欄位，然後在「動作」欄點選所需功能，常用功能說明如下表所示：

動作	說明
修改	修改欄位的定義資料
刪除	刪除欄位
主鍵	將欄位設定成主鍵
唯一	將欄位值設定成為唯一值
索引	將欄位設為索引鍵欄位

新增記錄資料

現在，我們已經在 MySQL 的 **myschool** 資料庫新增 **students** 資料表，接著就可以新增資料表的記錄資料，其步驟如下所示：

Step 1：請在 phpMyAdmin 左邊資料庫清單目錄，展開 **myschool** 資料庫，可以在下方看到建立的 students 資料表，如下圖所示：

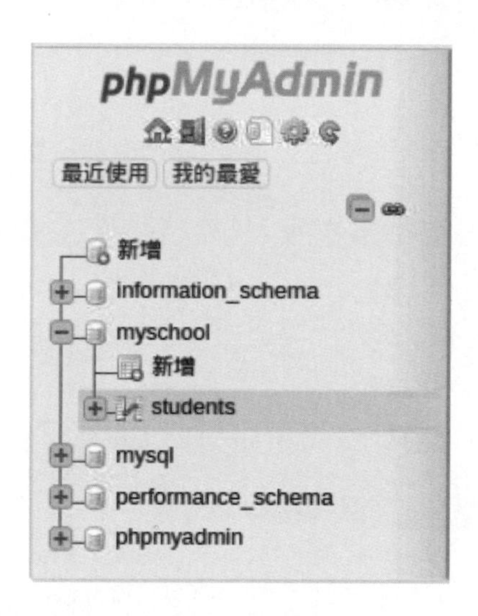

Step 2：點選**新增**可以新增資料表，請點選 **students** 超連結，可以在右邊顯示資料表的記錄資料，目前是空的沒有記錄，選上方**新增**標籤。

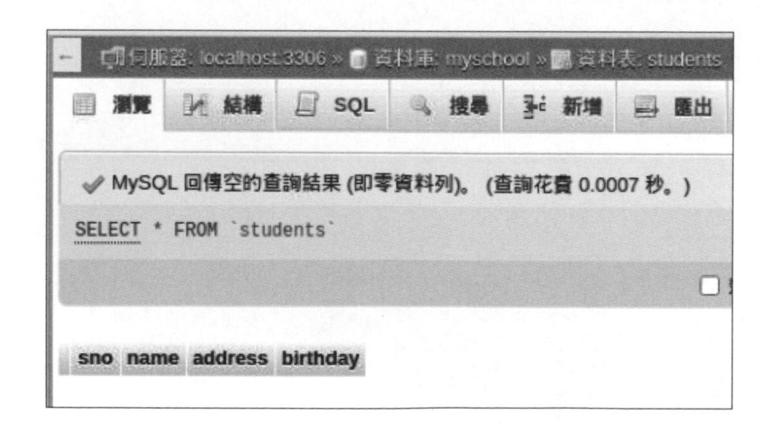

Step 3：在資料表記錄編輯畫面的表格，依序輸入 sno、name、address 和 birthday 欄位值，按**執行**鈕新增記錄。

瀏覽 結構 SQL 搜尋 新增 匯出 匯入 權限 操作 追蹤 觸發器

欄位	型態	函數	空值	值
sno	varchar(5)			s001
name	varchar(12)			陳會安
address	varchar(50)			新北市五股區
birthday	date			1990/5/25

執行

Step 4：可以看到成功新增一筆記錄的訊息文字「新增了 1 列」，在網頁上方是新增記錄的 SQL 指令，選上方**新增**標籤可以繼續新增其他記錄。

Step 5：在完成資料表記錄資料的新增後，選上方**瀏覽**標籤，可以在下方檢視 students 資料表的所有記錄資料。

5-4 架設 FTP 伺服器

FTP（File Transfer Protocol）是檔案傳輸的通訊協定，其主要目是在伺服器與客戶端之間進行檔案傳輸。FTP 伺服器就是使用 FTP 通訊協定的伺服器，我們準備安裝的是 vsftpd。

5-4-1 在樹莓派架設 FTP 伺服器

在樹莓派架設 FTP 伺服器是使用 vsftpd，其安裝步驟如下所示：

Step 1：請在終端機輸入下列指令來安裝 vsftpd 套件，如下所示：

```
$ sudo apt-get update Enter
$ sudo apt-get -y install vsftpd Enter
```

Step 2：請切換至「/etc」目錄，更改 vsftpd.conf 檔案的擁有者是使用者 pi，如下所示：

```
$ cd /etc Enter
$ sudo chown pi:root vsftpd.conf Enter
$ ls -l vsftpd.conf Enter
```

```
pi@raspberrypi: /etc
檔案(F) 編輯(E) 分頁(T) 說明(H)
pi@raspberrypi:~ $ cd /etc
pi@raspberrypi:/etc $ sudo chown pi:root vsftpd.conf
pi@raspberrypi:/etc $ ls -l vsftpd.conf
-rw-r--r-- 1 pi root 5850  3月  6  2019 vsftpd.conf
pi@raspberrypi:/etc $
```

說明

我們也可以直接使用第 4-2-5 節的 nano 指令編輯 vsftpd.conf 設定檔，請先切換至檔案所在的目錄後，使用 sudo 執行 nano 指令進行檔案編輯，如下所示：

```
$ cd /etc Enter
$ sudo nano vsftpd.conf Enter
```

在完成檔案編輯後，請按 Ctrl + O 鍵儲存檔案的變更。

Step 3：請執行「選單 / 附屬應用程式 /Text Editor」命令啟動 Text Editor，然後執行「檔案 / 開啟」命令開啟「/etc」目錄下的 vsftpd.conf 檔案。


```
# as a secure chroot() jail at times vsftpd does not require fil
# access.
secure_chroot_dir=/var/run/vsftpd/empty
#
# This string is the name of the PAM service vsftpd will use.
pam_service_name=vsftpd
#
# This option specifies the location of the RSA certificate to u
# encrypted connections.
rsa_cert_file=/etc/ssl/certs/ssl-cert-snakeoil.pem
rsa_private_key_file=/etc/ssl/private/ssl-cert-snakeoil.key
ssl_enable=NO

#
# Uncomment this to indicate that vsftpd use a utf8 filesystem.
#utf8_filesystem=YES
user_sub_token=$USER
local_root=/home/$USER/ftp
```

Step 4：確認取消下列各設定碼之前的註解字元「#」和修改成下列的屬性值，如下所示：

```
anonymous_enable=NO
local_enable=YES
write_enable=YES
local_umask=022
chroot_local_user=YES
```

Step 5：請捲動視窗至最後，在最後輸入 2 行設定指令，如下所示：

```
user_sub_token=$USER
local_root=/home/$USER/ftp
```

Step 6：在編輯後，請執行「檔案 / 儲存」命令儲存 vsftpd.conf 檔的變更。

Step 7：請在終端機輸入指令建立 2 個新目錄，和更改目錄權限，如下所示：

```
$ mkdir /home/pi/ftp Enter
$ mkdir /home/pi/ftp/files Enter
$ sudo chmod a-w /home/pi/ftp Enter
```

Step 8：請在終端機輸入下列指令來重新啟動 FTP 伺服器，如下所示：

```
$ sudo service vsftpd restart Enter
```

5-4-2 在 Windows 電腦使用 FTP 伺服器

在 Windows 電腦只需使用 FTP 客戶端程式就可以連接樹莓派建立的 FTP 伺服器，例如：FileZilla，其官方網址是：https://filezilla-project.org/。

請下載安裝 FileZilla 客戶端後，就可以在 Windows 電腦使用樹莓派架設的 FTP 伺服器，其步驟如下所示：

Step 1：請啟動 FileZilla，在上方**主機**欄輸入 IP 位址，例如：192.168.1.104，**使用者名稱**欄輸入 **pi**，**密碼**欄輸入 **a123456**，**連接埠**輸入 **22**，按**快速連線**鈕建立 FTP 連線。

Step 2：如果看到一個警告訊息，指出主機金鑰不明，不用理會，按**確認**鈕，稍等一下，就可以連線 FTP 伺服器，如下圖所示：

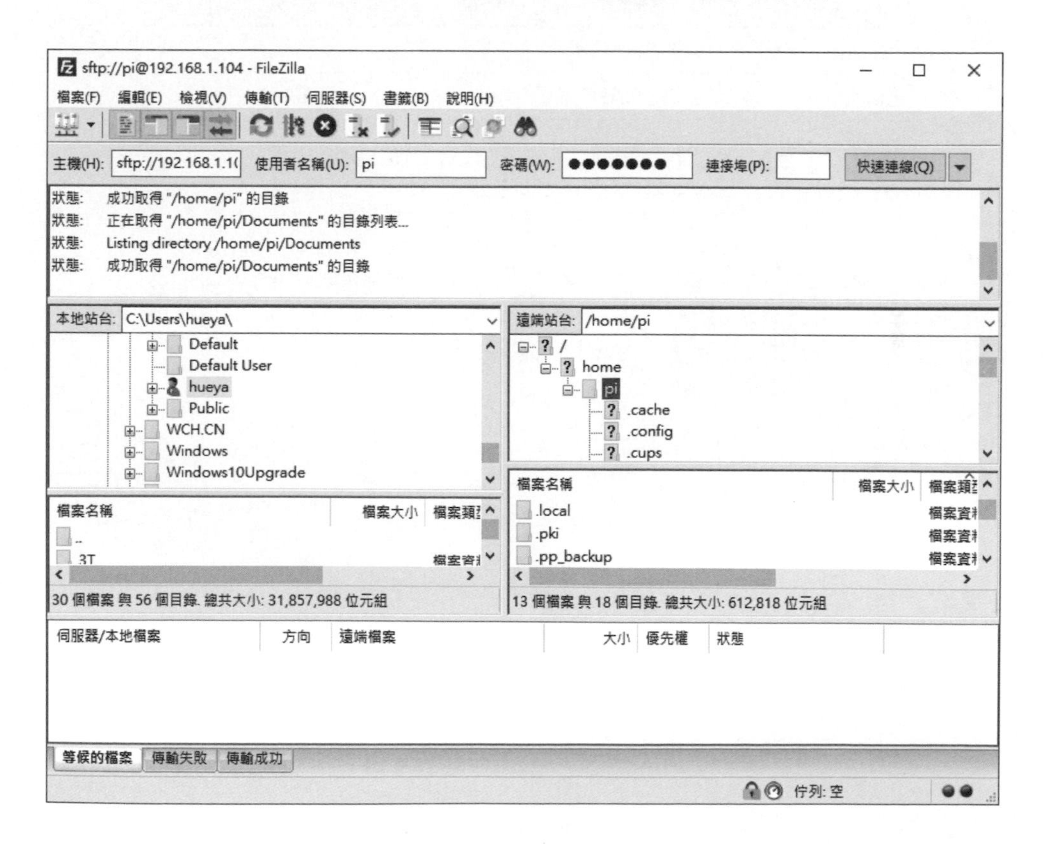

學習評量

1. 請簡單說明什麼是 Apache？如何在樹莓派 Raspberry Pi OS 安裝 Apache 伺服器？
2. 請改用 nano 指令建立第 5-2 節的 index.php 程式。
3. 請簡單說明什麼是 MySQL？什麼是 phpMyAdmin？
4. 請在 MySQL 新增圖書資料庫 library，內含資料表 books，其欄位定義資料如下表所示：

欄位名稱	資料型態	長度	說明
bookid	VARCHAR	10	書號
booktitle	VARCHAR	50	書名
bookprice	INT	11	書價
bookauthor	VARCHAR	10	作者

請將讀者書架上的電腦書都新增成為 books 資料表的測試資料。

5. 請問如何在樹莓派 Raspberry Pi OS 架設 FTP 伺服器？

開發 Python 程式

6-1 認識 Python 語言

Python 語言是 Guido Van Rossum 開發的一種通用用途（General Purpose）的程式語言，這是擁有優雅語法和高可讀性程式碼的程式語言，可以讓我們開發 GUI 視窗程式、Web 應用程式、系統管理工作、財務分析和大數據資料分析等各種不同的應用程式。

Python 語言有兩個版本：Python 2 和 Python 3，在本書是使用 Python 3 語言。

Python 是一種直譯語言

Python 是一種直譯語言（Interpreted Language），我們撰寫的 Python 程式是使用「直譯器」（Interpreters）來執行，直譯器並不會輸出可執行檔案，而是一個指令一個動作，一列一列轉換成機器語言後，馬上執行程式碼，如下圖所示：

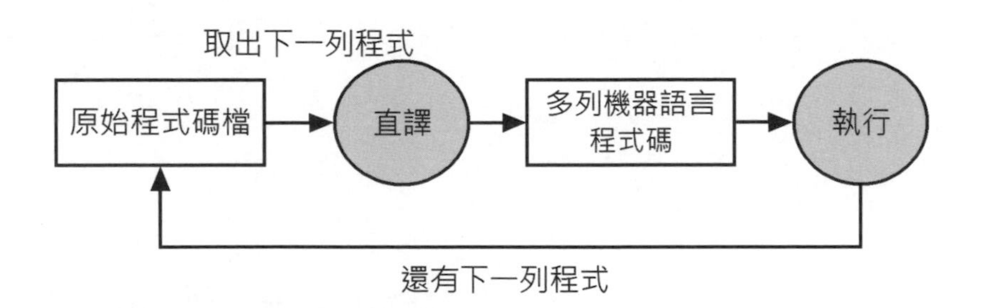

因為直譯器是一列一列轉換和執行，所以 Python 語言的執行效率比起編譯語言 C 或 C++ 語言來的低，但是非常適合初學者學習程式設計。

C 或 C++ 語言是編譯語言（Compiled Language），我們建立的程式碼需要使用編譯器（Compilers）來檢查程式碼，如果沒有錯誤，就會翻譯成機器語言的目的碼檔案，如下圖所示：

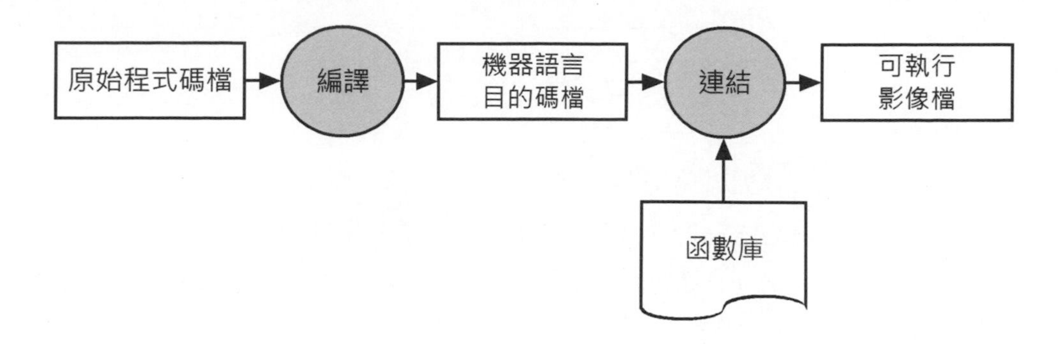

上述原始程式碼檔案在編譯成機器語言的目的碼檔（Object Code）後，因為通常會參考外部程式碼，所以需要使用連結器（Linker）將程式使用的外部函數庫連結建立成「可執行映像檔」（Executable Image），這就是在作業系統可執行的程式檔。

Python 是一種動態型別程式語言

Python 是一種動態型別（Dynamically Typed）語言，在 Python 程式碼宣告的變數並不需要預設宣告使用的資料型別，Python 直譯器會依據變數值來自動判斷使用的資料型別，如下所示：

```
a = 1
b = "Hello World!"
```

上述 Python 程式碼的第 1 列的變數 a 是指定成整數 1，所以此變數的資料型別是整數，第 2 列的變數 b 是指定成字串，所以資料型別是字串。

Python 是一種強型別程式語言

雖然，Python 變數並不需要預設宣告使用的資料型別，但是 Python 語言是一種強型別（Strongly Typed）的程式語言，並不會自動轉換變數的資料型別，如下所示：

```
# 字串+整數
v = "計算結果 = " + 100
```

上述 Python 程式碼使用「#」開頭是註解文字，這是一個字串加上整數的運算式，很多程式語言，例如：JavaScript 或 PHP 會自動將整數轉換成字串，請注意！Python 語言並不允許自動型別轉換，我們一定需要自行轉換成同一型別，如下所示：

```
# 字串+字串
v = "計算結果 = " + str(100)
```

上述 Python 程式碼的整數需要先呼叫 str() 函數轉換成字串後，才能和之前的字串進行字串連接。

6-2 在樹莓派開發 Python 程式

在 Raspberry Pi OS 可以使用 Thonny 或 Geany 建立和執行 Python 程式，目前 Geany 和 Thonny 支援中文輸入，在本章的 Python 程式範例可以選擇使用 Geany 和 Thonny 來測試執行。

6-2-1 使用 Geany 建立和執行 Python 程式

Raspberry Pi OS 作業系統內建 Python 2 和 Python 3 語言，我們可以馬上使用 Geany 在樹莓派進行 Python 應用程式的開發。

新增 Python 程式檔與輸入程式碼

請執行「選單 / 軟體開發 /Geany」命令啟動 Geany 後，執行「檔案 / 新增」命令新增程式檔案，然後執行「檔案 /Save As」命令將新增檔案儲存成 ch6-2-1.py (別忘了加上副檔名 .py)，如下圖所示：

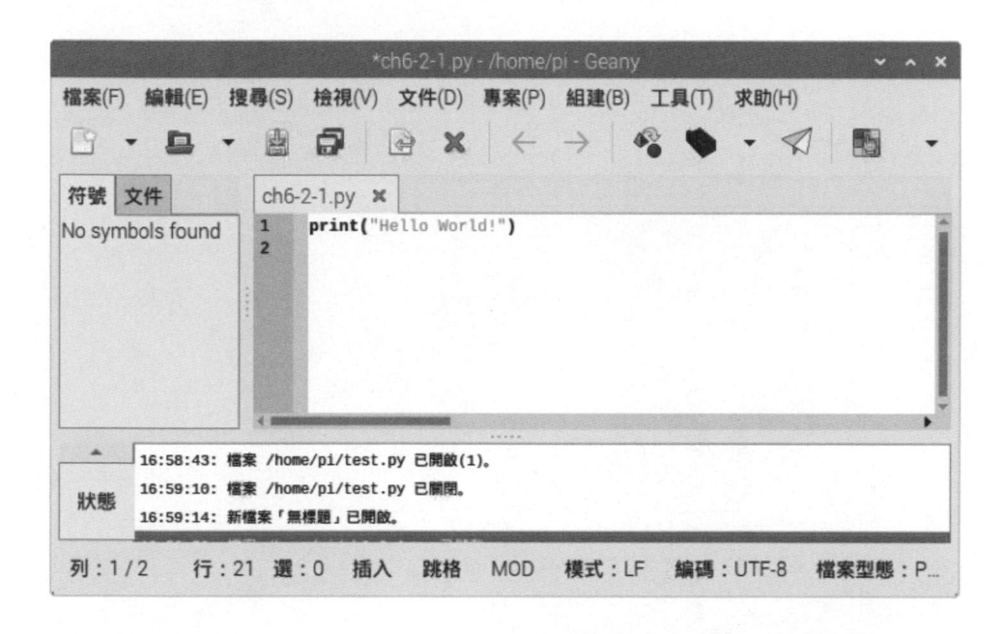

在 **ch6-2-1.py** 標籤的編輯視窗輸入 Python 程式碼，如下所示：

```
print("Hello World!")
```

上述程式碼在 Geany 可以在 print() 函數輸入中文字串，關於中文輸入法的說明，詳見第 4-6 節，在完成 Python 程式碼輸入後，請執行「檔案 / 儲存」命令儲存 Python 程式。

設定 Geany 使用 Python 3

因為 Geany 整合開發環境預設使用 Python 2 來執行 Python 程式，我們需要改成 Python 3。請執行「組建 / 設定組建命令」命令更改組建設定，可以看到「設定組建命令」對話方塊。

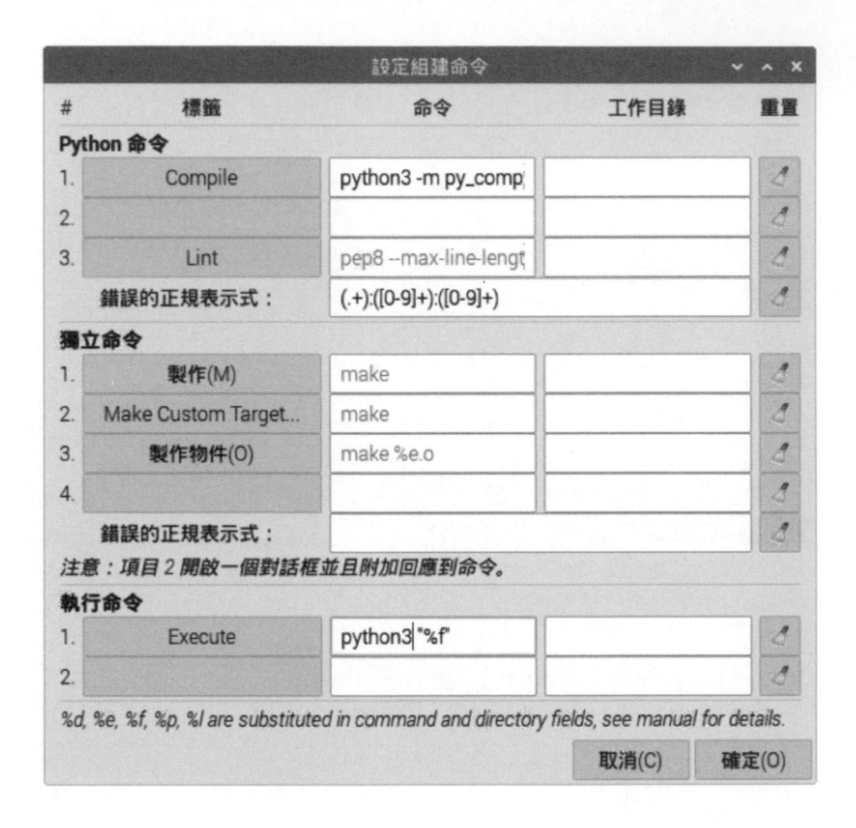

請將上方第 1 個 **Compile** 按鈕之後的 python 指令改成 python3（請注意！在 python3 之後有 1 個空白字元），然後在下方 **Execute** 按鈕的 python 指令也改成 python3（在之後有 1 個空白字元），按**確定**鈕完成組建設定。

在 Geany 執行 Python 程式

在編輯儲存 Python 程式和更改組建設定使用 Python 3 後，我們就可以在 Geany 執行 Python 程式（執行「檔案 /Open」命令可以開啟存在的 Python 程式），請執行「組建 /Execute」命令或按 F5 鍵，如下圖所示：

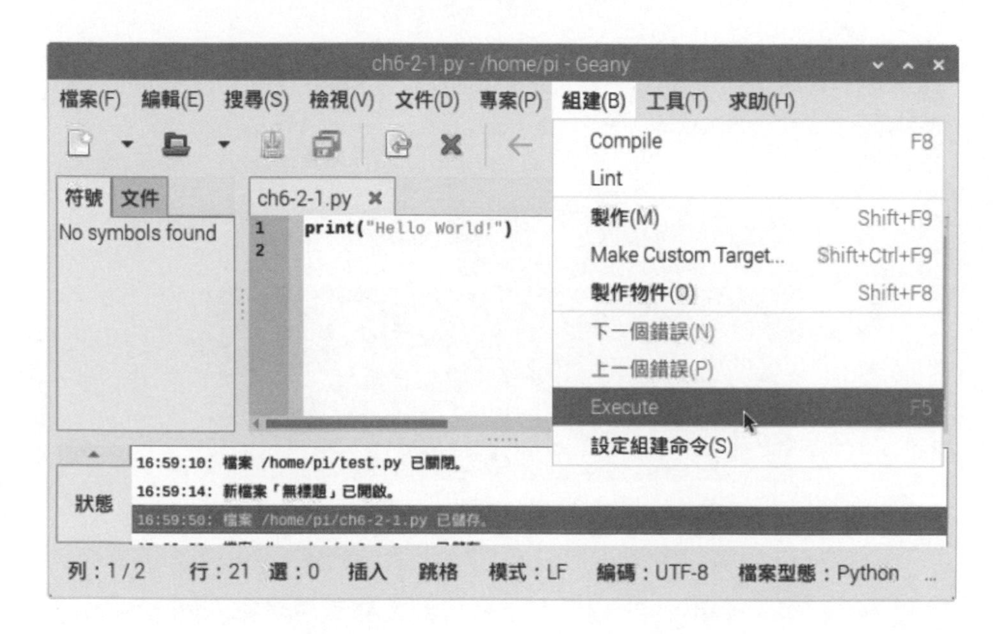

可以開啟終端機視窗看到 Python 程式的執行結果，請按 Enter 鍵繼續，如下圖所示：

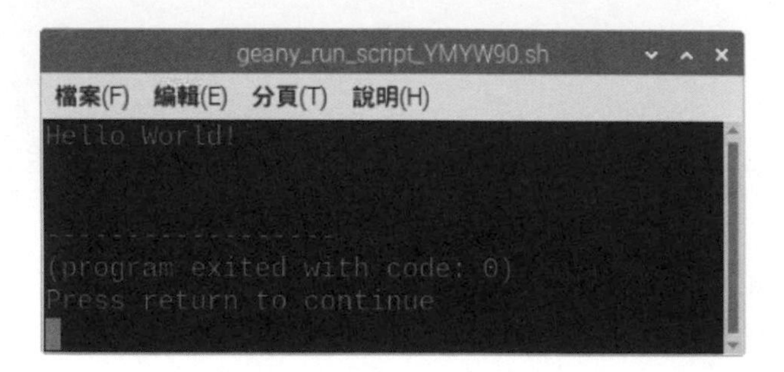

6-2-2 在終端機啟動 Python Shell

Python 支援互動環境的 Python Shell，我們可以在終端機啟動 Python Shell。首先檢查 Python 版本，請啟動終端機輸入下列指令來查詢 Python 的版本，參數 version 前是 2 個「-」號，如下所示：

```
$ python --version Enter
$ python3 --version Enter
```

上述執行結果可以看到 Python 2 是 2.7.16 版；Python 3 是 3.7.3 版。然後，請使用 python3 指令，沒有任何參數就是啟動 Python Shell，如下所示：

```
$ python3 Enter
```

```
pi@raspberrypi: ~
檔案(F) 編輯(E) 分頁(T) 說明(H)
pi@raspberrypi:~ $ python3
Python 3.7.3 (default, Jan 22 2021, 20:04:44)
[GCC 8.3.0] on linux
Type "help", "copyright", "credits" or "license" for more information.
>>>
```

因為 Python 是直譯語言，在 Python Shell 提供互動模式，可以讓我們在「>>>」提示文字輸入 Python 程式碼來馬上測試執行，例如：輸入 5+10，按 Enter 鍵，可以馬上看到執行結果 15，如下圖所示：

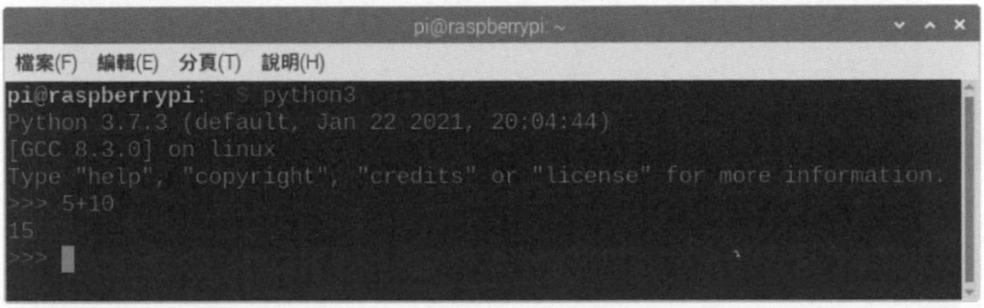

```
pi@raspberrypi
檔案(F) 編輯(E) 分頁(T) 說明(H)
pi@raspberrypi:~ $ python3
Python 3.7.3 (default, Jan 22 2021, 20:04:44)
[GCC 8.3.0] on linux
Type "help", "copyright", "credits" or "license" for more information.
>>> 5+10
15
>>>
```

不只如此，我們還可以定義變數 num = 10，然後執行 print() 函數來顯示變數值，如下所示：

```
num = 10
print(num)
```

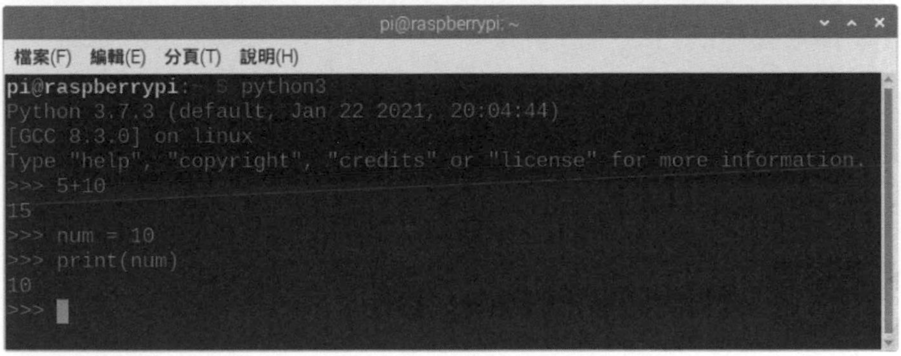

```
pi@raspberrypi
檔案(F) 編輯(E) 分頁(T) 說明(H)
pi@raspberrypi:~ $ python3
Python 3.7.3 (default, Jan 22 2021, 20:04:44)
[GCC 8.3.0] on linux
Type "help", "copyright", "credits" or "license" for more information.
>>> 5+10
15
>>> num = 10
>>> print(num)
10
>>>
```

同理，我們可以測試 if 條件，在輸入 if num >= 10: 後，按 Enter 鍵，然後縮排 4 個空白字元來輸入 print() 函數，按二次 Enter 鍵，可以看到執行結果，如下圖所示：

```
if num == 10:
    print("num is 10")
```

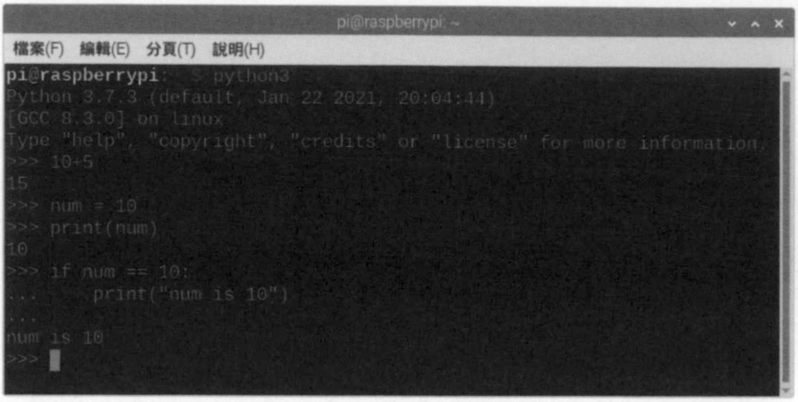
pi@raspberrypi: ~
檔案(F) 編輯(E) 分頁(T) 說明(H)
pi@raspberrypi: ~ $ python3
Python 3.7.3 (default, Jan 22 2021, 20:04:44)
[GCC 8.3.0] on linux
Type "help", "copyright", "credits" or "license" for more information.
>>> 10+5
15
>>> num = 10
>>> print(num)
10
>>> if num == 10:
...   print("num is 10")
...
num is 10
>>>

結束 Python Shell，請輸入 exit() 後，按 Enter 鍵，如下圖所示：

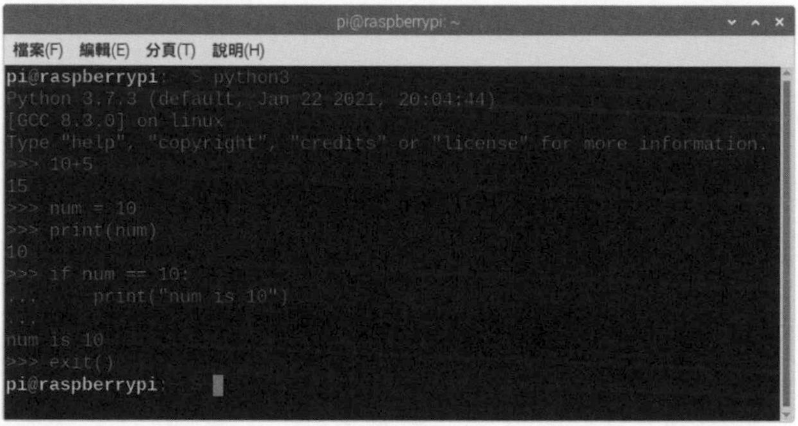
pi@raspberrypi: ~
檔案(F) 編輯(E) 分頁(T) 說明(H)
pi@raspberrypi: ~ $ python3
Python 3.7.3 (default, Jan 22 2021, 20:04:44)
[GCC 8.3.0] on linux
Type "help", "copyright", "credits" or "license" for more information.
>>> 10+5
15
>>> num = 10
>>> print(num)
10
>>> if num == 10:
...   print("num is 10")
...
num is 10
>>> exit()
pi@raspberrypi: ~ $

6-2-3 Thonny Python IDE

Thonny Python IDE 就是一個 Python 語言的整合開發環境，請在 Raspberry Pi OS 執行「選單 / 軟體開發 /Thonny Python IDE」命令啟動 Thonny，在樹莓派預設是使用 Thonny 簡單介面，請在編輯視窗輸入下列程式碼，如下所示：

```
print("第1個Python程式!")
```

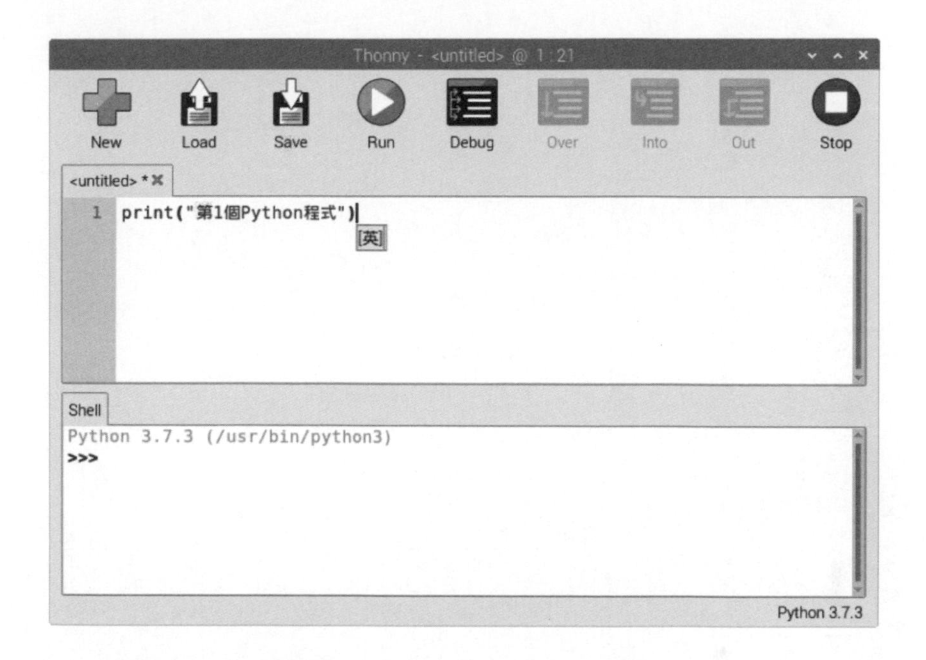

然後按上方工具列的 **Save** 鈕（**Load** 鈕可以開啟 Python 程式），輸入 ch6-2-3，按**確定**鈕儲存成 ch6-2-3.py，如下圖所示：

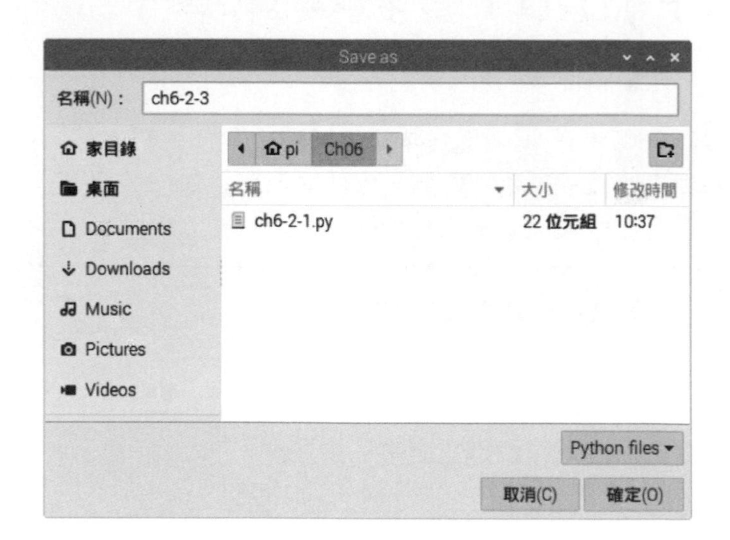

請按 **Run** 鈕執行 Python 程式（**Stop** 鈕停止執行），可以在下方框看到執行結果，而下方框就是第 6-2-2 節的 Python Shell，如下圖所示：

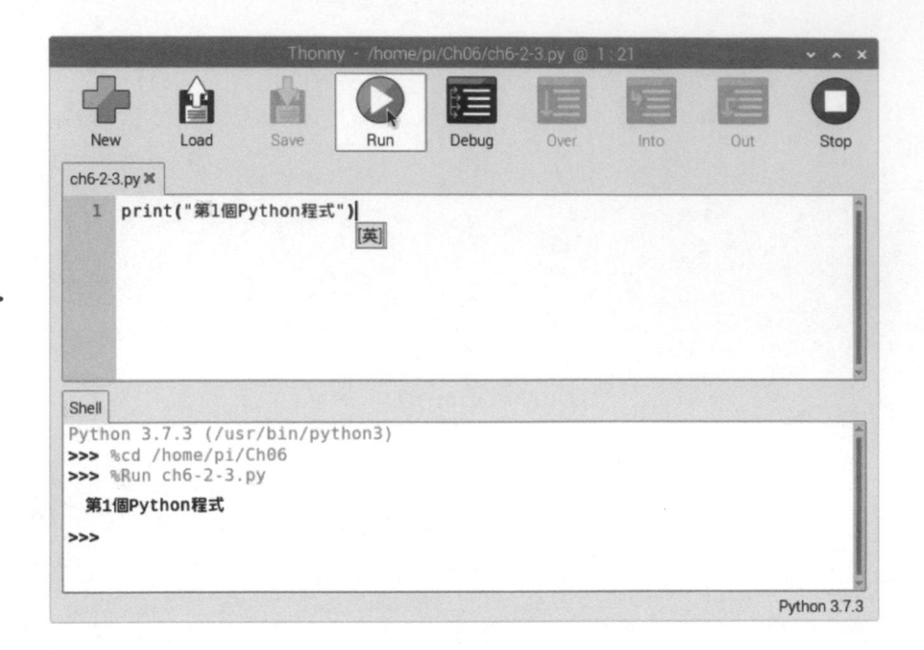

6-3 Python 變數與運算子

「變數」(Variables) 是儲存程式執行期間的暫存資料，我們可以使用運算子和變數建立運算式來執行運算，以便得到程式執行結果。

6-3-1 使用 Python 變數

變數可以儲存程式執行時的暫存資料，Python 變數並不需要宣告，我們只需指定變數值，就可以建立變數，請注意！Python 變數在使用前一定需要指定初值 (Python 程式：ch6-3-1.py)，如下所示：

```
grade = 76
height = 175.5
weight = 75.5
```

上述程式碼建立整數變數 grade，因為初值是整數，同理，變數 height 和 weight 是浮點數（因為初值 175.5 有小數點），然後我們可以馬上使用 3 個 print() 函數顯示這 3 個變數值，如下所示：

```
print("成績 = " + str(grade))
print("身高 = " + str(height))
print("體重 = " + str(weight))
```

上述 print() 函數使用 str() 函數將整數和浮點數變數轉換成字串，「+」號是字串連接運算子，在連接字串字面值和轉換成字串的變數值後，就可以輸出 3 個變數的值。

6-3-2 Python 的運算子

Python 提供完整算術（Arithmetic）、指定（Assignment）、位元（Bitwise）、關係（Relational）和邏輯（Logical）運算子。Python 語言運算子預設的優先順序（愈上面愈優先），如下表所示：

運算子	說明
()	括號運算子
**	指數運算子
~	位元運算子 NOT
+、-	正號、負號
*、/、//、%	算術運算子的乘法、除法、整數除法和餘數
+、-	算術運算子加法和減法
<<、>>	位元運算子左移和右移
&	位元運算子 AND
^	位元運算子 XOR
|	位元運算子 OR

→ 接下頁

運算子	說明
in、not in、is、is not、<、<=、>、>=、<>、!=、==	成員、識別和關係運算子小於、小於等於、大於、大於等於、不等於和等於
not	邏輯運算子 NOT
and	邏輯運算子 AND
or	邏輯運算子 OR

當 Python 運算式中的多個運算子擁有相同的優先順序時，如下所示：

```
3 + 4 - 2
```

上述運算式的「+」和「-」運算子擁有相同的優先順序，此時的運算順序是從左至右依序的進行運算，即先運算 3+4=7，然後再運算 7-2=5，如下圖所示：

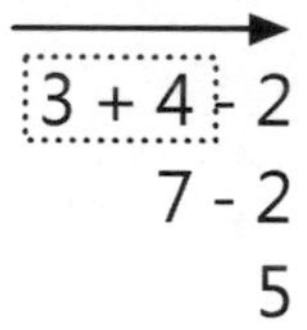

3 + 4 - 2
7 - 2
5

請注意！Python 語言的多重指定運算式是一個例外，如下所示：

```
a = b = c = 25
```

上述多重指定運算式是從右至左，先執行 c = 25，然後才是 b = c 和 a = b（所以變數 a、b 和 c 的值都是 25），如下圖所示：

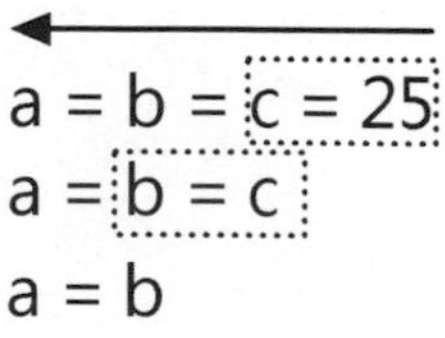

a = b = c = 25
a = b = c
a = b

6-4 Python 流程控制

Python 的流程控制可以配合條件運算式的條件來執行不同程式區塊（Blocks），或重複執行指定區塊的程式碼，流程控制主要分為兩種，如下所示：

- 條件控制：條件控制是選擇題，分為單選、二選一或多選一，依照條件運算式的結果決定執行哪一個程式區塊的程式碼。
- 迴圈控制：迴圈控制是重複執行程式區塊的程式碼，擁有一個結束條件可以結束迴圈的執行。

Python 的程式區塊是程式碼縮排相同數量的空白字元，一般是 4 個空白字元，換句話說，相同縮排的程式碼屬於同一個程式區塊。

6-4-1 條件控制

Python 條件控制敘述是使用條件運算式，配合程式區塊建立的決策敘述，可以分為三種：單選（if）、二選一（if/else）或多選一（if/elif/else）。

if 單選條件敘述

if 條件敘述是一種是否執行的單選題，只是決定是否執行程式區塊內的程式碼，如果條件運算式的結果為 True，就執行程式區塊的程式碼，Python 語言的程式區塊是相同縮排的多列程式碼，習慣用法是縮排 4 個空白字元。

例如：判斷氣溫決定是否加件外套的 if 條件敘述（Python 程式：ch6-4-1.py），如下所示：

```
t = int(input("請輸入氣溫 => "))
if t < 20:
    print("加件外套!")
print("今天氣溫 = " + str(t))
```

上述程式碼使用 input() 函數輸入字串，然後呼叫 int() 函數轉換成整數值，當 if 條件敘述的條件成立，才會執行縮排的程式敘述。更進一步，我們可以活用邏輯運算式，當氣溫在 20~22 度之間時，顯示「加一件簿外套 !」訊息文字，如下所示：

```
if t >= 20 and t <= 22:
    print("加一件簿外套!")
```

if/else 二選一條件敘述

單純 if 條件只能選擇執行或不執行程式區塊的單選題，更進一步，如果是排它情況的兩個執行區塊，只能二選一，我們可以加上 else 關鍵字，依條件決定執行哪一個程式區塊。

例如：學生成績以 60 分區分是否及格的 if/else 條件敘述（Python 程式：ch6-4-1a.py），如下所示：

```
s = int(input("請輸入成績 => "))
if s >= 60:
    print("成績及格!")
else:
    print("成績不及格!")
```

上述程式碼因為成績有排它性，60 分以上為及格分數，60 分以下為不及格。

if/elif/else 多選一條件敘述

Python 多選一條件敘述是 if/else 條件的擴充，在之中新增 elif 關鍵字來新增一個條件判斷，就可以建立多選一條件敘述，請注意！在輸入時，別忘了輸入在條件運算式和 else 之後的「:」冒號。

例如：輸入年齡值來判斷不同範圍的年齡，小於 13 歲是兒童；小於 20 歲是青少年；大於等於 20 歲是成年人，因為條件不只一個，所以需要使用多選一條件敘述（Python 程式：ch6-4-1b.py），如下所示：

```
a = int(input("請輸入年齡 => "))
if a < 13:
    print("兒童")
elif a < 20:
    print("青少年")
else:
    print("成年人")
```

上述 if/elif/else 多選一條件敘述從上而下如同階梯一般，一次判斷一個 if 條件，如果為 True，就執行程式區塊，並且結束整個多選一條件敘述；如果為 False，就進行下一次判斷。

6-4-2 迴圈控制

Python 語言迴圈控制提供 for「計數迴圈」(Counting Loop)，和 while 條件迴圈。

for 計數迴圈

在 for 迴圈的程式敘述中擁有計數器變數，計數器可以每次增加或減少一個值，直到迴圈結束條件成立為止。基本上，如果已經知道需重複執行幾次，就可以使用 for 計數迴圈來重複執行程式區塊。

例如：在輸入最大值後，可以計算出 1 加至最大值的總和（Python 程式：ch6-4-2.py），如下所示：

```
m = int(input("請輸入最大值 =>"))
s = 0
for i in range(1, m + 1):
    s = s + i
print("總和 = " + str(s))
```

上述 for 計數迴圈需要使用內建 range() 函數，此函數的範圍不包含第 2 個參數本身，所以，1~m 範圍是 range(1, m + 1)。

for 迴圈與 range() 函數

基本上，for 計數迴圈一定需要使用 range() 函數來產生指定範圍的計數值，這是 Python 內建函數，可以有 1、2 和 3 個參數，如下所示：

- 擁有 1 個參數的 range() 函數：此參數是終止值（並不包含終止值），預設的起始值是 0，如下表所示：

range()函數	整數值範圍
range(5)	0~4
range(10)	0~9
range(11)	0~10

例如：建立計數迴圈顯示值 0~4，如下所示：

```
for i in range(5):
    print("range(5)的值 = " + str(i))
```

- 擁有 2 個參數的 range() 函數：第 1 參數是起始值，第 2 個參數是終止值（並不包含終止值），如下表所示：

range()函數	整數值範圍
range(1, 5)	1~4
range(1. 10)	1~9
range(1, 11)	1~10

例如：建立計數迴圈顯示值 1~4，如下所示：

```
for i in range(1, 5):
    print("range(1,5)的值 = " + str(i))
```

- 擁有 3 個參數的 range() 函數：第 1 參數是起始值，第 2 個參數是終止值（不含終止值），第 3 個參數是間隔值，如下表所示：

range()函數	整數值範圍
range(1, 11, 2)	1、3、5、7、9
range(1, 11, 3)	1、4、7、10
range(1, 11, 4)	1、5、9
range(0, -10, -1)	0、-1、-2、-3、-4…-7、-8、-9
range(0, -10, -2)	0、-2、-4、-6、-8

例如：建立計數迴圈從 1~10 顯示奇數值，如下所示：

```
for i in range(1, 11, 2):
    print("range(1,11,2)的值 = " + str(i))
```

while 條件迴圈

while 迴圈敘述需要在程式區塊自行處理計數器變數的增減，迴圈是在程式區塊開頭檢查條件，條件成立才允許進入迴圈執行。例如：使用 while 迴圈來計算階層函數值（Python 程式：ch6-4-2a.py），如下所示：

```
m = int(input("請輸入階層數 =>"))
r = 1
n = 1
while n <= m:
    r = r * n
    n = n + 1
print("階層值! = " + str(r))
```

上述 while 迴圈的執行次數是直到條件 False 為止，假設 m 輸入 5，就是計算 5! 的值，變數 n 是計數器變數。如果符合 n <= 5 條件，就進入迴圈執行程式區塊，迴圈結束條件是 n > 5，在程式區塊不要忘了更新計數器變數 n = n + 1。

6-5 Python 函數與模組

Python「函數」(Functions) 是一個獨立程式單元，可以將大工作分割成一個個小型工作，我們可以重複使用之前建立的函數或直接呼叫 Python 語言的內建函數。

6-5-1 函數

函數名稱如同變數是一種識別字，其命名方式和變數相同，程式設計者需要自行命名，在函數的程式區塊之中，可以使用 return 關鍵字回傳函數值，和結束函數執行，函數的參數 (Parameters) 列是函數的使用介面，在呼叫時，我們需要傳入對應的引數 (Arguments)。

定義函數

在 Python 程式建立沒有參數列和回傳值的 print_msg() 函數（Python 程式：ch6-5-1.py），如下所示：

```
def print_msg():
    print("歡迎學習Python程式設計!")
```

上述函數名稱是 print_msg，在名稱後的括號中定義傳入的參數列，如果函數沒有參數，就是空括號，請注意！在空括號後不要忘了輸入「:」冒號。

Python 函數如果有回傳值，我們需要使用 return 關鍵字來回傳值。例如：判斷參數值是否在指定範圍的 is_valid_num() 函數，如下所示：

```
def is_valid_num(no):
    if no >= 0 and no <= 200.0:
        return True
    else:
        return False
```

上述函數使用 2 個 return 關鍵字來回傳值，回傳 True 表示合法；False 為不合法。再來看一個執行運算的 convert_to_f() 函數，如下所示：

```
def convert_to_f(c):
    f = (9.0 * c) / 5.0 + 32.0
    return f
```

上述函數使用 return 關鍵字回傳函數的執行結果，即運算式的運算結果。

函數呼叫

在 Python 程式碼呼叫函數是使用函數名稱加上括號中的引數列。因為 print_msg() 函數沒有回傳值和參數列，所以呼叫函數只需使用函數名稱加上空括號，如下所示：

```
print_msg()
```

函數如果擁有回傳值，在呼叫時可以使用指定敘述來取得回傳值，如下所示：

```
f = convert_to_f(c)
```

上述程式碼的變數 f 可以取得 convert_to_f() 函數的回傳值。如果函數回傳值是 True 或 False，例如：is_valid_num() 函數，我們可以在 if 條件敘述呼叫函數作為判斷條件，如下所示：

```
if is_valid_num(c):
    print("合法!")
else:
    print("不合法")
```

上述條件使用函數回傳值作為判斷條件，可以顯示數值是否合法。

6-5-2 使用 Python 模組

Python 語言之所以擁有強大的功能，這都是因為有眾多標準和網路上現成模組來擴充程式功能，我們可以匯入 Python 模組來直接使用模組提供的函數，而不用自己撰寫相關函數。

匯入模組

我們可以使用 import 關鍵字匯入模組，例如：匯入名為 random 的模組，然後直接呼叫此模組的函數來產生亂數值（Python 程式：ch6-5-2.py），如下所示：

```
import random
```

上述程式碼匯入名為 random 的模組後，我們就可以呼叫模組的 randint() 函數，馬上產生指定範圍之間的整數亂數值，如下所示：

```
target = random.randint(1, 100)
```

上述程式碼可以產生 1~100 之間的整數亂數值。

模組的別名

在 Python 程式檔匯入模組，除了使用模組名稱來呼叫函數，我們可以使用 as 關鍵字替模組取一個別名，然後改用別名來呼叫函數（Python 程式：ch6-5-2a.py），如下所示：

```
import random as R

target = R.randint(1, 100)
```

上述程式碼在匯入 random 模組時，使用 as 關鍵字取了別名 R，所以，我們可以使用別名 R 來呼叫 randint() 函數。

匯入模組的部分名稱

當我們使用 import 關鍵字匯入模組時，匯入的模組預設是全部內容，在實務上，我們可能只需使用到模組的 1 或 2 個函數或物件，此時請使用 form/import 程式敘述匯入模組的部分名稱，例如：匯入 pyfirmata 模組的 Arduino 物件 (參閱第 8 章電子書)，如下所示：

```
from pyfirmata import Arduino
```

上述程式碼只匯入 pyfirmata 模組的 Arduino 物件。請注意！form/import 程式敘述匯入的變數、函數或物件是匯入到目前的程式檔案，成為目前程式檔案的範圍，所以使用時不需要使用模組名稱來指定所屬的模組，是 Arduino(port)；不是 pyfirmata.Arduino(port)，如下所示：

```
port = '/dev/ttyACM0'
board = Arduino(port)
```

6-6 Python 清單與字串

Python「字串」(Strings) 並不能更改字串內容，所有字串變更都是建立一個全新的字串。「清單」(Lists) 類似其他程式語言「陣列」(Arrays)，這是一種循序資料結構，中文譯名有清單、串列和列表等。

6-6-1 字串

Python 語言的字串 (Strings) 是使用「'」單引號或「"」雙引號括起的一序列 Unicode 字元。

建立字串

我們可以使用指定敘述指定變數值是一個字串，如下所示：

```
str1 = "學習Python語言程式設計"
str2 = 'Hello World!'
ch1 = "A"
```

上述前 2 列程式碼是建立字串，最後 1 列是字元（只有 1 個字元的字串），我們也可以使用物件方式建立字串（Python 資料型別都是物件），如下所示：

```
name1 = str()
name2 = str("陳會安")
```

上述第 1 列程式碼是建立空字串，第 2 列建立內容是 " 陳會安 " 的字串物件。

說明

因為 Python 語言已經有名為 str() 內建函數，如果變數名稱命名 str，當 Python 程式碼同時使用 str() 函數，直譯器會認為是 str 變數，而不是 str() 函數，所以產生錯誤。在替 Python 變數命名時，字串變數建議不要取 str，同理，因為有內建字元函數 chr()，字元變數也建議不要命名為 chr。

輸出字串內容

Python 可以使用 print() 函數輸出字串內容，如下所示：

```
print("str1 = " + str1)
print("str2 = " + str2)
```

上述 print() 函數使用字串連接運算式輸出字串變數，因為輸出的是字串，並不需要呼叫 str() 函數轉換成字串型別。同理，我們也可以直接輸出字串變數，如下所示：

```
print(str1)
print(str2)
```

走訪字串的每一個字元

字串是一序列的 Unicode 字元，我們可以使用 for 迴圈走訪顯示每一個字元，正式的說法是迭代 (Iteration)，如下所示：

```
str3 = 'Hello'
for e in str3:
    print(e)
```

上述 for 迴圈位在 in 關鍵字後的是字串 str3，每執行一次 for 迴圈，就從字串第 1 個字元開始，取得一個字元指定給變數 e，並且移至下一個字元，直到取出字串的最後 1 個字元為止，其操作如同從字串的第 1 個字元走訪至最後 1 個字元。

使用索引運算子取得字元

Python 字串可以使用「[]」索引運算子取出指定位置的字元，索引值是從 0 開始，而且可以是負值，如下所示：

```
str1 = 'Hello'
print(str1[0])   # H
print(str1[1])   # e
print(str1[-1])  # o
print(str1[-2])  # l
```

上述程式碼依序顯示字串 str1 的第 1 和第 2 個字元，-1 是最後 1 個，-2 是倒數第 2 個。

連接運算子

算術運算子的「+」加法使用在字串就是連接運算子，可以連接字串，我們已經使用大量連接運算子在 print() 函數建立輸出內容，如下所示：

```
str2 = " World!"
str3 = str1 + str2
```

上述程式碼使用連接運算子連接字串 str1 和 str2。

重複運算子

算術運算子的「*」乘法使用在字串是重複運算子，可以重複第 2 個運算元次數的字串，如下所示：

```
str1 = 'Hello'
str4 = str1 * 3
```

上述程式碼可以重複 3 次 str1 的內容，其運算結果如下所示：

```
HelloHelloHello
```

成員運算子

Python 字串可以使用成員運算子 in 和 not in 來檢查字串是否存在其他字串之中，如下所示：

```
str5 = "Welcome!"
print("come" in str5)        # True
print("come" not in str5)    # False
```

上述程式碼可以檢查字串 "come" 是否存在 str5 字串之中。

使用關係運算子進行字串比較

如同整數和浮點數，字串也一樣可以使用關係運算子進行 2 個字串的比較，如下所示：

```
"green" == "glow"
"green" != "glow"
"green" > "glow"
"green" >= "glow"
"green" < "glow"
"green" <= "glow"
```

切割運算子

Python 語言不只可以使用「[]」索引運算子取出指定索引位置的字元，更進一步，索引運算子還是「切割運算子」(Slicing Operator)，可以從原始字串切割出所需的子字串，其語法如下所示：

```
str1[start:end]
```

上述 [] 語法中使用「:」冒號分隔 2 個索引位置，可以取回字串 str1 從索引位置 start 開始到 end-1 之間的子字串，如果沒有 start，就是從 0 開始；沒有 end 就是到字串的最後 1 個字元。例如：本節範例字串 str1 的字串內容，如下所示：

```
str1 = 'Hello World!'
```

上述字串的索引位置值可以是正，也可以是負值，如下圖所示：

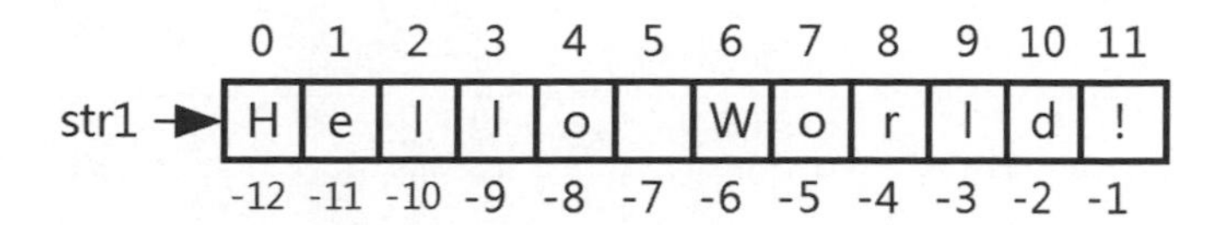

現在，就讓我們看一些切割字串的範例，如下表所示：

切割字串	索引值範圍	取出的子字串
str1[1:3]	1~2	"el"
str1[1:5]	1~4	"ello"
str1[:7]	0~6	"Hello W"
str1[4:]	4~11	"o World!"
str1[1:-1]	1~(-2)	"ello World"
str1[6:-2]	6~(-3)	"Worl"

字元函數

Python 內建字元函數用來處理 ASCII 碼，其說明如下表所示：

字元函數	說明
ord()	回傳字元的 ASCII 碼
chr()	回傳參數 ASCII 碼的字元

字串函數

Python 內建字串函數可以取得字串長度、字串中的最大和最小字元，其說明如下表所示：

字串函數	說明
len()	回傳參數字串的長度
max()	回傳參數字串的最大字元
min()	回傳參數字串的最小字元

字串方法

Python 字串物件提供很多方法來檢查字串內容、搜尋子字串和轉換字串內容。因為是字串方法，我們需要使用物件變數加上「.」句號來呼叫，如下所示：

```
str1 = 'welcome to python'
print(str1.islower())
```

上述程式碼建立字串 str1 後，呼叫 islower() 方法檢查內容是否都是小寫英文字母，請注意！字串方法不只可以使用在字串變數，也可以直接使用在字串字面值來呼叫 (因為都是物件)，如下所示：

```
print("2021".isdigit())
```

字串物件提供的相關方法，其說明如下表所示：

字串方法	說明
isalnum()	如果字串內容是英文字母或數字，回傳 True；否則為 False
isalpha()	如果字串內容只有英文字母，回傳 True；否則為 False
isdigit()	如果字串內容只有數字，回傳 True；否則為 False
isidentifier()	如果字串內容是合法的認識別字，回傳 True；否則為 False
islower()	如果字串內容是小寫英文字母，回傳 True；否則為 False
isupper()	如果字串內容是大寫英文字母，回傳 True；否則為 False
isspace()	如果字串內容是空白字元，回傳 True；否則為 False

字串方法	說明
endswith(str1)	如果字串內容是以參數字串 str1 結尾，回傳 True；否則為 False
startswith(str1)	如果字串內容是以參數字串 str1 開頭，回傳 True；否則為 False
count(str1)	回傳字串內容出現多少次參數字串 str1 的整數值
find(str1)	回傳字串內容出現參數字串 str1 的最小索引位置值，沒有找到回傳 -1
rfind(str1)	回傳字串內容出現參數字串 str1 的最大索引位置值，沒有找到回傳 -1
capitalize()	回傳只有第 1 個英文字母大寫的字串
lower()	回傳小寫英文字母的字串
upper()	回傳大寫英文字母的字串
title()	回傳字串中每 1 個英文字的第 1 個英文字母大寫的字串
swapcase()	回傳英文字母大寫變小寫；小寫變大寫的字串
replace(old, new)	將字串中參數 old 的舊子字串取代成參數 new 的新字串

6-6-2 清單

Python 清單（Lists）是使用「[]」方括號括起的多個項目，每一個項目使用「,」逗號分隔。

建立清單

我們可以使用指定敘述指定變數值是一個清單，清單的項目可以是相同資料型別，也可以是不同資料型別，如下所示：

```
list1 = []
list2 = [1, 2, 3, 4, 5]
list3 = [1, 'Hello', 3.5]
```

上述第 1 列程式碼是空清單，第 2 個清單項目都是整數，第 3 個清單的項目是不同資料型別。我們也可以使用物件方式來建立清單，如下所示：

```
list4 = list()
list5 = list(["tom", "mary", "joe"])
list6 = list("python")
```

上述第 1 列程式碼是建立空清單，第 2 列建立參數字串項目的清單，最後是將字串中的每一個字元分割建立成清單。

建立巢狀清單

Python 清單的元素可以是另一個清單，換句話說，我們可以建立巢狀清單，相當於是其他程式語言的多維陣列，如下所示：

```
list7 = [1, ["tom", "mary", "joe"], [1, 3, 5]]
```

上述清單的第 1 個項目是整數，第 2 和第 3 個項目是另一個字串和整數型別的清單。

輸出清單項目

Python 可以使用 print() 函數輸出清單項目，如下所示：

```
print(list2)
print("list3 = " + str(list3))
```

上述 print() 函數可以直接輸出清單變數的內容（print() 函數會自動轉換成字串），我們也可以呼叫 str() 函數建立字串連接運算式來輸出清單項目。

使用索引運算子存取清單項目

Python 清單可以使用「[]」索引運算子存取指定位置的項目，不只可以取出，也可以更改項目（請注意！字串只能取出字元，並不能更改字元），索引值是從 0 開始，可以是負值。首先是取出項目，如下所示：

```
list1 = [1, 2, 3, 4, 5, 6]
print(list1[0])   # 1
print(list1[1])   # 2
print(list1[-1])  # 6
print(list1[-2])  # 5
```

上述程式碼依序顯示清單 list1 的第 1 和第 2 個項目，-1 是最後 1 個，-2 是倒數第 2 個。更改清單項目就是使用指定敘述「=」等號，例如：更改第 2 個項目成為 10（索引值是 1），如下所示：

```
list1[1] = 10
```

不只如此，我們還可以改成不同資料型別的項目，例如：更改第 3 個項目是字串，如下所示：

```
list1[2] = "陳會安"
```

走訪清單的每一個項目

我們可以使用 for 迴圈走訪顯示清單的每一個項目，如下所示：

```
for e in list1:
    print(e, end=" ")
```

上述 for 迴圈可以一一取出清單每一個項目和顯示出來。

存取和走訪巢狀清單

如果是多層巢狀清單，我們需要使用多個索引值來存取指定項目，如下所示：

```
list2 = [[2, 4], ["tom", "mary", "joe"], [1, 3, 5]]
```

上述巢狀清單有 2 層，第 1 層有 3 個項目，每一個項目是另一個清單，所以存取指定項目需要使用 2 個索引，例如：取得第 2 個項目中的第 1 個項目，和更改第 3 個項目中的第 2 個項目，如下所示：

```
list2[1][0]
list2[2][1] = 7
```

同理，因為巢狀清單有兩層，我們需要使用 2 層 for 迴圈來走訪每一個項目，如下所示：

```
for e1 in list2:
    for e2 in e1:
        print(e2, end=" ")
```

說明

存取清單項目的索引值如果超過範圍，Python 直譯器會顯示 index out of range 索引超過範圍的 IndexError 錯誤訊息，如下所示：

```
list2[0][2] = 6
```

如果 print() 函數顯示索引值超過範圍的清單項目，如下所示：

```
print(list[7])
```

上述程式碼會產生 TypeError 錯誤訊息，因為項目根本不存在，所以也不會知道是什麼型別。

在清單新增項目

Python 清單是一個容器，我們可以很容易的插入、新增和刪除清單項目。範例清單 list1 原來有 2 個項目，如下所示：

```
list1 = [1, 5]
```

我們可以呼叫清單物件的 append() 方法新增單一項目，如下所示：

```
list1.append(7)
```

上述方法新增項目 7，現在的清單是：[1, 5, 7]。如果需要同時新增多個項目，請使用 extend() 方法，如下所示：

```
list1.extend([9, 11, 13])
```

上述方法擴充清單的項目，一次就新增 3 個項目，現在的清單是：[1, 5, 7, 9, 11, 13]。

在清單插入項目

在清單新增項目是新增在清單的最後，我們也可以使用 insert() 方法在指定的索引位置插入 1 個項目，繼續之前的 list1 清單，如下所示：

```
list1.insert(1, 3)
```

上述方法是在第 1 個參數的索引值插入第 2 個參數的項目，即插入第 2 個項目 3，現在的清單是：[1, 3, 5, 7, 9, 11, 13]。

刪除清單項目

我們可以使用 del 關鍵字刪除指定索引的清單項目，繼續之前的 list1 清單，如下所示：

```
del list1[2]
```

上述程式碼刪除第 3 個項目，現在的清單是：[1, 3, 7, 9, 11, 13]。除了 del 關鍵字，我們也可以使用 pop() 方法刪除和回傳最後 1 個項目，如下所示：

```
e1 = list1.pop()
```

上述方法刪除最後 1 個項目和回傳，所以變數 e1 就是最後 1 個項目 13，現在的清單是：[1, 3, 7, 9, 11]。如果 pop() 方法有參數，就是刪除和回傳指定索引值的項目，如下所示：

```
e2 = list1.pop(1)
```

上述方法刪除索引值 1 的第 2 個項目和回傳，所以變數 e2 就是第 2 個項目 3，現在的清單是：[1, 7, 9, 11]。如果需要刪除指定項目（不是索引），我們可以使用 remove() 方法，如下所示：

```
list1.remove(9)
```

上述方法刪除項目 9，現在的清單是：[1, 7, 11]。

連接運算子

算術運算子的「+」加法使用在清單，就是連接 2 個清單，即合併清單，如下所示：

```
list1 = [2, 4]
list2 = [6, 8, 10]
list3 = list1 + list2
```

上述程式碼使用清單連接運算子連接清單 list1 和 list2，清單 list3 的項目是：[2, 4, 6, 8, 10]。

重複運算子

當算術運算子的「*」乘法使用在清單，可以建立重複第 2 個運算元次數的清單，繼續之前的 list1 清單，如下所示：

```
list4 = list1 * 3
```

上述程式碼可以重複 3 次 list1 的項目，清單 list4 的項目是：[2, 4, 2, 4, 2, 4]。

成員運算子

成員運算子 in 和 not in 也可以使用在清單，用來檢查清單是否存在指定的項目，繼續之前的 list1 和 list2 清單，如下所示：

```
print(8 in list2)        # True
print(2 not in list1)    # False
```

上述程式碼可以檢查項目 8 是否存在 list2 清單，項目 2 是否不存在 list1 清單。

切割運算子

切割運算子可以從原始清單切割出所需的子清單，其語法和字串的切割運算子相同，筆者就不重複說明。本節範例清單的項目是字串內容 'Hello World!' 的每一個字元，如下所示：

```
list1 = list('Hello World!')
```

上述程式碼建立的清單項目為：['H', 'e', 'l', 'l', 'o', ' ', 'W', 'o', 'r', 'l', 'd', '!']，項目的索引位置值可以是正，也可以是負值，如下圖所示：

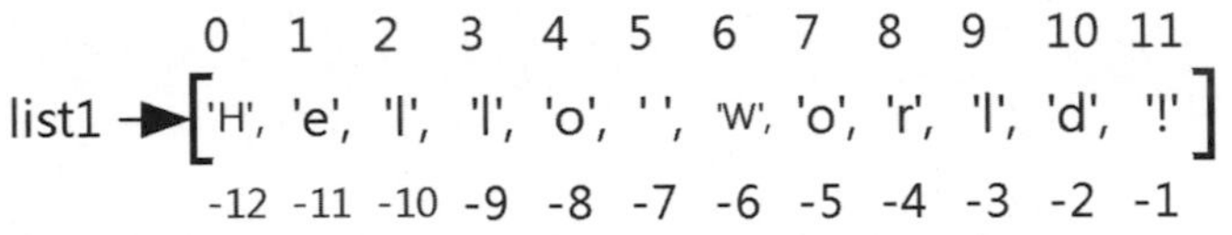

```
         0    1    2    3    4    5    6    7    8    9   10   11
list1 → ['H', 'e', 'l', 'l', 'o', ' ', 'W', 'o', 'r', 'l', 'd', '!']
        -12  -11  -10  -9   -8   -7   -6   -5   -4   -3   -2   -1
```

現在，就讓我們看一些切割清單的範例，如下表所示：

切割清單	索引值範圍	取出的子清單
list1[1:3]	1~2	['e', 'l']
list1[1:5]	1~4	['e', 'l', 'l', 'o']
list1[:7]	0~6	['H', 'e', 'l', 'l', 'o', ' ', 'W']
list1[4:]	4~11	['o', ' ', 'W', 'o', 'r', 'l', 'd', '!']
list1[1:-1]	1~(-2)	['e', 'l', 'l', 'o', ' ', 'W', 'o', 'r', 'l', 'd']
list1[6:-2]	6~(-3)	['W', 'o', 'r', 'l']

清單函數

Python 語言內建清單函數可以取得清單長度的項目數、排序清單、加總清單項目、取得清單中的最大和最小項目等。常用清單函數的說明，如下表所示：

清單函數	說明
len()	回傳參數清單的長度，即項目數
max()	回傳參數清單的最大項目
min()	回傳參數清單的最小項目
list()	回傳參數字串、元組、字典和集合轉換成的清單
enumerate()	回傳 enumerate 物件，其內容是清單索引和項目的元組 (Tuple)
sum()	回傳參數清單項目的總和
sorted()	回傳排序參數清單的一個全新清單

清單方法

Python 清單物件提供很多方法來新增、插入、刪除和搜尋項目，排序和反轉清單等。常用清單方法的說明，如下表所示：

清單方法	說明
append(item)	新增參數 item 項目至清單的最後
extend(list)	新增參數 list 清單項目至清單的最後
insert(index, item)	在清單參數 index 位置插入參數 item 項目
pop(index)	刪除和回傳清單參數 index 位置的項目，如果沒有參數，就是最後 1 個項目
remove(item)	刪除清單第 1 個找到的參數 item 項目
count(item)	回傳清單中等於參數 item 項目的個數
index(item)	回傳清單第 1 個找到參數 item 項目的索引，如果項目不存在，就會產生 ValueError 錯誤
sort()	排序清單的項目
reverse()	反轉清單的項目，第 1 個是最後 1 個；最後 1 個是第 1 個

學習評量

1. 請簡單說明什麼是 Python 語言？Python 語言有哪幾種版本？
2. 請問在 Raspberry Pi OS 如何開發 Python 程式？如果 Python 程式有中文內容需要使用什麼開發工具來進行開發？。
3. 請說明 Python 語言流程控制支援的條件和迴圈敘述？
4. 請舉例說明 Python 語言的函數與模組？
5. 請問什麼是 Python 語言的清單和字串？如何處理清單和字串？

GPIO 硬體介面

7-1 認識樹莓派的 GPIO 接腳

GPIO 接腳（General Purpose Input/Output Pins）是位在樹莓派 CPU 的上方有 2 排共 40 個接腳，可以連接外部電子電路或感測器模組。

樹莓派的這些 GPIO 接腳是樹莓派與外部世界之間的實際介面，我們可以使用這些接腳進行硬體控制，連接電子電路來讓樹莓派控制和監測外部的世界。

GPIO 接腳說明

GPIO 接腳的全名是一般用途的輸入和輸出接腳，可以讓樹莓派控制 LED 燈、判斷是否按下按鍵開關、監測溫度、光線和驅動馬達等，40 個接腳各有不同功能，其說明如下表所示：

GPIO#	功能	位置#	位置#	功能	GPIO#
	+3.3 V	1	2	**+5 V**	
2	SDA (I^2C)	3	4	**+5 V**	
3	SCL (I^2C)	5	6	**GND**	
4	GCLK	7	8	TXD0 (UART)	**14**
	GND	9	10	RXD0 (UART)	**15**
17	GEN0	11	12	GEN1	**18**
27	GEN2	13	14	**GND**	
22	GEN3	15	16	GEN4	**23**
	+3.3 V	17	18	GEN5	**24**
10	MOSI (SPI)	19	20	**GND**	
9	MISO (SPI)	21	22	GEN6	**25**
11	SCLK (SPI)	23	24	CE0_N (SPI)	**8**
	GND	25	26	CE1_N (SPI)	**7**
	ID_SD	27	28	ID_SC	
5		29	30	**GND**	
6		31	32		**12**
13		33	34	**GND**	
19		35	36		**16**
26		37	38	Digital IN	**20**
	GND	39	40	Digital OUT	**21**

上述 GPIO 接腳可以使用位置編號 1~40，或 GPIO 編號指明是哪一個接腳，例如：GPIO2 是接腳位置 3，接腳位置 6、9、14、20、25、30、34 和 39 是 GND 接地，位置 2 和 4 是 5V；位置 1 和 17 是 3.3V，部分接腳除可作為一般用途外，在功能欄還說明接腳的其他用途，大多是結合數個接腳的各種通訊協定介面，如下所示：

- UART（Universal Asynchronous Receiver/Transmitter）：接腳位置 8（TX）和 10（RX）是 UART，這是序列埠通訊使用的接腳。
- SPI（Serial Peripheral Interface Bus）：接腳位置 19、21 和 23 是序列埠介面 SPI，我們可以使用這些接腳和 SPI 裝置或硬體模組進行通訊。
- I2C（Inter-Integrated Circuit）：接腳位置 2 和 3 是用來連接支援 I2C 通訊協定的 I2C 裝置或硬體模組。
- HAT（Hardware Attached to Top）：接腳位置 27 和 28 是用來和支援 HAT 撰展板的 EEPROM 進行通訊。

使用 GPIO 接腳的注意事項

在樹莓派使用 GPIO 接腳連接電子電路時的注意事項，如下所示：

- 輸出電流限制：每一個接腳輸出電流最大 16mA，全部 40 個接腳同時最大輸出是 100mA（26 個接腳是 50mA），因為輸出電流不大，請勿直接使用 GPIO 接腳來驅動負載。
- GPIO 接腳不是即插即用：一定要在關閉樹莓派電源的情況下，才能修改電子電路設計，而且千萬不要接錯 GPIO 接腳，否則會損壞樹莓派。
- GPIO 接腳沒有保護電路：GPIO 接腳是 3.3V，因為沒有保護電路，千萬不可以輸入 5V 電源，否則會損壞樹莓派。部分 Arduino 感測器模組因為輸出 5V，不可以直接使用在樹莓派的 3.3V 接腳。

因為樹莓派 GPIO 接腳的限制比較多，實務上，如果需要連接外部電子電路，我們可以整合樹莓派 +Arduino 或 Pico 開發板來進行實作，其進一步說明請參閱第 8 章和第 9 章。

麵包板（Breadboard）

麵包板的正式名稱是「免焊接萬用電路板」(Solderless Breadboard)，這是在進行電子電路設計時常用的一種裝置，可以重複使用來方便我們佈線實驗所需的電子電路設計。

基本上，麵包板是一塊擁有多個垂直（每 5 個插孔為一組）和水平（共 25 個插孔）排列插孔的板子，這些插孔下方事實上是相連的，如下圖所示：

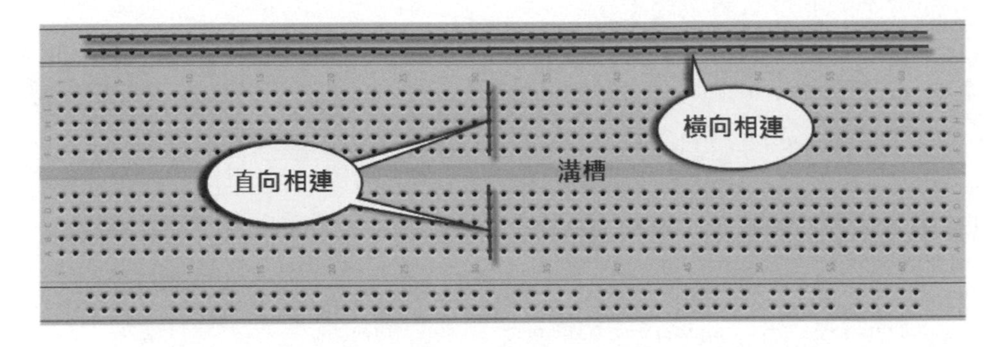

上述圖例上方和下方各有 2 列橫排的相連插孔，主要是用來提供電子元件所需的電源和接地（GND），在中間多排直向插孔是以橫向溝槽分成上下兩部分，這些插孔分別是直向相連。

GPIO 接腳轉接板

為了避免經常使用樹莓派 GPIO 接腳造成損傷，在市面上可以購買多種轉接板來轉接至麵包板，最常見的是 T 型轉接板（在第 1-4 節有介紹），可以使用 40 個接頭的排線連接樹莓派的 GPIO 接腳，如下圖所示：

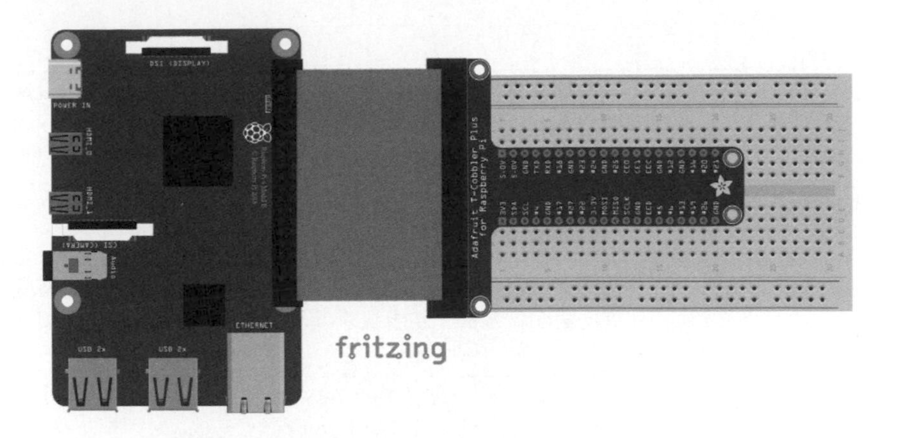

上述 T 型轉接板可以直接插在麵包板上，在轉接板上兩排接腳有接腳說明，方便在各接腳對應的直向麵包板插孔實作所需的電子電路設計。

7-2 Python 的 GPIO 模組

樹莓派 GPIO 接腳的控制語言可以使用 Python、Java 和 C 語言等，在本書是使用 Thonny Python IDE 以 Python 語言進行硬體控制。Python 可以使用 RPi.GPIO 或 GPIO Zero 模組來控制 GPIO 接腳。

RPi.GPIO 模組

RPi.GPIO 模組提供類別來控制 GPIO 接腳，在 Python 程式首先需要匯入 RPi.GPIO 模組，如下所示：

```
import RPi.GPIO as GPIO
```

上述程式碼匯入 RPi.GPIO 模組的 GPIO 別名後，就可以呼叫相關方法來控制 GPIO 接腳，如下表所示：

方法	說明
GPIO.setmode(mode)	指定使用哪一種接腳編號，mode 參數值 GPIO.BOARD 的實際位置，GPIO.BCM 是接腳名稱，例如：實際位置 12 對應 BCM 接腳名稱 18
GPIO.setup(pin, type)	指定接腳是輸入或輸出，第 1 個參數 pin 是接腳編號，第 2 個參數值 GPIO.OUT 輸出接腳，或 GPIO.IN 輸入接腳
GPIO.output(pin, state)	輸出 GPIO.OUT 輸出接腳的狀態，第 1 個參數 pin 是接腳編號，第 2 個參數是輸出狀態，可以是 GPIO.HIGH（True），或 GPIO.LOW（False）
GPIO.input(pin)	讀取 GPIO.IN 輸入接腳的值，參數是接腳編號，傳回值是 GPIO.HIGH（True），或 GPIO.LOW（False）

GPIO Zero 模組

RPi.GPIO 模組在指定接腳是輸入或輸出後，可以讀取和輸出此接腳的值，並不涉及電子電路設計到底接腳是連接什麼元件。GPIO Zero 模組可以使用更直覺的方式來控制 GPIO 接腳，我們可以建立連接指定接腳的 LED、Button 或 Buzzer 等物件，就可以控制 LED 燈、按鍵開關，和蜂鳴器等。

在 Python 程式首先需要匯入 GPIO Zero 模組，筆者以 LED 燈為例，如下所示：

```
from gpiozero import LED
```

上述程式碼匯入 LED 類別後，我們就可以建立 LED 物件，如下所示：

```
led = LED(18)
```

上述建構子參數是接腳名稱（並非實際位置），在建立 led 物件後，就可以呼叫 on() 方法點亮；off() 方法熄滅，如下所示：

```
led.on()
led.off()
```

7-3 數位輸出與輸入

GPIO 接腳可以指定成數位輸出（Digital Output），或數位輸入（Digital Input），讓我們控制 LED 燈的點亮或熄滅，和讀取數位輸入值來判斷是否按下按鍵開關。

7-3-1 數位輸出：閃爍 LED 燈

Python 程式可以使用 RPi.GPIO 或 GPIO Zero 模組來控制 GPIO 接腳。

電子電路設計

完成本節實驗的電子電路設計需要使用到的電子元件，如下所示：

- 紅色 LED 燈 x 1
- 220Ω 電阻 x 1
- 麵包板 x 1
- 麵包板跳線 x 1
- 公 - 母杜邦線 x 2

請依據下圖連接建立電子電路後，紅色 LED 燈的長腳（正）連接 GPIO18，就完成本節實驗的電子電路設計，如下圖所示：

說明

電阻（Resistor）是一種可以限制電流流量的電子零件，這是讓電子電路能順利工作不可或缺的零件之一，例如：當電流過多時會造成 LED 損壞，我們可以在電子電路加上一個電阻來限制電流，保護 LED。

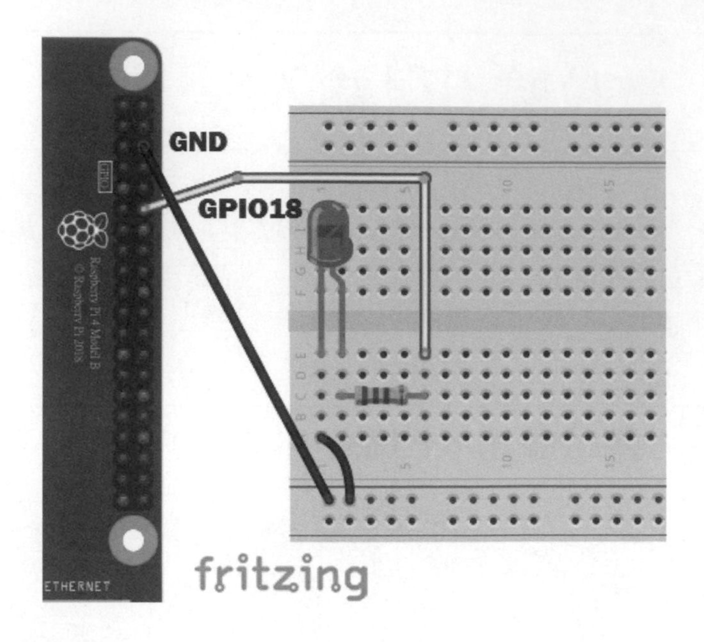

Python 程式：ch7-3-1.py

Python 程式是使用 GPIO Zero 模組來閃爍 LED 燈，執行程式可以看到紅色 LED 燈開始閃爍，按 Ctrl + C 鍵結束程式執行，如下所示：

```
01: from gpiozero import LED
02: from time import sleep
03:
04: led = LED(18)
05:
06: while True:
07:     led.on()
08:     sleep(1)
09:     led.off()
10:     sleep(1)
```

上述程式碼在第 1 列匯入 gpiozero 模組的 LED 類別，第 2 列匯入 time 模組，然後在第 4 列建立 LED 物件，如下所示：

```
led = LED(18)
```

上述程式碼的參數 18 是 GPIO18 接腳，在第 6~10 列的 while 無窮迴圈不停的等待 1 秒鐘來開和關 LED 燈，呼叫 on() 方法是點亮；off() 方法是熄滅，如下所示：

```
led.on()
led.off()
```

因為閃爍是不停的點亮和熄滅，我們可以直接使用 toggle() 方法切換 LED 燈來建立閃爍效果（Python 程式：ch7-3-1a.py），如下所示：

```
while True:
    led.toggle()
    sleep(1)
```

上述 while 迴圈每間隔 1 秒鐘會切換點亮或熄滅 LED 燈。

Python 程式：ch7-3-1b.py

Python 程式是使用 RPi.GPIO 模組來閃爍 LED 燈，執行程式可以看到紅色 LED 燈開始閃爍，按 Ctrl + C 鍵結束程式執行，如下所示：

```
01: import RPi.GPIO as GPIO
02: from time import sleep
03:
04: GPIO.setmode(GPIO.BCM)
05: led = 18
06: GPIO.setup(led, GPIO.OUT)
07:
08: while True:
09:     GPIO.output(led, False)
10:     sleep(1)
11:     GPIO.output(led, True)
12:     sleep(1)
```

上述程式碼在第 1 列匯入 RPi.GPIO 模組，第 2 列匯入 time 模組，然後在第 4 列指定模式是 GPIO.BCM，第 6 列指定接腳 GPIO18 是數位輸出 GPIO.OUT。

第 8~12 列的 while 迴圈是在第 9 列輸出 0 (False) 和第 11 列輸出 1 (True)，可以分別熄滅和點亮 LED 燈。

說明

Python 程式如果是使用 RPi.GPIO 模組，在執行時，因為已經執行之前的 Python 硬體控制程式，可能會看到一個警告訊息，指出頻道已經使用中，此訊息並不會影響執行結果，請不用理會此訊息，如下圖所示：

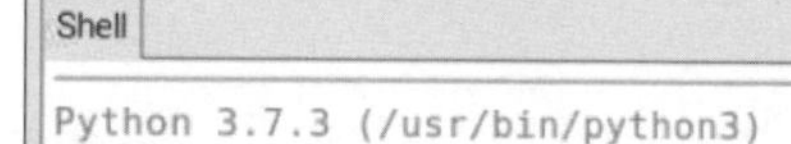

```
Shell
Python 3.7.3 (/usr/bin/python3)
>>> %Run ch7-3-1b.py
  ch7-3-1b.py:6: RuntimeWarning: This channel is already in use, continui
  ng anyway.  Use GPIO.setwarnings(False) to disable warnings.
    GPIO.setup(led, GPIO.OUT)
```

7-3-2 數位輸出：蜂鳴器

蜂鳴器 (PIEZO) 是一種壓電式喇叭 (Piezoelectric Speaker) 的電子元件，我們可以透過輸出 0 和 1 來讓蜂鳴器發出音效，如下圖所示：

電子電路設計

完成本節實驗的電子電路設計需要使用到的電子元件，如下所示：

- 有源蜂鳴器 x 1
- 麵包板 x 1
- 公 - 母杜邦線 x 2

請依據下圖連接建立電子電路後，在接腳 GPIO17 連接蜂鳴器的正極，就完成本節實驗的電子電路設計，如下圖所示：

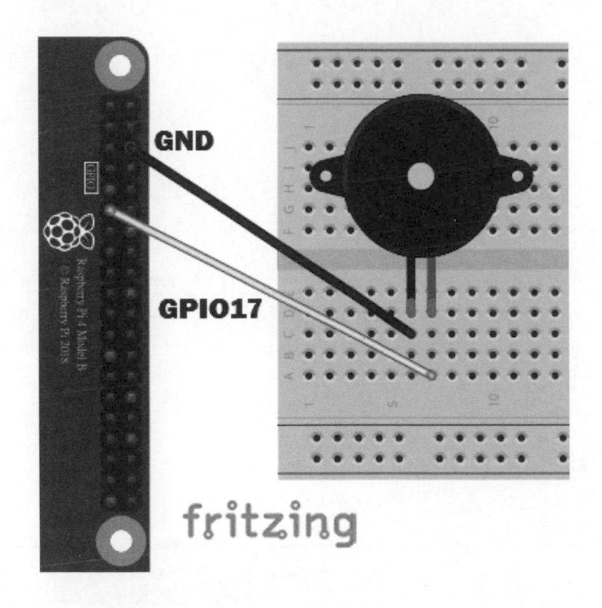

請注意！在連接蜂鳴器時需要注意正負極，紅色線是正極；黑色線是負極。

Python 程式：ch7-3-2.py

在 Python 程式使用無窮迴圈建立類似 LED 燈閃爍效果的音效，其執行結果可以聽見蜂鳴器產生的音效，如下所示：

```
01: from gpiozero import Buzzer
02: from time import sleep
03:
04: buzzer = Buzzer(17)
05:
06: while True:
07:     buzzer.on()
08:     sleep(1)
09:     buzzer.off()
10:     sleep(1)
```

上述程式碼在第 1 列匯入 gpiozero 模組的 Buzzer 類別，第 4 列建立 Buzzer 物件，參數 17 就是 GPIO17，第 6~10 列的 while 迴圈是在第 7 列呼叫 on() 方法發出聲音，和第 9 列呼叫 off() 方法不發出聲音，如此即可讓蜂鳴器發出音效。

Buzzer 物件也可以呼叫 beep() 方法產生嗶聲音（Python 程式：ch7-3-2a.py），如下所示：

```
buzzer.beep()
```

請注意！在本章完整電子書及範例程式中，可找到所有範例的 RPi.GPIO 模組對應版本。

7-3-3 數位輸入：使用按鍵開關控制 LED 燈

按鍵開關（push button，也稱為按壓式開關）電子元件如同是電燈開關，按下打開；放開就是關閉。按鍵開關有多種型式，如下圖所示：

基本上，按鍵開關是數位輸入（Digital Inputs）裝置，在這一節實驗是使用 1 個按鍵開關和 1 個紅色 LED 燈，我們準備使用按鍵開關來點亮 LED 燈。

電子電路設計

完成本節實驗的電子電路設計需要使用到的電子元件，如下所示：

- 紅色 LED 燈 x 1
- 220Ω 電阻 x 1
- 按鍵開關 x 1
- 麵包板 x 1
- 麵包板跳線 x 2
- 公 - 母杜邦線 x 3

請依據下圖連接建立電子電路後，GPIO18 連接 LED 燈；GPIO2 連接按鍵開關，就完成本節實驗的電子電路設計，如下圖所示：

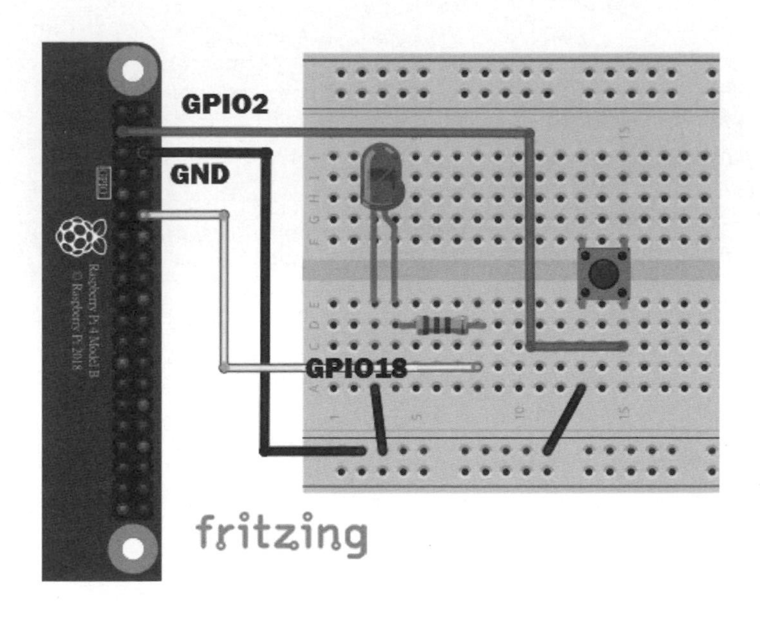

Python 程式：ch7-3-3.py

Python 程式是使用 GPIO Zero 模組以按鍵開關控制 LED 燈，執行程式後，每按一下按鍵開關，可以看到紅色 LED 亮 3 秒後熄滅，如下所示：

```
01: from gpiozero import LED, Button
02: from time import sleep
03:
04: led = LED(18)
05: btn = Button(2)
06:
07: while True:
08:     btn.wait_for_press()
09:     led.on()
10:     sleep(3)
11:     led.off()
```

上述程式碼在第 1 列匯入 gpiozero 模組的 Button 類別，第 5 列建立 Button 物件，參數 2 是 GPIO2 接腳，在第 7~11 列的 while 無窮迴圈不停監測是否按下按鍵開關，如下所示：

```
while True:
    btn.wait_for_press()
    led.on()
    sleep(3)
    led.off()
```

上述程式碼呼叫 wait_for_press() 方法等待使用者按下按鍵開關，如果按下，就點亮 LED 燈，等待 3 秒鐘後熄滅 LED 燈。

如果想建立按一下打開；再按一下關閉 LED 燈，我們需要使用 toggle() 方法切換 LED 燈 (Python 程式：ch7-3-3a.py)，如下所示：

```
while True:
    btn.wait_for_press()
    led.toggle()
    sleep(0.5)
```

上述 wait_for_press() 方法等待使用者按下按鍵開關後，第 1 次切換點亮，第 2 次熄滅 LED 燈，在之後等待 0.5 秒是為了避免使用者按的太快。

7-3-4 數位輸入：PIR

PIR 感測器（Passive Infrared Radiation Sensor）是一種移動偵測模組，可以偵測動物或人類釋放出的紅外線，當紅外線值有一定量的改變時，即可判斷動物或人類有移動，如右圖所示：

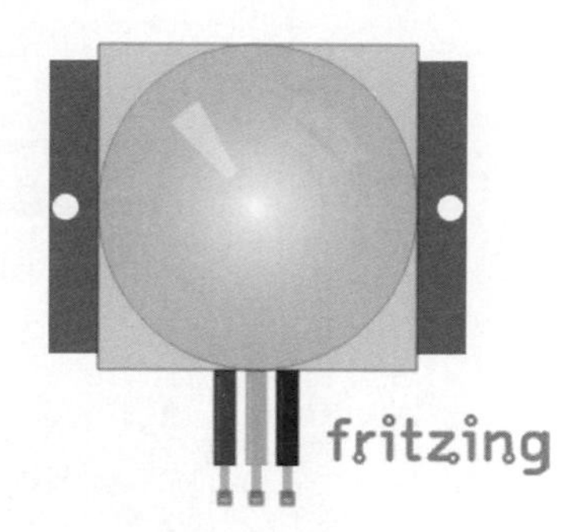

上述 PIR 模組下方有 3 個接腳，標示 Vcc、Out 和 Gnd，Vcc 是接至 5V 電源；Gnd 是接地；Out 是接至樹莓派的 GPIO 接腳，當值是 1 時，就表示有移動。

電子電路設計

完成本節實驗的電子電路設計需要使用到的電子元件，如下所示：

- 紅色 LED 燈 x 1
- 220Ω 電阻 x 1
- PIR 模組 x 1
- 麵包板 x 1
- 麵包板跳線 x 2
- 公 - 母杜邦線 x 4

請依據下圖連接建立電子電路後，GPIO18 連接 LED 燈（220Ω）；GPIO22 連接至 PIR 的 Out 接腳（100Ω），就完成本節實驗的電子電路設計，如下圖所示：

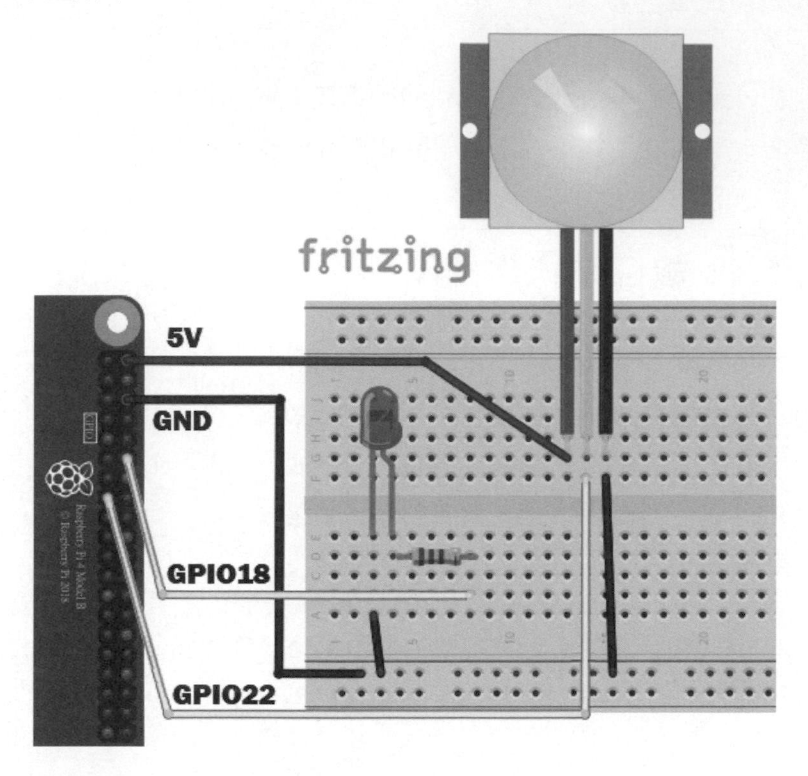

Python 程式：ch7-3-4.py

Python 程式是使用 GPIO Zero 模組以 PIR 感測器控制 LED 燈，執行程式後，當有移動時，可以看到紅色 LED 亮起；沒有移動則熄滅，同時在 Python Shell 顯示你有移動的訊息文字，如下圖所示：

```
Shell
You moved!
You moved!
You moved!
You moved!
You moved!
You moved!
```

```
01: from gpiozero import MotionSensor, LED
02: from time import sleep
03:
04: led = LED(18)
05: pir = MotionSensor(22)
06:
07: while True:
08:     if pir.motion_detected:
09:         led.on()
10:         print("You moved!")
11:     else:
12:         led.off()
13:     sleep(0.5)
```

上述程式碼在第 1 列匯入 gpiozero 模組的 MotionSensor 類別，然後在第 5 列建立 MotionSensor 物件，參數 22 是 GPIO22 接腳，在第 7~13 列的 while 無窮迴圈使用 if/else 條件判斷 motion_detected 屬性是否為 True，如為是，就表示有移動，點亮 LED 燈和顯示訊息文字，反之熄滅 LED 燈。

7-4 類比輸出

第 7-3-1 節的 LED 燈實驗範例是數位輸出 (Digital Outputs)，所以只有點亮和熄滅二種狀態，如果需要調整 LED 燈的亮度，我們需要使用 PWM 技術來模擬類比輸出 (Analog Outputs)，可以調整 LED 燈的亮度。

7-4-1 認識 PWM

PWM (Pulse Width Modulation) 是將數位模擬成類比的技術，中文稱為脈衝寬度調變，其作法是在 GPIO 接腳上非常快速切換數位方波型的開和關（每秒 500 次，即 500Hz），然後使用不同開關樣式（Pattern，不同長短的開或關時間）來模擬出 0~3.3V 之間的電壓值變化（不再是數位輸出的 2 種值 0 或 1）。

PWM 可以控制開和關之間位在 3.3V（開）的持續時間（第 8 章的 Arduino 開發板是 5V），此時間稱為「脈沖寬度」(Pulse Width)，位在 3.3V（開）持續時間佔所有時間的比率，稱為「勤務循環」(Duty Cycle)，比率高就是開的比較長，所以 LED 燈看起來比較亮；反之，比率低，看起來就比較暗。

例如：勤務循環是 0% 的持續時間位在 3.3V；100% 是 0V，所以不亮，如果 25% 的時間位在 3.3V；75% 是 0V，所以有些暗，75% 位在 3.3V，所以比較亮，100% 在 3.3V 就是全亮，如下圖所示：

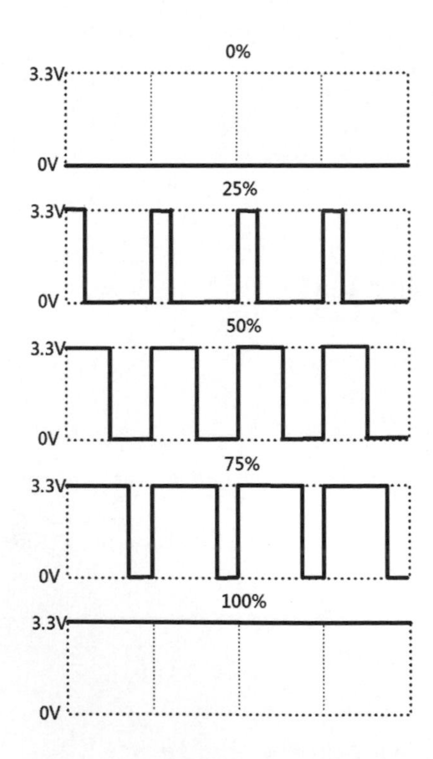

7-4-2 類比輸出：LED 燈的亮度控制

LED 燈可以使用類別輸出來控制顯示的亮度，我們需要在 GPIO 接腳使用 PWM 技術來控制 LED 燈的亮度。

電子電路設計

本節實驗的電子電路設計和第 7-3-1 節完全相同。

Python 程式：ch7-4-2.py

Python 程式是使用 GPIO Zero 模組以 PWM 控制 LED 燈的亮度，執行程式可以輸入值 0~100 來調整紅色 LED 燈的亮度，如下圖所示：

```
Shell
Python 3.7.3 (/usr/bin/python3)
>>> %Run ch7-4-2.py
  Enter Brightness(0~100): 50
  Enter Brightness(0~100): 95
  Enter Brightness(0~100): 5
  Enter Brightness(0~100): |
```

```
01: from gpiozero import PWMLED
02:
03: led = PWMLED(18)
04:
05: while True:
06:     bright = int(input("Enter Brightness(0~100): "))
07:     led.value = bright / 100.0
```

上述第 3 列建立 PWMLED 物件，第 5~7 列的 while 迴圈是在第 6 列輸入亮度值 0~100 後，第 7 列指定 value 屬性值，因為屬性值是 0~1 浮點數，所以除以 100.0。

7-5 類比輸入

因為樹莓派的 GPIO 接腳不支援類比輸入（Analog Input），雖然仍然可以讀取接腳的類比輸入電壓值，但電子電路設計和 Python 程式碼就複雜的多，在實務上，如果需要使用類比輸入來讀取感測器的值，請考量配合第 8 章的 Arduino 或第 9 章的 Pico 開發板來實作。

7-5-1 類比輸入：光敏電阻

光敏電阻（photo resistor、photocell）是一種特殊電阻，其電阻值和光線的強弱有關，當光線增強時，電阻值減小；反之光線強度減小時，電阻增大，如下圖所示：

因為樹莓派的 GPIO 接腳並不支援類比輸入，我們需要使用電容充電時間來間接計算光敏電阻的類比輸入值，請注意！這是比例值，並非真實值。

電子電路設計

完成本節實驗的電子電路設計需要使用到的電子元件，如下所示：

- 光敏電阻 x 1
- 1μF 電容 x 1
- 綠色 LED 燈 x 1
- 220Ω 電阻 x 1

- 麵包板 x 1
- 麵包板跳線 x 3
- 公 - 母杜邦線 x 4

請依據下圖連接建立電子電路後，接腳 GPIO4 連接光敏電阻和 1μF 電容；另一端接 3.3V，接腳 GPIO18 連接 LED 燈（220Ω 電阻），就完成本節實驗的電子電路設計，如下圖所示：

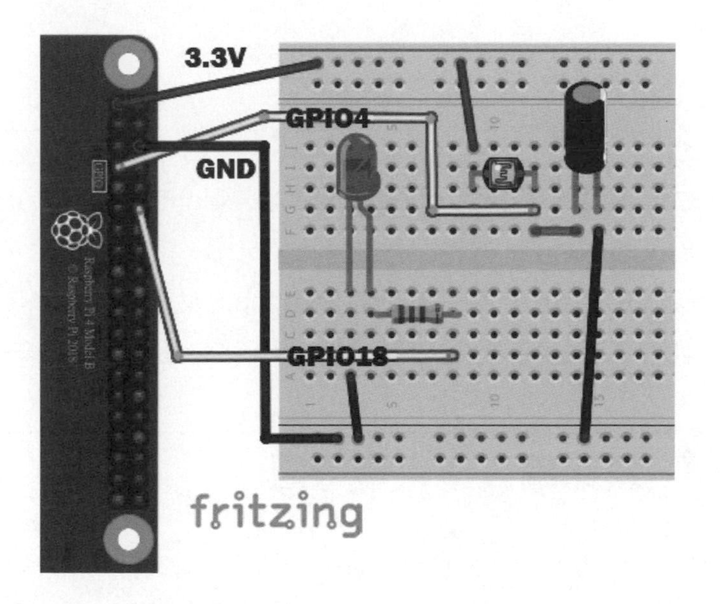

Python 程式：ch7-5-1.py

Python 程式是使用 GPIO Zero 模組以光敏電阻來控制 LED 燈，執行程式後，當光線太暗時，可以看到紅色 LED 亮起；反之，光線充足則熄滅，同時顯示取得的光敏電阻值 0~1，如下圖所示：

```
Shell
0.7846005000610603
0.7874912998668151
0.7845485999278026
0.7900116002711002
0.7890282997104805
0.7866042001987807
```

```
01: from gpiozero import LightSensor, LED
02: from time import sleep
03:
04: led = LED(18)
05: light = LightSensor(4)
06:
07: while True:
08:     print(light.value)
09:     if light.value <= 0.75:
10:         led.on()
11:     else:
12:         led.off()
13:     sleep(0.5)
```

上述程式碼在第 1 列匯入 gpiozero 模組的 LightSensor 類別，然後在第 5 列建立 LightSensor 物件，參數 4 是 GPIO4 接腳，在第 7~13 列的 while 無窮迴圈使用 if/else 條件判斷 LightSensor 物件的 value 屬性值，如為小於等於 0.75，就表示光線太暗，點亮 LED 燈，反之熄滅 LED 燈。

7-5-2 類比輸入：可變電阻

可變電阻（Variable Resistor，VR）的正式名稱是電位器(Potentiometer)，我們只需轉動轉輪或滑動滑桿，就可以改變電阻值，如下圖所示：

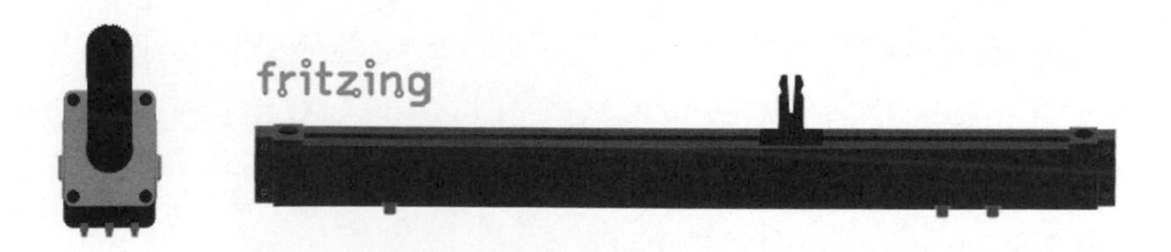

上述圖右是滑桿可變電阻，圖左是常見轉輪的可變電阻，擁有 2 個固定接腳；1 個轉動接腳，經由轉動來改變 2 個固定接腳之間的電阻值，其左右接腳分別是電源和 GND，中間接腳是連接類比輸入接腳。

樹莓派的 GPIO 接腳不支援類別輸入，所以我們需要搭配 MCP3008 類比轉數位訊號 IC（Analogue-to-digital Converter，ADC），將可變電阻的類比輸入值轉換成數位值，MCP3008 是使用 SPI 介面連接樹莓派，其接腳說明如右圖所示：

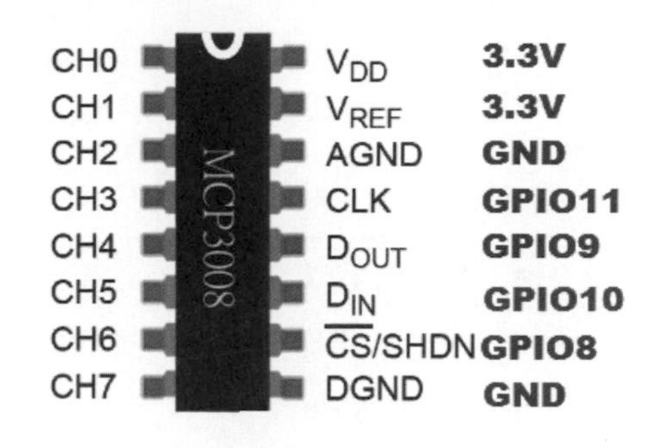

上述圖例的右邊接腳是連接樹莓派 SPI 介面的接腳，左邊 0~7 共 8 個通道（Channels），每一個通道都可以連接一個類比輸入裝置來讀取值。

啟用 SPI 介面

樹莓派預設沒有啟用 SPI 介面，因為 MCP3008 是使用 SPI 介面，請執行「選單 / 偏好設定 /Raspberry Pi 設定」命令，可以看到「Raspberry Pi 設定」對話方塊。

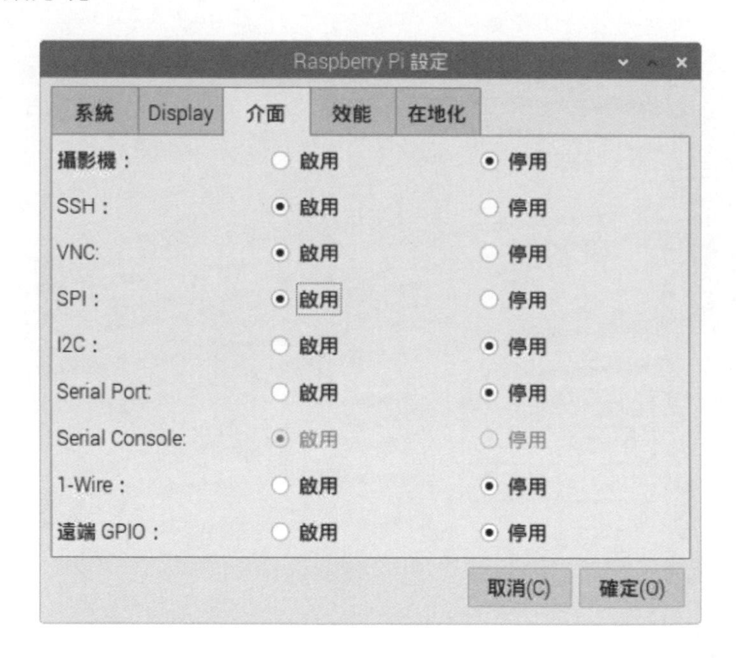

選**介面**標籤，在 SPI 列選**啟用**後，按**確定**鈕啟用 SPI 介面。

電子電路設計

完成本節實驗的電子電路設計需要使用到的電子元件，如下所示：

- 紅色 LED 燈 x 1
- 220Ω 電阻 x 1
- MCP3008 x 1
- 可變電阻 x 1
- 麵包板 x 1
- 麵包板跳線 x 8
- 公 - 母杜邦線 x 7

請依據下圖連接建立電子電路後，可變電阻的中間接腳是連接 CH0，MCP3008 請參考之前接腳圖例連接 SPI 介面的接腳（IC 上方半圓缺口是向下，需轉 180 度），GPIO18 接腳連接 LED 燈（220Ω 電阻），就完成本節實驗的電子電路設計，如下圖所示：

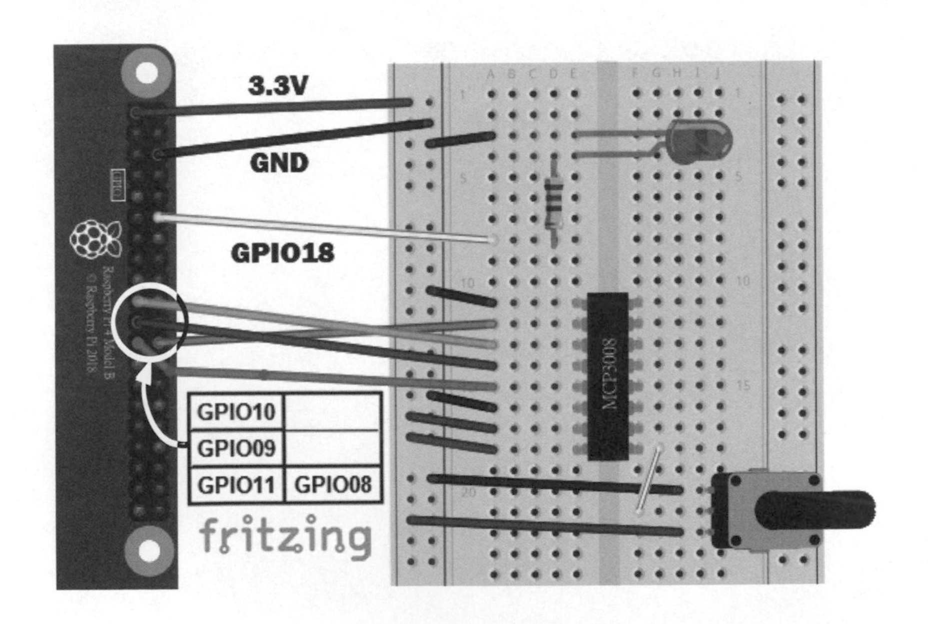

上述 MCP3008 只使用 CH0 通道，我們還可以在其他通道連接其他類比輸入裝置，例如：在 CH1 通道連接第 7-5-1 節的光敏電阻，其接法圖例請參閱第 13-2-2 節。

Python 程式：ch7-5-2.py

Python 程式是使用 GPIO Zero 模組從 MCP3008 讀取類比輸入值（RPi.GPIO 模組不支援 MCP3008），然後使用類比輸入值來控制 LED 燈的亮度，執行程式旋轉可變電阻，可以調整紅色 LED 燈的亮度，如下所示：

```
01: from gpiozero import MCP3008, PWMLED
02:
03: led = PWMLED(18)
04: pot = MCP3008(0)
05:
06: while True:
07:     led.value = pot.value
```

上述第 3 列建立 PWMLED 物件，第 4 列是 MCP3008 物件，參數值 0 是可變電阻連接的 CH0 通道，第 6~7 列 while 迴圈是在第 7 列指定 LED 燈亮度的 value 屬性，其值是可變電阻類比輸入值 value 屬性值。

7-6 Sense HAT 擴充板

Sense HAT 是一塊多功能輸入與輸出的擴充板，支援樹莓派官方制定的 HAT（Hardware Attached on Top）規格，可以安裝在樹莓派上方來擴充樹莓派的功能。

7-6-1 認識 Sense HAT 和 Sense HAT 模擬器

Sense HAT 是針對 Astro Pi 競賽設計的一塊樹莓派 HAT 擴充板，可以讓樹莓派擁有多種感測器來監測外在環境，並且將取得數據顯示在內建的 LED 矩陣。

Sense HAT

Sense HAT 是安裝在樹莓派（支援 40 個接腳的版本）上方，在板上擁有 8×8 RGB LED 矩陣，5 個按鈕的搖桿，和多種感測器，包含：陀螺儀、溫度、溼度、加速、磁力和氣壓，如右圖所示：

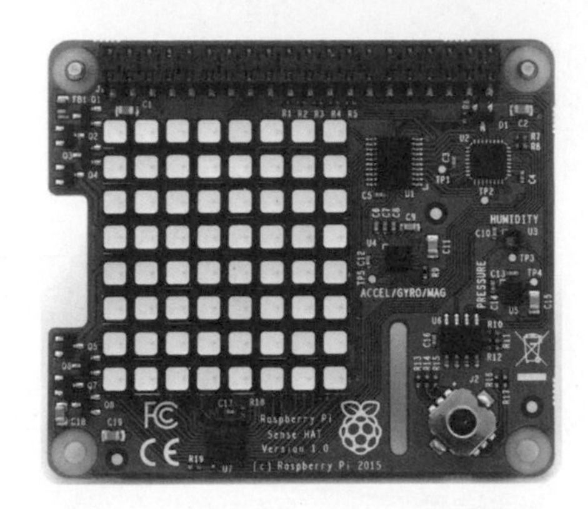

Sense HAT 模擬器

Sense HAT Emulator 模擬器是 Dave Jones 開發，一套模擬安裝在樹莓派上方 Sense HAT 硬體的工具程式（請執行「選單 / 軟體開發 /Sense Hat Emulator」命令來啟動），如下圖所示：

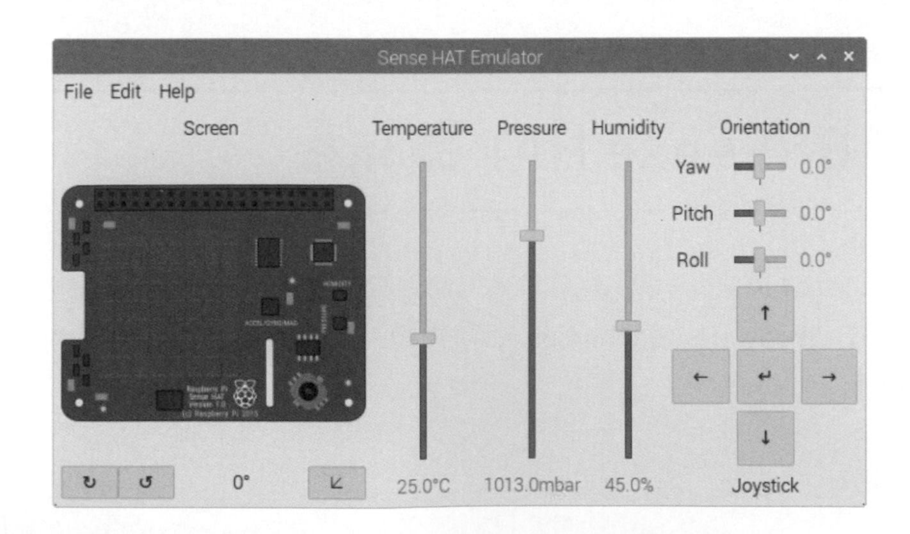

我們就算沒有購買 Sense HAT 擴充板，一樣可以撰寫 Python 程式讀取 Sense HAT 模擬器上設定的感測器值，或輸出資料至 LED 矩陣來顯示。

7-6-2 建立 Sense HAT 的 Python 程式

Python 程式需要匯入 sense_hat 模組來使用 Sense HAT，如下所示：

```
from sense_hat import SenseHat
sense = SenseHat()
```

上述程式碼匯入 sense_hat 模組來建立 SenseHat 物件，然後呼叫物件的相關方法來取得感測器值，或在 LED 矩陣顯示資訊。Sense HAT 模擬器是匯入 sense_emu 模組，如下所示：

```
from sense_emu import SenseHat
sense = SenseHat()
```

在 LED 矩陣顯示訊息文字

Python 程式可以在 Sense HAT 的 LED 矩陣顯示訊息文字 (Python 程式：ch7-6-2.py)，如下所示：

```
from sense_emu import SenseHat

sense = SenseHat()
sense.show_message("Hello, World!")
```

上述程式碼是使用模擬器，在建立 SenseHat 物件後，呼叫 show_message() 方法顯示參數的訊息文字。執行 Python 程式請先啟動 Sense HAT Emulator 模擬器後，在 Thonny 執行 Python 程式 ch7-6-2.py，可以在 LED 矩陣以跑馬燈方式來顯示訊息文字，如下圖所示：

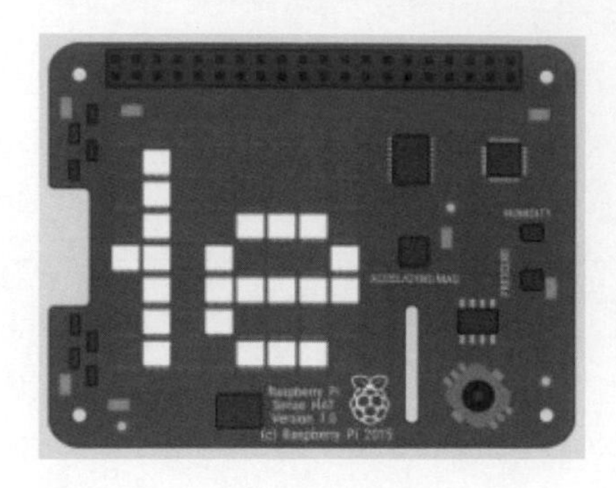

在 LED 矩陣繪圖

Sense HAT 的 LED 矩陣不只可以輸出跑馬燈文字，因為 LED 矩陣是一塊 8x8 矩陣共 64 個像素的畫布，我們還可以在 LED 矩陣上繪圖，其座標如右圖所示：

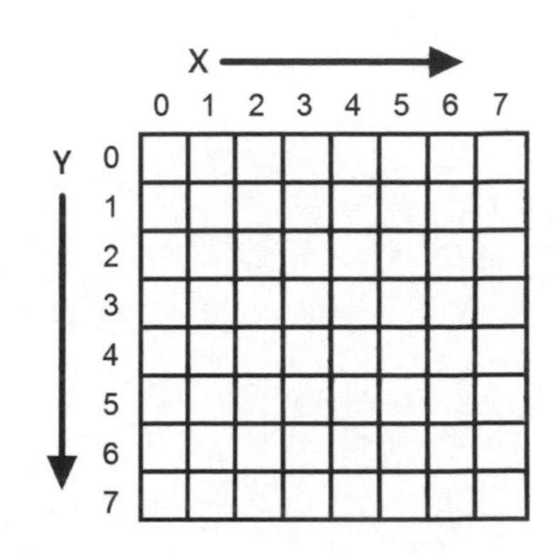

現在，我們可以使用 Python 程式在上述指定座標繪出不同位置和色彩的四個點 (Python 程式：ch7-6-2a.py)，如下所示：

```
from sense_emu import SenseHat

sense = SenseHat()
sense.set_pixel(0, 2, [0, 0, 255])
sense.set_pixel(7, 4, [255, 0, 0])
sense.set_pixel(4, 4, [0, 255, 0])
sense.set_pixel(6, 5, [255, 255, 0])
```

上述程式碼呼叫 set_pixel() 方法在指定座標顯示不同的色彩，第 1 個參數是 X 座標，第 2 個是 Y 座標，最後 1 個參數是 RGB 色彩的清單，可以看到藍、紅、綠和黃色的 4 個點，如下圖所示：

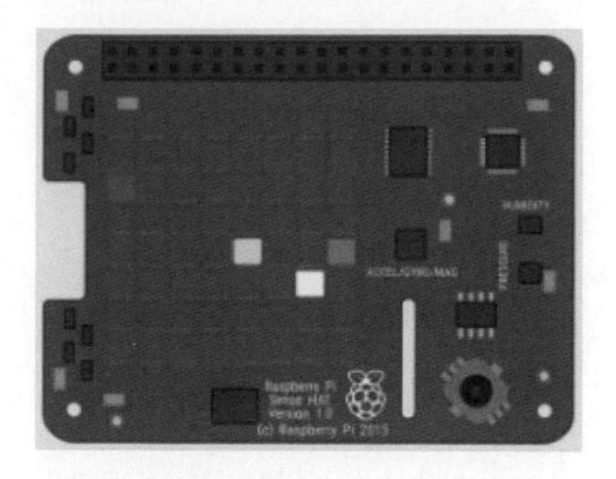

因為像素的色彩是 RGB 清單，我們可以建立不同色彩的清單後，再使用巢狀清單來指定各點色彩，即可繪出圖形，(Python 程式：ch7-6-2b.py)，如下所示：

```
from sense_emu import SenseHat

sense = SenseHat()
r = [255, 0, 0]
o = [255, 127, 0]
y = [255, 255, 0]
g = [0, 255, 0]
b = [0, 0, 255]
i = [75, 0, 130]
v = [159, 0, 255]
e = [0, 0, 0]
image = [
e, e, e, e, e, e, e, e,
e, e, e, r, r, e, e, e,
e, r, r, o, o, r, r, e,
r, o, o, y, y, o, o, r,
o, y, y, g, g, y, y, o,
y, g, g, b, b, g, g, y,
b, b, b, i, i, b, b, b,
b, i, i, v, v, i, i, b
]

sense.set_pixels(image)
```

上述程式碼的 r、o、y、g、b、i、v、e 變數是色彩清單，image 巢狀清單對應 8x8 矩陣，最後呼叫 set_pixels() 方法繪出圖形，參數是 image 巢狀清單，如下圖所示：

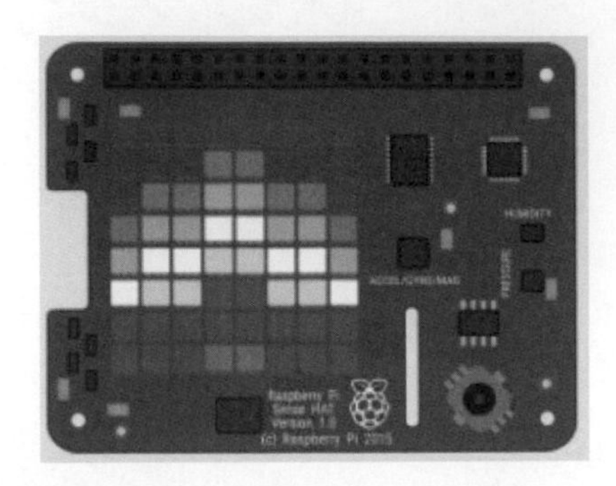

不只如此，我們還可以呼叫 set_rotation() 方法旋轉圖形（Python 程式：ch7-6-2c.py），如下所示：

```
...
sense.set_rotation(180)
```

上述程式碼是新增在 ch7-6-2b.py 程式碼的最後，可以看到圖形轉了 180 度，如下圖所示：

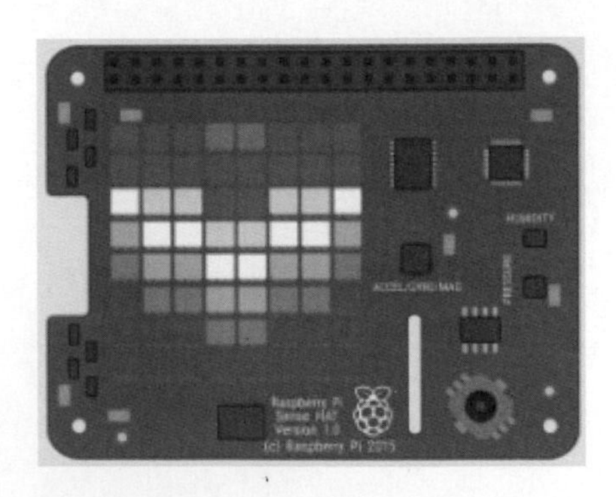

取得目前的溫度、溼度和氣壓值

Sense HAT 支援溫度、溼度和氣壓感測器，可以讓我們讀取感測器的目前溫度、溼度和氣壓值（Python 程式：ch7-6-2d.py），如下所示：

```
from sense_emu import SenseHat

sense = SenseHat()
while True:
    tmp = sense.get_temperature()
    pre = sense.get_pressure()
    hum = sense.get_humidity()
    t = round(tmp, 1)
    p = round(pre, 1)
    h = round(hum, 1)
    print("T=", t, " P=", p, " H=", h)
    sense.show_message(" T=" + str(t) +
                       " P=" + str(p) +
                       " H=" + str(h))
```

上述程式碼呼叫 get_temperature() 方法取得溫度，get_pressure() 方法取得氣壓，和 get_humidity() 方法取得溼度，因為值是浮點數，所以呼叫 round() 函數取出小數點下 1 位。

當執行 Python 程式可以看到模擬器 LED 矩陣跑馬燈依序顯示的溫度、溼度和氣壓值，只需調整模擬器中間垂直的 3 個滑動軸，可以從左至右分別調整溫度、溼度和氣壓的模擬值，在 Python Shell 可以看到不同的模擬值，如下圖所示：

```
Shell
>>> %Run ch7-6-2d.py
 T= 25.0  P= 1013.0  H= 44.9
 T= 65.9  P= 843.0  H= 51.5
 T= 66.0  P= 842.9  H= 51.4
 T= 17.7  P= 798.4  H= 40.0
 T= 42.4  P= 737.7  H= 31.7
```

取得樹莓派的方向

Sense HAT 支援多種感測器來偵測樹莓派的移動和方向，以方向來說，我們可以取得三個軸的旋轉角度，如下圖所示：

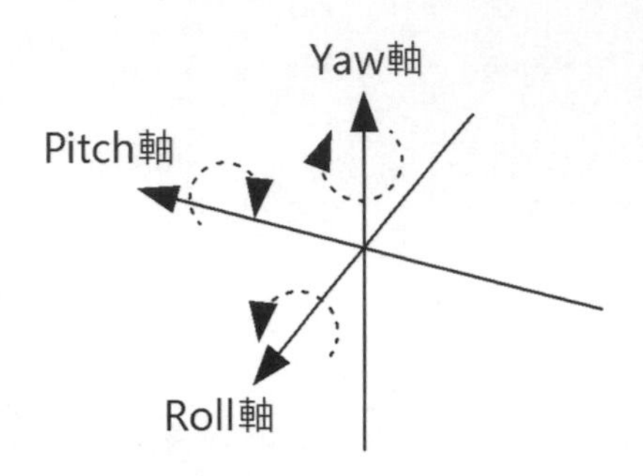

Python 程式是呼叫 get_orientation() 方法取得方向清單，然後取出 Pitch、Roll 和 Yaw 軸的值 (Python 程式：ch7-6-2e.py)，如下所示：

```
from sense_emu import SenseHat

sense = SenseHat()
while True:
    orientation = sense.get_orientation()
    pitch = orientation['pitch']
    roll = orientation['roll']
    yaw = orientation['yaw']
    p = round(pitch, 1)
    r = round(roll, 1)
    y = round(yaw, 1)
    print("P=", p, " R=", r, " Y=", y)
    sense.show_message(" P=" + str(p) +
                       " R=" + str(r) +
                       " Y=" + str(y))
```

上述程式碼和 ch7-6-2d.py 的結構相似，只是改輸出 Pitch、Roll 和 Yaw 三軸的值 (模擬器可以在右上角更改三個軸的角度)，如下圖所示：

```
Shell
>>> %Run ch7-6-2e.py
  P= 0.0  R= 0.0  Y= 0.0
  P= 114.5  R= 0.0  Y= 0.0
  P= 92.7  R= 30.0  Y= 345.0
  P= 92.7  R= 30.0  Y= 45.0
  P= 107.7  R= 75.0  Y= 45.0
```

學習評量

1. 請簡單說明樹莓派的 GPIO 接腳？
2. Python 語言可以使用 ________ 或 ________ 模組來控制 GPIO 接腳。
3. 請問什麼是 PWM？樹莓派的 GPIO 接腳並不支援 ____________（Analog Input）。
4. 請簡單說明 Sense HAT 和 Sense HAT 模擬器？
5. 請建立 Python 程式在 Sense HAT 模擬器的 LED 矩陣顯示讀者的英文姓名。

MEMO

當樹莓派遇到 Arduino 開發板(請參閱電子書)

MEMO

chapter 9

Raspberry Pi Pico 開發板與 MicroPython 語言

9-1 認識 Raspberry Pi Pico 開發板

樹莓派非常適合使用在 Web 網站架設和資料儲存等重量級的運算，但樹莓派在某些方面仍然有一定的局限性，例如：耗電量仍然太大、無法處理低延遲 I/O 和不支援類比輸入等限制。

Raspberry Pi Pico 開發板是樹莓派基金會自行開發，一片類似 Arduino 微控制器（Microcontroller）開發板，可以搭配樹莓派來處理類比輸入、低延遲 I/O 和超低功耗待機模式等所需的相關應用。

Raspberry Pi Pico 開發板

Raspberry Pi Pico 開發板是首款採用樹莓派基金會自行研發的微控制器晶片 PR2040，這是使用 ARM Cortex M0+ 處理器架構，擁有 264K SRAM。Raspberry Pi Pico 開發板的外觀，如下圖所示：

上述 Raspberry Pi Pico 開發板的尺寸是 51×21mm，因為出貨是散件，GPIO 接腳需要自行焊接，也支援使用郵票孔方式直接焊在其他開發板上，在開發板右邊是 Micro-USB 傳輸埠（供電），傳輸埠左側有一個 BOOTSEL 白色按鈕，按住此鈕，再連接 Micro-USB 傳輸線至樹莓派後，

放開按鍵，樹莓派就會識別成 USB 行動碟，可以讓我們燒錄 MicroPython 韌體。我們也可以購買 Raspberry Pi Pico 擴展板來方便連接外部的感測器，如下圖所示：

Raspberry Pi Pico 開發板主要規格的簡單說明，如下所示：

- 微控制器：RP2040 雙核 Cortex M0+ 微控制器，運行 125MHz（可超頻至 270MHz，但官方並不建議），內建 264KB SRAM。
- 儲存媒體：提供 2MB 記憶體。
- USB 通訊埠：支援 Micro USB 1.1，可提供開發板電源（1.8V-5.5V）和進行資料傳輸。
- GPIO 接腳：提供 26 個電壓 3.3V 的多功能 GPIO 接腳，支援 2 組 SPI，2 組 I2C，2 組 UART，3 個 12 位元 ADC，和最多 16 個 PWM。
- 輸出電壓：5V（VBUS）/ 3.3V。

GPIO 接腳說明

GPIO 的全名是一般用途的輸入和輸出接腳，可以讓 Raspberry Pi Pico 開發板控制 LED 燈、監測是否按下按鍵開關、溫度、光線和驅動馬達等。

Raspberry Pi Pico 開發板共有 40 個接腳，各接腳都有不同功能 (https://datasheets.raspberrypi.org/pico/Pico-R3-A4-Pinout.pdf)，如下圖所示：

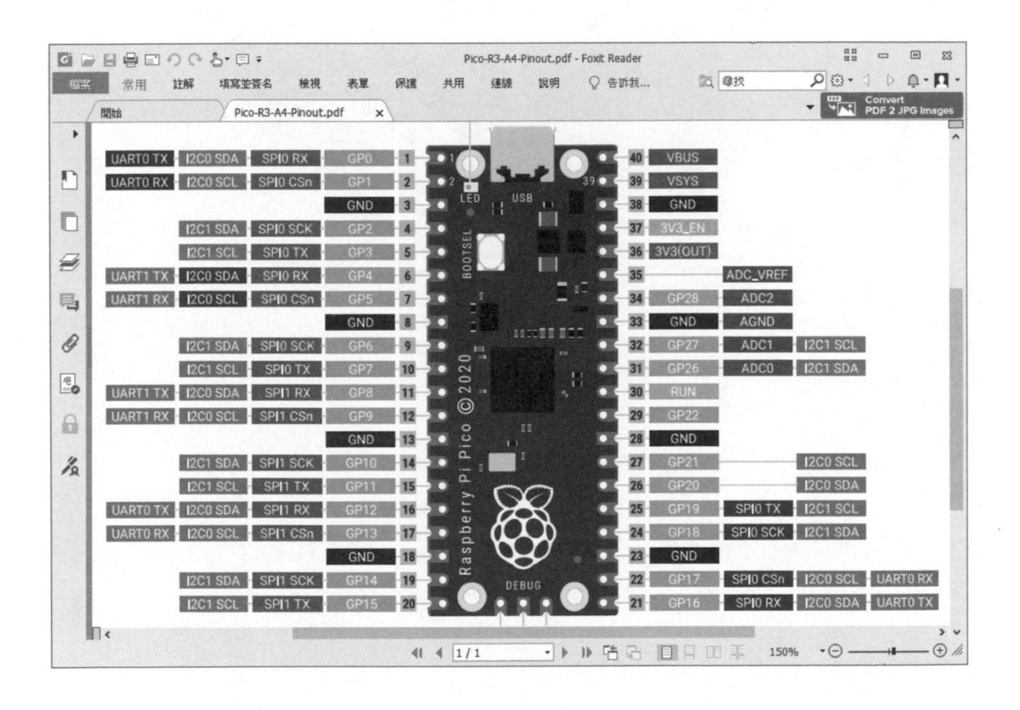

上述 Raspberry Pi Pico 開發板右上角編號 40 的 VBUS 接腳是 Micro-USB 連接埠的 5V 電源，編號 36 是 3.3V 電源，編號 3、8、13、18、23、28、33 和 38 是 8 個 GND。

Raspberry Pi Pico 開發板提供 26 個可程式化 3.3v 的 GPIO 接腳，接腳編號是 GPIO0~GPIO22 和 GPIO26~28，其說明如下所示：

- GPIO0~GPIO22 共 23 個接腳是數位腳位，支援數位輸入 / 輸出。
- GPIO26~28 共 3 個接腳支援 12 位元 ADC 類比輸入，即 ADC0~3。
- GPIO 數位腳位都支援 PWM，最多可同時 16 個腳位使用 PWM。
- 2 個 SPI，2 個 I2C，2 個 UART（GPIO0 和 GPIO1 是預設 UART）有多種 GPIO 接腳編號的組合。

9-2 MicroPython 語言的基礎

MicroPython 程式語言是澳洲程式設計師和物理學家 Damien George 開發，在 2013 年的 Kickstarter 平台成功募資和釋出第一版 MicroPython 程式語言。目前 MicroPython 已經支援 ESP8266/ESP32 等多種開發板，和各種 ARM 架構微控制器的開發板，例如：Raspberry Pi Pico 和 Micro:bit。

MicroPython 語言

MicroPython 事實上就是精簡版 Python 3 語言，受限於微控制器的硬體容量和效能，只實作小部分 Python 標準模組，和新增微控制器專屬模組來存取低階的硬體裝置。其官方網站如下所示：

https://micropython.org/

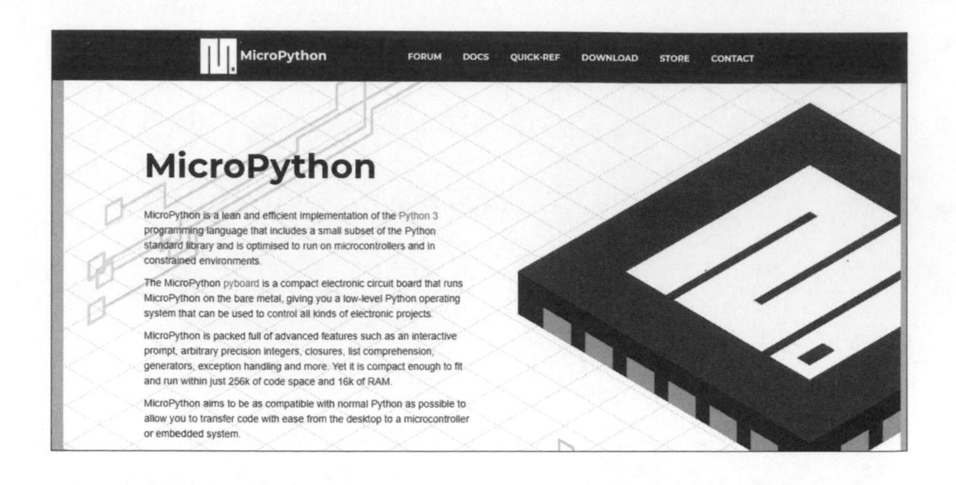

請注意！MicroPython 是在開發板的硬體執行（並不是在樹莓派或 Windows 開發電腦），因為微控制器的效能不足以執行完整作業系統（Operator System），例如：PC 的 Windows、macOS 或 Linux 等作業系統，所以，作業系統的操作和服務是透過 MicroPython 直譯器來處理，換句話說，MicroPython 就是在開發板上執行的類作業系統，支援作業系統基本服務，和儲存 MicroPython 程式的檔案系統。

MicroPython 程式設計是一種實物運算

MicroPython 程式設計就是一種實物運算（Physical Computing），至於什麼是實務運算？我們需要先回過頭來看看傳統程式設計是什麼？程式基本上就是三種基本元素，如下所示：

- 取得輸入資料。
- 處理資料。
- 產生輸出結果。

上述程式的輸入是鍵盤輸入的資料；輸出是螢幕顯示的執行結果，程式的處理元素是使用運算式、條件和迴圈來處理資料，以便產生所需的輸出結果。

轉換到 MicroPython 程式，因為是實際控制硬體裝置輸入和輸出的實務運算，程式輸入是實體的按鍵開關或各種感測器的讀取值（例如：光敏電阻），在微控制器執行 MicroPython 程式進行處理後，輸出至 LED（點亮或熄滅）、轉動伺服馬達或在蜂鳴器發出聲音等，如下圖所示：

上述輸入數位輸入和類比輸入，輸出是數位輸出和類比輸出，我們可以在實物上看到 MicroPython 程式的輸入和執行結果。

9-3 使用 Thonny 建立 MicroPython 程式

目前市面上已經有多種 MicroPython 開發環境可供選擇，Raspberry Pi Pico 開發板建議的開發工具是 Thonny，在本書是使用樹莓派的 Thonny 來建立 MicroPython 開發環境。

9-3-1 建立 Thonny 的 MicroPython 開發環境

樹莓派預設安裝的 Thonny 是使用簡單介面，我們需要先切換成傳統開發介面後，才能設定 Thonny 來建立 MicroPython 開發環境。

將 Thonny 切換成為傳統開發介面

請執行「選單 / 軟體開發 /Thonny Python IDE」命令啟動 Thonny，預設是簡單介面，請在上方工具列的最後，點選 **Switch to regular mode** 超連接切換成傳統開發介面，如下圖所示：

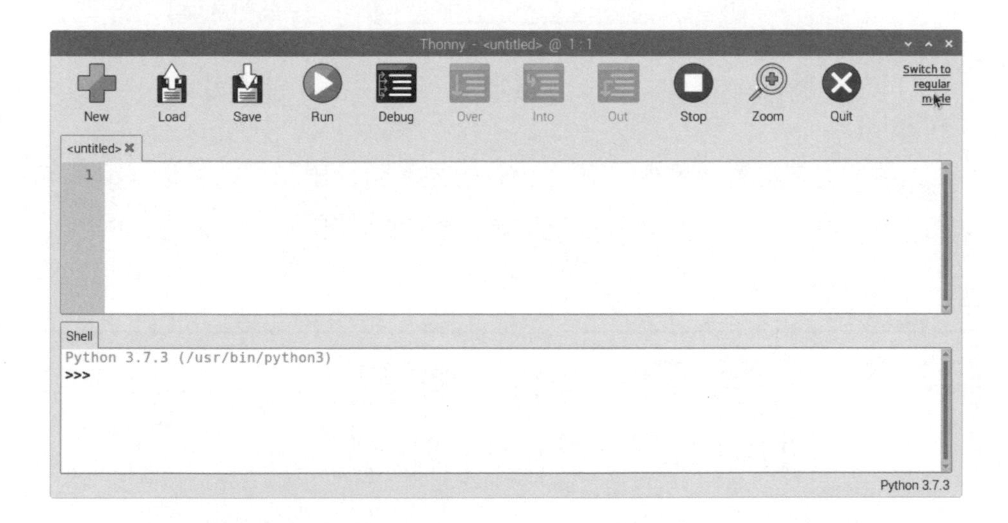

在「Regular mode」訊息視窗按 **OK** 鈕切換成 Thonny 傳統開發介面的 regular mode。

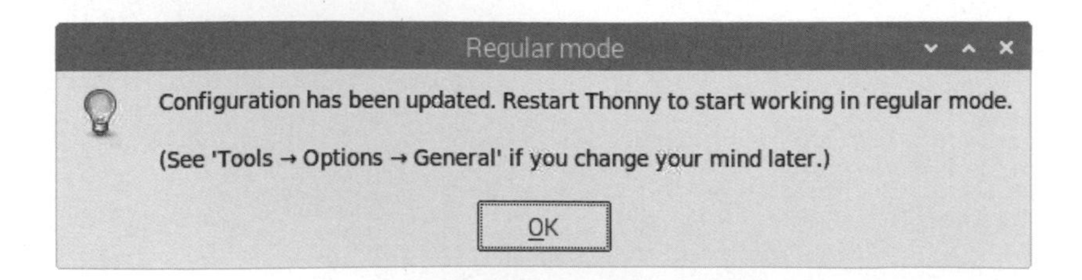

請重新啟動 Thonny，就可以看到傳統開發介面的 Thonny Python IDE，可以看到上方的功能表列，如下圖所示：

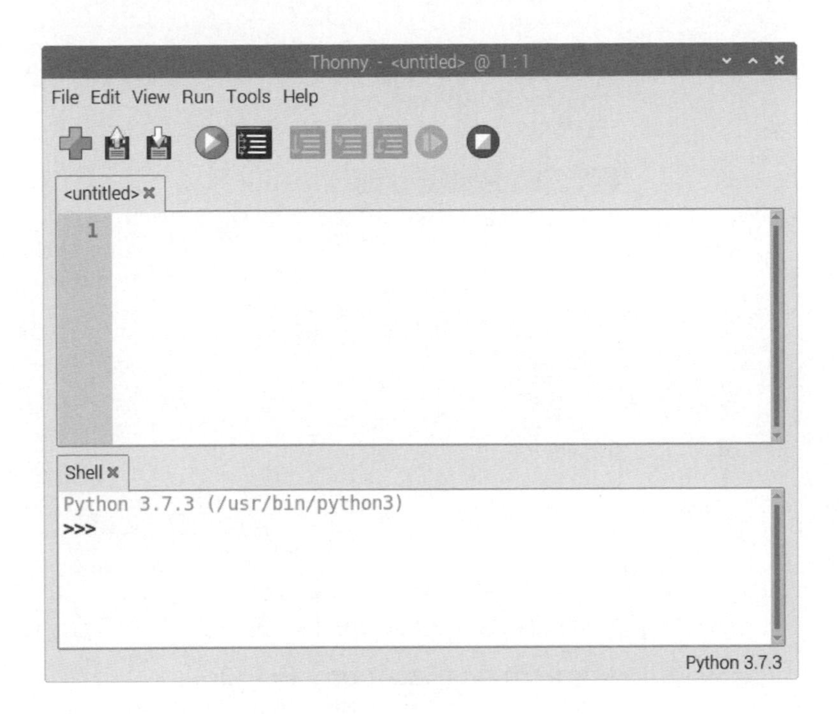

設定 MicroPython 直譯器和燒錄韌體

在成功將 Thonny 切換成傳統介面後，我們就可以設定 MicroPython 直譯器和燒錄 MicroPython 韌體，其步驟如下所示：

Step 1：請啟動 Thonny 後，執行「Tools/Options」命令。

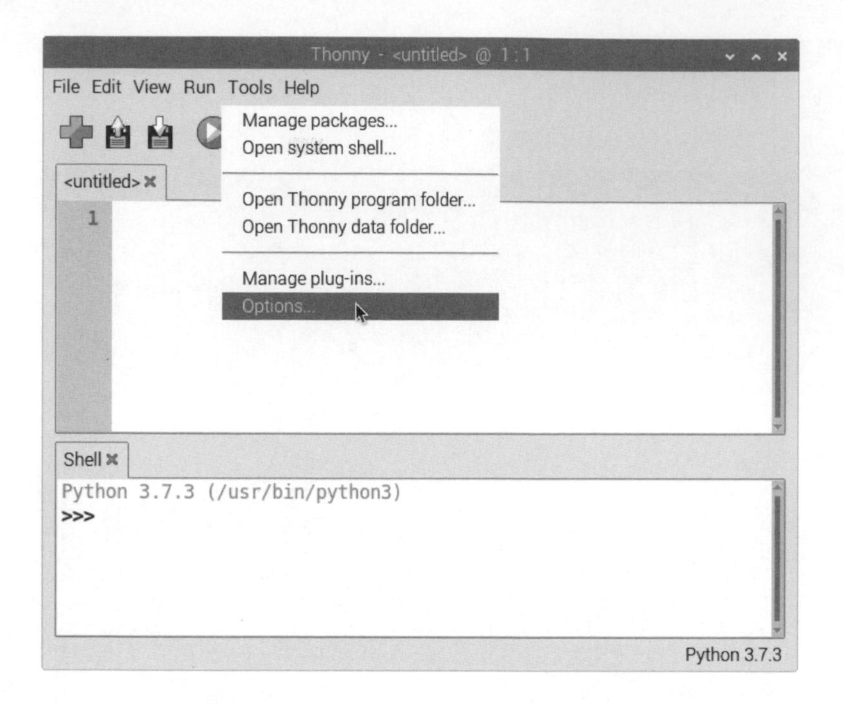

Step 2：在「Thonny options」選 **Interpreter** 標籤後，開啟位在上方的下拉式選單，選 **MicroPython (Raspberry Pi Pico)**。

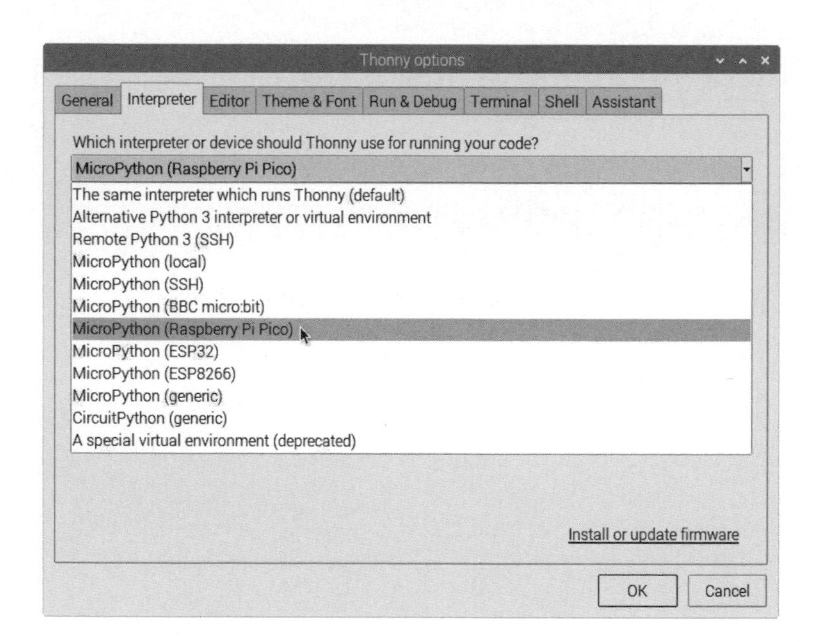

Step 3：請將 Raspberry Pi Pico 開發板使用 USB 傳輸線連接樹莓派後，在 **Port** 欄的下拉式選單選擇連接埠，以此例選 **ttyAMA0**，請點選右下方 **Install or update firmware** 超連接來燒錄 MicroPython 韌體。

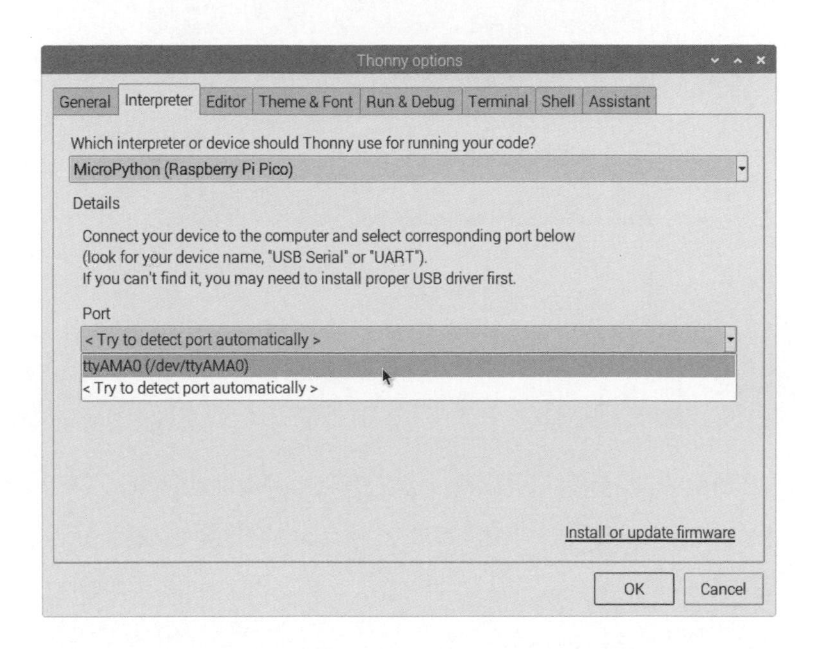

Step 4：目前對話方塊的 **Install** 鈕沒有啟用，請先移除連接開發板的 USB 傳輸線後，按住開發板上的 **BOOTSET** 鈕後，再將 USB 傳輸線插入開發板；另一端是連接樹莓派。

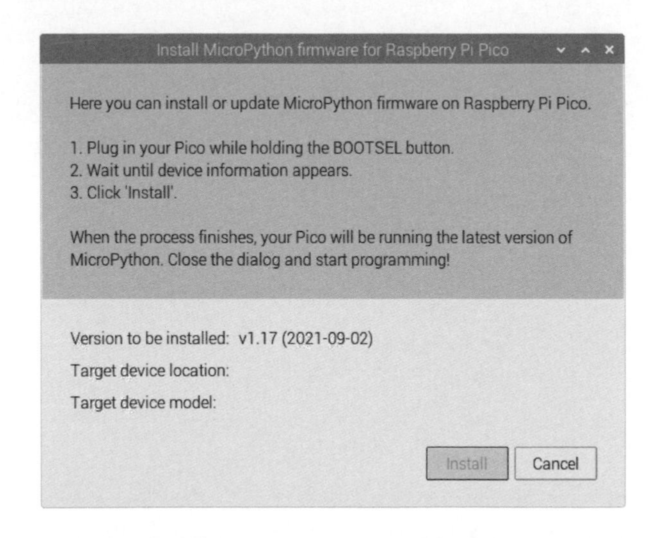

Step 5：等到顯示「插入了移除式媒體」訊息視窗後，就可以放開 **BOOTSET** 鈕，請不用理會此訊息視窗。

Step 6：當 **Install** 鈕成為可用狀態，請在「Install MicroPython firmeare for Respberry Pi Pico」對話方塊，按 **Install** 鈕開始燒錄 MicroPython 韌體。

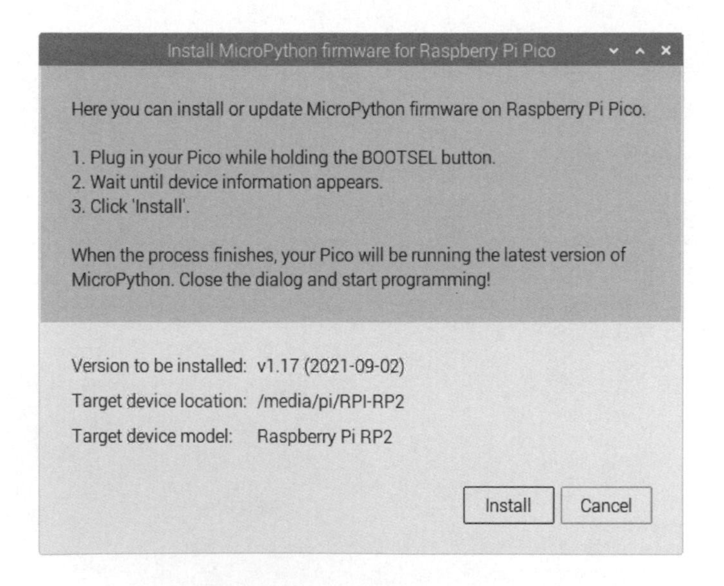

Step 7：可以在下方看到目前的燒錄進度，如下圖所示：

Version to be installed: v1.17 (2021-09-02)
Target device location: /media/pi/RPI-RP2
Target device model: Raspberry Pi RP2
Copying... 67% Install Cancel

Step 8：等到顯示 Done! 訊息，表示已經燒錄完成，請按 **Close** 鈕。

Version to be installed: v1.17 (2021-09-02)
Target device location: /media/pi/RPI-RP2
Target device model: Raspberry Pi RP2
Done! Install Close

Step 9：請在 **Port** 欄改選 **< Try to detect port automatically >**，讓 Thonny 自動偵測連接的是哪一個 USB 連接埠後，按 **OK** 鈕。

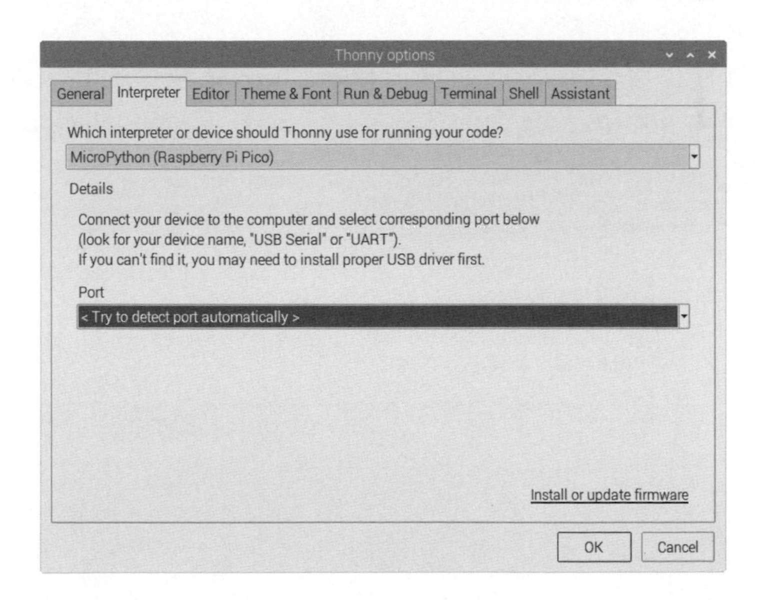

Step 10：可以在下方「Shell」框看到紅色訊息指出後台已經中斷或沒有連接，請按工具列最後的 **Stop/Restart backend** 鈕重新啟動開發板。

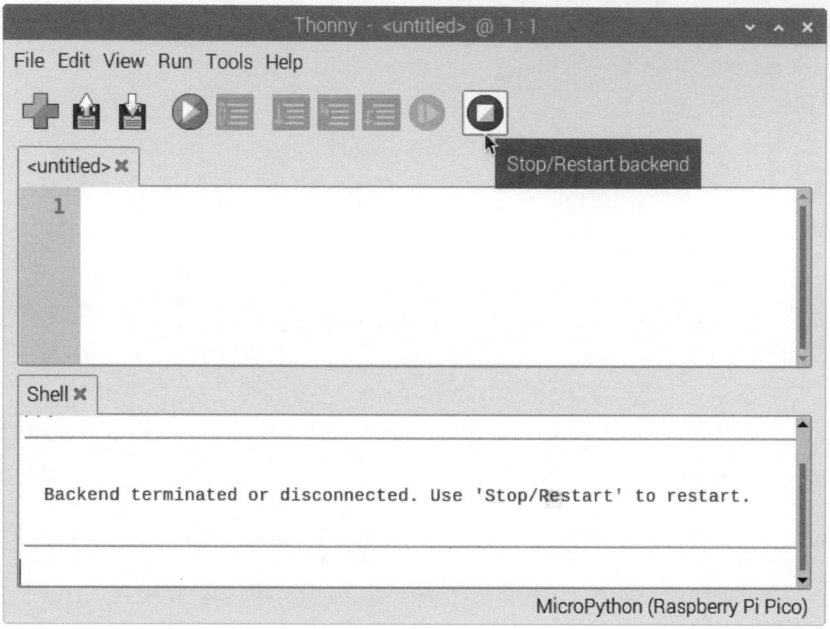

```
Backend terminated or disconnected. Use 'Stop/Restart' to restart.
```

Step 11：可以在下方「Shell」框顯示 MicroPython 版本和「>>>」提示符號，表示已經成功連線 Raspberry Pi Pico 開發板的 REPL。

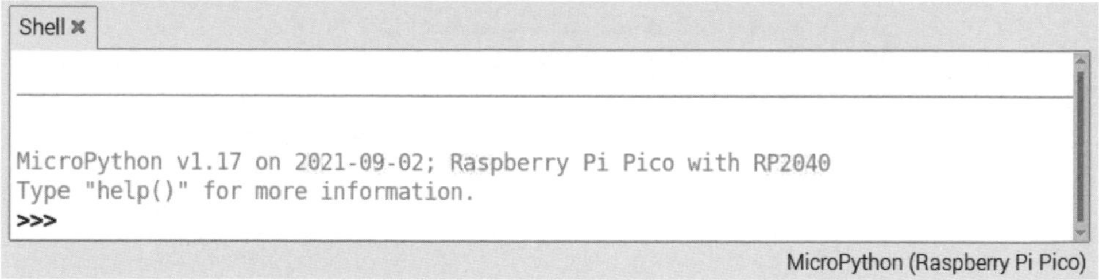

```
MicroPython v1.17 on 2021-09-02; Raspberry Pi Pico with RP2040
Type "help()" for more information.
>>>
```

說明

在「Thonny options」對話方塊選 **General** 標籤，在 **Language** 欄選**繁體中文 -TW**，按 **OK** 鈕，重新啟動 Thonny 就可以切換成中文使用介面，如下圖所示：

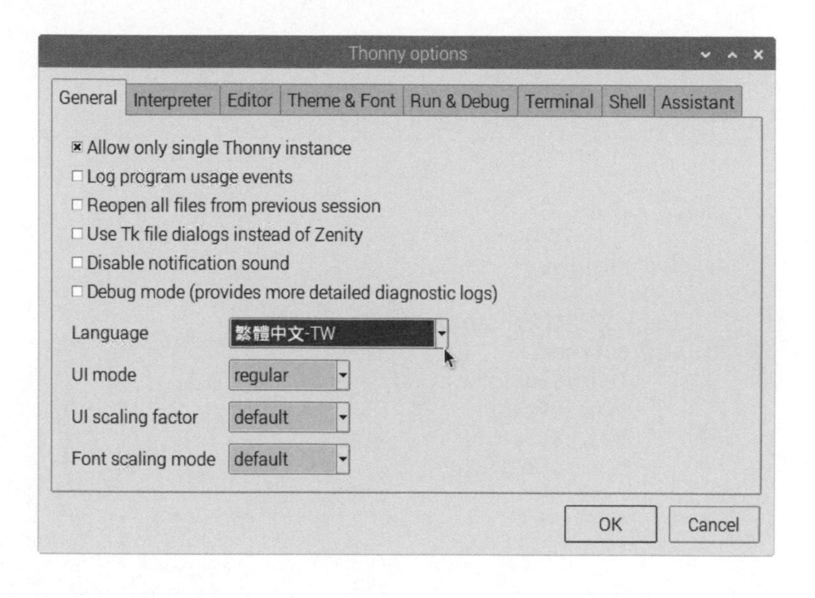

9-3-2 建立第一個 MicroPython 程式

基本上，使用 Thonny 建立 MicroPython 程式和撰寫 Python 程式並沒有什麼不同，其步驟如下所示：

Step 1：請啟動 Thonny 後，在編輯視窗的標籤頁輸入閃爍內建 LED 燈的 MicroPython 程式（GPIO 腳位是 25），如下所示：

```
from machine import Pin
import time

led = Pin(25, Pin.OUT)
while True:
    led.value(1)
    time.sleep(1)
    led.value(0)
    time.sleep(1)
```

```
<untitled> *
 2 import time
 3
 4 led = Pin(25, Pin.OUT)
 5 while True:
 6     led.value(1)
 7     time.sleep(1)
 8     led.value(0)
 9     time.sleep(1)
10
```

Step 2：執行「File>Save」命令，可以看到「Where to save to?」對話方塊選擇儲存位置（開啟檔案也需選擇），請按 **This computer** 鈕儲存在樹莓派電腦；**Raspberry Pi Pico** 是儲存在開發板的檔案系統。

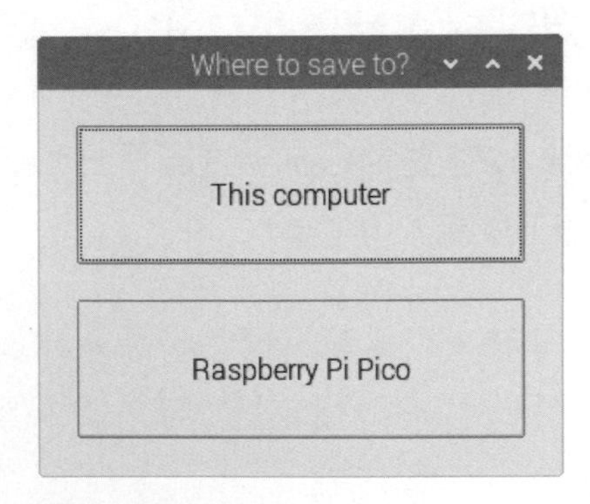

Step 3：在「Save as」對話方塊，切換至「pi\Ch09」目錄，輸入 **ch9-3-2**，按**確定**鈕儲存成 ch9-3-2.py 程式。

Step 4：請執行「Run>Run current script」命令、按工具列綠色箭頭圖示的 **Run current script** 鈕，或按 F5 鍵，可以在下方的「Shell」框看到 %Run 指令將編輯內容的 MicroPython 程式碼送至開發板來執行。

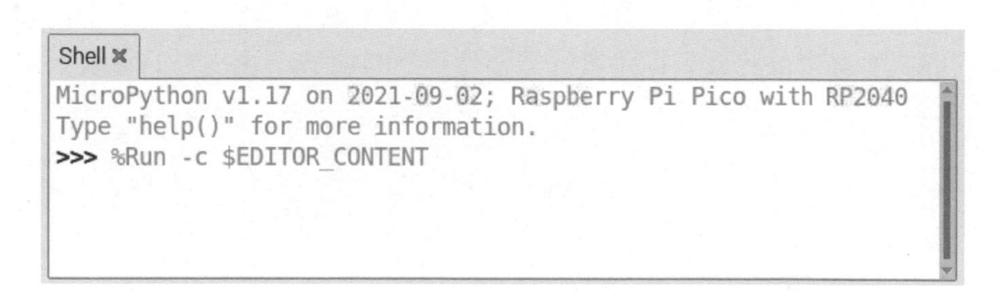

在 Raspberry Pi Pico 開發板可以看到內建 LED 燈在閃爍不停。

Step 5：請注意！因為程式碼使用 while 無窮迴圈，結束程式請執行「執行>Interrupt execution」命令中斷執行（或按 Ctrl + C 鍵），也可以按工具列紅色 STOP 圖示來停止 MicroPython 程式的執行。

9-4 使用 MicroPython 控制 Raspberry Pi Pico 開發板

在本節內容我們準備改用 Raspberry Pi Pico 開發板，和使用 MicroPython 語言來實作第 8 章 Arduino 開發板的實驗範例。

9-4-1 實驗範例：閃爍 LED 燈

我們準備在麵包板設計電子電路，和使用 MicroPython 程式控制 Raspberry Pi Pico 開發板來閃爍 LED 燈。例如：紅色 LED 燈，如右圖所示：

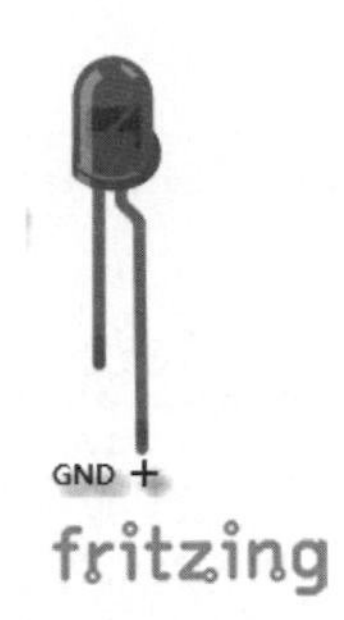

上述紅色 LED 燈的長腳是正接電源；短腳接地 GND。

電子電路設計

完成本節實驗的電子電路設計需要使用到的電子元件，如下所示：

- 紅色 LED 燈 x 1
- 220Ω 電阻（可用 50~330Ω）x 1
- 麵包板 x 1
- 麵包板跳線 x 2

請依據下圖連接建立電子電路後，紅色 LED 燈是連接在腳位 GPIO15，就完成本節實驗的電子電路設計，如下圖所示：

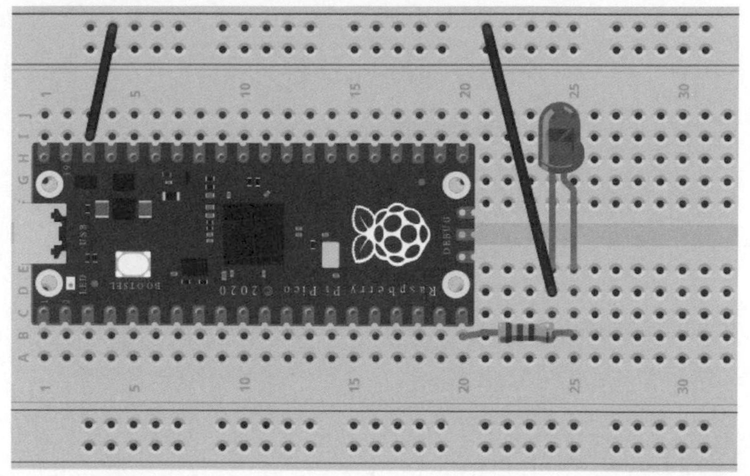

MicroPython 程式：ch9-4-1.py

MicroPython 程式是使用 Pin 物件來處理數位輸出，其執行結果可以看到閃爍紅色 LED 燈，結束程式請按 Ctrl + C 鍵，如下所示：

```
01: from machine import Pin
02: import time
03:
04: led = Pin(15, Pin.OUT)
05: while True:
06:     led.value(1)
07:     time.sleep(1)
08:     led.value(0)
09:     time.sleep(1)
```

上述程式碼在第 1 列匯入 machine 模組的 Pin 物件，第 2 列匯入 time 模組，在第 4 列建立 Pin 物件 led，第 1 個參數是 GPIO 接腳編號，15 就是 GPIO15，第 2 個參數指定接腳模式，Pin.OUT 是數位輸出。

在第 5~9 列使用 while 無窮迴圈閃爍 LED 燈，第 6 列使用 value() 方法輸出參數值 1 是點亮；第 8 列輸出參數值 0 是熄滅，即數位輸出 1 或 0，time.sleep() 方法可以延遲 1 秒鐘。

Pin 物件也可以在 while 迴圈直接呼叫 toggle() 方法來切換點亮和熄滅 LED（MicroPython 程式：ch9-4-1a.py），如下所示：

```
from machine import Pin
import time

led = Pin(15, Pin.OUT)
while True:
    led.toggle()
    time.sleep(1)
```

9-4-2 實驗範例：使用按鍵開關點亮和熄滅 LED 燈

在這一節的實驗範例使用 1 個按鍵開關和 1 個紅色 LED 燈，我們準備使用按鍵開關來點亮和熄滅 LED 燈，類似打開和關閉房間電燈。

電子電路設計

完成本節實驗的電子電路設計需要使用到的電子元件，如下所示：

- 紅色 LED 燈 x 1
- 220Ω 電阻 x 1
- 按鍵開關 x 1
- 10KΩ 電阻 x 1
- 麵包板 x 1
- 麵包板跳線 x 4

請依據下圖連接建立電子電路後，GPIO15 連接 LED 燈（220Ω 電阻）；GPIO14 連接按鍵開關（10KΩ 電阻），就完成本節實驗的電子電路設計，如下圖所示：

MicroPython 程式：ch9-4-2.py

MicroPython 程式是使用 if/else 條件判斷按鍵開關狀態來決定是否點亮 LED 燈，其執行結果當按下按鍵開關，就可以看到 GPIO15 的 LED 燈亮起；放開，就熄滅 LED 燈，如下所示：

```
01: from machine import Pin
02: import time
03:
04: led = Pin(15, Pin.OUT)
05: button = Pin(14, Pin.IN, Pin.PULL_UP)
06: while True:
07:     if button.value() == 0:
08:         led.value(1)
09:         time.sleep(0.2)
10:     else:
11:         led.value(0)
```

上述第 4~5 列分別指定 LED 燈 GPIO15 是數位輸出，按鍵開關 GPIO14 是 Pin.IN 數位輸入，第 3 個參數 Pin.PULL_UP 是啟用上拉電阻。所謂數位輸入就是讀取 GPIO 的數位值的狀態值 1 或 0，為了避免 GPIO 產生浮動狀態（Floating State）即不知目前是 1 或 0，我們可以使用「上拉電阻」(Pull-Up Resistors)，讓 GPIO 擁有初始值 1。

在第 7~11 列使用 while 無窮迴圈在第 17 列的 if/else 條件呼叫 button.value() 方法讀取按鍵開關值，當值是 0 表示按下按鍵開關（因為上拉電阻預設值是 1，按下是 0），就在第 8 列點亮 LED，否則在第 11 列熄滅 LED 燈。

9-4-3 實驗範例：使用 PWM 調整 LED 燈亮度

Raspberry Pi Pico 開發板的數位 I/O 接腳都可以重新程式化成類比輸出來使用，使用的是 PWM（Pulse Width Modulation）技術（最多同時可以使用 16 個 PWM 接腳），在這一節我們準備使用腳位 GPIO15 的類比輸出來調整 LED 燈的亮度。

電子電路設計

本節實驗的電子電路設計和第 9-4-1 節相同。

MicroPython 程式：ch9-4-3.py

MicroPython 程式的執行結果可以讓使用者自行輸入亮度值後，使用 PWM 技術來指定 LED 燈顯示的亮度，如下圖所示：

```
Shell ✖
>>> %Run -c $EDITOR_CONTENT
  Enter Brightness(0~100):100
  Brightness:  65536
  Enter Brightness(0~100):75
  Brightness:  49152
  Enter Brightness(0~100):50
  Brightness:  32768
  Enter Brightness(0~100):25
  Brightness:  16384
  Enter Brightness(0~100):
```

上述輸入值是 0~100（轉換成類比輸出 0~65536），按 Ctrl + C 鍵結束程式執行，如下所示：

```
01: from machine import Pin, PWM
02: import time
03:
04: pwm = PWM(Pin(15))
05: pwm.freq(1000)
06: while True:
07:     duty = int(input("Enter Brightness(0~100):"))
08:     bright = int(duty*655.36)
09:     print("Brightness: ", bright)
10:     pwm.duty_u16(bright)
11:     time.sleep(1)
```

上述第 1 列匯入 machine 模組的 Pin 和 PWM 物件，在第 4 列建立 PWM 物件，參數是 GPIO15 的 Pin 物件，第 5 列呼叫 freq() 方法指定頻率 1000。

在第 6~11 列使用 while 無窮迴圈在第 7 列讀取輸入的整數亮度值 0~100，然後在第 8 列轉換成 0~65536 亮度值後，在第 10 列呼叫 duty_u16() 方法指定 PWM 勤務循環值，此方法是 16 位元值，所以範圍是 0~65536，不同亮度的勤務循環值，如右表所示：

勤務循環值	亮度
65536	全亮
49152	75%亮
32768	50%亮
16384	25%亮
0	全暗

MicroPython 程式：ch9-4-3a.py

因為 PWM 勤務循環值的範圍是 0~65536，我們可以使用 for 迴圈從不亮逐漸變成最亮，然後反過來從最亮逐漸變成不亮，建立如同人類呼吸的 PWM 呼吸燈，如下所示：

```
01: from machine import Pin, PWM
02: import time
03:
04: pwm = PWM(Pin(15))
05:
06: while True:
07:     for i in range(0, 65536, 100):
08:         pwm.duty_u16(i)
09:         time.sleep(0.01)
10:     for i in range(65536, -1, -100):
11:         pwm.duty_u16(i)
12:         time.sleep(0.01)
```

上述 while 迴圈共有 2 個 for 迴圈，在第 7~9 列第 1 個 for 迴圈是從 0 至 65536，間隔 10；第 10~12 列第 2 個 for 迴圈是反過來從 65536 至 0。

9-4-4 實驗範例：使用可變電阻調整 LED 燈亮度

可變電阻 (Variable Resistor，VR) 是擁有 3 個接腳的電子元件，2 個固定接腳；1 個轉動接腳，經由轉動來改變 2 個固定接腳之間的電阻值，詳見第 7-5-2 節的圖例。

電子電路設計

完成本節實驗的電子電路設計需要使用到的電子元件，如下所示：

- 紅色 LED 燈 x 1
- 220Ω 電阻 x 1
- 可變電阻 x 1
- 麵包板 x 1
- 麵包板跳線 x 6

請依據下圖連接建立電子電路後，在 GPIO26 接腳連接可變電阻；GPIO15 連接 LED 燈（220Ω 電阻），就完成本節實驗的電子電路設計，如下圖所示：

MicroPython 程式：ch9-4-4.py

MicroPython 程式讀取可變電阻的數值後，使用此值指定 LED 燈的亮度，其執行結果是當轉動可變電阻時，可以看到 LED 燈的亮度改變，如下所示：

```
01: from machine import Pin, PWM, ADC
02: import time
03:
04: pwm = PWM(Pin(15))
05: pwm.freq(1000)
06: adc = ADC(Pin(26))
07: while True:
08:     bright = adc.read_u16()
09:     pwm.duty_u16(bright)
10:     time.sleep(0.5)
```

上述第 1 列匯入 Pin、PWM 和 ADC 物件，在第 4~5 列是 LED 的 PWM 物件，第 6 列建立 ADC 物件，參數是 GPIO26 的 Pin 物件。

在第 7~19 列使用 while 無窮迴圈在第 8 列呼叫 adc.read_u16() 方法讀取可變電阻值，然後在第 9 列寫入 LED 燈的 PWM 值，就是可變電阻的類比值 0~65536。

9-4-5 實驗範例：蜂鳴器

蜂鳴器（PIEZO）是一種壓電式喇叭（Piezoelectric Speaker）的電子元件，我們可以透過控制頻率和延遲時間，讓蜂鳴器發出音效或播放音樂。

電子電路設計

完成本節實驗的電子電路設計需要使用到的電子元件，如下所示：

- 無源蜂鳴器 x 1
- 麵包板 x 1
- 麵包板跳線 x 3

請依據下圖連接建立電子電路後，在 GPIO13 連接蜂鳴器，就完成本節實驗的電子電路設計，如下圖所示：

請注意！在連接蜂鳴器時需要注意正負極，紅色線是正極；黑色線是負極。此外若使用有源蜂鳴器，它的聲音無法由程式改變頻率。

MicroPython 程式：ch9-4-5.py

MicroPython 程式的執行結果可以從蜂鳴器聽見 3 種持續 1 秒鐘不同頻率的音效，我們只需指定 PWM 類比輸出的頻率即可讓蜂鳴器發出聲音，勤務循環是音量，延遲時間控制發出聲音有多久，如下所示：

```
01: from machine import Pin, PWM
02: import time
03:
04: beeper = PWM(Pin(13))
05: beeper.freq(440)
06: beeper.duty_u16(32768)
07: time.sleep(1)
08: beeper.freq(1047)
09: beeper.duty_u16(3200)
10: time.sleep(1)
11: beeper.freq(200)
12: beeper.duty_u16(6400)
13: time.sleep(1)
14: beeper.duty(0)
15: beeper.deinit()
```

上述第 4 列建立 Pin 物件（GPIO13）後，建立 PWM 物件 beeper，在第 5~6 列指定頻率是 440，勤務循環是 32765(指定初始音量)，在發聲 1 秒鐘後，第 8~9 列更改頻率成 1047，勤務循環是 3200，再發聲 1 秒鐘，然後在 11~12 列更改頻率成 200，勤務循環是 6400，再發聲 1 秒鐘。

在第 14 列的 beeper.duty_u16(0) 方法是靜音，最後在第 15 列呼叫 beeper.deinit() 方法解除 Pin 物件的 PWM 模擬類比輸出。

MicroPython 程式：ch9-4-5a.py

音樂是不同音階的音符所組成，我們可以建立字典定義特定頻率聲音的音階，然後使用 for 迴圈來一一播放指定頻率的音階，其執行結果可以使用蜂鳴器播放 Do、Re、Mi、Fa、Sol、La 和 Si/Te 等不同音階的音符，如下所示：

```
01: from machine import Pin, PWM
02: import time
03:
04: tempo = 5
05: tones = {
06:     'c': 262,
07:     'd': 294,
08:     'e': 330,
09:     'f': 349,
10:     'g': 392,
11:     'a': 440,
12:     'b': 494,
13:     'C': 523,
14:     ' ': 0,
15: }
16: beeper = PWM(Pin(13))
17: beeper.freq(1000)
18: beeper.duty_u16(32768)
19: melody = 'cdefgabC'
20:
21: for tone in melody:
22:     beeper.freq(tones[tone])
23:     time.sleep(tempo/8)
24: beeper.deinit()
```

上述第 4 列指定拍子 tempo 是 5 後，在第 5~15 列建立音階字典 tones，例如：音階 'a' 的頻率是 440Hz 赫茲；'b' 的頻率是 494Hz 赫茲，第 16~18 列使用參數 Pin 物件建立 PWM 物件後，在第 19 列的 melody 變數就是準備播放的旋律字串，每一個字元是一種音階。

在第 21~23 列的 for 迴圈走訪旋律字串的每一個音階字元，然後在第 22 列呼叫 freq() 方法指定字典的頻率，第 23 列的 tempo/8 計算時間，即延遲 5/8 秒來播放音階，最後在第 24 列呼叫 deinit() 方法解除 Pin 物件的 PWM 模擬類比輸出。

9-4-6 實驗範例：光敏電阻

光敏電阻 (photo resistor、photocell) 是一種特殊電阻，其電阻值和光線的強弱有關，當光線增強時，電阻值減小；反之光線強度減小時，電阻增大，詳見第 7-5-1 節的圖例。

電子電路設計

完成本節實驗的電子電路設計需要使用到的電子元件，如下所示：

- 光敏電阻 x 1
- 10KΩ 電阻 x 1
- 紅色 LED 燈 x 1
- 220Ω 電阻 x 1
- 麵包板 x 1
- 麵包板跳線 x 6

請依據下圖連接建立電子電路後，在 GPIO27 連接光敏電阻 (10KΩ 電阻)；GPIO15 連接紅色 LED 燈 (220Ω 電阻)，就完成本節實驗的電子電路設計，如下圖所示：

MicroPython 程式：ch9-4-6.py

MicroPython 程式在讀取光敏電阻的數值後，使用 if/else 條件判斷光線是否太暗，如果是，就點亮 LED 燈；反之就熄滅，請使用手指蓋住光敏電阻，LED 燈會亮；不蓋住，就熄滅，如下圖所示：

```
01: from machine import ADC, Pin
02: import time
03:
04: adc = ADC(Pin(27))
05: led = Pin(15, Pin.OUT)
06: led.value(0)
07: while True:
08:     value = adc.read_u16()
09:     print(value)
10:     if value < 20000:
11:         led.value(1)
12:         time.sleep(0.5)
13:     else:
14:         led.value(0)
15:         time.sleep(0.5)
```

上述第 1 列匯入 Pin、PWM 和 ADC 物件，在第 4 列建立 ADC 物件，參數是 GPIO27 的 Pin 物件，第 5 列是 LED 的 Pin 物件。

在第 7~15 列的 while 無窮迴圈是在第 8 列呼叫 adc.read_u16() 方法讀取光敏電阻值，然後在第 10~15 列的 if/else 條件判斷值是否小於 20000，是，就在第 11 列點亮 LED，如果大於就在第 14 列熄滅 LED。

9-4-7 實驗範例：控制伺服馬達

伺服馬達（Servo Motor）或稱為伺服機，可以依據 PWM 訊號的脈衝持續時間來決定旋轉角度，詳見第 9-4-8 節的圖例和說明。在本節的實驗範例是使用可變電阻值來控制伺服馬達的旋轉角度。

Raspberry Pi Pico 的 PWM 範圍是 16 位元 0~65536，因為伺服馬達的旋轉角度只有 0~180 度，其勤務循環值的範圍是 1000~9000，如下所示：

```
maxDuty = 9000
minDuty = 1000
```

然後使用下列公式，將 0~180 的旋轉角度 degrees 值轉換成對應的勤務循環範圍 1000~9000，如下所示：

```
servoDuty = minDuty+(maxDuty-minDuty)*(degrees/180)
```

最後就可以呼叫 duty_u16() 方法讓伺服馬達旋轉至指定角度。

電子電路設計

完成本節實驗的電子電路設計需要使用到的電子元件，如下所示：

- 伺服馬達 x 1
- 可變電阻 x 1
- 麵包板 x 1
- 麵包板跳線 x 10

請依據下圖連接建立電子電路後，在 GPIO26 連接可變電阻；腳位 GPIO12 是伺服馬達，就完成本節實驗的電子電路設計，如下圖所示：

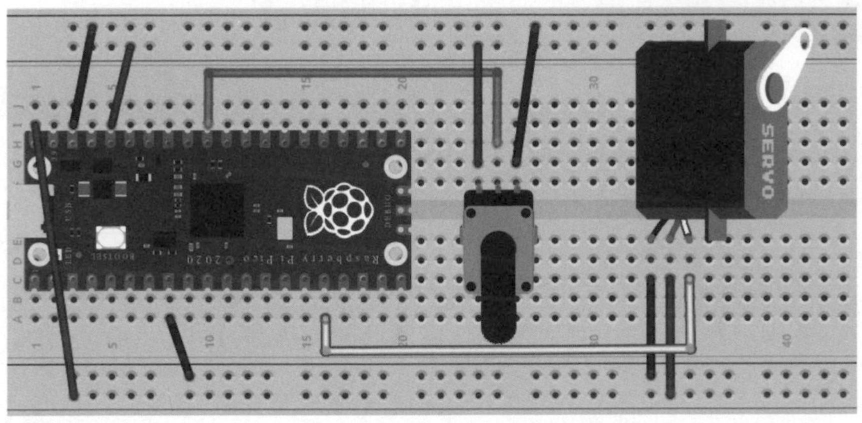

MicroPython 程式：ch9-4-7.py

MicroPython 程式在讀取可變電阻的數值後，使用讀取值來旋轉伺服馬達至指定角度，其執行結果是當我們轉動可變電阻時，可以看到伺服馬達的旋轉角度也跟著改變，如下所示：

```
01: from machine import Pin, PWM, ADC
02: import time
03:
04: adc = ADC(Pin(26))
05: servo = PWM(Pin(12))
06: servo.freq(50)
07:
```

→ 接下頁

```
08: def servoDuty(degrees, maxDuty=9000, minDuty=1000):
09:     if degrees > 180: degrees = 180
10:     if degrees < 0: degrees = 0
11:     servoDuty = minDuty+(maxDuty-minDuty)*(degrees/180)
12:     return int(servoDuty)
13:
14: while True:
15:     value = adc.read_u16()
16:     pot_degrees = int(180 * value / 65536)
17:     servo_duty = servoDuty(pot_degrees)
18:     print(value, pot_degrees, servo_duty)
19:     servo.duty_u16(servo_duty)
20:     time.sleep(0.1)
```

上述第 4~5 列分別建立可變電阻的 ADC 物件，和伺服馬達的 PWM 物件，在第 6 列指定頻率 50，第 8~12 列是 servoDuty() 函數用來計算伺服馬達旋轉角度的勤務循環值，如下所示：

```
def servoDuty(degrees, maxDuty=9000, minDuty=1000):
    if degrees > 180: degrees = 180
    if degrees < 0: degrees = 0
    servoDuty = minDuty+(maxDuty-minDuty)*(degrees/180)
    return int(servoDuty)
```

上述函數的第 1 個參數是角度，minDuty 和 maxDuty 是勤務循環範圍值 1000~9000，函數首先使用 2 個 if 條件將角度限制在 0~180 度範圍之中，然後使用前述公式轉換成對應的勤務循環值，最後回傳整數的勤務循環值。

在第 14~20 列使用 while 無窮迴圈在第 15 列讀取可變電阻值，第 16 列將可變電阻值轉換成 0~180 角度的 pot_degrees 變數值，然後在第 17 列呼叫 servoDuty() 函數計算出此角度的伺服馬達勤務循環值，即可在第 19 列指定 PWM 勤務循環值，將伺服馬達旋轉至 pot_degrees 變數的角度。

學習評量

1. 請簡單說明什麼是 Raspberry Pi Pico 開發版？
2. 請簡單說明 MicroPython？
3. 請問如何在樹莓派建立 MicroPython 開發環境？
4. 在樹莓派撰寫的 MicroPython 程式是在 __________ 執行程式來控制 Raspberry Pi Pico 開發板。
5. 請修改第 9-4-7 節的 MicroPython 程式，改為讓使用者輸入伺服馬達的角度後，就可以旋轉伺服馬達至輸入的角度。

相機模組與串流視訊

10-1 認識樹莓派的相機模組

樹莓派可以外接 USB 網路攝影機 (Webcams)，也可以使用 CSI (Camera Serial Interface) 連接器連接樹莓派專用的相機模組 (Camera Module)。樹莓派的相機模組可以在網路上購買，其尺寸約 25mm 見方，在鏡頭上有一片保護膜，記得在使用前要移除，如右圖所示：

上述圖例是 V2.x 版，畫素有 800 萬，V1.0~1.9 版是 500 萬畫素。(另外還有 HQ 版本為 1200 萬畫素。) 基本上，樹莓派的相機模組有兩種，一種是標準版本 (上圖)；另一種是 NoIR 版的相機模組，這是擁有夜視功能的版本，不論購買的是哪一種版本，樹莓派都可以安裝使用。如果需要，我們也可以購買相機模組架，方便在桌上放置相機模組，如下圖所示：

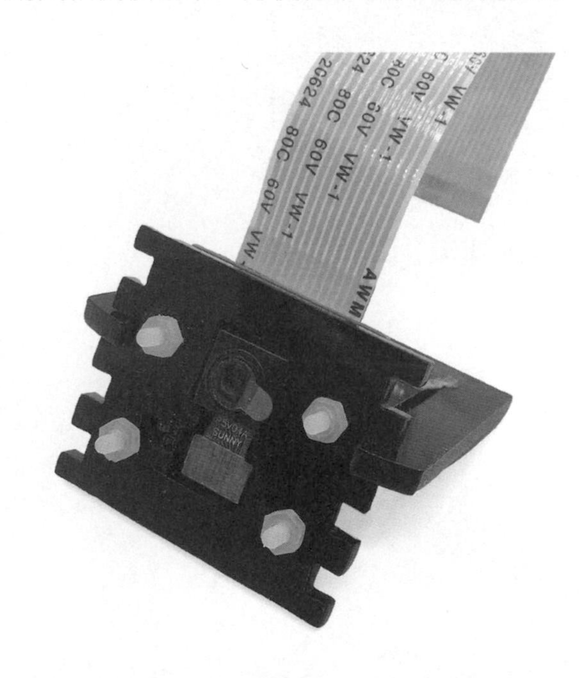

10-2 安裝和啟用樹莓派的相機模組

樹莓派的相機模組是樹莓派專屬配件，使用排線連接樹莓派的 CSI (Camera Serial Interface) 連接器，我們可以使用相機模組來擴充樹莓派的照相和錄影功能。

10-2-1 安裝樹莓派的相機模組

當購買相機模組後，在樹莓派安裝相機模組就是將相機模組的排線連接至樹莓派的 CSI 連接器，其安裝步驟如下所示：

Step 1：請將樹莓派關機後，在板上找到位在第 2 個 Micro-HDMI 連接器旁和音源 /AV 連接器之間的 CSI 連接器，如下圖所示：

Step 2：將上方卡榫用 2 根手指平衡的向上提起，可以空出一些空隙，如下圖所示：

Step 3：然後平行將排線插入空隙，鍍金面接腳是面向 Micro-HDMI 連接器，當插到底後，即可向下壓下卡榫完成相機模組的安裝，如下圖所示：

10-2-2 啟用樹莓派的相機模組

樹莓派預設沒有啟用相機介面，在完成安裝啟動樹莓派後，首先需要啟用相機，請執行「選單 / 偏好設定 /Raspberry Pi 設定」命令，可以看到「Raspberry Pi 設定」對話方塊。

選**介面**標籤，在第一列**攝影機**選**啟用**後，按**確定**鈕。

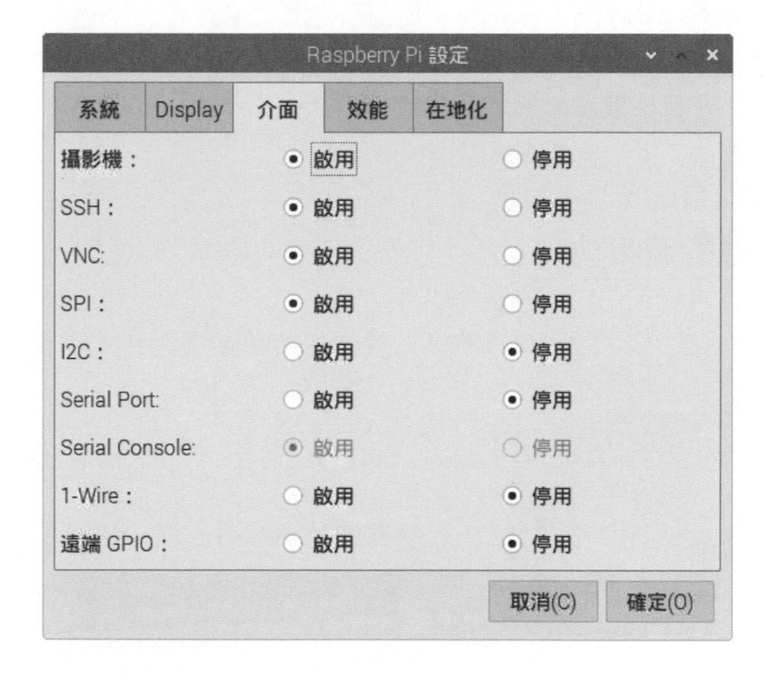

再按**是**鈕重新啟動樹莓派，就可以啟用樹莓派的相機模組，如下圖所示：

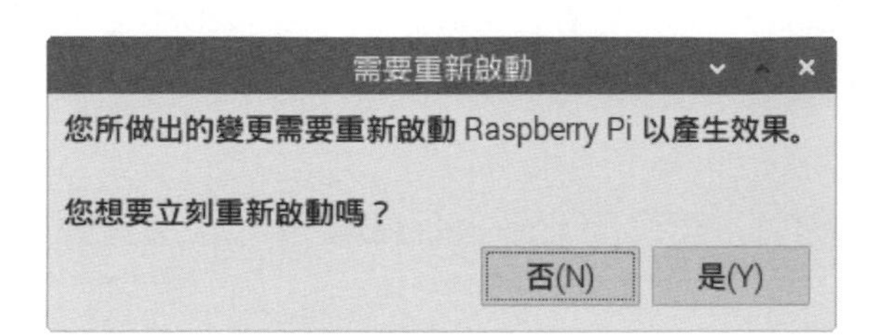

10-3 在終端機使用相機模組

在樹莓派的終端機可以使用 raspistill 程式進行照相，或使用 raspivid 程式來進行錄影。

10-3-1 照相

在成功安裝相機模組和啟動相機介面後，我們就可以啟動樹莓派，在終端機輸入指令來使用相機模組進行照相。

測試相機的照相功能

現在，我們可以啟動終端機輸入指令來測試相機的照相功能，如下所示：

```
$ raspistill -o test.jpg Enter
```

請輸入 raspistill 後，加上 -o 參數的輸出檔名，空一格後是檔案名稱 test.jpg，按 Enter 鍵，稍等一下，至少 5 秒鐘，可以在工作目錄「/home/pi」看到 test.jpg 圖檔，如下圖所示：

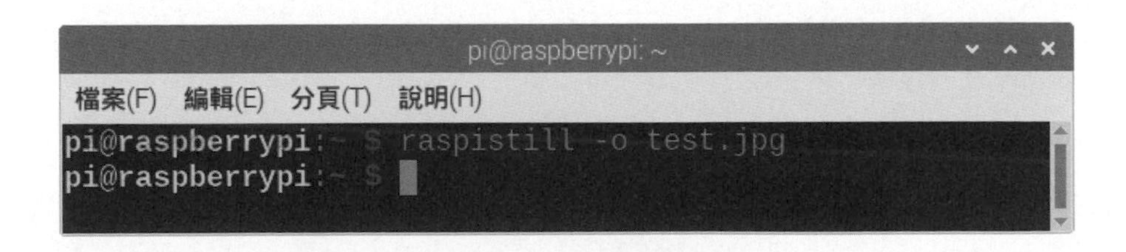

請啟動檔案總管，按二下 test.jpg 圖檔，可以預覽圖檔的照片，如下圖所示：

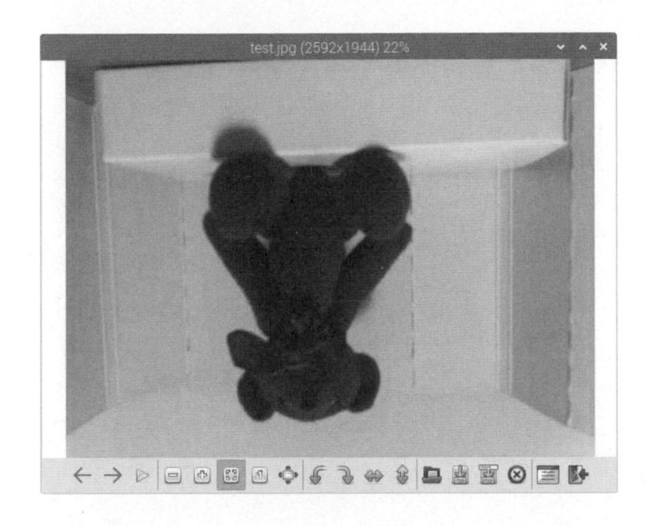

上述照片是上下、左右顛倒，如果發生此情況，不用調整相機模組，我們可以加上參數 -vf 上下相反；-hf 左右相反，就可以產生正常方向的照片，如下所示：

```
$ raspistill -vf -hf -o test.jpg Enter
```

請在輸入 raspistill 後，加上參數 -vf 和 -hf，最後是 -o 參數的輸出檔名，按 Enter 鍵，稍等一下，至少 5 秒鐘，可以在工作目錄「/home/pi」看到 test.jpg 圖檔，如下圖所示：

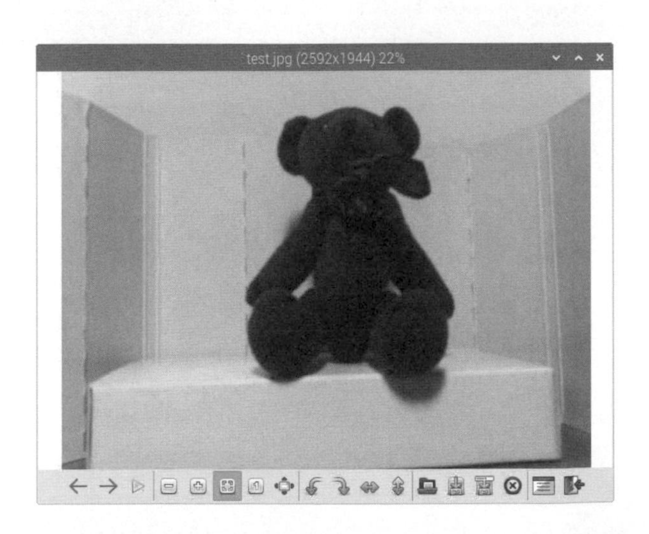

輸出不同圖檔格式的照片

raspistill 程式的 -o 參數預設是輸出成 JPEG 格式的圖檔，如果需要輸出成其他圖檔格式，請加上 -e 參數的編碼，png 是 PNG 格式；bmp 是 BMP 格式；gif 是 GIF 格式，如下所示：

```
$ raspistill -o test.png -e png Enter
```

上述指令最後的參數 -e 指定 PNG 格式 png，所以輸出檔名是 test.png。BMP 和 GIF 格式的指令，如下所示：

```
$ raspistill -o test.bmp -e bmp Enter
$ raspistill -o test.gif -e gif Enter
```

調整照片的解析度

如果需要不同的解析度的照片，我們可以調整照片尺寸的像素，參數 -w 是寬；參數 -h 是高，如下所示：

```
$ raspistill -vf -w 1920 -h 1080 -o test.png Enter
```

上述指令指定照片尺寸是 1920x1080 像素，Full HD 解析度，因為高度的解析度縮小，所以小熊的頭被切掉了一些，如右圖所示：

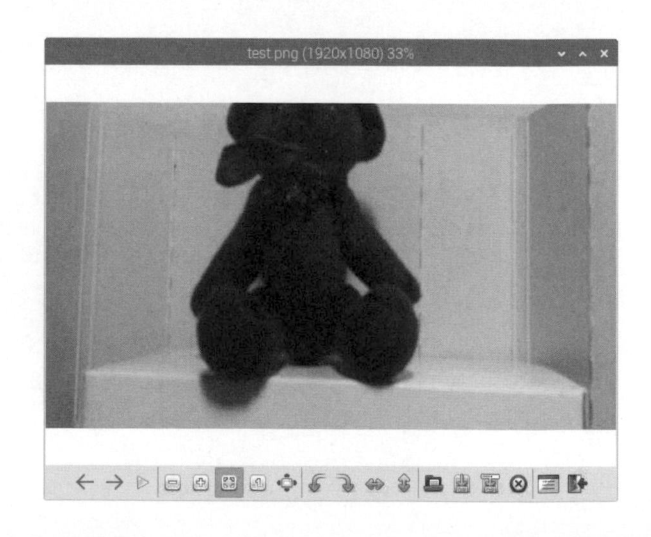

上述照片預覽上方標題文字，可以看到 1920x1080，這是照片的解析度，沒有指定，預設值是 2592x1944。

指定預覽時間

raspistill 程式預設提供 5 秒的預覽時間來調整拍照角度，也就是說需等 5 秒鐘後才會拍照，如果覺的時間太短或太長，我們可以自行使用 -t 參數來調整，單位是毫秒，3000 是 3 秒，如下所示：

```
$ raspistill -t 3000 -o test.jpg Enter
```

上述指令指定預覽 3 秒鐘後照相。

10-3-2 錄影

在終端機可以使用 raspivid 程式進行錄影，其參數和 raspistill 十分相似，只有 -t 參數的意義有些不同，在 raspistill 的 -t 參數是預覽時間，raspivid 是錄影時間。

如果沒有指定，raspivid 預設進行 5 秒鐘長度的錄影，可以儲存成副檔名 .h264 的視訊檔案，如下所示：

```
$ raspivid -o test.h264 Enter
```

上述指令可以錄影 5 秒鐘的視訊，因為相機模組沒有麥克風，我們只能錄影，並不能錄音。如同照片，我們一樣可以指定錄影視訊的解析度，如下所示：

```
$ raspivid -w 1280 -h 720 -o test.h264 Enter
```

上述指令指定影片的解析度是 1280x720。同樣的，可以使用 -t 參數來指定錄影時間，如下所示：

```
$ raspivid -t 10000 -o test.h264 Enter
```

上述指令的參數 -t 是 10000，即錄影 10 秒鐘。

10-4 使用 Python 操作相機模組

Raspberry Pi OS 除了在終端機執行 raspistill 和 raspivid 工具程式來使用相機模組外，也可以建立 Python 程式來操作相機模組。

說明

請注意！如果使用 Thonny 測試執行 Python 程式，因為第 9 章已經將直譯器切換成 MicroPython，請執行「Tools/Options」(「工具 / 選項」) 命令，選 **Interpreter**（直譯器）標籤後，選第 1 個 **The same interpreter which runs Thonny (default)**，按 **OK** 鈕更改成 Python 直譯器。

10-4-1 相機模組的基本使用

Python 程式是使用 picamera 來操作樹莓派的相機模組，首先匯入此模組，如下所示：

```
from picamera import PiCamera
```

相機預覽：ch10-4-1.py

Python 程式可以預覽相機 5 秒鐘（請注意！如果是使用 VNC 連接遠端桌面，並無法在遠端桌面看到預覽畫面），首先匯入 picamera 和 time 模組，如下所示：

```
from picamera import PiCamera
from time import sleep

camera = PiCamera()
camera.rotation = 180
camera.start_preview()
sleep(5)
camera.stop_preview()
```

上述程式碼建立 PiCamera 物件 camera 後，指定 rotation 屬性的旋轉角度 180 度（如果預覽角度正常，沒有顛倒，就不需指定 rotation 屬性）後，呼叫 start_preview() 方法開始預覽；stop_preview() 方法結束預覽。

除了使用 rotation 屬性，也可以使用 hflip（左右相反）或 vflip（上下相反）屬性，如下所示：

```
camera.hflip = True
camera.vflip = True
```

相機照相：ch10-4-1a.py

Python 程式可以在相機預覽過程中進行照相和儲存成圖檔，如下所示：

```
camera.start_preview()
sleep(5)
camera.capture("/home/pi/Desktop/image.jpg")
camera.stop_preview()
```

上述程式碼在暫停 5 秒鐘（至少需 2 秒鐘）後，呼叫 capture() 方法來照相，參數是儲存 JPG 圖檔的路徑。

相機錄影：ch10-4-1b.py

Python 程式一樣可以在相機預覽過程中進行錄影，和儲存成副檔名 .h264 的視訊檔案，如下所示：

```
camera.start_preview()
camera.start_recording("/home/pi/Desktop/video.h264")
sleep(5)
camera.stop_recording()
camera.stop_preview()
```

上述程式碼共錄影 5 秒鐘，首先呼叫 start_recording() 方法開始錄影，參數是儲存 .h264 檔案的路徑，結束錄影是呼叫 stop_recording() 方法。

10-4-2 設定照相參數

在第 10-4-1 節是 Python 相機模組的基本使用，包含預覽、照相和錄影，這一節我們準備說明如何在 Python 程式設定照相的相關參數。

設定照片的解析度：ch10-4-2.py

Python 程式可以設定照片的解析度，最小解析度是 60x60；最大解析度是 2592x1944，錄影是 1920x1080，如下所示：

```
camera.resolution = (2592, 1944)
camera.framerate = 15
camera.start_preview()
sleep(5)
```

→接下頁

```
camera.capture("/home/pi/Desktop/max.jpg")
camera.stop_preview()
```

上述程式碼指定 resolution 屬性的解析度，屬性值是 Python 元組，這是使用「( )」括號來建立元組的項目，2 個項目是使用「,」逗號分隔，這是一種唯讀清單。請注意！因為指定照相的最大解析度，同時也需指定 framerate 屬性值是 15。

在照片上加上說明文字：ch10-4-2a.py

Python 程式可以在照片上加上一段英文的說明文字，並不支援中文內容，如下所示：

```
camera.start_preview()
camera.annotate_text = "Raspberry Pi OS"
sleep(5)
camera.capture("/home/pi/Desktop/text.jpg")
camera.stop_preview()
```

上述程式碼的 annotate_text 屬性就是顯示的文字內容，如下圖所示：

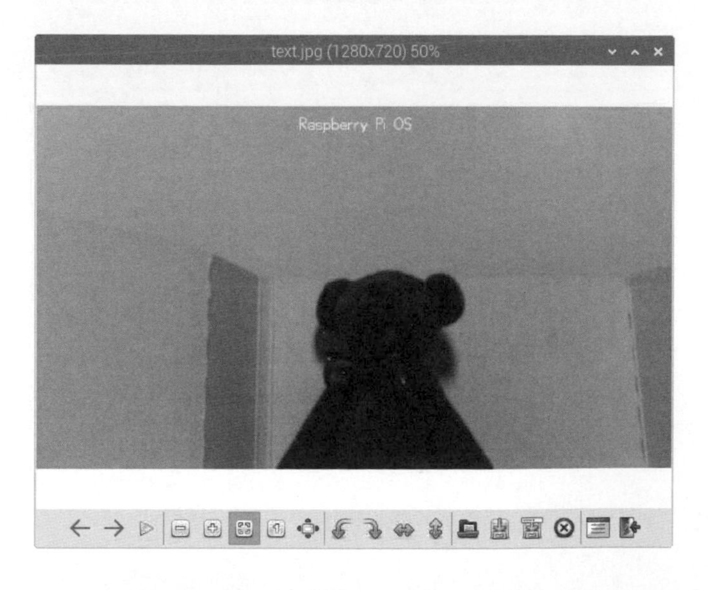

指定說明文字的尺寸：ch10-4-2b.py

我們不只可以顯示文字，還能指定說明文字的尺寸，如下所示：

```
camera.annotate_text = "Raspberry Pi OS"
camera.annotate_text_size = 50
```

上述程式碼使用 annotate_text_size 屬性指定尺寸，尺寸值範圍是 6~160，預設值是 32，以此例是 50，如下圖所示：

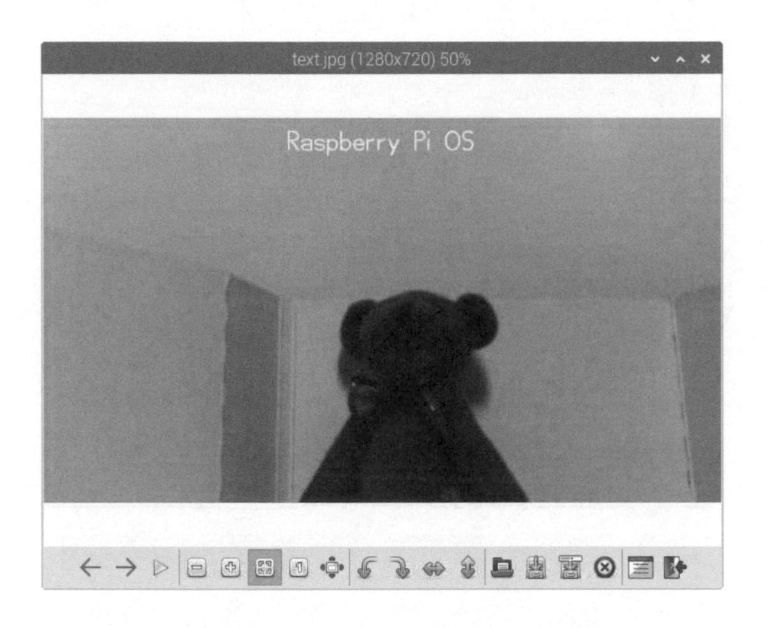

文字內容的前景和背景色彩：ch10-4-2c.py

為了讓文字顯示的更清楚，我們也可以指定文字內容的前景和背景色彩，因為需指定色彩值，所以需要匯入 Color 類別，如下所示：

```
from picamera import PiCamera, Color
```

然後，我們可以指定文字顯示的色彩，如下所示：

```
camera.annotate_text = "Raspberry Pi OS"
camera.annotate_text_size = 50
camera.annotate_background = Color('blue')
camera.annotate_foreground = Color('yellow')
```

上述程式碼的 annotate_background 是文字內容的背景色彩；annotate_foreground 是前景色彩，以此例是藍底黃字，如下圖所示：

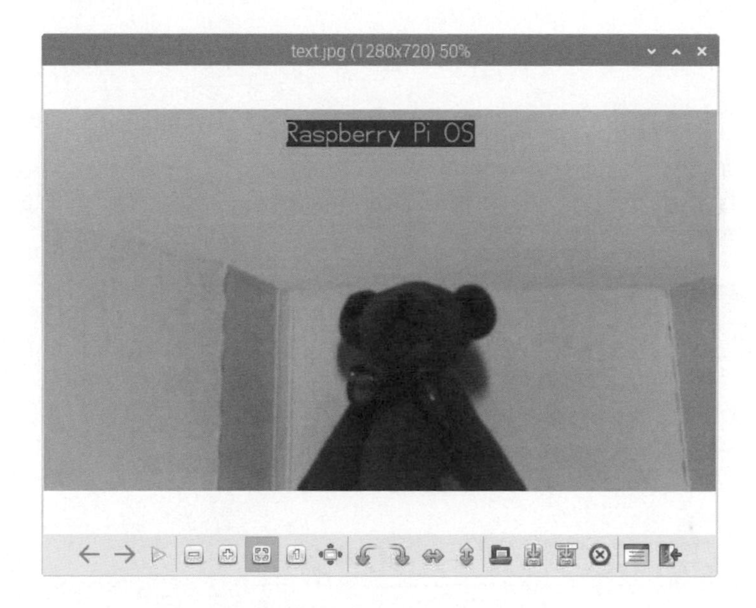

調整照片的亮度：ch10-4-2d.py

Python 程式可以調整照片的亮度（Brightness），亮度值的範圍是 0~100，預設值是 50，如下所示：

```
camera.start_preview()
camera.brightness = 70
sleep(5)
camera.capture("/home/pi/Desktop/bright.jpg")
camera.stop_preview()
```

上述程式碼使用 brightness 屬性指定照片的亮度，以此例是 70。

調整照片的對比：ch10-4-2e.py

Python 程式可以調整照片的對比（Contrast），對比值的範圍是 0~100，預設值是 50，如下所示：

```
camera.start_preview()
camera.brightness = 70
camera.contrast = 60
sleep(5)
camera.capture("/home/pi/Desktop/contrast.jpg")
camera.stop_preview()
```

上述程式碼使用 contrast 屬性指定照片的亮度，以此例是 60。

10-4-3 白平衡、曝光度與特效

Python 程式可以指定照相時的白平衡、曝光度，和套用特效來建立特殊效果的照片。

在照片套用指定的特效：ch10-4-3.py

Python 程式可以使用 image_effect 屬性來套用特殊的圖形特效，如下所示：

```
camera.start_preview()
camera.annotate_text = "colorswap"
camera.annotate_text_size = 50
camera.image_effect = "colorswap"
sleep(5)
camera.capture("/home/pi/Desktop/colorswap.jpg")
camera.stop_preview()
```

上述程式碼指定 image_effect 屬性值 colorswap 特效，可以看到照片的色彩已經被置換，如下圖所示：

image_effect 屬性值可以是 none、negative、solarize、sketch、denoise、emboss、oilpaint、hatch、gpen、pastel、watecolor、film、blur、saturation、colorswap、washedout、posterise、colorpoint、colorbalance、cartoon、deinterlace1 和 deinterlace2 特效，預設值是 none 沒有特效。

在照片套用 negative 特效：ch10-4-3a.py

我們再來看一看在照片套用 negative 特效，如下所示：

```
camera.start_preview()
camera.annotate_text = "negative"
camera.annotate_text_size = 50
camera.image_effect = "negative"
sleep(5)
camera.capture("/home/pi/Desktop/negative.jpg")
camera.stop_preview()
```

上述程式碼指定 image_effect 屬性值 negative 特效，可以看到照片的負片特效，如下圖所示：

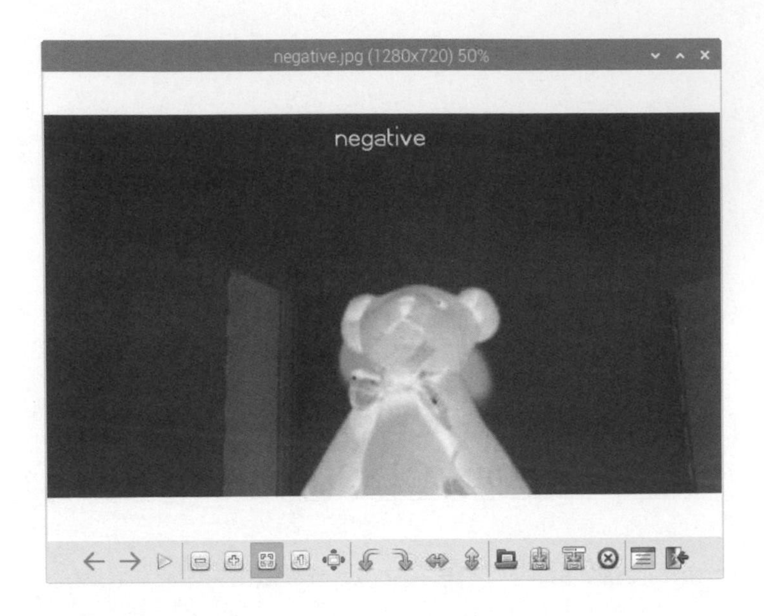

調整照片的白平衡：ch10-4-3b.py

Python 程式在照片套用特殊的圖形特效前，我們可以指定白平衡(White Balance)，使用的是 awb_mode 屬性，如下所示：

```
camera.start_preview()
camera.awb_mode = "shade"
sleep(5)
camera.capture("/home/pi/Desktop/shade.jpg")
camera.stop_preview()
```

上述程式碼的 awb_mode 屬性值是 shade，可用的屬性值有：off、auto、sunlight、cloudy、shade、tungsten、fluorescent、incandescent、flash 和 horizon，預設值是 auto。

調整照片的曝光度：ch10-4-3c.py

Python 程式在照片套用特殊的圖形特效前，我們可以指定曝光度 (Exposure)，使用的是 exposure_mode 屬性，如下所示：

```
camera.start_preview()
camera.exposure_mode = "beach"
sleep(5)
camera.capture("/home/pi/Desktop/beach.jpg")
camera.stop_preview()
```

上述程式碼的 exposure_mode 屬性值是 beach，可用的屬性值有：off、auto、night、nightpreview、backlight、spotlight、sports、snow、beach、verylong、fixedfps、antishake 和 fireworks，預設值是 auto。

10-5 在樹莓派建立串流視訊

樹莓派相機模組的串流視訊有多種解決方案，在這一節筆者準備使用 Python 語言的 Flask Web 框架 (Flask Web Framework) 來建立串流視訊 (在第 15-3-4 節是使用 Flask+OpenCV 來建立串流視訊)。

認識串流視訊 (Streaming Video)

串流視訊是從伺服端透過 Internet 網路傳送壓縮媒體資料至客戶端來即時觀看影像，在 Web 客戶端的使用者並不需要花費時間等待下載整個視訊檔案後，就能夠即時播放視訊內容。

基本上，在 Internet 網路傳送的媒體資料如同是一個連續串流 (Stream)，而且不需等待，資料到達就馬上進行播放，一般來說，使用者需要使用專屬播放器來解壓縮和進行播放，這個播放器可能已經整合至瀏覽器，或是需要自行下載安裝。

Flask Web 框架（Flask Web Framework）

Flask 是 Miguel Grinberg 使用 Python 語言開發的輕量級 Web 框架，也被稱為是一種微框架 (Microframework)，因為其核心簡單，並不需要特別工具或函數庫的支援，但是保留很大的擴充性，Flask 使用的資料庫引擎、樣版引擎、表單驗證或其他元件，都可以借由第三方廠商的函數庫來擴充。Flask 框架可以幫助我們快速建立 Web 網站、REST 服務，並且原生支援串流視訊。

在樹莓派建立串流視訊

現在，我們可以使用樹莓派的相機模組和 Flask Web 框架建立串流視訊，其建立步驟如下所示：

Step 1：請參閱第 10-2 節的說明安裝和啟用樹莓派的相機模組。

Step 2：啟動終端機輸入指令來安裝 Python 語言的 Flask 框架，如下所示：

```
$ sudo apt-get update Enter
$ sudo pip3 install flask Enter
```

上述指令是安裝 Python 3 的 Flask 框架，如果是 Python 2，請使用下列指令，如下所示：

```
$ sudo apt-get update Enter
$ sudo pip install flask Enter
```

Step 3：請輸入下列指令下載 Flask 串流視訊專案，如下所示：

```
$ git clone https://github.com/miguelgrinberg/flask-video-streaming Enter
```

Step 4：接著，我們需要編輯 app.py 的 Python 程式，請啟動 Thonny 開發環境，執行「File/Open」命令，切換至「/home/pi/flask-video-streaming」目錄，選 **app.py**，按**確定**鈕開啟 Python 程式。

Open file

最近
家目錄
桌面
Documents
Downloads
Music
Pictures

pi / flask-video-streaming

名稱	大小	修改時間
app.py	1.0 kB	14:26
base_camera.py	3.6 kB	14:26
camera.py	426 位元組	14:26
camera_opencv.py	769 位元組	14:26
camera_pi.py	627 位元組	14:26
camera_v4l2.py	1.1 kB	14:26
templates		14:26

Python files

取消(C) 確定(O)

Step 5：請在第 7~10 列的開頭加上「#」註解符號，如下圖所示：

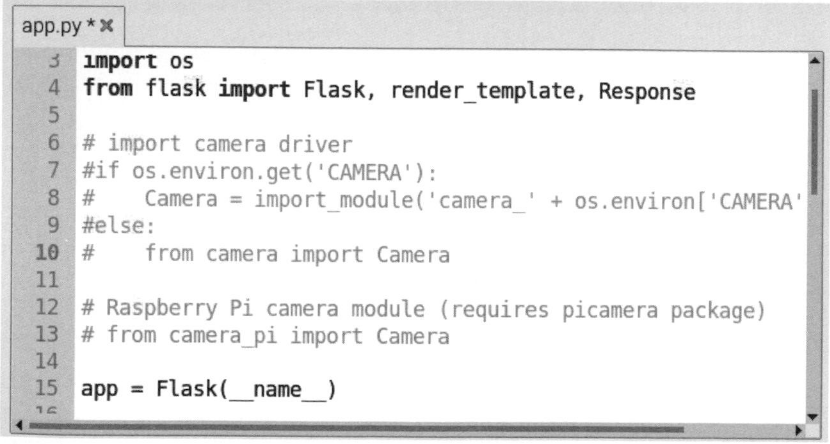

app.py *

```
 3  import os
 4  from flask import Flask, render_template, Response
 5
 6  # import camera driver
 7  #if os.environ.get('CAMERA'):
 8  #    Camera = import_module('camera_' + os.environ['CAMERA'
 9  #else:
10  #    from camera import Camera
11
12  # Raspberry Pi camera module (requires picamera package)
13  # from camera_pi import Camera
14
15  app = Flask(__name__)
```

Step 6：然後取消第 13 列開頭的「#」註解符號，如下圖所示：

```
app.py *
 3  import os
 4  from flask import Flask, render_template, Response
 5
 6  # import camera driver
 7  #if os.environ.get('CAMERA'):
 8  #    Camera = import_module('camera_' + os.environ['CAMERA'
 9  #else:
10  #    from camera import Camera
11
12  # Raspberry Pi camera module (requires picamera package)
13  from camera_pi import Camera
14
15  app = Flask(__name__)
```

Step 7：請執行「File/Save」命令儲存 Python 程式後，執行「Run/Run current script in terminal」命令或按 Ctrl + T 鍵，可以開啟終端機視窗看到 Python 程式的執行結果，如下圖所示：

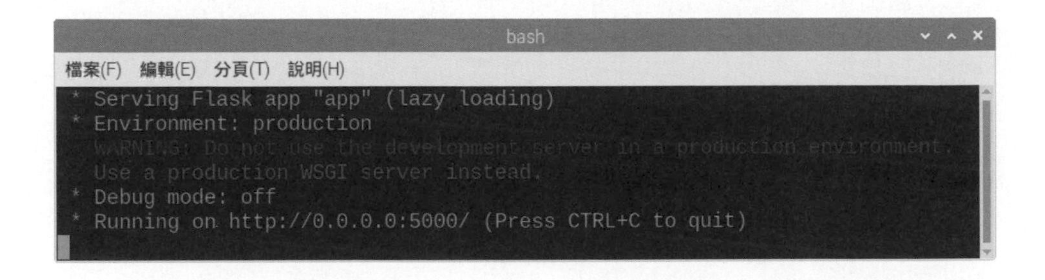

當成功看到上述訊息，表示 Web 伺服器已經成功啟動，正在執行中。關閉「bash」終端機視窗，或按 Ctrl + C 鍵可以結束 Web 伺服器。

說明

除了使用 Thonny 或 Geany 執行 app.py 的 Python 程式外，我們也可以啟動終端機，切換至「/home/pi/flask-video-streaming」目錄，然後輸入下列指令來執行 Python 程式 app.py，如下所示：

```
$ sudo python3 app.py Enter
```

在書附範例「Ch10/flask-video-streaming」目錄下是已經修改過的 app.py 和 camera_pi.py 程式檔案，改用相機模組和將視訊旋轉 180 度。

現在，我們可以在樹莓派啟動 Web 瀏覽器，然後輸入下列網址，如下所示：

```
http://localhost:5000
```

上述網址是本機 localhost，埠號是 5000，成功載入網頁可以看到相機模組的串流視訊，如下圖所示：

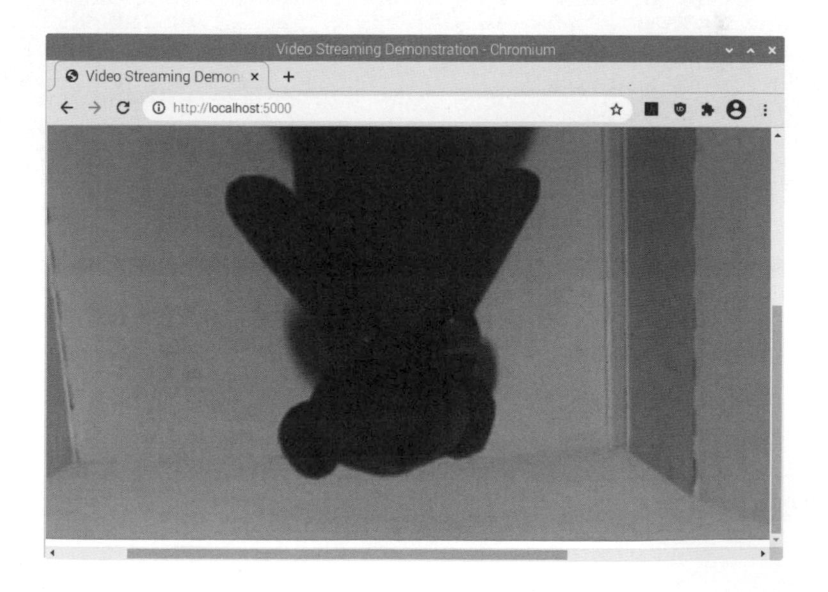

在 Windows 電腦啟動 Chrome 瀏覽器，輸入樹莓派的 IP 位址和埠號 5000，以筆者測試的樹莓派為例是 192.168.1.108，如下所示：

```
http://192.168.1.108:5000
```

請輸入上述 URL 網址，我們一樣可以在 Windows 電腦看到串流視訊，如下圖所示：

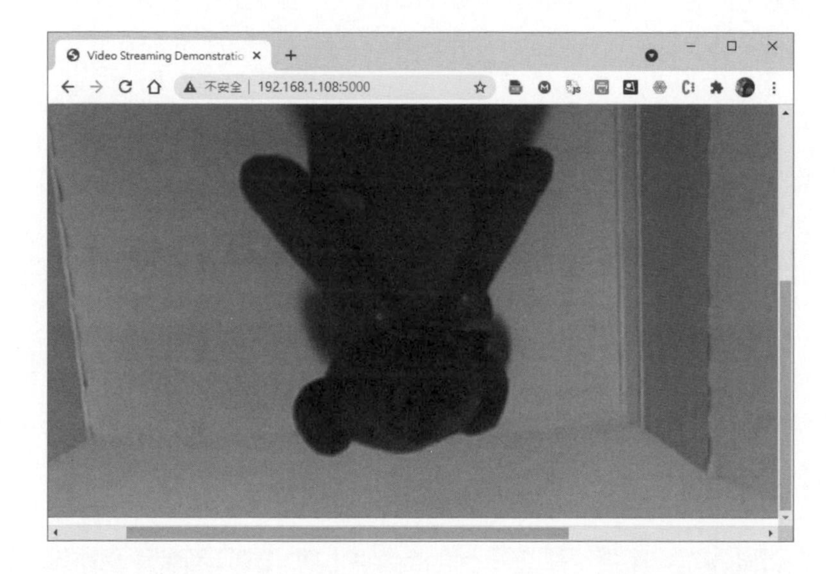

不只如此，你也可以使用 iOS 或 Android 智慧型手機開啟瀏覽器，一樣可以進入網站看到串流視訊。

說明

如果串流視訊顯示的影像是顛倒，如前述範例圖片，請在 Thonny 開啟 camera_pi.py 程式，然後在第 13 列加上下列程式碼後，重新啟動 Flask 伺服器，就可以顯示正常的視訊影像，如下所示：

```
camera.rotation = 180
```

→ 接下頁

```
app.py ✖ camera_pi.py ✖
 7  class Camera(BaseCamera):
 8      @staticmethod
 9      def frames():
10          with picamera.PiCamera() as camera:
11              # let camera warm up
12              time.sleep(2)
13              camera.rotation = 180
14              stream = io.BytesIO()
15              for _ in camera.capture_continuous(stream, 'jpe
16                                                 use_video_
17                  # return current frame
18                  stream.seek(0)
19                  yield stream.read()
```

當然，我們也可以使用 vflip 屬性，和使用 resolution 屬性來更改視訊的解析度，如下所示：

```
camera.resolution = (320, 240)
camera.vflip = True
```

10-6 使用外接 USB 網路攝影機

樹莓派除了使用官方配件的相機模組來提供視訊功能外，也可以使用支援的網路攝影機 (Webcams)，我們需要使用樹莓派的 USB 插槽來安裝網路攝影機。

10-6-1 購買與安裝網路攝影機

如果讀者沒有購買官方樹莓派的相機模組，也可以購買 USB 網路攝影機，然後使用樹莓派的 USB 插槽來連接網路攝影機。

購買網路攝影機

網路攝影機（Webcams）是英文 Web Camera 的縮寫，這是一台連接電腦 USB 插槽的數位相機，如右圖所示：

請注意！因為樹莓派的 Raspberry Pi OS 是 Linux 作業系統，網路攝影機必須支援 Linux 作業系統，在樹莓派才有驅動程式來使用網路攝影機，樹莓派相容的網路攝影機清單網址，如下所示：

```
http://elinux.org/RPi_USB_Webcams
```

安裝網路攝影機

在購買到支援樹莓派的網路攝影機後，安裝路攝影機就是將 USB 插頭插入樹莓派的 USB 插槽，如下圖所示：

然後啟動終端機，使用 lsusb 指令顯示目前系統上連接的 USB 裝置清單，如下所示：

```
$ lsusb Enter
```

```
pi@raspberrypi:~ $ lsusb
Bus 002 Device 001: ID 1d6b:0003 Linux Foundation 3.0 root hub
Bus 001 Device 003: ID 1e4e:0102 Cubeternet GL-UPC822 UVC WebCam
Bus 001 Device 002: ID 2109:3431 VIA Labs, Inc. Hub
Bus 001 Device 001: ID 1d6b:0002 Linux Foundation 2.0 root hub
pi@raspberrypi:~ $
```

上述清單的第 2 個就是 Webcam 網路攝影機，表示樹莓派已經成功驅動這台網路攝影機。一般來說，當樹莓派偵測到網路攝影機，預設就會指定虛擬目錄 video? 來對應這台網路攝影機，我們可以使用下列指令來查詢 USB Webcam 是對應哪一個 video? 虛擬目錄，如下所示：

```
$ v4l2-ctl --list-devices Enter
```

```
mmal service 16.1 (platform:bcm2835-v4l2-0):
        /dev/video0

USB2.0 Camera: USB2.0 Camera (usb-0000:01:00.0-1.1):
        /dev/video1
        /dev/video2

pi@raspberrypi:~ $
```

上述查詢結果的最後可以看到「/dev/video0」虛擬目錄是對應樹莓派的相機模組，「/dev/video1」虛擬目錄是 USB Webcam（第 1 個）。

10-6-2 使用網路攝影機

在樹莓派安裝好網路攝影機後，我們需要安裝 fswebcam 應用程式來使用網路攝影機。

安裝 fswebcam

請啟動終端機，輸入下列指令來安裝 fswebcam，如下所示：

```
$ sudo apt-get update Enter
$ sudo apt-get -y install fswebcam Enter
```

fswebcam 的基本使用

在安裝好 fswebcam 後，我們可以使用 fswebcam 來照相，如果沒有使用參數 -d 指定使用哪一台網路攝影機來照相，例如：「/dev/video1」虛擬目錄，預設是使用「/dev/video0」虛擬目錄，如下所示：

```
$ fswebcam -d /dev/video1 test.jpg Enter
```

pi@raspberrypi: ~

檔案(F) 編輯(E) 分頁(T) 說明(H)

```
pi@raspberrypi:~ $ fswebcam -d /dev/video1 test.jpg
--- Opening /dev/video1...
Trying source module v4l2...
/dev/video1 opened.
No input was specified, using the first.
Adjusting resolution from 384x288 to 352x288.
--- Capturing frame...
Captured frame in 0.00 seconds.
--- Processing captured image...
Writing JPEG image to 'test.jpg'.
pi@raspberrypi:~ $
```

上述訊息最後顯示已經成功寫入 test.jpg 圖檔，我們可以開啟圖檔顯示照相結果，請注意！因為 fswebcam 預設解析度是 352x288，照相效果並不是很好，我們可以使用 -r 參數指定照片解析度為 640x480，就可以大幅改善照相效果，如下所示：

```
$ fswebcam -d /dev/video1 -r 640x480 test.jpg Enter
```

10-6-3 使用網路攝影機連續拍照

樹莓派並沒有預設 Python 模組來支援網路攝影機的拍照（在第 11 章會說明如何使用 OpenCV 來使用 Webcam 網路攝影機），不過，我們仍然可以建立 Python 程式在程式碼執行 fswebcam 程式來進行拍照。

使用 Python 程式拍照：ch10-6-3.py

在 Python 程式只需匯入 os 模組，就可以在 Python 程式碼執行 fswebcam 程式來進行拍照，如下所示：

```
import os

action = "fswebcam -d /dev/video1 -r 640x480 image.jpg"
os.system(action)
```

上述程式碼匯入 os 模組後，建立執行 fswebcam 程式的指令字串，然後呼叫 system() 方法在作業系統執行此指令字串，也就是執行 fswebcam 程式拍照。

使用 Python 程式連續拍照：ch10-6-3a.py

我們只需使用 for 迴圈重複執行 ch10-6-3.py 的 os.system() 方法，就可以進行連續拍照，如下所示：

```
import os, time

for i in range(1, 6):
    action = "fswebcam -d /dev/video1 -r 640x480 image" + str(i) + ".jpg"
    os.system(action)
    time.sleep(5)
```

上述程式碼匯入 os 和 time 模組後，使用 for 迴圈執行 5 次，可以看到圖檔名稱加上變數 i 的計數值，最後暫停 5 秒鐘再執行下一次拍照。

我們不只可以使用 for 迴圈的計數器變數，建立一序列不同圖檔名稱的連續照片，還可以在檔名加上日期 / 時間（Python 程式：ch10-6-3b.py），如下所示：

```
import os, time

for i in range(1, 6):
    dt = time.strftime("%Y_%m_%d-%H_%M_%S")
    action = "fswebcam -d /dev/video1 -r 640x480 image" + str(dt) + ".jpg"
    os.system(action)
    time.sleep(5)
```

上述程式碼建立日期 / 時間字串 dt 變數，然後使用此變數建立圖檔名稱，可以建立一序列不同時間的連續照片。

10-6-4 使用網路攝影機建立串流視訊

網路攝影機除了拍照外，一樣可以建立串流視訊，筆者準備使用樹莓派搭配網路攝影機和 MJPG-streamer 伺服器來建立串流視訊。MJPG-streamer 是一個開放程式碼專案，可以透過 HTTP 顯示 Linux 作業系統上的網路攝影機來建立串流視訊，其安裝和啟動伺服器的步驟，如下所示：

Step 1：請參閱第 10-6-1 節說明安裝 USB 網路攝影機，和使用 lsusb 指令測試已經成功驅動網路攝影機。

Step 2：啟動終端機安裝 SVN，因為需要使用 svn 指令從 SourceForge 下載 MJPG-streamer 原始程式碼檔案，如下所示：

```
$ sudo apt-get update Enter
$ sudo apt-get -y install subversion Enter
```

Step 3：然後安裝 MJPG-streamer 所需的相關套件，如下所示：

```
$ sudo apt-get -y install libjpeg8-dev Enter
$ sudo apt-get -y install imagemagick Enter
```

Step 4：請輸入 svn 指令下載 MJPG-streamer 原始程式碼檔案，如下所示：

```
$ svn co https://svn.code.sf.net/p/mjpg-streamer/code Enter
```

Step 5：請啟動檔案管理程式切換至「/home/pi/code」目錄，可以看到 mjpg-streamer 目錄，表示已經成功下載原始程式碼，如下圖所示：

Step 6：我們需要修改 C 程式 utils.c 才能成功編譯，請啟動 Geany 開啟「/home/pi/code/mjpg-streamer/mjpg-streamer」目錄下的 utils.c，然後註解掉第 32 列，執行「檔案 / 儲存」命令儲存檔案，如下所示：

```
// #include <linux/stat.h>
```

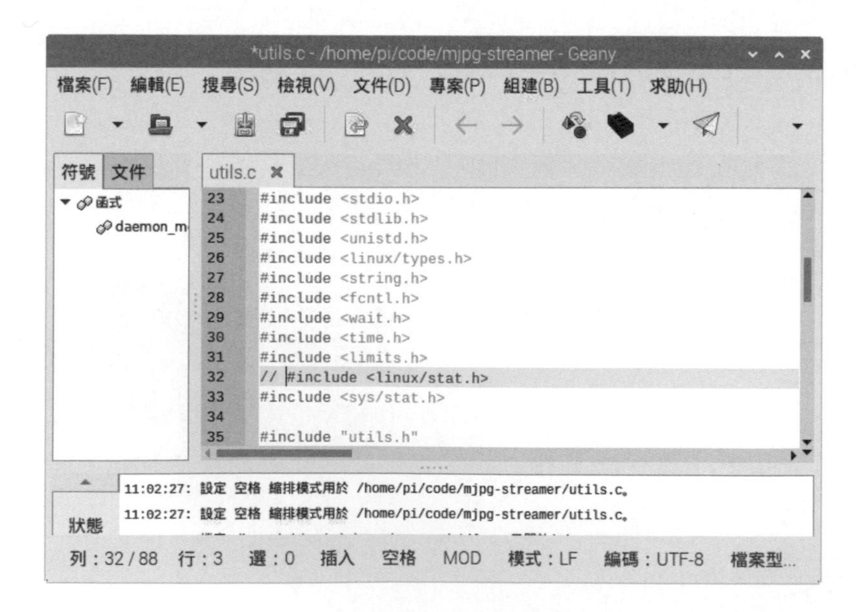

Step 7：接著編譯原始程式碼，請在終端機切換至「/home/pi/code/mjpg-streamer」目錄後，輸入 sudo make 指令來編譯原始程式碼，如下所示：

```
$ cd /home/pi/code/mjpg-streamer Enter
$ sudo make Enter
```

Step 8：雖然編譯過程會有些錯誤訊息，不過仍然可以編譯成功，在「/home/pi/code/mjpg-streamer」目錄下，可以看到 mjpg_streamer.o、input_uvc.so 和 output_http.so 等檔案，如下圖所示：

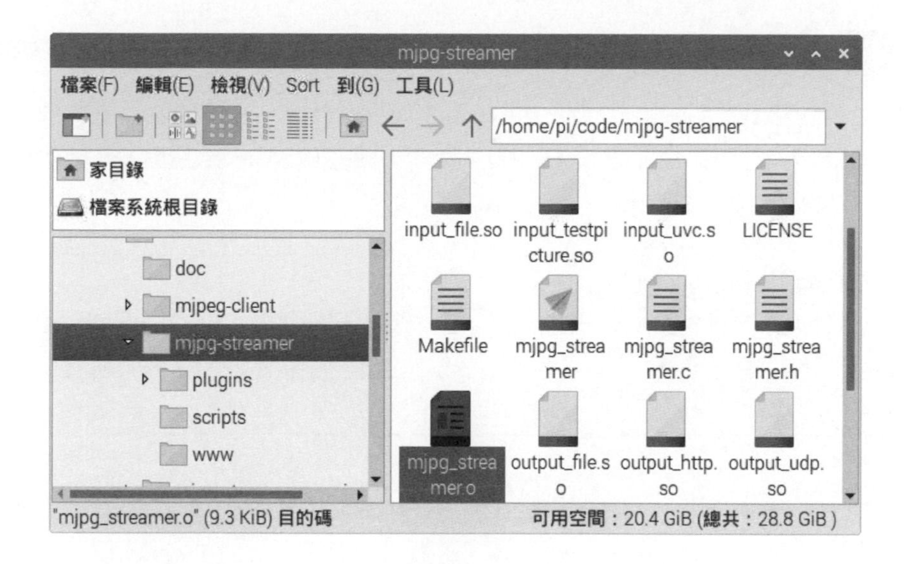

Step 9：接著啟動 MJPG-streamer 伺服器，請在終端機切換至「/home/pi/code/mjpg-streamer」目錄後，輸入下列指令來啟動伺服器（參數 -d 指定哪一台網路攝影機，也可加上 -r 參數指定解析度，例如：860*640），如下所示：

```
$ cd /home/pi/code/mjpg-streamer Enter
$ ./mjpg_streamer -i "./input_uvc.so -d /dev/video1" -o "./output_http.so
-w ./www" Enter
```

上述指令成功啟動 MJPG-streamer 伺服器後，可以在最後看到下列訊息文字，埠號是 8080（如果在啟動過程顯示錯誤訊息文字，可以不用理會），結束伺服器請按 Ctrl + C 鍵，如下圖所示：

說明

請注意！當伺服器已經成功啟動後，如果仍然無法在瀏覽器看到影像，有可能是網路攝影機不支援 MJPEG 格式，請在啟動指令加上 -y 參數改成 YUYV 格式，如下所示：

```
$ cd /home/pi/code/mjpg-streamer Enter
$ ./mjpg_streamer -i "./input_uvc.so -d /dev/video1 -y" -o "./output_
http.so -w ./www" Enter
```

現在，我們可以在樹莓派啟動 Web 瀏覽器，然後輸入下列網址，如下所示：

```
http://localhost:8080
```

上述網址是本機 localhost，埠號是 8080，成功載入網頁後，在左邊選 **Stream**，可以看到網路攝影機的串流視訊，如下圖所示：

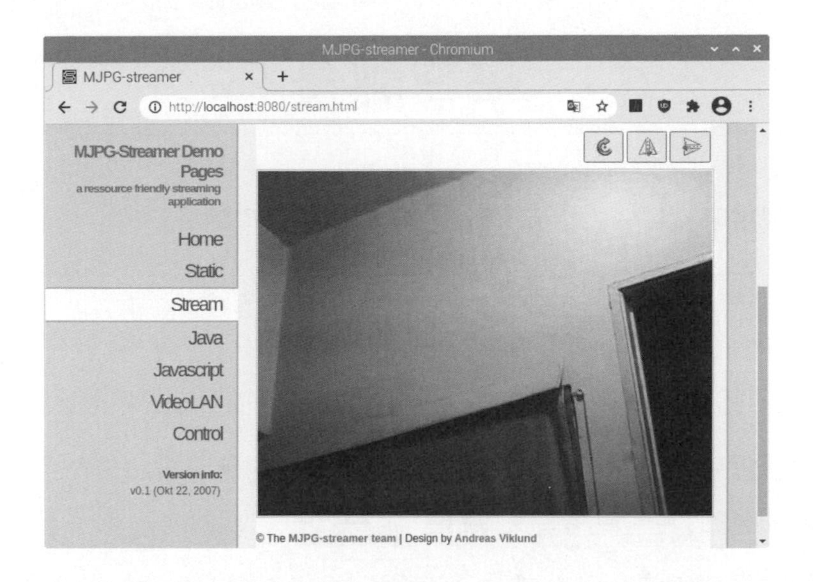

在 Windows 電腦啟動 Chrome 瀏覽器，輸入樹莓派的 IP 位址和埠號 8080，以筆者測試的樹莓派為例是 192.168.1.108，如下所示：

```
http://192.168.1.108:8080
```

請輸入上述 URL 網址，我們一樣可以在 Windows 電腦看到串流視訊，如下圖所示：

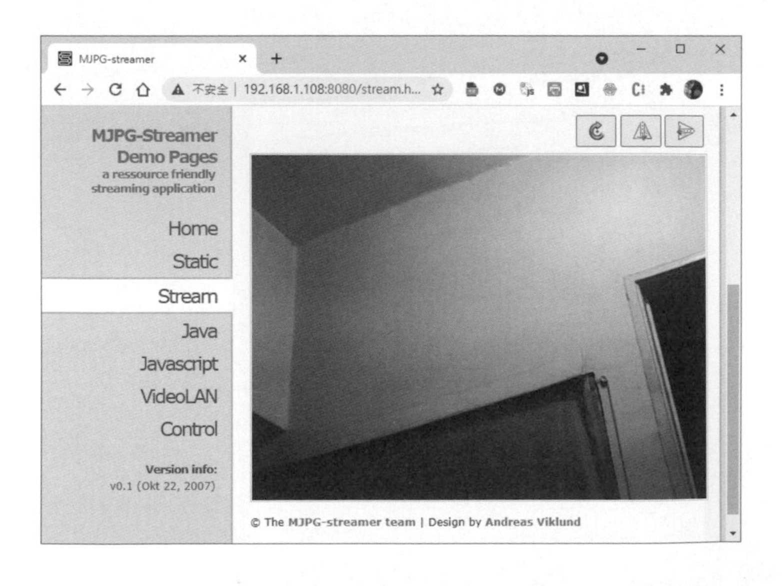

學習評量

1. 請簡單說明樹莓派的相機模組？如何安裝相機模組？
2. 在樹莓派的終端機可以使用 ________ 程式照相和 ________ 程式進行錄影。
3. Python 語言是使用 ____________ 模組來操作樹莓派的相機模組。
4. 請問什麼是串流視訊？本章樹莓派相機模組的串流視訊是使用 Python 語言開發的 ___________ 來建立串流視訊。
5. 樹莓派需要安裝 ______ 程式來使用網路攝影機，本章的網路攝影機是配合 ___________ 伺服器來建立串流視訊。

AI 實驗範例(一):電腦視覺 + AI 辨識 - OpenCV + YOLO

- 11-1 建立與管理 Python 虛擬環境
- 11-2 在樹莓派安裝 OpenCV
- 11-3 OpenCV 的基本使用
- 11-4 AI 實驗範例:OpenCV 人臉辨識
- 11-5 AI 實驗範例:OpenCV+YOLO 物體辨識

11-1 建立與管理 Python 虛擬環境

Python 虛擬環境可以針對不同 Python 專案建立專屬的開發環境，例如：特定 Python 版本和不同套件安裝的需求，特別是哪些需要特定版本套件的 Python 專案，我們可以針對此專案建立專屬的虛擬環境，而不會因為套件版本的相容性問題，而影響到其他 Python 專案的開發環境。

Raspberry Pi OS 可以使用 venv 或 virtualenv 來建立、啟動、刪除與管理 Python 虛擬環境，在本書是使用 virtualenv+virtualenvwrapper 套件。

安裝 virtualenv 和 virtualenvwrapper 套件

請在 Raspberry Pi OS 桌面環境啟動終端機，然後輸入下列指令來安裝 virtualenv 和 virtualenvwrapper 套件，如下所示：

```
$ sudo python3 -m pip install virtualenv Enter
$ sudo python3 -m pip install virtualenvwrapper Enter
```

接著，請輸入下列指令檢查 virtualenv 和 virtualenvwrapper 是否安裝成功，我們可以執行 pip3 list，因為 Raspberry Pi OS 同時支援 Python 2 和 Python 3，建議使用 '-m pip' 方式執行 pip，以保證執行的是 Python 3 版本，如下所示：

```
$ python3 -m pip list Enter
```

上述執行結果可以在模組清單看到 virtualenv 和 virtualenvwrapper，表示已經成功安裝這 2 個套件。然後請輸入下列指令啟動 nano 來編輯 .bashrc 檔，我們需要新增路徑設定，以便命令列可以執行

virtualenvwrapper 的虛擬環境管理指令，如下所示：

```
$ sudo nano ~/.bashrc Enter
```

關於 nano 文字編輯器的操作請參閱第 4-2-5 節，請在最後輸入下列內容後，按 Ctrl + O 鍵，再按 Enter 鍵儲存檔案（在書附範例檔有提供完整 .bashrc 檔案的內容），如下所示：

```
export WORKON_HOME=$HOME/.virtualenvs
export VIRTUALENVWRAPPER_PYTHON=/usr/bin/python3
source /usr/local/bin/virtualenvwrapper.sh
```

```
pi@raspberrypi: ~
檔案(F) 編輯(E) 分頁(T) 說明(H)
  GNU nano 3.2                /home/pi/.bashrc                    已更動

    . ~/.bash_aliases
fi

# enable programmable completion features (you don't need to enable
# this, if it's already enabled in /etc/bash.bashrc and /etc/profile
# sources /etc/bash.bashrc).
if ! shopt -oq posix; then
  if [ -f /usr/share/bash-completion/bash_completion ]; then
    . /usr/share/bash-completion/bash_completion
  elif [ -f /etc/bash_completion ]; then
    . /etc/bash_completion
  fi
fi
export WORKON_HOME=$HOME/.virtualenvs
export VIRTUALENVWRAPPER_PYTHON=/usr/bin/python3
source /usr/local/bin/virtualenvwrapper.sh

^G 求助      ^O 輸出      ^W 搜尋      ^K 剪下文字    ^J 對齊      ^C 游標位置
^X 離開      ^R 讀檔      ^\ 置換      ^U 還原剪下文字 ^T 拼字檢查   ^_ 跳列
```

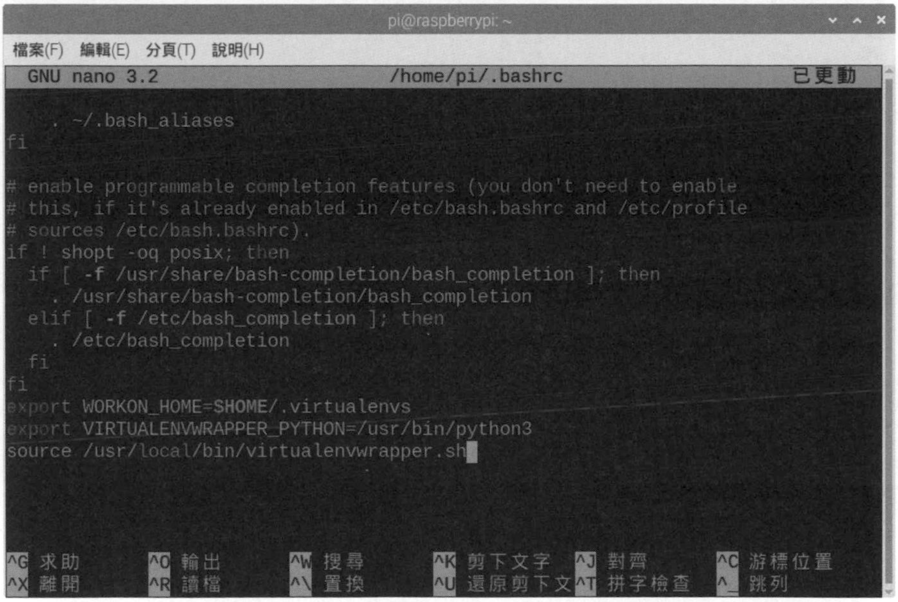

請按 Ctrl + X 鍵離開 nano 後，接著執行下列指令來重新載入更新的路徑設定，如下所示：

```
$ source ~/.bashrc Enter
```

建立 Python 虛擬環境

在完成相關套件的安裝和設定後，我們準備新增名為 test 的 Python 虛擬環境。在 Raspberry Pi OS 建立 Python 虛擬環境的指令是 mkvirtualenv，參數 -p 指定 Python 版本是 Python 3 版，如下所示：

```
$ mkvirtualenv test -p python3 Enter
```

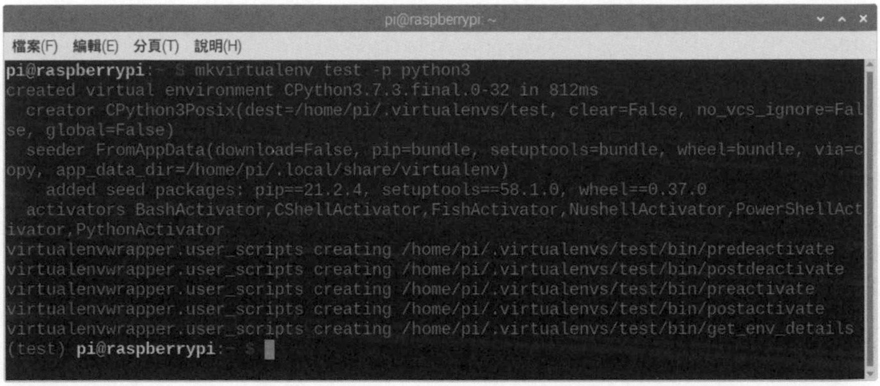

```
pi@raspberrypi:~ $ mkvirtualenv test -p python3
created virtual environment CPython3.7.3.final.0-32 in 812ms
  creator CPython3Posix(dest=/home/pi/.virtualenvs/test, clear=False, no_vcs_ignore=False, global=False)
  seeder FromAppData(download=False, pip=bundle, setuptools=bundle, wheel=bundle, via=copy, app_data_dir=/home/pi/.local/share/virtualenv)
    added seed packages: pip==21.2.4, setuptools==58.1.0, wheel==0.37.0
  activators BashActivator,CShellActivator,FishActivator,NushellActivator,PowerShellActivator,PythonActivator
virtualenvwrapper.user_scripts creating /home/pi/.virtualenvs/test/bin/predeactivate
virtualenvwrapper.user_scripts creating /home/pi/.virtualenvs/test/bin/postdeactivate
virtualenvwrapper.user_scripts creating /home/pi/.virtualenvs/test/bin/preactivate
virtualenvwrapper.user_scripts creating /home/pi/.virtualenvs/test/bin/postactivate
virtualenvwrapper.user_scripts creating /home/pi/.virtualenvs/test/bin/get_env_details
(test) pi@raspberrypi:~ $
```

上述執行結果的最後可以看到 (test) 開頭，表示已經啟動 Python 虛擬環境 test，現在終端機的操作是針對名為 test 的 Python 虛擬環境，如下所示：

```
(test) pi@raspberrypi:~ $
```

接著請執行 deactivate 指令關閉目前的 Python 虛擬環境，如下所示：

```
(test) pi@raspberrypi:~ $ deactivate Enter
```

上述指令的執行結果，在提示文字已經沒有 (test) 開頭。然後我們可以執行 lsvirtualenv 指令查詢目前已經建立哪些 Python 虛擬環境，可以顯示建立的 Python 虛擬環境 test，如下所示：

```
$ lsvirtualenv Enter
```

在「/home/pi/.virtualenvs/」目錄下，可以看到 Python 虛擬環境的 test 目錄（因為 .virtualenvs 是隱藏目錄，請先執行「檢視 / 顯示隱藏檔」命令來顯示隱藏目錄），如下圖所示：

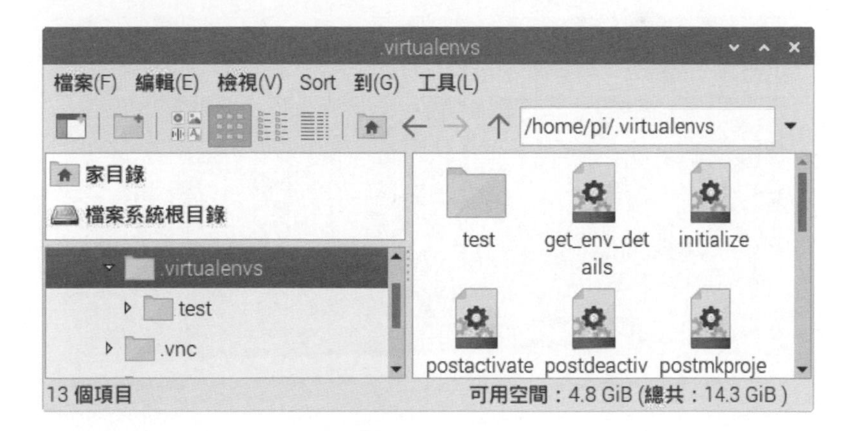

啟動與使用 Python 虛擬環境

當成功新增 test 虛擬環境後，我們可以使用 workon 指令來啟動 Python 虛擬環境，如下所示：

```
$ workon test Enter
```

```
pi@raspberrypi 檔案(F) 編輯(E) 分頁(T) 說明(H)
pi@raspberrypi:~ $ workon test
(test) pi@raspberrypi:~ $
```

在成功啟動 test 虛擬環境後，可以看到前方改成虛擬環境名稱 (test)，然後，請輸入下列指令來檢視虛擬環境安裝的套件清單，如下所示：

```
(test) pi@raspberrypi:~ $ pip list Enter
```

上述指令的執行結果可以看到虛擬環境安裝的應用程式和套件清單，如下圖所示：

請注意！因為是在名為 test 的 Python 虛擬環境下進行操作，此環境是 Python 3 版，所以使用 pip 指令即可，並不需要使用 pip3 指令。

關閉與移除 Python 虛擬環境

關閉 Python 虛擬環境是在已經啟動的 Python 虛擬環境下，執行 deactivate 指令，例如：已經啟動 test 虛擬環境，如下所示：

```
(test) pi@raspberrypi:~ $ deactivate Enter
```

上述 deactivate 指令可以關閉 test 虛擬環境。移除 Python 虛擬環境是使用 rmvirtualenv 指令，如下所示：

```
$ rmvirtualenv test Enter
```

上述指令可以移除名為 test 的 Python 虛擬環境。

11-2 在樹莓派安裝 OpenCV

OpenCV（Open Source Computer Vision Library）是跨平台 BSD 授權的一套著名的電腦視覺函式庫（Computer Vision Library），這是英特爾公司發起並參與開發，可以幫助我們開發圖片處理、影片處理、電腦視覺的人臉辨識和物體辨識等人工智慧的相關應用。

在了解如何建立和管理 Python 虛擬環境後，我們準備新增名為 opencv 的 Python 虛擬環境後，在此 Python 虛擬環境安裝 OpenCV。基本上，安裝 OpenCV 有兩種方式，如下所示：

- 使用 pip 指令：直接使用 Python 套件管理 pip 安裝 OpenCV，安裝過程比較簡單，但是不會優化 OpenCV 的執行效能。
- 自行編譯 OpenCV 程式碼進行安裝：如果有特殊 OpenCV 版本和優化需求，我們需要自行編譯 OpenCV 程式碼來安裝 OpenCV。

因為使用 pip 指令安裝 OpenCV 比較簡單，而且此方法已經能夠適用絕大多數 OpenCV 專案，所以本書是採用 pip 指令安裝 OpenCV，其步驟如下所示：

步驟一：更新與升級作業系統

首先請啟動終端機執行 update 和 upgrade 指令來更新和升級 Raspberry Pi OS（upgrade 升級有時需確認且花費不少時間，請自行決定是否執行系統升級），如下所示：

```
$ sudo apt-get update Enter
$ sudo apt-get upgrade Enter
```

步驟二：安裝 OpenCV 的相關支援套件

在實際安裝 OpenCV 前，我們需要安裝一些 OpenCV 的相關支援套件，首先安裝 HDF5（Hierarchical Data Format version 5）資料集的套件，這是支援大型、複雜和異質資料的開源檔案格式，可以用來儲存大量的圖片資料，如下所示：

```
$ sudo apt-get install -y libhdf5-dev Enter
```

接著安裝矩陣運算和 JPEG-2000 圖片函式庫，如下所示：

```
$ sudo apt-get install -y libatlas-base-dev Enter
$ sudo apt-get install -y libjasper-dev Enter
```

最後安裝 QT GUI 圖形介面的套件，如下所示：

```
$ sudo apt-get install -y libqtgui4 Enter
$ sudo apt-get install -y libqt4-test Enter
$ sudo apt-get install -y python3-pyqt5 Enter
```

步驟三：建立 Python 虛擬環境 opencv

我們準備新增名為 opencv 的 Python 虛擬環境，參數 -p 指定 Python 3 版本，其指令如下所示：

```
$ mkvirtualenv opencv -p python3 Enter
```

當成功建立 Python 虛擬環境，預設就會啟動 opencv 的 Python 虛擬環境。

步驟四：在虛擬環境安裝支援的 Python 套件

如果沒有啟動名為 opencv 的 Python 虛擬環境，請執行下列指令來啟動 Python 虛擬環境 opencv，其指令如下所示：

```
$ workon opencv Enter
```

然後請在 opencv 的 Python 虛擬環境安裝相關的 Python 支援套件 numpy、matplotlib 和 imutils 套件，imutils 可以讓我們更容易使用 OpenCV 圖片處理，如下所示：

```
(opencv) pi@raspberrypi:~ $ pip install numpy Enter
(opencv) pi@raspberrypi:~ $ pip install matplotlib Enter
(opencv) pi@raspberrypi:~ $ pip install imutils Enter
```

步驟五：在 Python 虛擬環境安裝 OpenCV

現在，我們可以使用 pip 安裝 OpenCV，其指令如下所示：

```
(opencv) pi@raspberrypi:~ $ pip install opencv-python Enter
```

```
pi@raspberrypi: ~
檔案(F) 編輯(E) 分頁(T) 說明(H)
(opencv) pi@raspberrypi:~ $ pip install opencv-python
Looking in indexes: https://pypi.org/simple, https://www.piwheels.org/simple
Collecting opencv-python
  Using cached https://www.piwheels.org/simple/opencv-python/opencv_python-4.
5.3.56-cp37-cp37m-linux_armv7l.whl (10.4 MB)
Requirement already satisfied: numpy>=1.14.5 in ./.virtualenvs/opencv/lib/pyt
hon3.7/site-packages (from opencv-python) (1.21.2)
Installing collected packages: opencv-python
Successfully installed opencv-python-4.5.3.56
(opencv) pi@raspberrypi:~ $
```

說明

請注意！Numpy 和 OpenCV 版本有可能衝突，若 OpenCV 安裝失敗，請指定安裝版本，其指令如下所示：

```
pip install opencv-python==4.5.4.60 Enter
```

步驟六：設定 Thonny 使用 Python 虛擬環境

我們需要設定 Thonny 使用 Python 虛擬環境，如此才能在 Thonny 執行 OpenCV 的 Python 程式，其步驟如下所示：

Step 1：請執行「選單 / 軟體開發 /Thonny Python IDE」命令啟動 Thonny 後，執行「工具 / 選項」命令。

Step 2：在上方選**另外的 Python 3 直譯器或虛擬環境**，然後在下方按欄位後的…鈕。

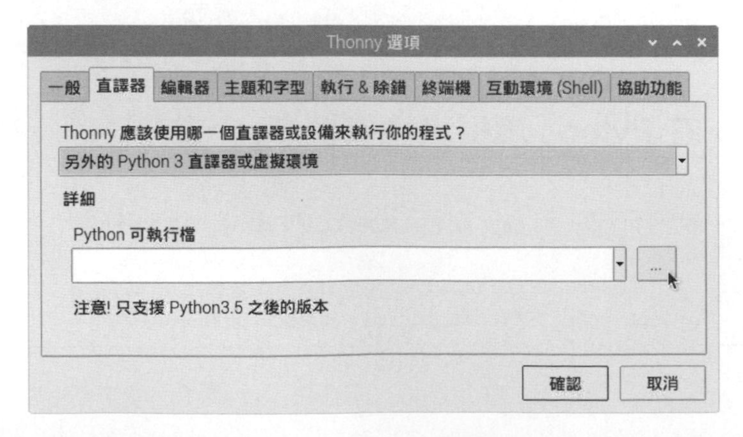

Step 3:請切換至「home」目錄,在 **pi** 目錄上,執行**右**鍵顯示快顯功能表的選單,請勾選**顯示隱藏檔**。

Step 4:然後切換至「/home/pi/.virtualenvs/opencv/bin」目錄,選 **python3**,按**確定**鈕。

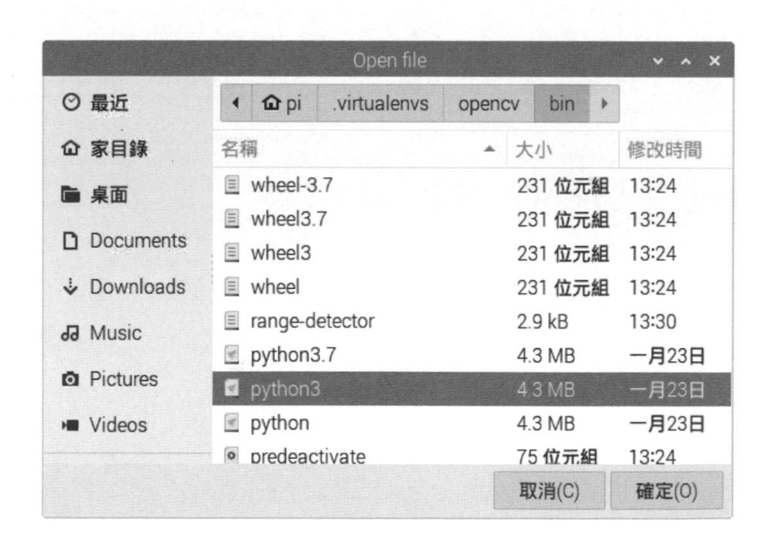

Step 5:可以看到 Python 可執行檔案的路徑是指向 Python 虛擬環境 opencv 後,按**確認**鈕。

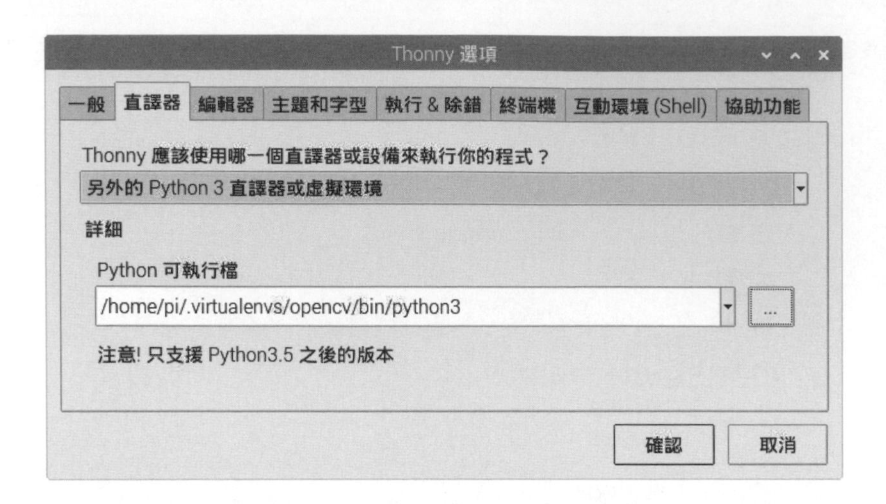

Step 6：現在，在 Thonny 下方的互動環境 (Shell) 框，可以看到啟動的是虛擬環境的 Python 直譯器，如下圖所示：

```
互動環境 (Shell) ×
Python 3.7.3 (/usr/bin/python3)
>>>

Python 3.7.3 (/home/pi/.virtualenvs/opencv/bin/python3)
>>>
                                   /home/pi/.virtualenvs/opencv/bin/python3
```

步驟七：檢查 OpenCV 是否成功安裝

最後，我們可以在 Thonny 下方的互動環境 (Shell) 框，輸入下列 Python 程式碼來檢查 OpenCV 是否成功安裝，和顯示 OpenCV 版本，請注意！位在 version 前後是 2 個「_」底線，如下所示：

```
>>> import cv2 Enter
>>> cv2.__version__ Enter
```

互動環境 (Shell) ✖

```
Python 3.7.3 (/home/pi/.virtualenvs/opencv/bin/python3)
>>> import cv2
>>> cv2.__version__
'4.5.3'
>>>
```

/home/pi/.virtualenvs/opencv/bin/python3

上述執行結果可以看到本書安裝的 OpenCV 版本是 4.5.3。

11-3 OpenCV 的基本使用

當成功在樹莓派安裝 OpenCV 後，我們就可以使用 OpenCV 函式庫來進行圖片處理、影片處理和 Webcam 網路攝影機操作（一樣適用在樹莓派的相機模組）。

11-3-1 OpenCV 圖片處理

在 Python 程式使用 OpenCV 圖片處理需要匯入 cv2，如下所示：

```
import cv2
```

讀取與顯示圖片：ch11-3-1.py

Python 程式是呼叫 OpenCV 的 imread() 方法讀取圖片和 imshow() 方法顯示圖片，如下所示：

```
img = cv2.imread("koala.jpg")
cv2.imshow("Koala", img)

cv2.waitKey(0)
cv2.destroyAllWindows()
```

上述程式碼讀取 koala.jpg 圖檔的圖片後，imread() 方法的第 1 個參數是圖檔路徑字串，然後呼叫 imshow() 方法顯示圖片，第 1 個參數是視窗上方的標題文字，第 2 個是圖片內容，在顯示圖檔後，waitKey(0) 方法會等待使用者按下任何按鍵，最後呼叫 destroyAllWindows() 方法關閉顯示圖片的視窗，其執行結果如右圖所示：

在 imread() 方法的第 2 個參數可以指定 3 種讀取格式，如下所示：

- cv2.IMREAD_COLOR：讀取彩色圖片，此為預設值。
- cv2.IMREAD_UNCHANGED：圖片沒有改變，包含透明度的圖片內容讀取。
- cv2.IMREAD_GRAYSCALE：灰階讀取。

例如：讀取成灰階的圖片，如下所示：

```
gray_img = cv2.imread("koala.jpg", cv2.IMREAD_GRAYSCALE)
cv2.imshow("Koala:gray", gray_img)
```

取得圖片資訊:ch11-3-1a.py

當成功使用 imread() 方法讀取圖檔後,我們可以使用 shape 屬性取得圖片資訊的尺寸和色彩數,例如:分別讀取成彩色和灰階圖片後,顯示圖片資訊,如下所示:

```
img = cv2.imread("koala.jpg")
img2 = cv2.imread("koala.jpg", cv2.IMREAD_GRAYSCALE)
print(img.shape)
print(img2.shape)
h, w, c = img.shape
print("圖片高:", h)
print("圖片寬:", w)
```

上述程式碼的執行結果,如下圖所示:

```
>>> %Run ch11-3-1a.py
 (354, 252, 3)
 (354, 252)
 圖片高: 354
 圖片寬: 252
```

上述執行結果可以看到圖片尺寸的高和寬,彩色圖片的色彩數是 3,灰階圖片並沒有色彩數。

調整圖片尺寸:ch11-3-1b.py

因為 OpenCV 的 cv2.resize() 方法在調整圖片尺寸時,會改變圖片的長寬比例,我們準備改用 imutils 模組的方法來調整圖片尺寸,首先匯入 imutils,如下所示:

```
import imutils
```

然後呼叫 imutils.resize() 方法調整圖片尺寸，如下所示：

```
resized_img = imutils.resize(img, width=300)
```

上述方法的第 1 個參數是讀取的圖片 img，然後指定 width 或 height 參數值來調整尺寸（只需指定其中之一），imutils 模組會自動維持圖片的長寬比例。

剪裁圖片：ch11-3-1c.py

在 OpenCV 使用 imread() 方法讀取的圖片內容是一個 Numpy 陣列，剪裁圖片就是在切割 Numpy 陣列，如下所示：

```
x = 10; y = 10
w = 150; h= 200
crop_img = img[y:y+h, x:x+w]
```

上述程式碼使用切割運算子來剪裁圖片，首先指定左上角座標 x 和 y，然後是寬 w 和長 h 後，直接切割 Numpy 陣列來剪裁圖片，其執行結果如右圖所示：

旋轉、翻轉和位移圖片：ch11-3-1d.py

OpenCV 預設並沒有提供旋轉和位移圖片的方法，需要自行運算來旋轉和位移圖片，在 imutils 提供有相關方法來旋轉和位移圖片。首先是旋轉圖片，如下所示：

```
rotated_img = imutils.rotate(img, angle=90)
```

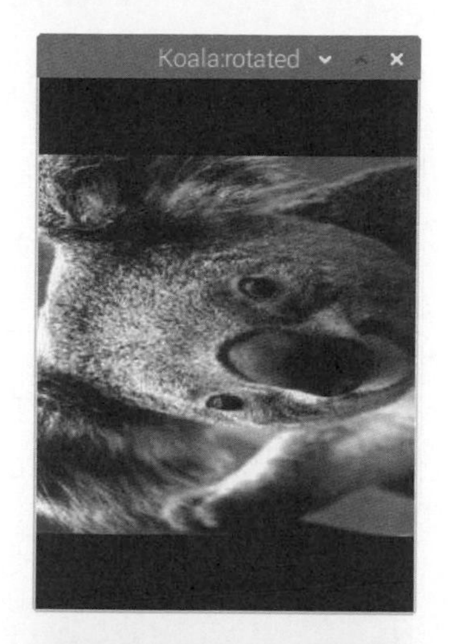

上述 imutils.rotate() 方法可以旋轉圖片，第 1 個參數是圖片，angle 參數是旋轉角度，如右圖所示：

然後使用 OpenCV 的 cv2.flip() 方法來翻轉圖片，如下所示：

```
fliped_img = cv2.flip(img, -1)
```

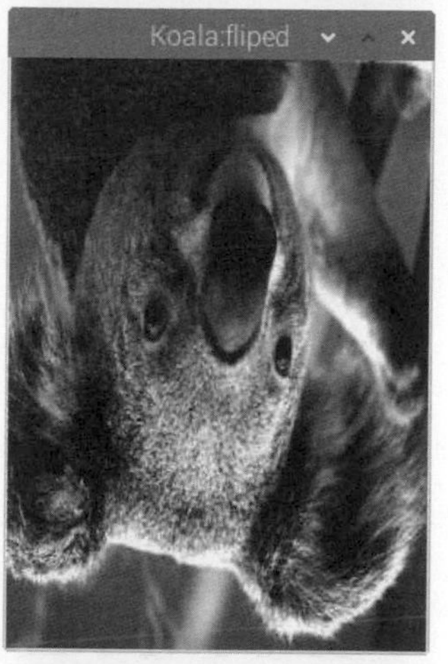

上述方法的第 2 個參數值 0 是沿 x 軸垂直翻轉圖片；大於 0 是沿 y 軸水平翻轉圖片；小於 0 是水平和垂直都翻轉圖片，如右圖所示：

最後使用 imutils 模組的方法來位移圖片，如下所示：

```
translated_img = imutils.translate(img, 25, -75)
```

上述 imutils.translate() 方法的第 2 個參數值如果是正值，就是向右位移；負值是向左位移，第 3 個參數值如為正值是向下位移；負值是向上位移，以此例是向右位移 25 點，和向上位移 75 點，如右圖所示：

轉換成灰階和 BGR 圖片：ch11-3-1e.py

OpenCV 在讀取圖片後，可以呼叫 cvtColor() 方法轉換彩色圖片成灰階圖片，方法的第 2 個參數是 cv2.COLOR_BGR2GRAY，如下所示：

```
gray_img = cv2.cvtColor(img, cv2.COLOR_BGR2GRAY)
```

OpenCV 預設的圖片色彩是使用 BGR 格式，如果讀取的是 RGB 格式，請使用參數 cv2.COLOR_RGB2BGR，將 RGB 轉換成 BGR，如下所示：

```
bgr_img = cv2.cvtColor(img, cv2.COLOR_RGB2BGR)
```

請注意！因為 OpenCV 預設圖片色彩是使用 BGR 格式的順序，imread() 和 imshow() 方法都是使用 BGR 格式，所以並不需要特殊處理。

從 URL 取得圖片：ch11-3-1f.py

在 imutils 提供 url_to_image() 方法，可以讓我們直接從網路讀取圖檔內容，如下所示：

```
url = "https://fchart.github.io/img/koala.png"
img = imutils.url_to_image(url)
```

上述 url 變數是圖片的 URL 網址，然後呼叫 imutils.url_to_image() 方法讀取此網址的圖片。

註記圖片：ch11-3-1g.py

註記圖片就是在圖片上繪圖，我們可以在圖片上畫線、畫長方形、畫圓形、畫橢圓形和加上文字內容，各種繪圖方法的語法格式，如下所示：

```
cv2.line(影像,開始座標,結束座標,顏色,線寬)
cv2.rectangle(影像,開始座標,結束座標,顏色,線寬)
cv2.circle(影像,圓心座標,半徑,顏色,線條寬度)
cv2.ellipse(影像,中心座標,軸長,旋轉角度,起始角度,結束角度,顏色,線寬)
cv2.putText(影像,文字,座標,字型,大小,顏色,線寬,線條種類)
```

Python 程式在讀取圖片後，就可以在圖片上呼叫上述方法來繪出註記，如下所示：

```
cv2.line(img, (0,0), (200,200), (0,0,255), 5)
cv2.rectangle(img, (20,70), (120,160), (0,255,0), 2)
cv2.rectangle(img, (40,80), (100,140), (255,0,0), -1)
cv2.circle(img,(90,210), 30, (0,255,255), 3)
cv2.circle(img,(140,170), 15, (255,0,0), -1)
cv2.putText(img, 'OpenCV', (10, 40),
            cv2.FONT_HERSHEY_SIMPLEX,
            1, (0,255,255), 5, cv2.LINE_AA)
```

上述程式碼依序畫出直線、2 個長方形（第 2 個線寬是負值，即填滿），2 個圓形和寫上文字 OpenCV，其執行結果如右圖所示：

寫入圖片：ch11-3-1h.py

OpenCV 可以呼叫 imwrite() 方法將圖片內容寫入圖檔，如下所示：

```
img = cv2.imread("koala.jpg")
gray_img = cv2.cvtColor(img, cv2.COLOR_BGR2GRAY)
cv2.imwrite("result_gray.jpg", gray_img)
cv2.imwrite("result.png", img)
```

上述程式碼分別讀取彩色和灰階圖片 img 和 gray_img 後，呼叫 2 次 imwrite() 方法寫入圖片，第 1 個參數是圖檔名稱，OpenCV 直接依據副檔名來儲存成指定格式的圖檔。

11-3-2 OpenCV 影片處理

影片事實上就是一種動態影像，這是一連串連續的靜態影像圖片所組成，每一個靜態影像稱為「影格」(Frame，或稱幀)，每秒播放的靜態影像圖片數稱為「影格率」(Frame per Second，或稱幀率)。

OpenCV 支援讀取和播放影片檔案，我們可以取得影片資訊和播放出灰階黑白內容的影片。

播放影片檔：ch11-3-2.py

Python 程式是建立 OpenCV 的 VideoCapture 物件來播放影片檔，如下所示：

```
cap = cv2.VideoCapture('YouTube.mp4')
```

上述程式碼的參數是影片檔路徑，如為本機連接的網路攝影機，參數是數字編號，網路監控攝影機 IP Camera 是 URL 網址字串，然後使用 while 迴圈來播放影片的每一個影格，如下所示：

```
while(cap.isOpened()):
  ret, frame = cap.read()
  if ret:
      cv2.imshow('frame',frame)
  if cv2.waitKey(1) & 0xFF == ord('q'):
      break
```

上述 while 迴圈呼叫 isOpened() 方法判斷是否已經開啟影片檔，如果是，呼叫 VideoCapture 物件的 read() 方法讀取每一個影格（幀），回傳值 ret 可以判斷是否讀取成功；frame 就是讀取到的影格，第 1 個 if 條件判斷是否成功讀取到影格，如果是，就呼叫 imshow() 方法顯示影格，第 2 個 if 條件判斷使用者是否按下 q 鍵來結束播放。

在下方釋放 VideoCapture 物件和關閉視窗，如下所示：

```
cap.release()
cv2.destroyAllWindows()
```

Python 程式的執行結果可以看到播放的影片內容，如下圖所示：

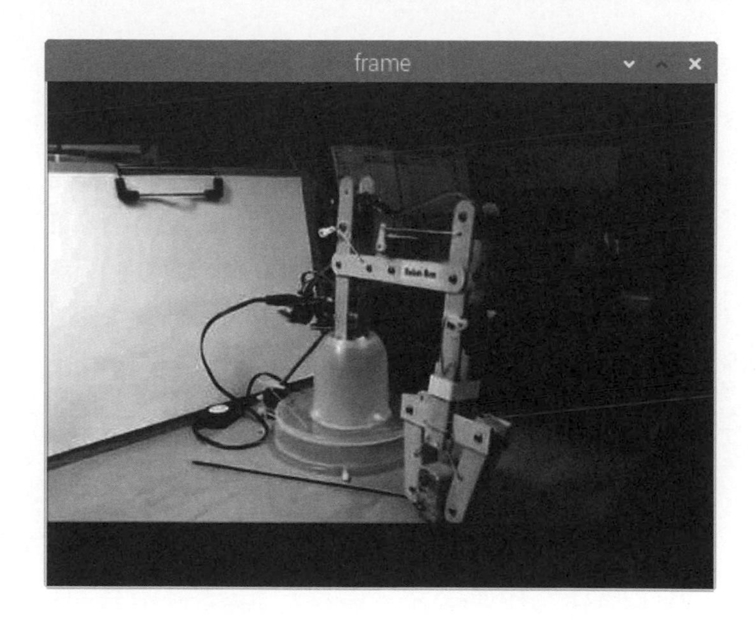

取得影片資訊：ch11-3-2a.py

在 Python 程式建立 VideoCapture 物件後，我們可以取得影片的尺寸和編碼的影片資訊，如下所示：

```
cap = cv2.VideoCapture('YouTube.mp4')

def decode_fourcc(v):
  v = int(v)
  return "".join([chr((v >> 8 * i) & 0xFF) for i in range(4)])
```

上述程式碼建立 VideoCapture 物件 cap 後，建立 decode_fourcc() 函數將編碼轉換成可閱讀的編碼名稱。然後在下方取得影片尺寸，如下所示：

```
width = cap.get(cv2.CAP_PROP_FRAME_WIDTH)
height = cap.get(cv2.CAP_PROP_FRAME_HEIGHT)
print("圖片尺寸:", width, "x", height)
```

上述程式碼使 get() 方法取得影片資訊，參數是各種屬性值的參數，依序是影格的寬和高，詳細的參數說明，其 URL 網址如下所示：

https://docs.opencv.org/4.5.3/d4/d15/group__videoio__flags__base.html#gaeb8dd9c89c10a5c63c139bf7c4f5704d

我們可以使用 get() 方法取得影片資訊；set() 方法更改影片資訊。然後取得影片編碼，如下所示：

```
fourcc = cap.get(cv2.CAP_PROP_FOURCC)
codec = decode_fourcc(fourcc)
print("Codec編碼:", codec)
```

上述程式碼取得編碼後，呼叫 decode_fourcc() 函數轉換成可閱讀的編碼字串，其執行結果如下圖所示：

```
>>> %Run ch11-3-2a.py
圖片尺寸: 480.0 x 360.0
Codec編碼: avc1
```

影片處理顯示灰階影片：ch11-3-2b.py

我們只需使用 ch11-3-1e.py 的方法來處理圖片，就可以播放出灰階的黑白影片，如下所示：

```
if ret:
    gray_frame = cv2.cvtColor(frame, cv2.COLOR_BGR2GRAY)
    cv2.imshow('frame',gray_frame)
```

上述程式碼呼叫 cvtColor() 方法轉換彩色的影格成灰階的黑白影格。

11-3-3 OpenCV 網路攝影機操作

OpenCV 的 VideoCapture 物件除了播放影片，也可以直接播放網路攝影機 Webcam 的影像。

取得網路攝影機的影像：ch11-3-3.py

在 OpenCV 的 VideoCapture 物件除了開啟影片檔案，也可以開啟攝影機，參數 0 或 -1 是第一台攝影機，1 是第二台 ...，其他部分和播放影片檔並沒有什麼不同，如下所示：

```
cap = cv2.VideoCapture(0)

while(cap.isOpened()):
  ret, frame = cap.read()
  cv2.imshow('frame',frame)
  if cv2.waitKey(1) & 0xFF == ord('q'):
      break

cap.release()
cv2.destroyAllWindows()
```

上述程式碼只少 if 條件判斷 ret 是否成功讀取，這是因為影片檔會播完影片的影格，但是攝影機除非出問題，並不會播完影格。

更改影像的解析度：ch11-3-3a.py

在 Python 程式建立 VideoCapture 物件後，可以呼叫 set 方法來更改影片的寬、高和影格率（請注意！如果 Webcam 不支援此解析度，執行 set 方法並不會有作用），如下所示：

```
cap = cv2.VideoCapture(0)
cap.set(cv2.CAP_PROP_FRAME_WIDTH, 320)
cap.set(cv2.CAP_PROP_FRAME_HEIGHT, 180)
cap.set(cv2.CAP_PROP_FPS, 25)

while(cap.isOpened()):
  ret, frame = cap.read()
  cv2.imshow('frame',frame)
  if cv2.waitKey(1) & 0xFF == ord('q'):
      break

cap.release()
cv2.destroyAllWindows()
```

上述程式碼的執行結果可以看到開啟的視窗尺寸小了很多。

將影像寫入影片檔案：ch11-3-3b.py

OpenCV 可以建立 VideoWrite 物件來寫入影片檔案，如下所示：

```
cap = cv2.VideoCapture(0)

fourcc = cv2.VideoWriter_fourcc(*'XVID')
out = cv2.VideoWriter('output.avi', fourcc, 20, (640,480))
```

上述程式碼首先建立影片編碼 fourcc，可用的編碼字串，如下表所示：

編碼名稱	編碼字串	影片檔副檔名
YUV	*'I420'	.avi
MPEG-I	*'PIMT'	.avi
MPEG-4	*'XVID'	.avi
MP4	*'MP4V'	.mp4
Ogg Vorbis	*'THEO'	.ogv

然後建立 VideoWriter 物件來寫入影片檔，第 1 個參數是檔名、第 2 個參數是編碼，第 3 個參數是影格率，最後是影格尺寸的元組。然後呼叫 write() 方法將影格一一寫入影片檔，如下所示：

```
while(cap.isOpened()):
  ret, frame = cap.read()
  if ret == True:
    out.write(frame)
    cv2.imshow('frame',frame)
    if cv2.waitKey(1) & 0xFF == ord('q'):
      break
  else:
    break

cap.release()
out.release()
cv2.destroyAllWindows()
```

上述程式碼的執行結果可以建立名為 output.avi 的影片檔，直到使用者按下 q 鍵為止。

11-4 AI 實驗範例：OpenCV 人臉辨識

電腦視覺（Computer Vision）就是在研究如何讓電腦能夠看得到和了解圖片或影像中影格的內容，其應用領域包含：

- 自駕車（Autonomous Vehicles）。
- 人臉偵測（Face Detection）或人臉辨識（Facial Recognition）。
- 圖片搜尋與物體辨識（Image Search and Object Recognition）。
- 機器人（Robotics）。

11-4-1 OpenCV 哈爾特徵層級式分類器

人臉辨識屬於一種電腦視覺的應用領域，這是一種電腦技術可以在任意一張圖片或影格的數位內容中，辨識出單張或多張人臉，並且標示出臉部的位置與尺寸，其重點是人臉辨識只會找出人臉，並且自動忽略掉其他不是人臉的東西，例如：身體、樹木和建築物等。事實上，人臉辨識就是一種物體辨識（Object Recognition），一種可以辨識出人臉的電腦視覺。

在 OpenCV 已經內建哈爾層級式分類器（Haar Cascade Classifiers）的物體辨識技術，可以幫助我們進行圖片和影格數位內容的物體辨識。不只如此，因為 OpenCV 已經內建多種預訓練分類器（Pre-trained Classifiers），我們可以馬上建立 Python 程式使用 OpenCV 預訓練分類器來分辨出人臉、眼睛、微笑和身體等物體。

哈爾層級式分類器就是一種機器學習的物體辨識技術，其作法是使用邊界、直線和中心圍繞等十多種哈爾特徵（Harr Features）的數位遮罩，可以在目標圖片或影格的數位內容上滑動窗格區域，然後計算出數位圖片或影格中特定區域的特徵值，透過這些特徵值來辨識出是否內含特定種類的物體。

一般來說，因為辨識特定物體的特徵非常的多，假設辨識一張人臉需要 6000 個特徵，我們不可能在每一個窗格都套用 6000 個特徵，因為實在太沒有效率，OpenCV 是使用層級式分類器（Cascade Classifiers），將特徵分成多個群組的弱分類器，每一個群組是一個階層，如同樓梯，通過第 1 階分類器才能進入第 2 階分類器，直到爬至最後一階分類器後，就可以辨識出這是一張人臉。

層級式分類器是使用很多層功能不強的弱分類器，採用「三個臭皮匠勝過一個諸葛亮」的策略，針對每一層分類器的錯誤再加強學習來建立出下一層分類器，經過層層助推（Boosting）後，錯誤就會愈來愈少，直到訓練出可以正確辨識出人臉的分類器。

11-4-2 圖片內容的人臉辨識

現在，我們可以建立 Python 程式，使用 OpenCV 哈爾特徵層級式分類器來進行圖片內容的人臉辨識。

Python 程式：ch11-4-2.py

Python 程式在使用 OpenCV 讀取圖檔後，就可以使用 OpenCV 哈爾特徵層級式分類器來進行人臉辨識，程式執行的結果可以看到綠色框出的多張人臉，如下圖所示：

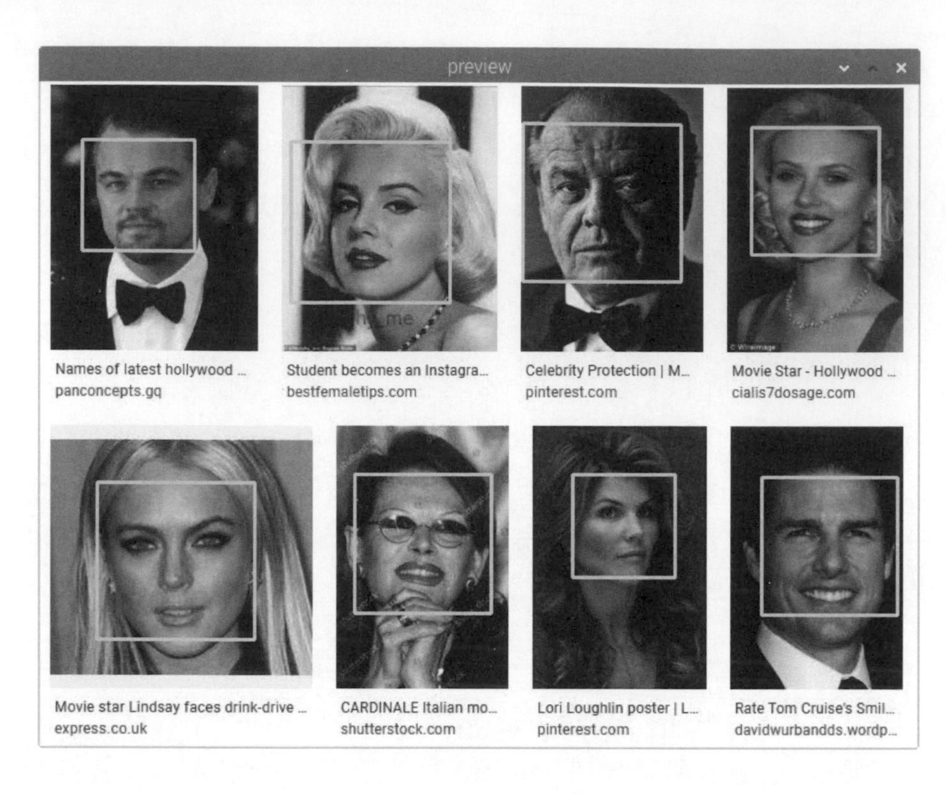


```
01: import cv2
02:
03: faceCascade = cv2.CascadeClassifier(
                    "haarcascade_frontalface_default.xml")
04:
05: image = cv2.imread("faces.jpg")
06: gray = cv2.cvtColor(image, cv2.COLOR_BGR2GRAY)
07:
08: # 從圖片偵測人臉
09: faces = faceCascade.detectMultiScale(
10:     gray,
11:     scaleFactor=1.1,
12:     minNeighbors=5,
13:     minSize=(30, 30)
14: )
15:
16: print("人臉數:", len(faces))
17:
18: # 在偵測出的人臉繪出長方形外框
```

→ 接下頁

```
19: for (x, y, w, h) in faces:
20:     cv2.rectangle(image, (x, y), (x+w, y+h), (0, 255, 0), 2)
21:
22: cv2.imshow("preview", image)
23: cv2.waitKey(0)
24:
25: cv2.destroyAllWindows()
```

上述程式碼在第 1 列匯入 OpenCV，第 3 列建立 faceCascade 物件載入預先訓練分類器 haarcascade_frontalface_default.xml，這是人臉辨識的分類器，在第 5~6 列載入 faces.jpg 圖片和轉換成灰階圖片 gray 後，在第 9~14 列呼叫 detectMultiScale() 方法辨識人臉，如下所示：

```
faces = faceCascade.detectMultiScale(
    gray,
    scaleFactor=1.1,
    minNeighbors=5,
    minSize=(30, 30)
)
```

上述方法的回傳值是辨識出物體的方框座標，一個方框是一張人臉，在方法的第 1 個參數是灰階圖片 gray，其他參數的說明，如下所示：

- scaleFactor 參數：指定圖片每次比例縮小尺寸時的縮小比率，增加參數值可以增加辨識速度，但是可能因此遺漏一些可辨識的物體。
- minNegihbors 參數：指定每一個侯選框需要保留多少個鄰居，值愈高，辨識出的數量會較少，但品質較高。
- minSize 參數：最小可能的物體尺寸，小於此尺寸的物體會被忽略。
- maxSize 參數：最大可能的物體尺寸，大於此尺寸的物體會被忽略。

在第 9 列使用 len() 函數顯示辨識出的人臉數，第 19~20 列的 for 迴圈繪出辨識出人臉的長方形外框，在第 22 列顯示辨識結果的圖片。

11-4-3 即時影像的人臉辨識

當成功建立圖片人臉辨識的 Python 程式後，我們可以修改程式，結合 Webcam 或 Pi 相機模組，輕鬆建立即時影像的人臉辨識。

Python 程式：ch11-4-3.py

Python 程式是整合第 11-3-3 節網路攝影機，和第 11-4-2 節的 OpenCV 哈爾特徵層級式分類器來進行即時影像的人臉辨識，程式執行的結果可以看到在攝影機的即時影像中，標示出多張人臉的綠色框，如下圖所示：

```
01: import cv2
02:
03: faceCascade = cv2.CascadeClassifier(
                    "haarcascade_frontalface_default.xml")
04:
05: cap = cv2.VideoCapture(0)
06: cap.set(cv2.CAP_PROP_FRAME_WIDTH, 640)
07: cap.set(cv2.CAP_PROP_FRAME_HEIGHT, 480)
08:
```

→ 接下頁

```
09: while True:
10:     ret, frame = cap.read()
11: 
12:     gray = cv2.cvtColor(frame, cv2.COLOR_BGR2GRAY)
13: 
14:     faces = faceCascade.detectMultiScale(
15:         gray,
16:         scaleFactor=1.1,
17:         minNeighbors=5,
18:         minSize=(30, 30)
19:     )
20: 
21:     print("人臉數:", len(faces))
22:     for (x, y, w, h) in faces:
23:         cv2.rectangle(frame, (x, y), (x+w, y+h), (0, 255, 0), 2)
24: 
25:     cv2.imshow("preview", frame)
26: 
27:     if cv2.waitKey(1) & 0xFF == ord("q"):
28:         break
29: 
30: cap.release()
31: cv2.destroyAllWindows()
```

上述程式碼在第 1 列匯入 OpenCV，第 3 列載入預先訓練分類器 haarcascade_frontalface_default.xml，在第 5~7 列建立 VideoCapture 物件開啟攝影機。

在第 9~28 列的 while 迴圈一一讀取攝影機的影格（幀），這是在第 10 列呼叫 read() 方法讀取每一個影格（幀），第 12 列轉換成灰階圖片後，在第 14~19 列呼叫 detectMultiScale() 方法辨識人臉，第 21 列使用 len() 函數顯示辨識出的人臉數，第 22~23 列的 for 迴圈繪出每張人臉的長方形外框，在第 25 列顯示辨識結果的影格。

在第 3 列的 haarcascade_frontalface_default.xml 檔案可以在 https://github.com/opencv/opencv/tree/master/data/haarcascades 下載，而且需要和 Python 程式位在相同目錄。

11-5 AI 實驗範例：OpenCV+YOLO 物體辨識

YOLO 原名 You only look once，只需看一次，就可以快速且準確的辨識出圖片或影格數位內容中的多種物體。

11-5-1 YOLO 物體辨識的深度學習演算法

YOLO 是一種快速且準確的物體辨識（Object Recognition）演算法，也是一種深度學習演算法（Deep Learning Algorithms）。

YOLO 演算法是使用深度學習的卷積神經網路（Convolutional Neural Networks，CNN），如其英文名稱所述，YOLO 只需單次神經網路的前向傳播（Forward Propagation），就可以準確的辨識出物體。其官方網址如下所示：

https://pjreddie.com/darknet/yolo/

什麼是深度學習

深度學習就是一種機器學習，這是使用模仿人類大腦神經元（Neuron）傳輸所建立的一種神經網路架構（Neural Network Architectures），這就是深度學習演算法的核心，如右圖所示：

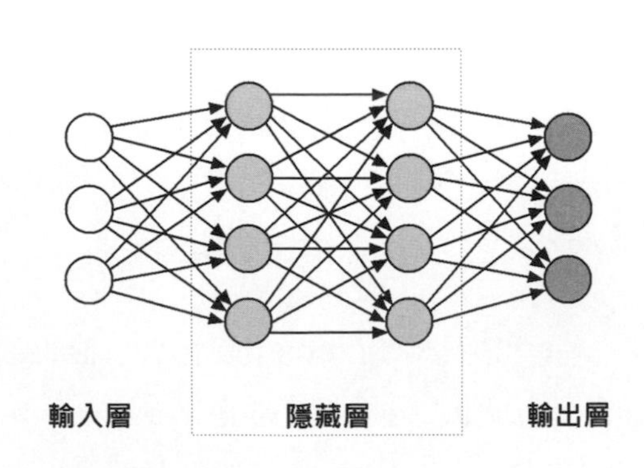

上述圖例是多層神經網路，每一個圓形的頂點是一個神經元，整個神經網路包含「輸入層」(Input Layer)、中間的「隱藏層」(Hidden Layers) 和最後的「輸出層」(Output Layer)。

深度學習使用的神經網路稱為「深度神經網路」(Deep Neural Networks，DNNs)，其中間的隱藏層有很多層，意味著整個神經網路十分的深 (Deep)，可能高達 150 層隱藏層。

說明

深度學習的深度神經網路是一種神經網路，早在 1950 年就已經出現，只是受限早期電腦的硬體效能和技術不純熟，傳統多層神經網路並沒有成功，為了擺脫之前失敗的經驗，所以重新包裝成一個新名稱：「深度學習」。

再談物體辨識

在第 11-4 節的 OpenCV 人臉辨識就是一種物體辨識 (Object Recognition)，這是一種可以在圖片或影格的數位內容中，辨識出多種物體的電腦視覺應用領域，例如：在圖片中辨識出人、車輛、椅子、石頭、建築物和各種動物等。事實上，物體辨識就是在回答下列 2 個基本問題，如下所示：

- 這是什麼東西？
- 東西在哪裡？

YOLO 演算法就是一種深度學習的物體辨識技術，其效能超過 Fast R-CNN、Retina-Net 和 SSD (Single-Shot MultiBox Detector) 等其他著名的物體辨識技術。

11-5-2 下載 YOLO 相關檔案

YOLO 因為是一種深度學習演算法，其本身不需任何安裝，反而我們需要考量使用哪一種深度學習框架來執行 YOLO 演算法。目前來說，執行 YOLO 演算法的常用框架，如下所示：

- Darknet：YOLO 原開發者的深度學習框架，執行效能高，支援 CPU 和 GPU，目前只支援 Linux 作業系統。
- Darkflow：TensorFlow 版的 Darknet，TensorFlow 是 Google 公司的機器學習 / 深度學習框架，其執行效能高，支援 CPU 和 GPU，同時跨平台支援 Linux、Windows 和 Mac 作業系統。
- OpenCV：OpenCV 提供支援執行 YOLO 演算法的深度學習框架，我們只需安裝 OpenCV 即可執行 YOLO 演算法，不過，目前只支援 CPU，並不支援 GPU 運算。

在本書是使用 OpenCV 執行 YOLO 演算法。在 Python 程式執行 YOLO 演算法需要下載三個檔案，其說明如下所示：

- 權重檔 (Weight File)：預訓練模型的權重檔 yolov3.weights，檔案大小 237MB，其下載網址如下所示：

```
https://pjreddie.com/media/files/yolov3.weights
```

- 設定檔 (Cfg File)：YOLO 演算法本身的設定檔，請進入下列 GitHub 網址後，儲存網頁內容成 yolov3.cfg，如下所示：

```
https://raw.githubusercontent.com/pjreddie/darknet/master/cfg/yolov3.cfg
```

- 分類名稱檔 (Name File)：演算法可辨識物體名稱清單的檔案，請進入下列 GitHub 網址後，儲存網頁內容成 coco.names，如下所示：

```
https://raw.githubusercontent.com/pjreddie/darknet/master/data/coco.names
```

11-5-3 建立 OpenCV+YOLO 物體辨識

OpenCV+YOLO 物體辨識的官方教學文件，其 URL 網址如下所示：

https://opencv-tutorial.readthedocs.io/en/latest/yolo/yolo.html

在本節的 Python 程式範例：ch11-5-3.py 是修改自 OpenCV+YOLO 物體辨識的官方教學文件。在第 11-5-2 節下載的 3 個 YOLO 相關檔案是儲存在「ch11\yolo」目錄。

Python 程式：ch11-5-3.py

Python 程式在使用 OpenCV 讀取圖檔後，使用 YOLO 進行物體辨識，程式執行的結果可以看到使用不同色彩的方框所標示出的辨識物體，並且在上方顯示分類名稱和信心指數值，如下圖所示：

```
Ch11-5-3-01.tif
01: import cv2
02: import numpy as np
03:
04: # 載入分類名稱和產生隨機色彩
05: classes = open('yolo/coco.names').read().strip().split('\n')
06: np.random.seed(42)
07: colors = np.random.randint(0, 255, size=(len(classes), 3),
dtype='uint8')
```

上述程式碼在第 1 列匯入 OpenCV，第 2 列匯入 Numpy，在第 5 列載入分類名稱檔 coco.names，第 6 列指定亂數種子，在第 7 列使用亂數產生不同分類色彩值的 Numpy 陣列。

在下方第 10 列呼叫 readNetFromDarknet() 方法載入參數的設定檔 (Cfg File) 和權重檔 (Weight File)，在第 11 列指定優先選擇 OpenCV 後台，如下所示：

```
09: # 載入YOLO3模型的設定和權重檔
10: net = cv2.dnn.readNetFromDarknet('yolo/yolov3.cfg',
                                     'yolo/yolov3.weights')
11: net.setPreferableBackend(cv2.dnn.DNN_BACKEND_OPENCV)
12:
13: # 決定輸出層
14: ln = net.getLayerNames()
15: ln = [ln[i - 1] for i in net.getUnconnectedOutLayers()]
```

上述程式碼的第 14~15 列建立輸出層清單。在下方第 17~44 列的 post_process() 函數可以處理物體辨識結果，第 18 行取出圖片的高 (H) 和寬 (W)，在第 20~22 列初始 3 個清單，如下所示：

```
17: def post_process(img, outputs, conf):
18:     H, W = img.shape[:2]
19:
20:     boxes = []
```

→ 接下頁

```
21:     confidences = []
22:     classIDs = []
23:
24:     for output in outputs:
25:         scores = output[5:]
26:         classID = np.argmax(scores)
27:         confidence = scores[classID]
28:         if confidence > conf:
29:             x, y, w, h = output[:4] * np.array([W, H, W, H])
30:             p0 = int(x - w//2), int(y - h//2)
31:             p1 = int(x + w//2), int(y + h//2)
32:             boxes.append([*p0, int(w), int(h)])
33:             confidences.append(float(confidence))
34:             classIDs.append(classID)
```

上述程式碼在第 24~34 列的 for 迴圈一一取出辨識出的物體，第 25 列取出分數，第 26 列取出分類編號，在第 27 列取得信心指數值，第 28~34 列的 if 條件判斷值是否大於參數 conf，傳入的參數值是 0.5，表示如果大於 0.5，就表示偵測到物體，然後在第 29~30 列取出物體範圍左上角、寬與高，第 31 列計算右下角並沒有使用，在第 32~34 列建立偵測出物體的 boxes 方框座標、confidences 信心指數值，和 classIDs 分類編號。

在下方第 36 列呼叫 NMSBoxes() 方法消除相同辨識出物體方框的雜訊，NMS 就是 Non Maximum Suppression，第 37~44 列的 if 條件判斷是否有辨識出物體，如果有，在第 38~44 列的 for 迴圈標示辨識出的物體，第 39~40 列取出左上角座標、寬與高，在第 41 列取得色彩，第 42 列使用此色彩繪出物體範圍的方框，在第 43~44 列顯示分類名稱和信心指數值，其位置是在方框的上方，如下所示：

```
36:     indices = cv2.dnn.NMSBoxes(boxes, confidences, conf, conf-0.1)
37:     if len(indices) > 0:
38:         for i in indices.flatten():
39:             (x, y) = (boxes[i][0], boxes[i][1])
40:             (w, h) = (boxes[i][2], boxes[i][3])
41:             color = [int(c) for c in colors[classIDs[i]]]
```

→接下頁

```
42:                 cv2.rectangle(img, (x, y), (x + w, y + h), color, 2)
43:                 text = "{}: {:.4f}".format(classes[classIDs[i]],
                                  confidences[i])
44:                 cv2.putText(img, text, (x, y - 5),
                            cv2.FONT_HERSHEY_SIMPLEX, 0.5, color, 1)
45:
46: img0 = cv2.imread('horse.jpg')
47: img = img0.copy()
48: blob = cv2.dnn.blobFromImage(img, 1/255.0, (416, 416),
                                 swapRB=True, crop=False)
```

上述程式碼在第 46 列讀取 horse.jpg 圖檔，第 47 列複製圖片後，在第 48 列呼叫 blobFromImage() 方法使用圖片建立 Blob 物件，YOLO 是使用 Blob 物件從圖片抽出特徵和調整尺寸，如下所示：

```
blob = cv2.dnn.blobFromImage(img, 1/255.0, (416, 416),
                             swapRB=True, crop=False)
```

上述方法的第 1 個參數是圖片，第 2 個參數是標準化的比例值，1/255.0 可以將像素值調整成 0~1 之間，第 3 個參數是尺寸，YOLO 支援 3 種大小的尺寸，其說明如下所示：

- (320, 320)：小尺寸的速度快，但準確度低。
- (609, 609)：大尺寸的速度慢，但準確度高。
- (416, 416)：中等尺寸，可以在速度和準確度之間取得平衡。

參數 swapBR 指定是否轉換 BGR 色彩成為 RGB 色彩，crop 是剪載圖片。在下方第 50 列指定輸入的 Blob 物件後，在第 51 列執行前向傳播，其回傳值就是辨識出物體的 outputs 陣列，第 52 列呼叫 np.vstack() 方法將回傳陣列 outputs 從垂直方向疊起來，以方便在 post_process() 函數處理辨識出的物體，如下所示：

```
50: net.setInput(blob)
51: outputs = net.forward(ln)
52: outputs = np.vstack(outputs)
53: post_process(img, outputs, 0.5)
54: cv2.imshow('window', img)
55:
56: cv2.waitKey(0)
57: cv2.destroyAllWindows()
```

上述程式碼在第 53 列呼叫 post_process() 函數處理辨識出的物體,第 54 列顯示辨識結果的 img 圖片。

Python 程式:ch11-5-3a.py

整合 Webcam+OpenCV+YOLO 建立即時影像的物體辨識,其執行結果可以辨識出 2 個人,如下圖所示:

學習評量

1. 請問什麼是 Python 虛擬環境？如何在 Raspberry Pi OS 管理 Python 虛擬環境？
2. 請問什麼是 OpenCV？請參考第 11-2 節的說明和步驟來安裝 OpenCV。
3. 請問何謂電腦視覺（Computer Vision）？其應用領域有哪些？
4. 請問什麼是 OpenCV 哈爾特徵層級式分類器？
5. 請簡單說明什麼是 YOLO？物體辨識就是在回答哪 2 個基本問題？

AI 實驗範例（二）：進階電腦視覺 + AI 辨識 - TensorFlow + MediaPipe + CVZone

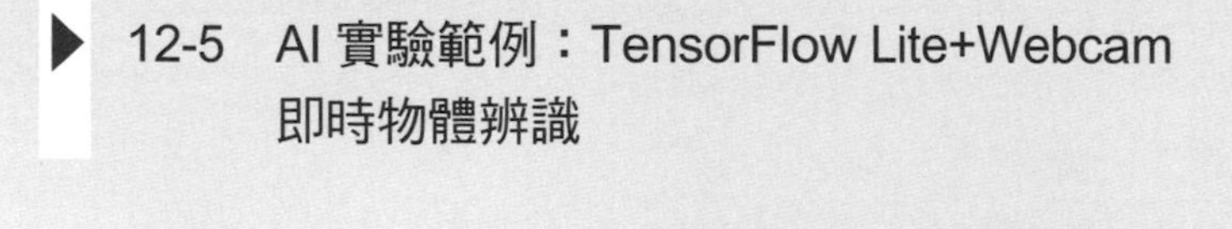

12-1 Google MediaPipe 機器學習框架

Google MediaPipe 是一種跨平台的機器學習解決方案，可以讓相關 AI 研究者和開發者建立世界等級，針對手機、PC、雲端、Web 和 IoT 裝置的機器學習應用程式和解決方案。

12-1-1 認識 MediaPipe

在認識 MediaPipe 之前，我們需要先了解什麼是「機器學習管線」（Machine Learning Pipeline，ML Pipeline），這是一個編輯和自動化產生機器學習模型（ML Model）的工作流程，此工作流程是由多個循序步驟（子工作）所組成，從資料擷取、資料預處理、模型訓練到模型部署，建構出一個完整建立機器學習模型的工作流程。

對比應用程式開發的軟體開發生命周期（System Development Life Cycle，SDLC）是從規劃、建立、測試到最終完成部署的工作流程，機器學習管線就是開發機器學習模型的生命周期，可以提供自動化程序、版本控制、自動測試、效能監控和更快的迭代循環（Iterative Cycle）。

MediaPipe 是什麼

MediaPipe 是 Google 公司在 2019 年發表的開放原始碼專案，此專案針對即時串流媒體和電腦視覺（Computer Vision），提供開放原始碼且跨平台的機器學習解決方案，這個解決方案就是機器學習管線（ML Pipeline）。

基本上，Google MediaPipe 是一種圖表基礎系統（Diagram Based System），可以用來建構多模式影片、聲音和感測器等應用的機器學習管線，我們可以使用圖形方式來組織模組元件，例如：TensorFlow 或 TensorFlow Lite 推論模型和多媒體處理函數等，來建構出一個擁有感知功能的機器學習管線，能夠即時從媒體中辨識出人臉、手勢和姿勢等感知功能，其官方網址如下所示：

- https://mediapipe.dev/

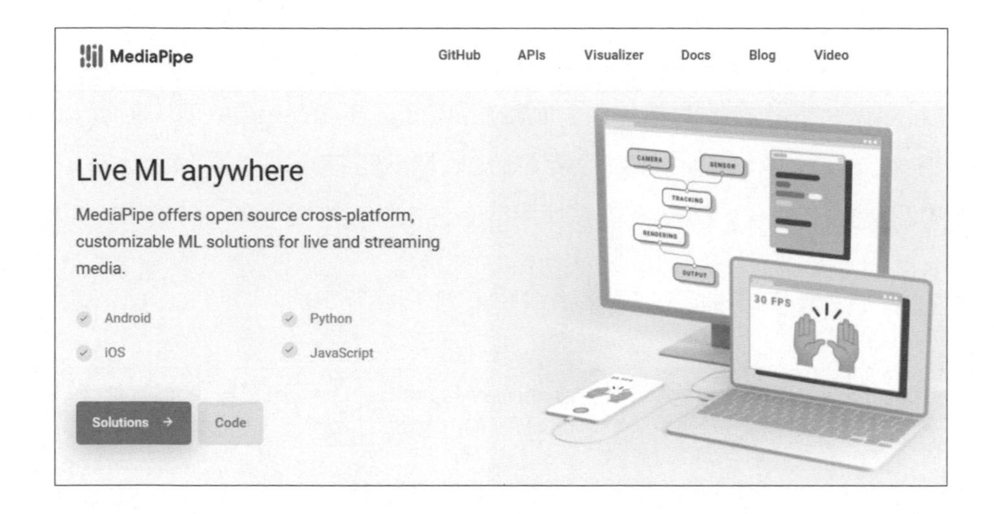

MediaPipe 跨平台支援 Android、iOS、Web 和邊緣運算裝置，C++、JavaScript 和 Python 程式語言，隨著平台釋出的相關應用範例，可以讓我們馬上執行相關的人工智慧應用，如下所示：

- 人臉偵測（Face Detection）。
- 多手勢追蹤（Multi-hand Tracking）。
- 人體姿態估計（Human Pose Estimation）。
- 物體偵測和追蹤（Object Detection and Tracking）。
- 精細化分割（Hair Segmentation）等。

在樹莓派安裝 MediaPipe

我們準備在樹莓派新增名為 mediapipe 的 Python 虛擬環境，參數 -p 指定 Python 3 版本，其指令如下所示：

```
$ mkvirtualenv mediapipe -p python3 Enter
```

當成功建立 Python 虛擬環境，預設就會啟動 mediapipe 的 Python 虛擬環境。然後請參閱第 11-2 節的步驟四安裝 OpenCV 後，就可以在 Python 虛擬環境 mediapipe 安裝 Google MediaPipe，因為 Mediapipe 版本的新舊並不相容，請安裝本書使用的 0.8.4.0 版，如下所示：

- 在樹莓派 4 安裝 MediaPipe 的指令，如下所示：

```
(mediapipe) pi@raspberrypi:~ $ pip install mediapipe-rpi4 == 0.8.4.0 Enter
```

- 在樹莓派 3 安裝 MediaPipe 的指令，如下所示：

```
(mediapipe) pi@raspberrypi:~ $ pip install mediapipe-rpi3 == 0.8.4.0 Enter
```

12-1-2 MediaPipe 人臉偵測

MediaPipe 人臉偵測（Face Detection）是使用 Blazeface 模型的一種超快速的人臉偵測，Blazeface 模型是 Google 開發的一種快速和輕量級的人臉辨識模型，可以在圖片中辨識出多張人臉和標示臉部 6 個關鍵點（Key Points），這是使用 Single Shot Detector 架構和客製化編碼器所建立的人臉辨識模型。

MediaPipe 人臉偵測所辨識出的臉部可以回傳臉部範圍的方框座標，再加上左眼、右眼、鼻尖、嘴巴、左耳和右耳共 6 個關鍵點座標。

Python 程式：ch12-1-2.py

Python 程式在使用 OpenCV 讀取影像後，使用 MediaPipe 人臉偵測進行人臉辨識，程式執行的結果可以看到綠色框出的多張人臉和紅色的 6 個關鍵點，如下圖所示：

```
01: import cv2
02: import mediapipe as mp
03: mp_face_detection = mp.solutions.face_detection
04: mp_drawing = mp.solutions.drawing_utils
05:
06: cap = cv2.VideoCapture(0)
07: face_detection = mp_face_detection.FaceDetection(
                               min_detection_confidence=0.5)
```

上述程式碼在第 1 列匯入 OpenCV，第 2 列匯入 MediaPipe 套件的別名 mp，在第 3~4 列取得 face_detection 和 drawing_utils 模組的 mp_face_detection 和 mp_drawing，在第 7 列建立 FaceDetection 物件，如下所示：

```
face_detection = mp_face_detection.FaceDetection(
                        min_detection_confidence=0.5)
```

上述 min_detection_confidence 參數是最低信心指數，其值是 0~1，以此例當超過 0.5 時，就表示偵測到人臉。

在下方第 9~23 列的 while 迴圈檢查攝影機是否開啟，如果是，就讀取影像進行偵測，第 10 列讀取影格，在第 11~21 列的 if 條件判斷是否讀取成功，如下所示：

```
09: while cap.isOpened():
10:     ret, frame = cap.read()
11:     if ret:
12:         frame = cv2.flip(frame, 1)
13:         frame = cv2.cvtColor(frame, cv2.COLOR_BGR2RGB)
14:         frame.flags.writeable = False
15:         results = face_detection.process(frame)
16:         frame.flags.writeable = True
17:         frame = cv2.cvtColor(frame, cv2.COLOR_RGB2BGR)
18:         if results.detections:
19:             for detection in results.detections:
20:                 mp_drawing.draw_detection(frame, detection)
21:         cv2.imshow("MediaPipe Face Detection", frame)
22:     if cv2.waitKey(1) & 0xFF == ord('q'):
23:         break
24:
25: cap.release()
26: cv2.destroyAllWindows()
```

上述程式碼在第 12 列翻轉影格的影像後，第 13 列轉換成 RGB 色彩，在第 14 列指定不可寫入影格後，在第 15 列呼叫 process() 方法辨識人臉，在辨識後，恢復成可寫入，然後在第 17 列轉換成 BGR 色彩。

第 18~20 列的 if 條件判斷是否有偵測到人臉，如果有，就在第 19~20 列的 for 迴圈使用 draw_detection() 方法繪出辨識出的人臉方框和 6 個關鍵點，在第 21 列顯示辨識結果的影像。

12-1-3 MediaPipe 臉部網格

MediaPipe 臉部網格 (MediaPipe Face Mesh) 是使用 Blazeface 模型為基礎，可以預測出 468 個關鍵點，和使用網格來繪出 3D 臉部模型。

Python 程式：ch12-1-3.py

Python 程式在使用 OpenCV 讀取影像後，使用 MediaPipe 臉部網格進行人臉辨識和繪出 3D 臉部模型，程式執行的結果可以看到綠色線標示出的 3D 臉部網格，如下圖所示：

```
01: import cv2
02: import mediapipe as mp
03: mp_drawing = mp.solutions.drawing_utils
04: mp_face_mesh = mp.solutions.face_mesh
05:
06: drawing_spec=mp_drawing.DrawingSpec(thickness=1,circle_radius=1)
07: cap = cv2.VideoCapture(0)
08: face_mesh=mp_face_mesh.FaceMesh(min_detection_confidence=0.5,
09:                                  min_tracking_confidence=0.5)
```

上述程式碼在第 1 列匯入 OpenCV，第 2 列匯入 MediaPipe 套件的別名 mp，在第 3~4 列取得 face_mash 和 drawing_utils 模組的 mp_face_mash 和 mp_drawing，第 6 列建立 DrawingSpec 物件的連接線規格，在第 8~9 列建立 FaceMesh 物件，如下所示：

```
face_mesh=mp_face_mesh.FaceMesh(min_detection_confidence=0.5,
                                 min_tracking_confidence=0.5)
```

上述 min_detection_confidence 參數是最低信心指數，其值是 0~1，以此例當超過 0.5 時，就表示偵測到人臉，min_tracking_confidence 參數是最低追蹤出臉部 3D 關鍵點的信心指數，超過 0.5 表示可以繪出臉部的 3D 網格。

在下方第 11~29 列的 while 迴圈檢查攝影機是否開啟，如果是，就讀取影像進行偵測，第 12 列讀取影格，在第 13~27 列的 if 條件判斷是否讀取成功，如下所示：

```
11: while cap.isOpened():
12:     ret, frame = cap.read()
13:     if ret:
14:         frame = cv2.flip(frame, 1)
15:         frame = cv2.cvtColor(frame, cv2.COLOR_BGR2RGB)
16:         frame.flags.writeable = False
17:         results = face_mesh.process(frame)
```

→ 接下頁

```
18:         frame.flags.writeable = True
19:         frame = cv2.cvtColor(frame, cv2.COLOR_RGB2BGR)
20:         if results.multi_face_landmarks:
21:             for face_landmarks in results.multi_face_landmarks:
22:                 mp_drawing.draw_landmarks(image=frame,
23:                    landmark_list=face_landmarks,
24:                    connections=
                       mp_face_mesh.FACE_CONNECTIONS,
25:                    landmark_drawing_spec=drawing_spec,
26:                    connection_drawing_spec=drawing_spec)
27:         cv2.imshow("MediaPipe FaceMesh", frame)
28:     if cv2.waitKey(1) & 0xFF == ord('q'):
29:         break
30:
31: cap.release()
32: cv2.destroyAllWindows()
```

上述程式碼在第 14 列翻轉影格的影像後，第 15 列轉換成 RGB 色彩，在第 16 列指定不可寫入影格後，在第 17 列呼叫 process() 方法辨識人臉和繪出 3D 網格，在辨識後，恢復成可寫入，然後在第 19 列轉換成 BGR 色彩。

第 20~26 列的 if 條件判斷是否有偵測到，如果有偵測到，在第 21~26 列的 for 迴圈使用 draw_landmarks() 方法繪出臉部的 468 個關鍵點，和使用網格繪出 3D 臉部模型，在第 27 列顯示辨識結果的影像。

12-1-4 MediaPipe 多手勢追蹤

MediaPipe 手勢（MediaPipe Hands）是使用手掌偵測模型（Palm Detection Model）進行多手勢追蹤，首先偵測出手掌和拳頭，然後使用手部地標模型（Hand Landmark Model）偵測出手部的 21 個關鍵點，如下圖所示：

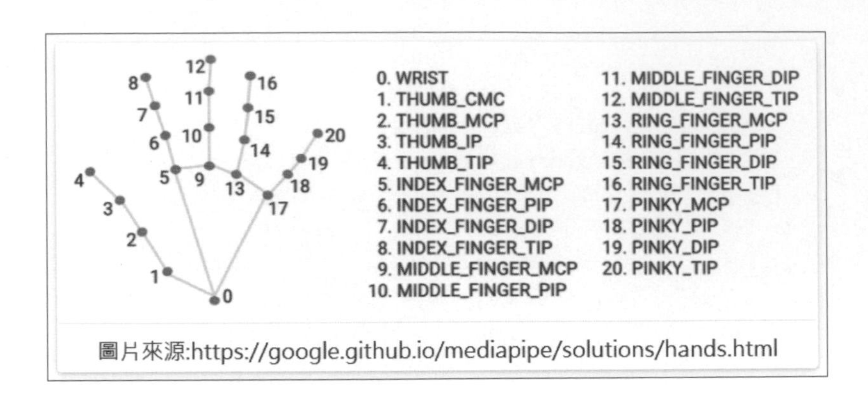

圖片來源:https://google.github.io/mediapipe/solutions/hands.html

Python 程式：ch12-1-4.py

Python 程式在使用 OpenCV 讀取影像後，使用 MediaPipe 多手勢追蹤進行手勢辨識，程式執行的結果可以看到綠色線標示出手部地標的 21 個關鍵點（紅色點），如下圖所示：

```
01: import cv2
02: import mediapipe as mp
03: mp_drawing = mp.solutions.drawing_utils
04: mp_hands = mp.solutions.hands
05:
06: cap = cv2.VideoCapture(0)
07: hands = mp_hands.Hands(min_detection_confidence=0.5,
08:                        min_tracking_confidence=0.5)
```

上述程式碼在第 1 列匯入 OpenCV，第 2 列匯入 MediaPipe 套件的別名 mp，在第 3~4 列取得 hands 和 drawing_utils 模組的 mp_hands 和 mp_drawing，第 7 列建立 Hands 物件，如下所示：

```
hands = mp_hands.Hands(min_detection_confidence=0.5,
                       min_tracking_confidence=0.5)
```

上述 min_detection_confidence 參數是最低信心指數，其值是 0~1，以此例當超過 0.5 時，就表示偵測到手掌，min_tracking_confidence 參數是最低追蹤出手勢關鍵點的信心指數，超過 0.5 表示偵測出手勢。

在下方第 9~24 列的 while 迴圈檢查攝影機是否開啟，如果是，就讀取影像進行偵測，第 10 列讀取影格，在第 11~22 列的 if 條件判斷是否讀取成功，如下所示：

```
09: while cap.isOpened():
10:     ret, frame = cap.read()
11:     if ret:
12:         frame = cv2.flip(frame, 1)
13:         frame = cv2.cvtColor(frame, cv2.COLOR_BGR2RGB)
14:         frame.flags.writeable = False
15:         results = hands.process(frame)
16:         frame.flags.writeable = True
17:         frame = cv2.cvtColor(frame, cv2.COLOR_RGB2BGR)
18:         if results.multi_hand_landmarks:
19:             for hand_landmarks in results.multi_hand_landmarks:
20:                 mp_drawing.draw_landmarks(frame, hand_landmarks,
21:                         mp_hands.HAND_CONNECTIONS)
```

→ 接下頁

```
22:          cv2.imshow("MediaPipe Hands", frame)
23:      if cv2.waitKey(1) & 0xFF == ord('q'):
24:          break
25:
26: cap.release()
27: cv2.destroyAllWindows()
```

上述程式碼在第 12 列翻轉影格的影像後，第 13 列轉換成 RGB 色彩，在第 14 列指定不可寫入影格後，在第 15 列呼叫 process() 方法辨識手勢，在辨識後，恢復成可寫入，然後在第 17 列轉換成 BGR 色彩。

第 18~21 列的 if 條件判斷是否有偵測到，如果有偵測到，在第 19~21 列的 for 迴圈使用 draw_landmarks() 方法繪出辨識出手勢的 21 個紅色關鍵點，和綠色連接線來連接關鍵點，在第 22 列顯示辨識結果的影像。

12-1-5 MediaPipe 人體姿態估計

MediaPipe 姿勢（MediaPipe Pose）是使用 BlazePose 偵測模型來進行人體姿態估計（Human Pose Estimation），首先偵測出人體後，使用人體地標模型（Pose Landmark Model，BlazePose GHUM 3D）偵測出人體的 33 個關鍵點，如下圖所示：

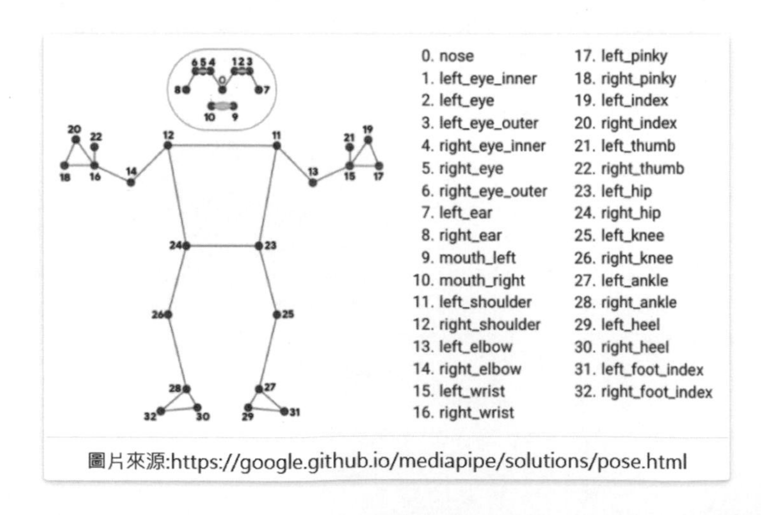

圖片來源:https://google.github.io/mediapipe/solutions/pose.html

Python 程式：ch12-1-5.py

Python 程式在使用 OpenCV 讀取影像後，使用 MediaPipe 人體姿態估計進行姿勢的辨識，程式執行的結果可以看到綠色線標示出人體地標的 33 個關鍵點 (紅色)，如下圖所示：

```
01: import cv2
02: import mediapipe as mp
03: mp_drawing = mp.solutions.drawing_utils
04: mp_pose = mp.solutions.pose
05:
06: cap = cv2.VideoCapture(0)
07: pose = mp_pose.Pose(min_detection_confidence=0.5,
08:                     min_tracking_confidence=0.5)
```

上述程式碼在第 1 列匯入 OpenCV，第 2 列匯入 MediaPipe 套件的別名 mp，在第 3~4 列取得 pose 和 drawing_utils 模組的 mp_pose 和 mp_drawing，第 7~8 列建立 Pose 物件，如下所示：

```
pose = mp_pose.Pose(min_detection_confidence=0.5,
                    min_tracking_confidence=0.5)
```

上述 min_detection_confidence 參數是最低信心指數，其值是 0~1，以此例當超過 0.5 時，就表示偵測到人體，min_tracking_confidence 參數是最低追蹤出姿勢關鍵點的信心指數，超過 0.5 表示偵測出人體姿態。

在下方第 10~24 列的 while 迴圈檢查攝影機是否開啟，如果是，就讀取影像進行偵測，第 11 列讀取影格，在第 12~22 列的 if 條件判斷是否讀取成功，如下所示：

```
10: while cap.isOpened():
11:     ret, frame = cap.read()
12:     if ret:
13:         frame = cv2.flip(frame, 1)
14:         frame = cv2.cvtColor(frame, cv2.COLOR_BGR2RGB)
15:         frame.flags.writeable = False
16:         results = pose.process(frame)
17:         frame.flags.writeable = True
18:         frame = cv2.cvtColor(frame, cv2.COLOR_RGB2BGR)
19:         mp_drawing.draw_landmarks(frame,
20:             results.pose_landmarks,
21:             mp_pose.POSE_CONNECTIONS)
22:         cv2.imshow("MediaPipe Pose", frame)
23:     if cv2.waitKey(1) & 0xFF == ord('q'):
24:         break
25:
26: cap.release()
27: cv2.destroyAllWindows()
```

上述程式碼在第 13 列翻轉影格的影像後，第 14 列轉換成 RGB 色彩，在第 15 列指定不可寫入影格後，在第 16 列呼叫 process() 方法辨識人體姿態估計，在辨識後，恢復成可寫入，然後在第 18 列轉換成 BGR 色彩。

在第 19~21 列使用 draw_landmarks() 方法繪出辨識出人體姿勢的 33 個紅色關鍵點，和綠色連接線來連接關鍵點，在第 22 列顯示辨識結果的影像。

12-2 CVZone 電腦視覺套件

CVZone 是基於 MediaPipe 的電腦視覺套件，可以讓我們更容易使用 Python 語言，以更少的程式碼來執行圖片處理和 AI 電腦視覺。

12-2-1 認識 CVZone

CVZone 是 Python 電腦視學套件，這是基於 OpenCV 和 MediaPipe 的 Python 套件，比起 MedaiPipe，我們可以使用更少的程式碼，和更容易的方式來寫出 Python 程式碼，輕鬆進行人臉辨識、3D 臉部網格、多手勢追蹤和人體姿態估計等電腦視學應用，其官方網址如下所示：

- https://github.com/cvzone/cvzone

我們準備在第 12-1-1 節建立的 Python 虛擬環境 mediapipe 安裝 CVZone，請啟動 mediapipe 虛擬環境後，使用 pip 安裝 1.5.2 版的 CVZone，如下所示：

```
(mediapipe) pi@raspberrypi:~ $ pip install cvzone==1.5.2 Enter
```

12-2-2 CVZone 人臉偵測

CVZone 是使用 FaceDetector 物件進行人臉偵測，然後呼叫 findFaces() 方法來找出可能的人臉。

Python 程式：ch12-2-2.py

Python 程式在使用 OpenCV 讀取影像後，使用 CVZone 進行人臉辨識，程式執行的結果可以看到框出的人臉和上方顯示百分比指出是人臉可能性，和標示出方框的中心點，如下圖所示：

```
01: from cvzone.FaceDetectionModule import FaceDetector
02: import cv2
03:
04: cap = cv2.VideoCapture(0)
05: detector = FaceDetector()
```

上述程式碼在第 1 列從 CVZone 的 FaceDetectionModule 模組匯入 FaceDetector 類別，第 2 列匯入 OpenCV，在第 5 列建立 FaceDetector 物件 detector。

在下方第 7~18 列的 while 迴圈檢查攝影機是否開啟，如果是，就讀取影像進行偵測，第 8 列讀取影格，在第 9 列呼叫 findFaces() 方法偵測人臉，可以回傳已經框起臉部的圖片 img 和方框座標 bboxs，如下所示：

```
07: while cap.isOpened():
08:     success, img = cap.read()
09:     img, bboxs = detector.findFaces(img)
10: 
11:     if bboxs:
12:         # bboxInfo - "id","bbox","score","center"
13:         center = bboxs[0]["center"]
14:         cv2.circle(img, center, 5, (255, 0, 255), cv2.FILLED)
15: 
16:     cv2.imshow("Image", img)
17:     if cv2.waitKey(1) & 0xFF == ord('q'):
18:         break
19: 
20: cap.release()
21: cv2.destroyAllWindows()
```

上述程式碼在第 11~14 列的 if 條件判斷 bboxs 是否有值，如果有，就表示有偵測到人臉，第 13 列取得中心點座標，然後，在第 14 列顯示 (255, 0, 255) 色彩的中心點圓形。

12-2-3 CVZone 臉部網格

CVZone 是使用 FaceMeshDetector 物件進行人臉偵測和繪出臉部網格，我們是呼叫 findFaceMesh() 方法來偵測和繪出臉部網格。

Python 程式：ch12-2-3.py

Python 程式在使用 OpenCV 讀取影像後，使用 CVZone 進行人臉辨識，和繪出臉部 3D 網格，程式執行的結果如下圖所示：

```
01: from cvzone.FaceMeshModule import FaceMeshDetector
02: import cv2
03:
04: cap = cv2.VideoCapture(0)
05: detector = FaceMeshDetector(maxFaces=2)
```

上述程式碼在第 1 列從 CVZone 的 FaceMeshModule 模組匯入 FaceMeshDetector 類別，第 2 列匯入 OpenCV，在第 5 列建立 FaceMeshDetector 物件 detector，maxFaces 參數是最大人臉數。

在下方第 7~14 列的 while 迴圈檢查攝影機是否開啟，如果是，就讀取影像進行偵測，第 8 列讀取影格，在第 9 列呼叫 findFaceMesh() 方法偵測人臉和繪出臉部 3D 網格，可以回傳已經繪出臉部 3D 網格的圖片 img 和人臉數 faces，如下所示：

```
07: while cap.isOpened():
08:     success, img = cap.read()
09:     img, faces = detector.findFaceMesh(img)
10:     if faces:
11:         print(faces[0])
```

→ 接下頁

```
12:     cv2.imshow("Image", img)
13:     if cv2.waitKey(1) & 0xFF == ord('q'):
14:         break
15:
16: cap.release()
17: cv2.destroyAllWindows()
```

上述程式碼在第 10~11 列的 if 條件判斷 faces 是否有偵測到，如果有，就在第 11 列顯示臉部 3D 網格的關鍵點座標。

12-2-4 CVZone 多手勢追蹤

CVZone 的 HandDetector 物件可以偵測手勢、計算伸出幾個手指，和測量 2 個手指之間的距離。

Python 程式：ch12-2-4.py

Python 程式在使用 OpenCV 讀取影像後，使用 CVZone 進行多手勢追蹤，和標示偵測出的是右手或左手，程式執行的結果如下圖所示：

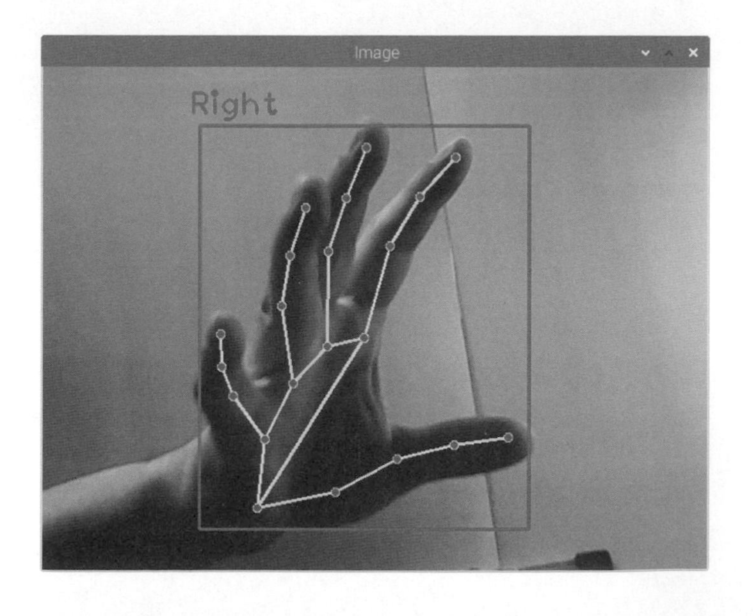

```
01: from cvzone.HandTrackingModule import HandDetector
02: import cv2
03:
04: cap = cv2.VideoCapture(0)
05: cap.set(3, 1280)
06: cap.set(4, 720)
07: detector = HandDetector(detectionCon=0.5, maxHands=2)
```

上述程式碼在第 1 列從 CVZone 的 HandTrackingModule 模組匯入 HandDetector 類別，第 2 列匯入 OpenCV，第 5~6 列指定影格尺寸 (需攝影機支援才會調整)，在第 7 列建立 HandDetector 物件 detector，第 1 個參數是信心指數，第 2 個參數是最多幾個手勢。

在下方第 9~31 列的 while 迴圈檢查攝影機是否開啟，如果是，就讀取影像進行偵測，第 10 列讀取影格，在第 11 列呼叫 findHands() 方法偵測多手勢，回傳手勢數 hands，和已經繪出手勢的圖片 img，如下所示：

```
09: while cap.isOpened():
10:     success, img = cap.read()
11:     hands, img = detector.findHands(img)
12:     if hands:
13:         # Hand 1
14:         hand1 = hands[0]
15:         lmList1 = hand1["lmList"]
16:         bbox1 = hand1["bbox"]
17:         centerPoint1 = hand1['center']
18:         handType1 = hand1["type"]
19:         fingers1 = detector.fingersUp(hand1)
```

上述程式碼第 12~28 列的 if 條件判斷是否有偵測到，如果有，第 14~18 列是取出第 1 個手勢 hands[0] 的相關資訊，其說明如下所示：

- hand1["lmList"]：手勢的 21 個關鍵點清單。

- hand1["bbox"]：框起手勢的方框座標 (x, y, w, h)。
- hand1['center']：手勢方框的中心點座標 (cx, cy)。
- hand1["type"]：手勢是左手 Left 或右手 Right。

在第 19 列呼叫 fingersUp() 方法計算伸出幾個手指。在下方第 20~27 列是第 2 個手勢的相關資訊，如下所示：

```
20:         if len(hands) == 2:
21:             # Hand 2
22:             hand2 = hands[1]
23:             lmList2 = hand2["lmList"]
24:             bbox2 = hand2["bbox"]
25:             centerPoint2 = hand2['center']
26:             handType2 = hand2["type"]
27:             fingers2 = detector.fingersUp(hand2)
28:             length, info, img = detector.findDistance(lmList1[8],
                                               lmList2[8], img)
29:     cv2.imshow("Image", img)
30:     if cv2.waitKey(1) & 0xFF == ord('q'):
31:         break
32:
33: cap.release()
34: cv2.destroyAllWindows()
```

上述程式碼在第 28 列呼叫 findDistance() 方法，可以計算 2 個手勢的食指（關鍵點 8）之間的距離，在第 29 列顯示辨識結果的圖片。

Python 程式：ch12-2-4a.py

Python 程式在使用 OpenCV 讀取影像後，使用 CVZone 進行多手勢追蹤，可以偵測出手勢共伸出幾個手指，以此例 Fingers:2，就是 2 個手指，程式執行的結果如下圖所示：

```
01: from cvzone.HandTrackingModule import HandDetector
02: import cv2
03:
04: cap = cv2.VideoCapture(0)
05: cap.set(3, 1280)
06: cap.set(4, 720)
07: detector = HandDetector(detectionCon=0.5, maxHands=1)
```

上述程式碼在第 1 列從 CVZone 的 HandTrackingModule 模組匯入 HandDetector 類別，第 2 列匯入 OpenCV，在第 5~6 列指定影格尺寸 (需攝影機支援才會調整)，第 7 列建立 HandDetector 物件 detector，第 1 個參數是信心指數，第 2 個參數是最多幾個手勢。

在下方第 9~21 列的 while 迴圈檢查攝影機是否開啟，如果是，就讀取影像進行偵測，第 10 列讀取影格，在第 11 列呼叫 findHands() 方法偵測多手勢，可以回傳手勢數 hands，和已經繪出手勢的圖片 img，如下所示：

```
09: while cap.isOpened():
10:     success, img = cap.read()
11:     hands, img = detector.findHands(img)
12:     if hands:
13:         hand = hands[0]
14:         bbox = hand['bbox']
15:         fingers = detector.fingersUp(hand)
16:         totalFingers = fingers.count(1)
17:         cv2.putText(img, f'Fingers:{totalFingers}',
                        (bbox[0]+200,bbox[1]-30),
18:                     cv2.FONT_HERSHEY_PLAIN, 2, (0, 255, 0), 2)
19:     cv2.imshow("Image", img)
20:     if cv2.waitKey(1) & 0xFF == ord('q'):
21:         break
22:
23: cap.release()
24: cv2.destroyAllWindows()
```

上述程式碼在第 12~18 列的 if 條件判斷是否有偵測到，有，就在第 13 列取出手勢 hand，第 14 列是方框座標，在第 15 列呼叫 fingersUp() 計算伸出的手指數，在第 16 列取得手指數，在第 17~18 列在方框上方顯示手指數，在第 19 列顯示辨識結果的圖片。

Python 程式：ch12-2-4b.py

Python 程式在使用 OpenCV 讀取影像後，使用 CVZone 進行多手勢追蹤，可以計算指定 2 個手指之間的距離，以此例是食指和中指之間的距離 120，程式執行的結果如下圖所示：

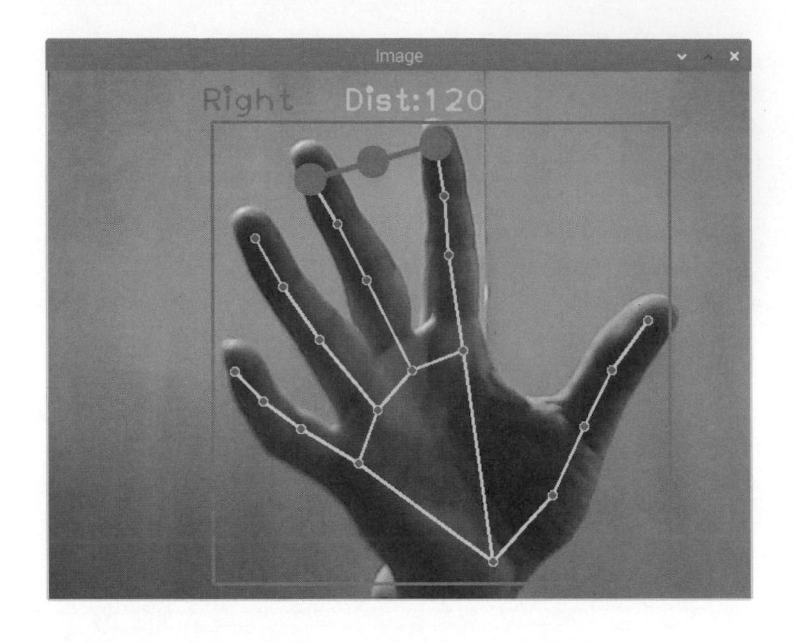


```
01: from cvzone.HandTrackingModule import HandDetector
02: import cv2
03:
04: cap = cv2.VideoCapture(0)
05: cap.set(3, 1280)
06: cap.set(4, 720)
07: detector = HandDetector(detectionCon=0.5, maxHands=2)
```

上述程式碼在第 1 列從 CVZone 的 HandTrackingModule 模組匯入 HandDetector 類別，第 2 列匯入 OpenCV，在第 5~6 列指定影格尺寸 (需攝影機支援才會調整)，第 7 列建立 HandDetector 物件 detector，第 1 個參數是信心指數，第 2 個參數是最多幾個手勢。

在下方第 9~21 列的 while 迴圈檢查攝影機是否開啟，如果是，就讀取影像進行偵測，第 10 列讀取影格，在第 11 列呼叫 findHands() 方法偵測多手勢，可以回傳手勢數 hands，和已經繪出手勢的圖片 img，如下所示：

```
09: while cap.isOpened():
10:     success, img = cap.read()
11:     hands, img = detector.findHands(img)
12:     if hands:
13:         # Hand 1
14:         hand1 = hands[0]
15:         lmList1 = hand1["lmList"]
16:         bbox1 = hand1["bbox"]
17:         centerPoint1 = hand1['center']
18:         handType1 = hand1["type"]
19:         fingers1 = detector.fingersUp(hand1)
20:         length, info, img = detector.findDistance(
                          lmList1[8],lmList1[12],img)
21:         cv2.putText(img, f'Dist:{int(length)}',(bbox1[0]+100,
                         bbox1[1]-30),
22:                      cv2.FONT_HERSHEY_PLAIN, 2, (0, 255, 0), 2)
```

上述程式碼第 12~33 列的 if 條件判斷是否有偵測到，如果有，第 14~18 列是取出第 1 個手勢 hands[0] 的相關資訊，在第 19 列呼叫 fingersUp() 方法計算伸出幾個手指，第 20 列計算食指和中指之間的距離 (關鍵點 8 和 12)，在第 21~22 列顯示距離。

在下方第 23~33 列是第 2 個手勢的相關資訊、伸出手指數和計算 2 個手勢的食指之間距離，在第 34 列顯示辨識結果的圖片，如下所示：

```
23:         if len(hands) == 2:
24:             # Hand 2
25:             hand2 = hands[1]
26:             lmList2 = hand2["lmList"]
27:             bbox2 = hand2["bbox"]
28:             centerPoint2 = hand2['center']
29:             handType2 = hand2["type"]
30:             fingers2 = detector.fingersUp(hand2)
31:             length, info, img = detector.findDistance(
                              lmList1[8],lmList2[8],img)
32:             cv2.putText(img, f'Dist:{int(length)}',
                         (bbox2[0]+100,bbox2[1]-30),
33:                      cv2.FONT_HERSHEY_PLAIN, 2, (0, 255, 0), 2)
```

→ 接下頁

```
34:     cv2.imshow("Image", img)
35:     if cv2.waitKey(1) & 0xFF == ord('q'):
36:         break
37:
38: cap.release()
39: cv2.destroyAllWindows()
```

12-2-5 CVZone 人體姿態估計

CVZone 是使用 PoseDetector 物件進行人體姿態估計，我們可以呼叫 findPose() 和 findPosition() 方法來偵測出人體和找出關鍵點。

Python 程式：ch12-2-5.py

Python 程式在使用 OpenCV 讀取影像後，使用 CVZone 進行人體姿態估計，程式執行的結果如下圖所示：

```
01: from cvzone.PoseModule import PoseDetector
02: import cv2
03:
04: cap = cv2.VideoCapture(0)
05: detector = PoseDetector()
```

上述程式碼在第 1 列從 CVZone 的 PoseModule 模組匯入 PoseDetector 類別，第 2 列匯入 OpenCV，在第 5 列建立 PoseDetector 物件 detector。

在下方第 7~17 列的 while 迴圈檢查攝影機是否開啟，如果是，就讀取影像進行偵測，第 8 列讀取影格，在第 9 列呼叫 findPose() 方法偵測人體，回傳已經繪出人體姿態的圖片 img，第 10 列呼叫 findPosition() 方法取得關鍵點和方框座標，參數 bboxWithHands 是 False，表示不包含手部，如下所示：

```
07: while cap.isOpened():
08:     success, img = cap.read()
09:     img = detector.findPose(img)
10:     lmList, bboxInfo = detector.findPosition(img, bboxWithHands=False)
11:     if bboxInfo:
12:         center = bboxInfo["center"]
13:         cv2.circle(img, center, 5, (255, 0, 255), cv2.FILLED)
14:
15:     cv2.imshow("Image", img)
16:     if cv2.waitKey(1) & 0xFF == ord('q'):
17:         break
18:
19: cap.release()
20: cv2.destroyAllWindows()
```

上述程式碼在第 11~13 列的 if 條件判斷是否偵測到，有，就在第 12 列取出中心點，和在第 13 列繪出中心點，在第 15 列顯示辨識結果的圖片。

12-3 TensorFlow Lite 物體辨識

TensorFlow 是 Google 公司的機器學習 / 深度學習框架，在這一節我們準備使用 TensorFlow Lite 載入預訓練模型來進行物體辨識。

12-3-1 認識 TensorFlow 和 TensorFlow Lite

TensorFlow 是一套開放原始碼和高效能的數值計算函式庫，一個機器學習 / 深度學習的框架，事實上，TensorFlow 就是一個完整機器學習的學習平台，提供大量工具和社群資源，可以幫助開發者加速機器學習的研究與開發，和輕鬆部署機器學習的大型應用程式。

TensorFlow 是 Google Brain Team 開發，在 2005 年底開放專案後，2017 年推出第一個正式版本，之所以稱為 TensorFlow，這是因為其輸入 / 輸出的運算資料是向量、矩陣等多維度的數值資料，稱為張量 (Tensor)，我們建立的機器學習模型需要使用流程圖來描述訓練過程的所有數值運算操作，稱為計算圖 (Computational Graphs)，這是一種低階運算描述的圖形，Tensor 張量就是經過這些流程 Flow 的數值運算來產生輸出結果，稱為：Tensor+Flow=TensorFlow。

TensorFlow Lite 就是在行動裝置和 IoT 裝置上部署機器學習模型，這是一種開放原始碼深度學習架構，可在直接在裝置端載入模型來執行推論。

在樹莓派安裝 TensorFlow Lite

我們準備在樹莓派新增名為 tflite 的 Python 虛擬環境，參數 -p 指定 Python 3 版本，其指令如下所示：

```
$ mkvirtualenv tflite -p python3 Enter
```

當成功建立 Python 虛擬環境，預設就會啟動 tflite 的 Python 虛擬環境，然後請參閱第 11-2 節的步驟四安裝 OpenCV 後，就可以在 Python 虛擬環境 tflite 安裝 TensorFlow Lite，首先需要查詢 CPU 類型和 Python 版本，其指令如下所示：

```
(tflite) pi@raspberrypi:~ $ uname -m Enter
(tflite) pi@raspberrypi:~ $ python --version Enter
```

```
pi@raspberrypi: ~
檔案(F) 編輯(E) 分頁(T) 說明(H)
pi@raspberrypi:~ $ workon tflite
(tflite) pi@raspberrypi:~ $ uname -m
armv7l
(tflite) pi@raspberrypi:~ $ python --version
Python 3.7.3
(tflite) pi@raspberrypi:~ $
```

上述查詢結果的 CPU 是 armv7l，Python 是 3.7.3 版，然後請啟動瀏覽器開啟 TensorFlow Lite 網站，我們需要下載指定 CPU 和 Python 版本的 Wheel 檔來安裝 TensorFlow Lite，其網址如下所示：

- https://github.com/google-coral/pycoral/releases/

tflite_runtime-2.5.0.post1-cp36-cp36m-macosx_10_15_x86_64.whl	1.37 MB
tflite_runtime-2.5.0.post1-cp36-cp36m-macosx_11_0_x86_64.whl	1.37 MB
tflite_runtime-2.5.0.post1-cp36-cp36m-win_amd64.whl	847 KB
tflite_runtime-2.5.0.post1-cp37-cp37m-linux_aarch64.whl	1.25 MB
tflite_runtime-2.5.0.post1-cp37-cp37m-linux_armv7l.whl	1.26 MB
tflite_runtime-2.5.0.post1-cp37-cp37m-linux_x86_64.whl	1.38 MB
tflite_runtime-2.5.0.post1-cp37-cp37m-macosx_10_15_x86_64.whl	1.37 MB
tflite_runtime-2.5.0.post1-cp37-cp37m-macosx_11_0_x86_64.whl	1.37 MB

請捲動視窗找到 Python 是 3.7 版，即 cp37，最後的 CPU 是 armv7l 的 Wheel 檔 tflite_runtime-2.5.0.post1-cp37-cp37m-linux_armv7l.whl，請使用滑鼠**右**鍵複製 Wheel 檔的 URL 網址，如下所示：

```
https://github.com/google-coral/pycoral/releases/download/v2.0.0/tflite_
runtime-2.5.0.post1-cp37-cp37m-linux_armv7l.whl
```

接著，我們就可以在 Python 虛擬環境 tflite 安裝 TensorFlow Lite，其指令如下所示：

```
(tflite) pi@raspberrypi:~ $ pip install <Wheel檔的URL網址> Enter
```

上述 <Wheel 檔的 URL 網址 > 就是填入之前取得的 URL 網址。

取得 TensorFlow Lite 預訓練模型：MobileNet

TensorFlow Lite 提供多種可以馬上使用的預訓練模型，我們可以直接下載模型來進行物體辨識，例如：在 TensorFlow Hub 下載 MobileNet V1 版預訓練模型（請下載內含標籤檔的 Metadata 版本），其 URL 網址如下所示：

- https://tfhub.dev/tensorflow/lite-model/mobilenet_v1_1.0_224_quantized/1/metadata/1

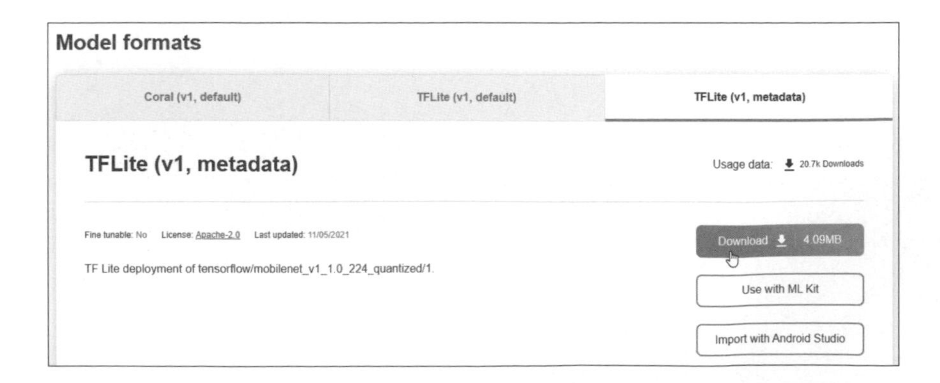

請捲動視窗找到下載位置後，按 **Download** 鈕下載模型檔，其下載檔名是 **mobilenet_v1_1.0_224_quantized_1_metadata_1.tflite**，此模型已經內含物體分類名稱的標籤資料。

請使用 unzip <檔名> 指令解壓縮下載的模型檔案，就可以看到解壓縮的 labels.txt 檔，這是分類名稱的標籤檔。在書附範例的「Ch12/mobilenet/」目錄就是這 2 個檔案，如下圖所示：

12-3-2 使用預訓練模型進行物體辨識

MobileNet V1 預訓練模型所辨識的圖片尺寸是 (224, 224)，可以辨識 1000 種不同的物體。在 Python 程式首先需要匯入 TensorFlow Lite 的 tflite_runtime.interpreter 物件（別名 Interpreter），如下所示：

```
from tflite_runtime.interpreter import Interpreter
```

接著建立 Interpreter 物件載入模型，就可以呼叫 allocate_tensors() 方法配置張量進行圖片預處理，如下所示：

```
interpreter = Interpreter(model_path)
interpreter.allocate_tensors()
```

在完成圖片預處理後，就可以呼叫 set_tensor() 方法指定圖片 input_data 的輸入資料，和呼叫 invoke() 方法進行物體辨識，如下所示：

```
interpreter.set_tensor(interpreter.get_input_details()[0]["index"], 接下行
input_data)
interpreter.invoke()
```

最後呼叫 get_output_details() 方法取得回傳的辨識結果，如下所示：

```
output_details = interpreter.get_output_details()[0]
```

Python 程式：ch12-3-2.py

Python 程式在使用 OpenCV 讀取圖檔後，使用 TensorFlow Lite 載入 MobileNet V1 預訓練模型來辨識圖片內容，程式執行的結果可以看到辨識結果是一隻貓，如右圖所示：

```
>>> %Run ch12-3-2.py
 成功載入模型...
 圖片資訊: ( 224 , 224 )
 辨識時間 = 0.415 秒
 圖片標籤 = Egyptian cat
 辨識準確度 = 65.62 %
```

```
01: from tflite_runtime.interpreter import Interpreter
02: import cv2
03: import numpy as np
04: import time
05: 
06: # data_folder = "/home/pi/Ch12/mobilenet/"
07: data_folder = "mobilenet/"
08: model_path = data_folder +
               "mobilenet_v1_1.0_224_quantized_1_metadata_1.tflite"
09: label_path = data_folder + "labels.txt"
10: 
11: interpreter = Interpreter(model_path)
12: print("成功載入模型...")
13: interpreter.allocate_tensors()
14: _, height, width, _ = interpreter.get_input_details()[0]["shape"]
15: print("圖片資訊: (", width, ",", height, ")")
```

上述程式碼在第 1 列匯入別名 Interpreter 的 tflite_runtime.interpreter 模組，第 2~3 列依序匯入 OpenCV 和 Numpy，在第 7~9 列建立模型和標籤檔的路徑，第 11 列載入模型，在第 13 列配置張量，第 14~15 列取出和顯示輸入模型的圖片尺寸。

在下方第 17 列取得目前時間，第 19~22 列依序讀取 test.jpg 圖檔、改成 RGB 色彩和調整成輸入圖片尺寸，在第 22 列呼叫 np.expand_dims() 方法擴充圖片陣列維度 0 的輸入資料後，第 23 列呼叫 set_tensor() 方法指定輸入資料，然後在第 24 列執行物體辨識，如下所示：

```
17: time1 = time.time()
18:
19: image = cv2.imread("images/test.jpg")
20: image_rgb = cv2.cvtColor(image, cv2.COLOR_BGR2RGB)
21: image_resized = cv2.resize(image_rgb, (width, height))
22: input_data = np.expand_dims(image_resized, axis=0)
23: interpreter.set_tensor(interpreter.get_input_details()[0]["index"],
                                  input_data)
24: interpreter.invoke()
25: output_details = interpreter.get_output_details()[0]
26: output = np.squeeze(interpreter.get_tensor(output_details["index"]))
27: scale, zero_point = output_details["quantization"]
28: output = scale * (output - zero_point)
29: ordered = np.argpartition(-output, 1)
30: label_id, prob = [(i, output[i]) for i in ordered[:1]][0]
31:
32: time2 = time.time()
33: classification_time = np.round(time2-time1, 3)
34: print("辨識時間 =", classification_time, "秒")
35:
36: with open(label_path, "r") as f:
37:     labels = [line.strip() for i, line in enumerate(f.readlines())]
38: classification_label = labels[label_id]
39: print("圖片標籤 =", classification_label)
40: print("辨識準確度 =", np.round(prob*100, 2), "%")
```

上述程式碼在第 25 列取得辨識結果，第 26 列呼叫 np.squeeze() 方法去掉陣列維度值是 1 的維度後，在第 27 列取出 "quantization" 鍵的量化值，即可在第 28 列使用取得量化值來計算輸出陣列，第 29 列呼叫 np.argpartition() 方法建立局部排序，以便在第 30 列取出最大可能物體的分類標籤編號，和準確度。

在第 32 列取得辨識後的時間，第 33~34 列顯示辨識所花費的時間，在第 36~37 列開啟檔案讀取標籤檔的分類名稱，第 38 列取得辨識結果的分類名稱，在第 39~40 列顯示圖片的辨識結果。

12-4 AI 實驗範例：辨識剪刀、石頭和布的手勢

CVZone 電腦視覺套件提供相關模組和方法，可以讓我們更容易撰寫 Python 程式碼來執行手勢追蹤的電腦視覺，在本節的實驗範例準備使用 CVZone 依據手掌伸出的手指數來辨識出手勢是剪刀、石頭或布。

在 Python 程式可以使用 HandDetector 物件的 fingersUp() 方法來偵測手掌伸出哪些手指，如下所示：

```
fingers = detector.fingersUp(hand)
```

上述方法的回傳值是 5 根手指（從姆指開始至小指）的清單，例如：[0, 1, 1, 0, 0]，值 1 是伸出；0 沒有，以此例是伸出食指和中指，所以，我們可以使用此清單內容來辨識出手勢是剪刀、石頭或布。

Python 程式：ch12-4.py

Python 程式在使用 OpenCV 讀取圖片後，使用 CVZone 進行手勢追蹤，可以偵測出手掌伸出幾個手指來辨識手勢是剪刀、石頭或布（需使用 Python 虛擬環境 mediapipe)，程式執行的結果如右圖所示：

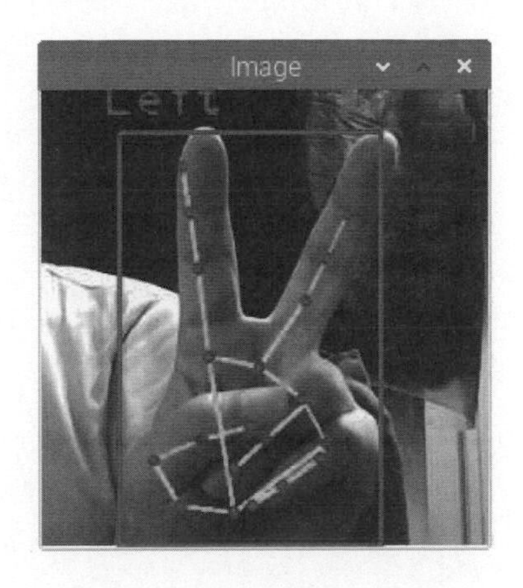

上述圖例可以看到辨識出左手，而且伸出 2 根指頭的食指和中指，可以判斷出手勢是剪刀 Scissors，如下圖所示：

互動環境 (Shell)

```
>>> %Run ch12-4.py
  INFO: Created TensorFlow Lite XNNPACK delegate for CPU.
  INFO: Replacing 117 node(s) with delegate (TfLiteXNNPackD
  elegate) node, yielding 2 partitions.
  INFO: Replacing 64 node(s) with delegate (TfLiteXNNPackDe
  legate) node, yielding 1 partitions.
  [0, 1, 1, 0, 0]
  Scissors
```

```
01: from cvzone.HandTrackingModule import HandDetector
02: import cv2
03:
04: detector = HandDetector(detectionCon=0.5, maxHands=1)
```

上述程式碼在第 1 列從 CVZone 的 HandTrackingModule 模組匯入 HandDetector 類別，第 2 列匯入 OpenCV，在第 4 列建立 HandDetector 物件 detector，第 1 個參數是信心指數，第 2 個參數是最多幾個手勢，以此例是只偵測 1 個手勢。

在下方第 5 列呼叫 imread() 方法讀取 Scissors.png 圖檔後，第 7 列呼叫 findHands() 方法偵測手勢，可以回傳手勢數 hands，和已經繪出手勢的圖片 img，如下所示：

```
05: img = cv2.imread("images/Scissors.png", cv2.IMREAD_COLOR)
06:
07: hands, img = detector.findHands(img)
08: if hands:
09:     hand = hands[0]
10:     fingers = detector.fingersUp(hand)
11:     print(fingers)
12:     totalFingers = fingers.count(1)
13:     if totalFingers == 5:
14:         print("Paper")
15:     if totalFingers == 0:
16:         print("Rock")
17:     if totalFingers == 2:
18:         if fingers[1] == 1 and fingers[2] == 1:
19:             print("Scissors")
20: cv2.imshow("Image", img)
21: cv2.waitKey(0)
22: cv2.destroyAllWindows()
```

上述程式碼在第 8~19 列的 if 條件判斷是否有偵測到，有，就在第 9 列取出手勢 hand，第 10 列呼叫 fingersUp() 計算手掌伸出的手指數，在第 12 列取得手指數，在第 13~16 列的 2 個 if 條件分別依手指數來判斷是布或石頭的手勢。

第 17~19 列的 if 條件先判斷手指數是否是 2，如果是，再使用第 18~19 列的 if 條件判斷是否是食指和中指，如果是，就是剪刀手勢，在第 20 列顯示辨識結果的圖片。

Python 程式：ch12-4a.py

結合 CVZone+Webcam 攝影機的即時影像辨識，可以即時辨識手勢是剪刀、石頭或布。

12-5 AI 實驗範例：TensorFlow Lite+Webcam 即時物體辨識

如同第 11 章的 YOLO 物體辨識，我們一樣可以使用 TensorFlow Lite 建立即時物體辨識，使用的是 SSD MobileNet 預訓練模型，可以辨識 90 種物體。

取得 TensorFlow Lite 預訓練模型：SSD MobileNet

在 TensorFlow Hub 下載 SSD MobileNet V1 預訓練模型（請下載內含標籤檔的 Metadata 版本），其 URL 網址如下所示：

- https://tfhub.dev/tensorflow/lite-model/ssd_mobilenet_v1/1/metadata/2

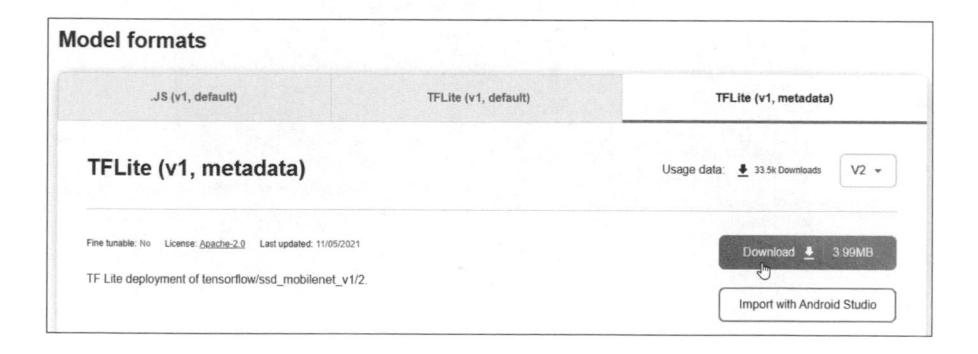

請捲動視窗找到下載位置後，按 **Download** 鈕下載模型檔，其下載檔名是 **lite-model_ssd_mobilenet_v1_1_metadata_2.tflite**，此模型已經內含物體分類名稱的標籤資料。

請直使用 unzip <檔名> 指令壓縮下載的模型檔案，就可以看到解壓縮的 labelmap.txt 檔，這就是分類名稱的標籤檔。在書附範例的「Ch12/ssd_mobilenet/」子目錄就是這 2 個檔案，如下圖所示：

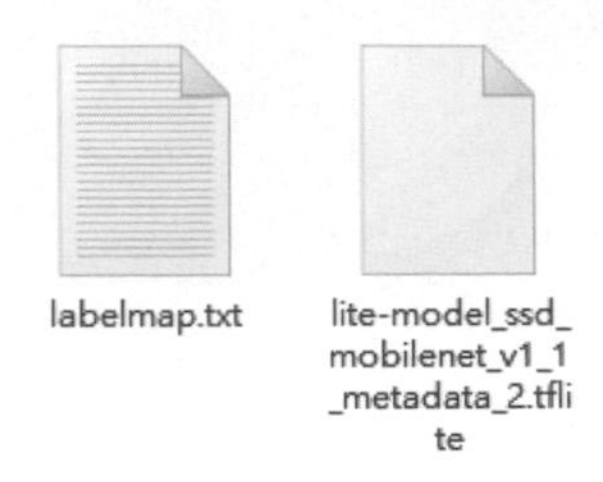

Python 程式：ch12-5.py

Python 程式在使用 OpenCV 讀取影像後，使用 SSD MobileNet V1 預訓練模型來進行多物體的即時辨識，程式執行的結果可以看到使用方框標出的多個辨識物體（需使用 Python 虛擬環境 tflite），如下圖所示：

```
01: import cv2
02: from tflite_runtime.interpreter import Interpreter
03: import numpy as np
04:
05: # data_folder = "/home/pi/Ch12/ssd_mobilenet/"
06: data_folder = "ssd_mobilenet/"
07:
08: model_path = data_folder +
            "lite-model_ssd_mobilenet_v1_1_metadata_2.tflite"
09: label_path = data_folder + "labelmap.txt"
10: min_conf_threshold = 0.5
11:
12: with open(label_path, "r") as f:
13:     labels = [line.strip() for line in f.readlines()]
```

上述程式碼在第 1 列匯入 OpenCV，第 2 列匯入別名 Interpreter 的 tflite_runtime.interpreter 模組，第 3 列匯入 Numpy，在第 6~9 列建立模型和標籤檔的路徑，在第 10 列是最低信心指數值 0.5，大於 0.5 表示識別出物體，第 12~13 列開啟檔案讀取標籤檔的分類名稱。

在下方第 15 列載入參數 model_path 的模型，第 16 列配置張量，在第 17~18 列分別呼叫 get_input_details() 和 get_output_details() 方法取得輸入和輸出詳細資訊，第 19 列取出輸入圖片的尺寸，如下所示：

```
15: interpreter = Interpreter(model_path=model_path)
16: interpreter.allocate_tensors()
17: input_details = interpreter.get_input_details()
18: output_details = interpreter.get_output_details()
19: _, height, width, _ = interpreter.get_input_details()[0]["shape"]
20:
21: cap = cv2.VideoCapture(0)
22: imWidth  = cap.get(cv2.CAP_PROP_FRAME_WIDTH)
23: imHeight = cap.get(cv2.CAP_PROP_FRAME_HEIGHT)
```

上述程式碼在第 21 列建立攝影機的 VideoCapture 物件，第 22~23 列使用 get() 方法取得攝影機的影格尺寸，分別是寬和高。

在下方第 25~33 列的 while 迴圈檢查攝影機是否開啟，如果是，就讀取影像進行偵測，第 25 列讀取影格，在第 26 列轉換成 RGB 色彩，第 27 列調整成模型輸入圖片的尺寸，在第 28 列擴充圖片陣列維度成輸入資料，如下所示：

```
24: while cap.isOpened():
25:     success, frame = cap.read()
26:     frame_rgb = cv2.cvtColor(frame, cv2.COLOR_BGR2RGB)
27:     frame_resized = cv2.resize(frame_rgb, (width, height))
28:     input_data = np.expand_dims(frame_resized, axis=0)
29:     interpreter.set_tensor(input_details[0]["index"],input_data)
30:     interpreter.invoke()
31:     boxes = interpreter.get_tensor(output_details[0]["index"])[0]
32:     classes = interpreter.get_tensor(output_details[1]["index"])[0]
33:     scores = interpreter.get_tensor(output_details[2]["index"])[0]
```

上述程式碼在第 29 列指定輸入資料，然後在第 30 列執行物體辨識，第 31~33 列取得辨識結果的方框座標、分類和準確度分數。

在下方第 34~50 列的 for 迴圈來繪出辨識結果的方框、分類和分數，如下所示：

```
34:     for i in range(len(scores)):
35:         if ((scores[i] > min_conf_threshold) and (scores[i] <= 1.0)):
36:             min_y = int(max(1,(boxes[i][0] * imHeight)))
37:             min_x = int(max(1,(boxes[i][1] * imWidth)))
38:             max_y = int(min(imHeight,(boxes[i][2] * imHeight)))
39:             max_x = int(min(imWidth,(boxes[i][3] * imWidth)))
40:             cv2.rectangle(frame, (min_x,min_y),
                                  (max_x,max_y), (10,255,0), 2)
```

上述程式碼在第 35~50 列的 if 條件判斷分數是否大於最低信心指數，以此例的值是大於 0.5 和小於等於 1，然後在第 36~39 列計算物體方框座標，第 40 列在圖片繪出方框。

在下方第 41 列取得分類名稱，第 42 列建立辨識名稱和分數的字串內容後，在第 43~44 列取出此文字內容的尺寸和位置，第 45 列計算出文字內容的 Y 軸座標，如下所示：

```
41:             object_name = labels[int(classes[i])]
42:             label = "%s: %d%%" % (object_name, int(scores[i]*100))
43:             labelSize, baseLine = cv2.getTextSize(label,
44:                        cv2.FONT_HERSHEY_SIMPLEX, 0.7, 2)
45:             label_min_y = max(min_x, labelSize[1] + 10)
46:             cv2.rectangle(frame, (min_x, label_min_y-labelSize[1]-10),
47:                 (min_x+labelSize[0], label_min_y+baseLine-10),
48:                 (255, 255, 255), cv2.FILLED)
49:             cv2.putText(frame, label, (min_x, label_min_y-7),
50:                 cv2.FONT_HERSHEY_SIMPLEX, 0.7, (0, 0, 0), 2)
51:     cv2.imshow("Object Detector", frame)
52:     if cv2.waitKey(1) == ord("q"):
53:         break
54:
55: cap.release()
56: cv2.destroyAllWindows()
```

上述程式碼在第 46~48 列繪出填滿長方形的背景色彩後，第 49~50 列在此長方形顯示分類名稱和分數，在第 51 列顯示辨識結果的圖片。

Python 程式：ch12-5a.py 是辨識 OpenCV 開啟的圖檔，可以在圖片上顯示辨識結果的方框、名稱和準確度百分比，如下圖所示：

學習評量

1. 請問什麼是 MediaPipe？什麼是機器學習管線（Machine Learning Pipeline，ML Pipeline）
2. 請問什麼是 CVZone？
3. 請簡單說明什麼是 TensorFlow 和 TensorFlow Lite？
4. 請參考第 12-4 節的 Python 程式範例，使用 CVZone 辨識出剪刀手勢後，再判斷剪刀的 2 根手指是合起或張開。
5. 請擴充學習評量 4. 的 Python 程式，整合第 7-3-1 節的 LED 燈，可以使用手勢來控制 LED 燈，2 根手指張開是點亮 LED 燈；2 根手指合起是熄滅 LED 燈。

chapter 13

IoT 實驗範例：溫溼度監控與 Node-RED

13-1 認識 IoT 物聯網

物聯網的英文全名是：Internet of Things，縮寫是 IoT，簡單的說，就是萬物連網，所有東西（物體）都可以上網，因為所有東西都可以連上網路，就可以透過任何連網裝置來遠端控制這些連網的東西、就算遠在天涯海角也一樣可以進行監控，如下圖所示：

對於物聯網來說，每一個人都可以將真實東西連接上網，我們可以輕易在物聯網查詢這個東西的位置，並且對這些東西進行集中管理與控制，例如：遙控家電用品、汽車遙控、行車路線追蹤和防盜監控等自動化操控，或建立更聰明的智慧家電、更安全的自動駕駛和住家環境等。

不只如此，透過從物聯網上大量裝置和感測器取得的資料，我們可以建立大數據（Big Data）來進行分析，並且從取得的數據分析結果來重新設計流程，改善我們的生活，例如：減少車禍、災害預測、犯罪防治與流行病控制等。

13-2 Web 介面的 GPIO 控制

物聯網最基本的功能就是透過 Web 介面進行遠端控制，以樹莓派來說，就是使用 Web 介面來進行 GPIO 控制。

Python 程式可以使用 bottle 網站框架建立 Web 伺服器，請啟動終端機輸入下列指令來安裝 bottle 框架，如下所示：

```
$ sudo apt-get update Enter
$ sudo pip3 install bottle Enter
```

13-2-1 Web 介面的 GPIO 輸出控制

我們準備使用 bottle 建立 Web 伺服器，然後在 HTML 網頁提供按鈕來遠端點亮或熄滅 2 個紅色和綠色的 LED 燈。

電子電路設計

完成本節實驗的電子電路設計需要使用到的電子元件，如下所示：

- 紅色 LED 燈 x 1
- 綠色 LED 燈 x 1
- 220Ω 電阻 x 2
- 麵包板 x 1
- 麵包板跳線 x 2
- 公 - 母杜邦線 x 3

請依據下圖連接建立電子電路後，紅色 LED 燈的長腳（正）連接 GPIO18，綠色 LED 燈的長腳（正）連接 GPIO23，就完成本節實驗的電子電路設計，如下圖所示：

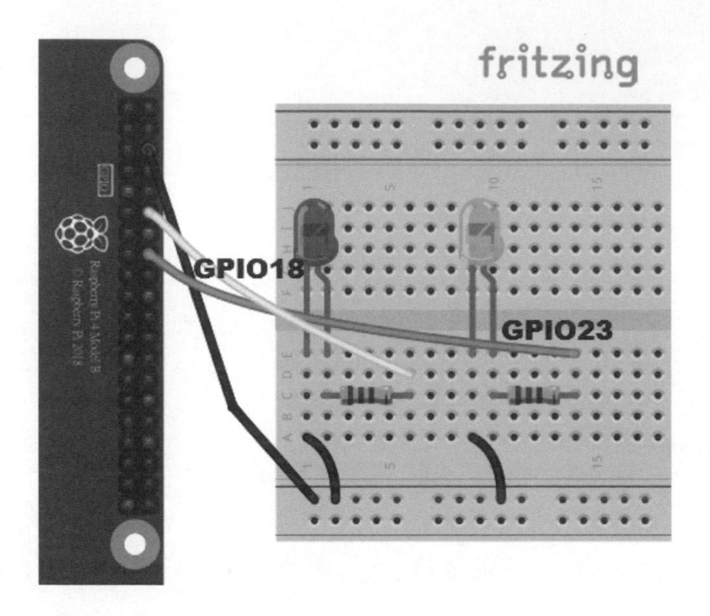

Python 程式：ch13-2-1.py

Python 程式是使用 bottle 框架建立 Web 伺服器，GPIO Zero 模組控制 LED 燈，Thonny 請執行「執行 / 在終端機執行目前程式」命令來啟動 Web 伺服器，按 Ctrl + C 鍵結束程式執行，如下圖所示：

上述訊息指出傾聽埠號 8080。請啟動瀏覽器輸入樹莓派本機的 IP 位址 127.0.0.1 和埠號 8080 來瀏覽 Web 介面，如下所示：

```
http://127.0.0.1:8080/
```

請輸入上述 URL 網址，按 Enter 鍵，稍等一下，可以看到網頁內容，如下圖所示：

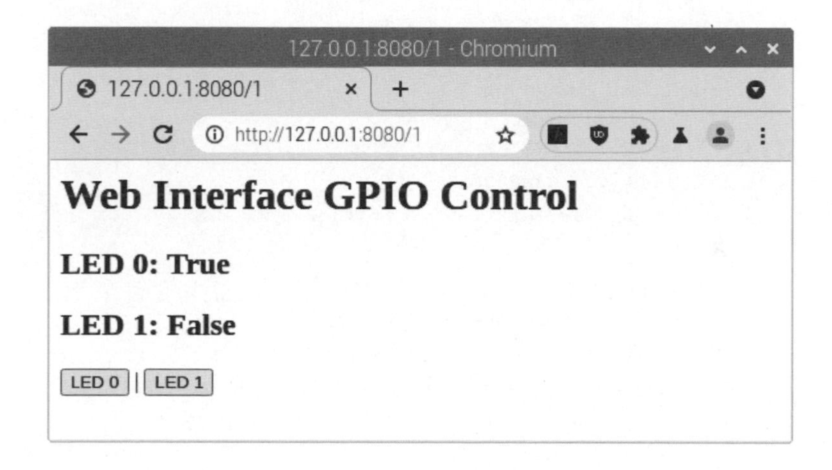

上述圖例顯示 2 個 LED 燈的狀態，True 是點亮；False 是熄滅，按下方 2 個按鈕可以切換點亮或熄滅 LED 燈。

```
01: from bottle import route, run
02: from gpiozero import LED
03:
04: leds = [LED(18), LED(23)]
05: states = [False, False]
06:
07: def update_leds():
08:     for i, value in enumerate(states):
09:         if value == True:
10:             leds[i].on()
11:         else:
12:             leds[i].off()
13:
```

→ 接下頁

```
14: @route('/')
15: def index():
16:     return html()
17:
18: @route('/<led>')
19: def toggle(led):
20:     if 0<=int(led)<=1:
21:         pos = int(led)
22:         states[pos] = not states[pos]
23:         update_leds()
24:     return html()
25:
26: def html():
27:     res = "<script>"
28:     res += "function changed(led) {"
29:     res += "    window.location.href='/' + led"
30:     res += "}"
31:     res += "</script>"
32:     res += "<h1>Web Interface GPIO Control</h1>"
33:     res += "<h2>LED 0: " + str(states[0]) + "</h2>"
34:     res += "<h2>LED 1: " + str(states[1]) + "</h2>"
35:     res += "<input type='button' onClick='changed(0)'"
36:     res += " value='LED 0'/> | "
37:     res += "<input type='button' onClick='changed(1)'"
38:     res += " value='LED 1'/>"
39:     return res
40:
41: run(host='0.0.0.0', port=8080)
```

上述程式碼在第 2 列匯入 GPIO Zero 模組的 LED 類別，第 1 列匯入 bottle，如下所示：

```
from bottle import route, run
```

上述程式碼匯入 bottle 的 route 和 run，在第 4~5 列建立 2 個清單，leds 清單是 2 個 LED 物件，states 清單儲存 2 個 LED 的狀態，第 7~22

列的 update_leds() 函數依據 states 清單來更新 2 個 LED 物件的狀態，在第 8~12 列的 for 迴圈依序取出 2 個 LED 燈，第 9~12 列 if/else 條件判斷 LED 是點亮或熄滅。

在第 14~16 列的 index() 函數傳回 html() 函數的 HTML 標籤字串，並且使用 @route() 函數定義「/」路由（Routes），URL 網址是：http://127.0.0.1:8080/，如下所示：

```
@route('/')
def index():
    return html()
```

上述「@」符號的語法稱為裝飾者（Decorator），可以將函數作為參數來呼叫，和回傳另一個函數，這是一種使用其他函數來包裝函數的簡化寫法。例如：使用 index() 函數當作參數呼叫 route() 函數來建立路由，其對應的程式碼如下所示：

```
index = route(index)
```

在第 18~24 列的 toggle() 函數定義「/<led>」路由，<led> 是參數，在 URL 網址最後需加上「/0」或「/1」，0 是紅色 LED 燈；1 是綠色 LED 燈，如下所示：

```
@route('/<led>')
def toggle(led):
    if 0<=int(led)<=1:
        pos = int(led)
        states[pos] = not states[pos]
        update_leds()
    return html()
```

上述 toggle() 函數有參數 led，if 條件判斷是否是 0 或 1，如果是 0 或 1，就切換 states 清單的狀態，True 變 False；False 變 True，然後呼叫 update_leds() 函數更新狀態，最後傳回 html() 函數的 HTML 標籤字串。

在第 26~39 列的 html() 函數建立回應的 HTML 網頁內容的字串，在字串內容是 JavaScript 程式碼和 HTML 標籤字串，如下所示：

```
def html():
    res = "<script>"
    res += "function changed(led) {"
    res += "    window.location.href='/' + led"
    res += "}"
    res += "</script>"
```

上述 <script> 標籤是 JavaScript 程式碼，內含 changed() 函數使用參數 0 或 1 指定 window.location.href 屬性來重新載入網頁，之後是 HTML 標籤顯示 2 個 LED 燈的狀態，如下所示：

```
    res += "<h1>Web Interface GPIO Control</h1>"
    res += "<h2>LED 0: " + str(states[0]) + "</h2>"
    res += "<h2>LED 1: " + str(states[1]) + "</h2>"
    res += "<input type='button' onClick='changed(0)'"
    res += " value='LED 0'/> | "
    res += "<input type='button' onClick='changed(1)'"
    res += " value='LED 1'/>"
    return res
```

上述 HTML 標籤最後是 2 個 <input> 標籤的按鈕，onClick 屬性指定呼叫 JavaScript 的 changed() 函數。最後在 41 列以 IP 位址和埠號 8080 來啟動 Web 伺服器，如下所示：

```
run(host='0.0.0.0', port=8080)
```

13-2-2 在 Web 介面顯示感測器的數據

同樣方式，我們可以在 Web 介面顯示感測器取得的數據，在這一節筆者準備使用 MCP3008 來讀取和顯示光敏電阻的類比輸入值。

MCP3008 是使用 SPI 介面，請執行「選單 / 偏好設定 / Raspberry Pi 設定」命令，選**介面**標籤，在 SPI 列選**啟用**後，按**確定**鈕啟用 SPI 介面，如下圖所示：

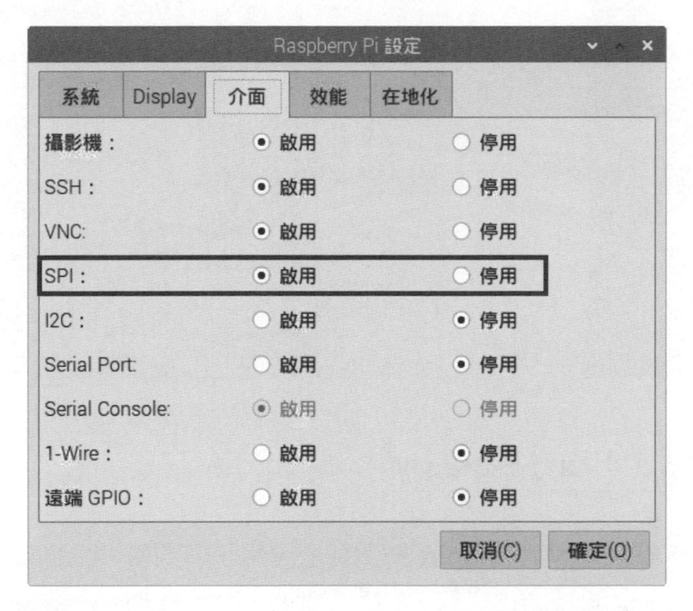

電子電路設計

完成本節實驗的電子電路設計需要使用到的電子元件，如下所示：

- 光敏電阻 x 1
- 10KΩ 電阻 x 1
- MCP3008 x 1
- 麵包板 x 1
- 麵包板跳線 x 6
- 公 - 母杜邦線 x 6

請依據下圖連接建立電子電路後，MCP3008 請參考第 7-5-2 節的接腳圖來連接 SPI 介面的接腳（IC 上方半圓缺口是向下），光敏電阻的一隻腳接地 GND，另一隻腳接 CH1，同時將 CH1 通道接上 10KΩ 電阻的一隻腳，10KΩ 電阻的另一隻腳接 3.3V，就完成本節實驗的電子電路設計，如下圖所示：

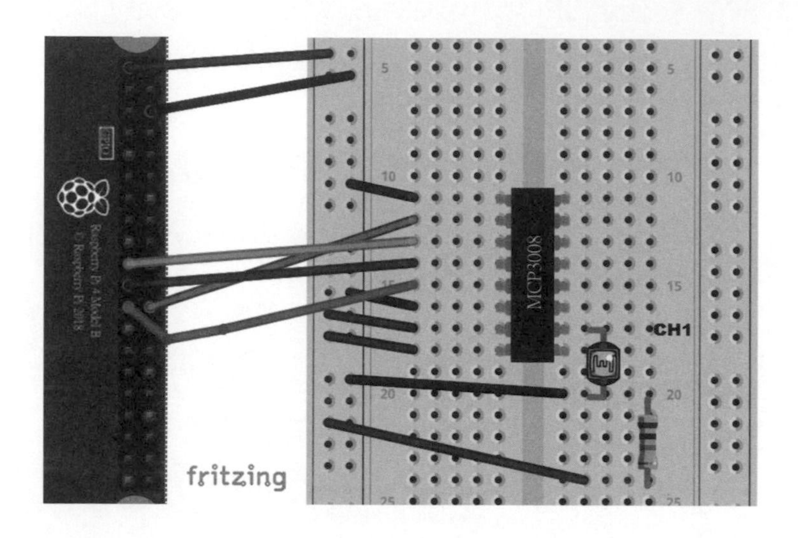

Python 程式：ch13-2-2.py

Python 程式是使用 bottle 框架建立 Web 伺服器，GPIO Zero 模組讀取 MCP3008 通道的類比輸入值，請執行程式啟動 Web 伺服器，按 Ctrl + C 鍵結束程式執行，如下圖所示：

bash

檔案(F) 編輯(E) 分頁(T) 說明(H)

```
Bottle v0.12.19 server starting up (using WSGIRefServer())...
Listening on http://0.0.0.0:8080/
Hit Ctrl-C to quit.

127.0.0.1 - - [08/Nov/2021 13:39:33] "GET /1 HTTP/1.1" 404 722
127.0.0.1 - - [08/Nov/2021 13:39:33] "GET /favicon.ico HTTP/1.1" 404 742
127.0.0.1 - - [08/Nov/2021 13:39:41] "GET / HTTP/1.1" 200 698
127.0.0.1 - - [08/Nov/2021 13:39:42] "GET /photo HTTP/1.1" 200 19
127.0.0.1 - - [08/Nov/2021 13:39:43] "GET /photo HTTP/1.1" 200 19
127.0.0.1 - - [08/Nov/2021 13:39:44] "GET /photo HTTP/1.1" 200 19
```

請啟動瀏覽器輸入樹莓派本機的 IP 位址和埠號 8080 來瀏覽 Web 介面，如下所示：

```
http://127.0.0.1:8080/
```

請輸入上述 URL 網址，按 Enter 鍵，稍等一下，可以看到網頁內容顯示的光敏電阻值，每一秒就會自動更新光敏電阻值，如下圖所示：

```
01: from bottle import route, run, template
02: from gpiozero import MCP3008
03:
04: photocell = MCP3008(1)
05:
06: @route('/photo')
07: def photo():
08:     return str(photocell.value)
09:
10: @route('/')
11: def index():
12:     return template('main.html')
13:
14: run(host='0.0.0.0', port=8080)
```

上述程式碼在第 2 列匯入 GPIO Zero 模組的 MCP3008 類別，在第 1 列匯入 bottle，如下所示：

```
from bottle import route, run, template
```

上述程式碼匯入 bottle 的 route、run 和 template，template 是模板範本，可以讓我們直接載入 HTML 檔案，在第 6~7 列的 photo() 函數是路由「/photo」，可以回傳光敏電阻值的字串，第 10~12 列的 index() 函數是路由「/」，可以回傳 template() 載入的 HTML 檔案 main.html。

最後在 14 列使用 IP 位址和埠號 8080 啟動 Web 伺服器，如下所示：

```
run(host='0.0.0.0', port=8080)
```

HTML 網頁：main.html

在 main.html 是使用 jQuery 函式庫的 get() 方法，以 AJAX 技術取得光敏電阻值後，在 <span> 標籤顯示取得的值，如下所示：

```
01: <!DOCTYPE html>
02: <html>
03: <head>
04: <title>Photocell Reader</title>
05: <meta http-equiv="content-type" content="text/html;charset=utf-8" />
06: <script src=
    "http://ajax.googleapis.com/ajax/libs/jquery/3.1.1/jquery.min.js"></
script>
07: <script>
```

上述第 6~7 列的 <script> 標籤是 jQuery 函式庫的 .js 檔案，在下方第 8~16 列的 JavaScript 函數 callback() 是 AJAX 請求的回撥函數（Callback Function），如下所示：

```
08: function callback(value, status) {
09:     if (status == "success") {
10:         r = parseFloat(value).toFixed(2);
11:         $('#output').text(r.toString());
12:         setTimeout(getReading, 1000);
13:     }
14:     else
15:         alert("Reading Error!");
16: }
```

上述第 9~15 列的 if/else 條件判斷第 2 個參數 status 值，如果是 "success"，表示請求成功，我們可以在第 10 列將傳回參數 value 字串轉換成浮點數，第 11 列使用 text() 方法在第 29 列的 <span> 標籤顯示取得的值，在第 12 列指定每 1 秒鐘重複執行 getReading() 函數，讓網頁可以定時更新來顯示感測器取得的數據。

在下方第 18~20 列的 getReading() 函數送出路由「/photo」的 AJAX 請求，在 Python 程式是執行 photo() 函數傳回光敏電阻值的字串，第 2 個參數是請求完成後，呼叫的函數名稱，即第 8~16 列的 callback() 函數，如下所示：

```
18: function getReading() {
19:     $.get('/photo', callback);
20: }
21:
22: $(document).ready(function() {
23:     getReading();
24: });
```

上述第 22~24 列是 jQuery 函式庫的 ready 事件處理，這是當網頁載入後執行的匿名函數 (因為有函數的程式區塊 function() { }，但沒有函數名稱)，在第 23 列呼叫 getReading() 函數送出 AJAX 請求。在下方第 27~30 列是網頁內容的 <body> 標籤，如下所示：

```
25: </script>
26: </head>
27: <body>
28: <h1>Web Interface GPIO Control</h1>
29: Photocell Value: <span id="output"></span>
30: </body>
31: </html>
```

上述第 29 列的 <span> 標籤就是顯示光敏電阻值的 HTML 標籤。

13-3 物聯網實驗範例：溫溼度監控與 ThingSpeak

在這一節的實驗範例是使用 DHT11 感測器取得溫度和溼度後，將取得的溫度和溼度資料上傳至 ThingSpeak 物聯網平台網站，我們可以透過 ThingSpeak 網站的頻道（Channel）即時遠端監控 DHT11 感測器取得的溫度和溼度值。

13-3-1 在樹莓派使用 DHT11 感測器

DHT11 感測器是一種溫度和溼度感測器，這是一個藍色長方形的裝置，在下方擁有 4 個接腳，如右圖所示：

上述接腳從左至右依序是編號 1、2、3 和 4，在最左邊的接腳 1 是連接 5V，最右邊的接腳 4 是接 GND，位在左邊第 2 個的接腳 2 是連接 GPIO 接腳，請注意！並沒有使用 DHT11 感測器的接腳 3。

電子電路設計

完成本節實驗的電子電路設計需要使用到的電子元件，如下所示：

- DHT11 感測器 x 1
- 4.7KΩ 電阻 x 1
- 麵包板 x 1
- 麵包板跳線 x 4
- 公 - 母杜邦線 x 3

請依據下圖連接建立電子電路後，DHT11 感測器的接腳 1 連接 5V；接腳 4 連接 GND，接腳 2 除了連接 GPIO24 外，還需連接 4.7KΩ 電阻的接腳後，再將電阻的另一個接腳連接 5V，就完成本節實驗的電子電路設計，如下圖所示：

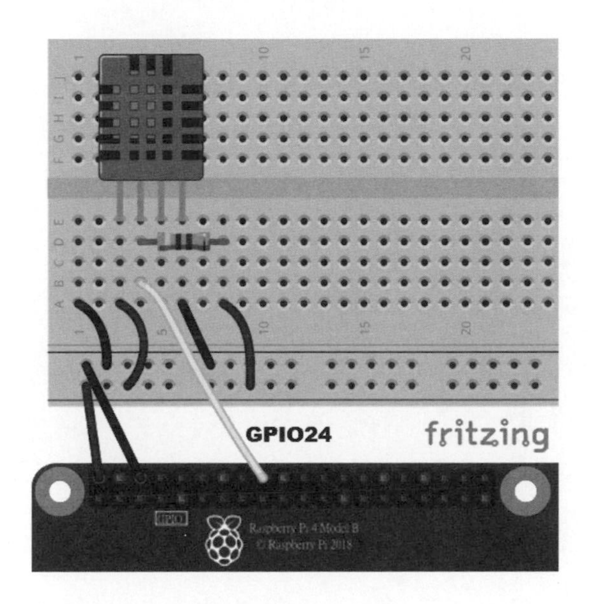

Python 程式：ch13-3-1.py

Python 程式是使用 dht11 模組讀取 DHT11 感測器的值，執行程式可以看到讀取和顯示的溫度和溼度值，如下圖所示：

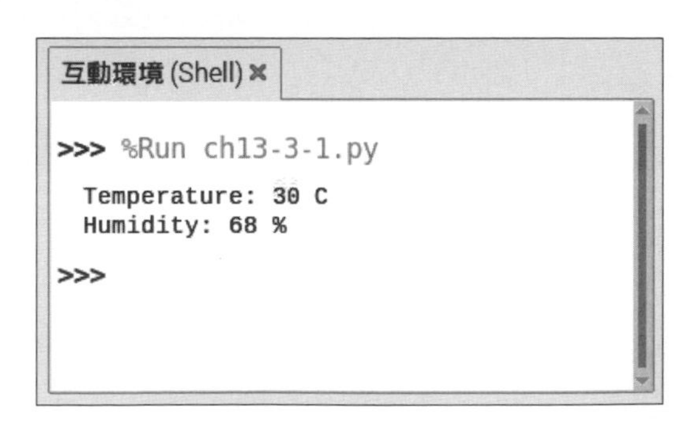

```
01: import RPi.GPIO as GPIO
02: import dht11
03:
04: GPIO.setwarnings(False)
05: GPIO.setmode(GPIO.BCM)
06: GPIO.cleanup()
07:
08: dht = dht11.DHT11(pin = 24)
09: result = dht.read()
10:
11: if result.is_valid():
12:     print("Temperature: %d C" % result.temperature)
13:     print("Humidity: %d %%" % result.humidity)
14: else:
15:     print("Error: %d" % result.error_code)
```

上述程式碼在第 1 列匯入 RPi.GPIO 模組，第 2 列匯入 dht11 模組，這是位在同一目錄的 dht11.py 程式檔案（別忘了！上傳此檔案至樹莓派），可以幫助我們讀取 DHT11 感測器的值，在第 4~6 列初始 RPi.GPIO 模組，不顯示警告訊息和使用接腳名稱，第 8 列建立 DHT11 物件，如下所示：

```
dht = dht11.DHT11(pin = 24)
```

上述程式碼的參數指定 pin 的值是 24，即 GPIO24 接腳，在建立 DHT11 物件 dht 後，第 9 列呼叫 read() 方法讀取感測器值，在第 11~15 列的 if/else 條件判斷讀取值是否為有效值，如果是，在第 12~13 列分別顯示的溫度和溼度值，否則在第 15 列顯示錯誤訊息。

13-3-2 在 ThingSpeak 網站申請帳號和新增頻道

ThingSpeak 網站是一個可免費使用的物聯網平台，我們只需申請帳號和新增頻道，就可以將 DHT11 感測器的數據上傳至頻道來顯示即時的統計圖表。

步驟一：申請帳號與登入 ThingSpeak 網站

ThingSpeak 提供免費帳號，我們只需申請帳號和新增頻道，就可以將感測器數據上傳至頻道來顯示即時的統計圖表（免費帳號上傳資料限制需間隔 15 秒鐘），其步驟如下所示：

Step 1：請啟動瀏覽器進入官方首頁：https://thingspeak.com/ 後，按綠色 **Get Started For Free** 鈕。

Step 2：如果已經有 MathWorks 帳號，請輸入 Email 後，點選 **Next** 登入 ThingSpeak，沒有帳號，請點選下方 **Create one!** 超連結建立新帳號。

MathWorks
Email
No account? Create one!
By signing in you agree to our privacy policy.
Next

Step 3：請依序輸入電郵地址、所在位置（Location）、名（First Name）和姓（Last Name）後，按 **Continue** 鈕。

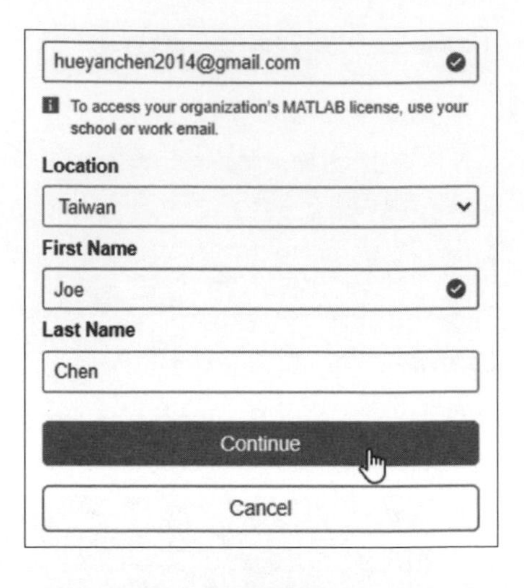

Step 4：因為 ThingSpeak 偵測出這是個人的電郵地址，請勾選 **Use this email for my MathWorks Account**，確認使用此電郵地址來建立 MathWorks 帳號，按 **Continue** 鈕。

Step 5：ThingSpeak 網站會送出驗證郵件至電郵地址來驗證 MathWorks 帳號，請開啟郵件工具收取驗證電郵後，再回來繼續申請步驟。

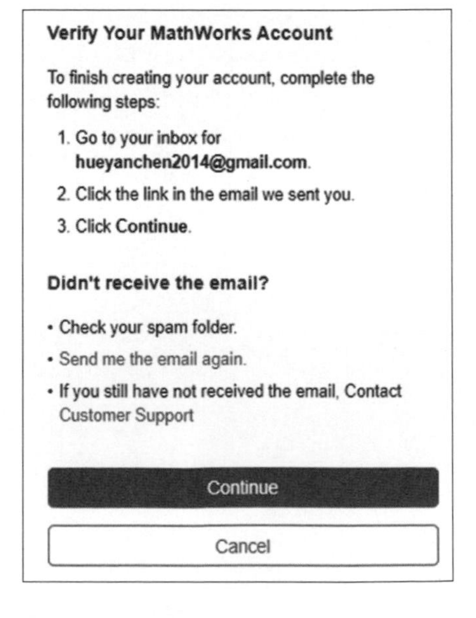

Step 6：請開啟郵件工具，當收到 Verify Email Address 郵件後，在郵件內容按 **Verity your email** 鈕或下方超連結來驗證註冊的電郵地址。

Step 7：選擇 Web Site 所在位置，預設 United States，按 **Select United States web site** 鈕。

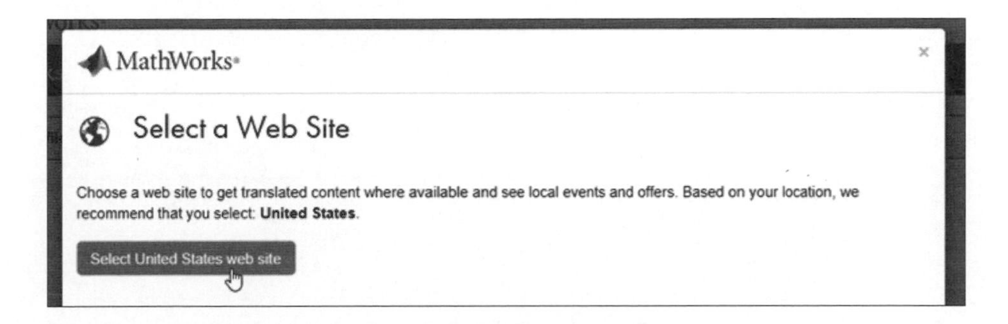

Step 8：當成功驗證帳號後，可以在瀏覽器看到資料已經驗證的畫面。

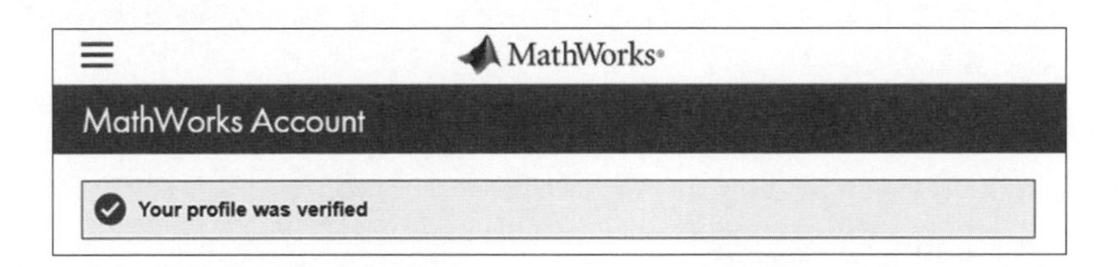

Step 9：請回到申請步驟的網頁，按下方 **Continue** 鈕繼續。

Step 10：然後輸入密碼後，勾選下方 **I accept the Online Services Agreement** 同意授權，按 **Continue** 鈕繼續。

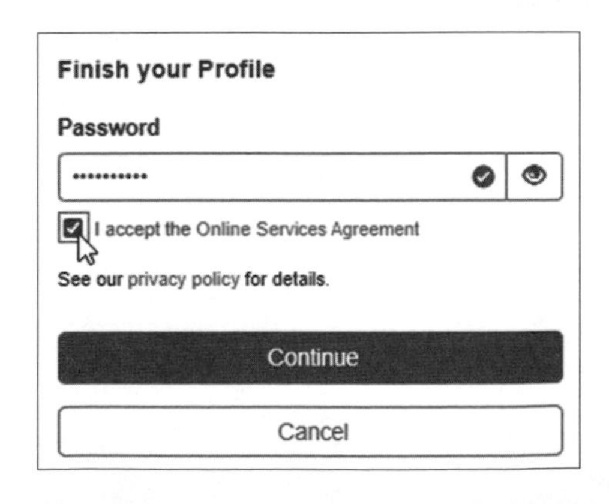

Step 11：可以看到已經成功註冊 ThingSpeak 帳號，請按 **OK** 鈕繼續。

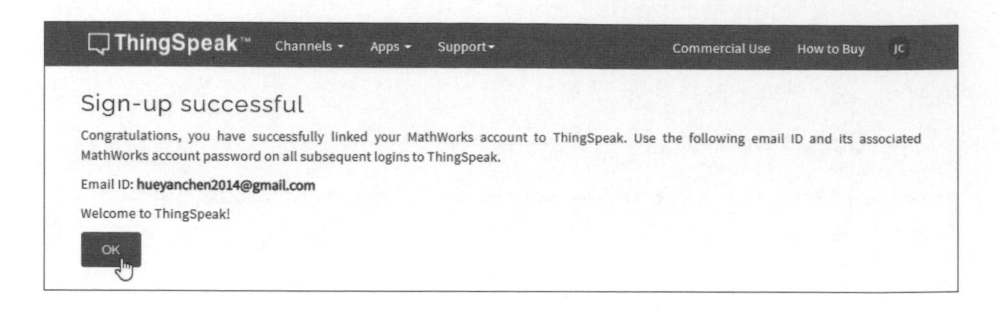

Step 12：然後看到詢問表單，詢問申請帳號的用途和專案描述，請自行填寫後，按 **OK** 鈕進入 ThingSpeak 頻道管理頁面。

步驟二：新增 ThingSpeak 頻道和取得 API 金鑰

當成功申請帳號且登入 ThingSpeak 後，我們就可以新增頻道和取得 API 金鑰，其步驟如下所示：

Step 1：請登入 ThingSpeak 網站或繼續上一頁的申請步驟，按 **New Channel** 鈕新增頻道。

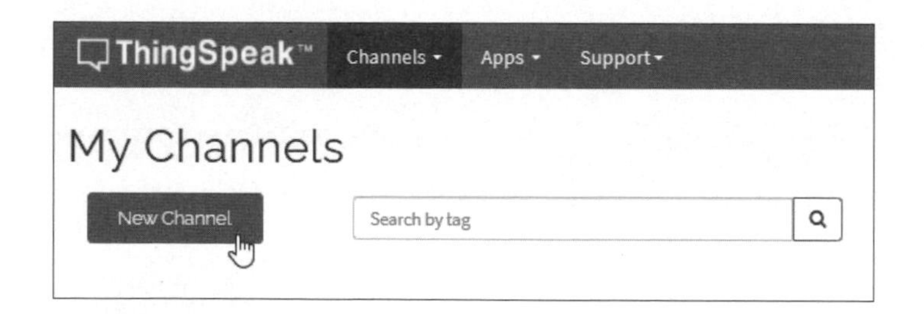

Step 2：在 **Name** 欄輸入頻道名稱，**Description** 欄是頻道描述，在下方設定上傳資料欄位（可以有多個欄位），請在 **Field 1** 欄輸入 Temperature 溫度；**Field 2** 欄輸入 Humidity 溼度。

Step 3：請捲動視窗至最後，按 **Save Channel** 鈕儲存頻道。

Step 4：可以看到 **Channel ID**（請記下此頻道編號），在下方 2 個方框顯示 2 個欄位的統計圖表，請點選中間的 **API Keys** 標籤。

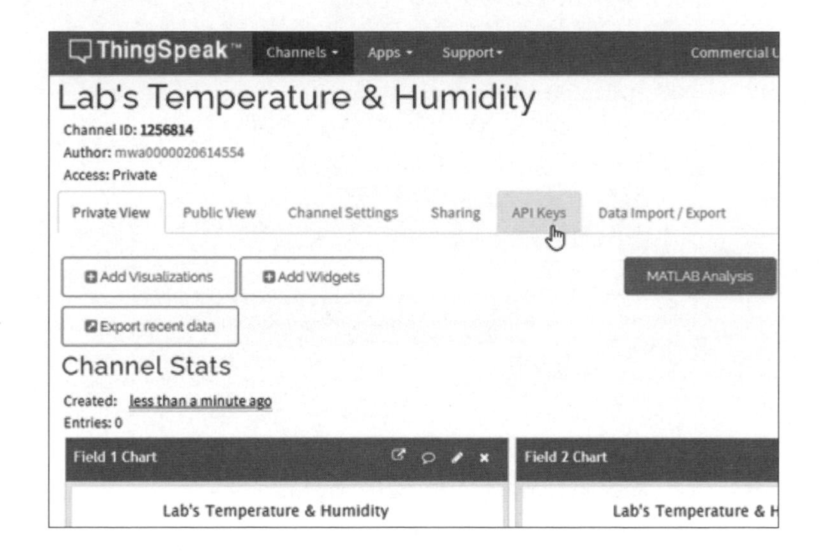

Step 5：在此標籤顯示 Write API Key 金鑰字串，請記下金鑰，按下方 **Generate New Write API Key** 鈕可以重新產生 Write API Key 金鑰。

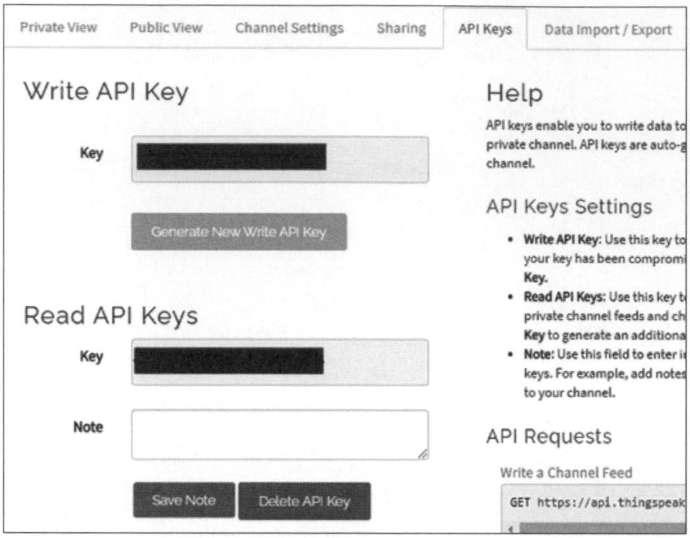

Step 6：選 **Sharing** 標籤設定上傳資料的分享方式，請在下方選 **Share channel view with everyone** 可以分享給所有人檢視。

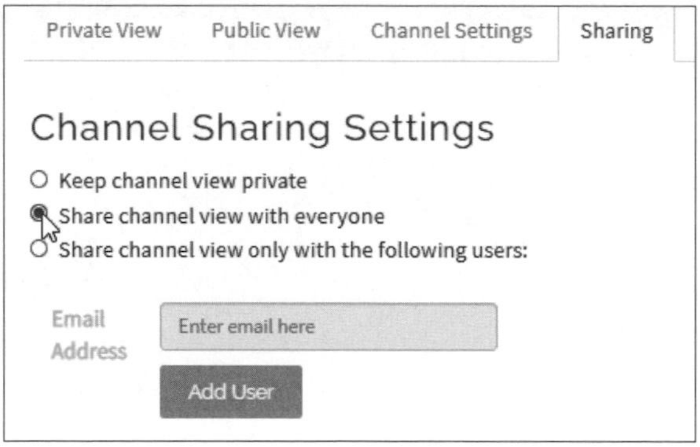

因為頻道是設定分享給所有人檢視，請在瀏覽器輸入下列網址來檢視 ThingSpeak 頻道，在 URL 網址最後就是頻道編號，如下所示：

```
https://thingspeak.com/channels/<channel ID>
```

13-3-3 使用 Python 上傳溫溼度至 ThingSpeak

在 ThingSpeak 網站新增頻道後，請記下 Channel ID 和 API Key，然後我們就可以建立 Python 程式，上傳 DHT11 感測器的溫度和溼度值到 ThingSpeak 網站的頻道。

安裝 MQTT 客戶端函式庫

ThingSpeak 網站支援使用 MQTT（Message Queue Telemetry Transport）通訊協定來上傳資料，這是架構在 TCP/IP 通訊協定上的一種輕量型的通訊協定，能夠使用較少頻寬來傳送資料，特別適用在物聯網等記憶體不足且效能較差的硬體裝置。

MQTT 通訊協定是使用「出版和訂閱模型」(Publish/Subscribe Model) 進行訊息交換，客戶端需要連線 MQTT 代理人（MQTT Broker）才能出版指定主題（Topic）的資料，這是出版者（Publisher），其他客戶端可以訂閱主題作為訂閱者（Subscriber），當出版者針對主題發送訊息時，所有訂閱此主題的訂閱者都可以接收到代理人發送的訊息，如下圖所示：

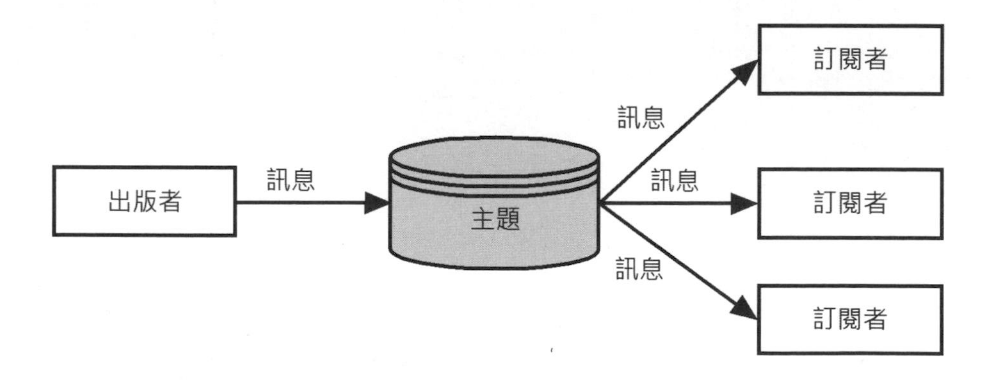

在樹莓派需要安裝 MQTT 客戶端函式庫 Paho，才能在 Python 程式使用 MQTT 將資料發送至 ThingSpeak 網站的指定主題。請在樹莓派啟動終端機輸入下列指令來安裝 Paho 客戶端函式庫，如下所示：

```
$ sudo pip3 install paho-mqtt Enter
```

```
pi@raspberrypi:~ $ sudo pip3 install paho-mqtt
Looking in indexes: https://pypi.org/simple, https://www.piwheels.org/simple
Collecting paho-mqtt
  Downloading https://www.piwheels.org/simple/paho-mqtt/paho_mqtt-1.6.1-py3-none-any.whl (75kB)
    100% |████████████████████████████████| 81kB 124kB/s
Installing collected packages: paho-mqtt
Successfully installed paho-mqtt-1.6.1
pi@raspberrypi:~ $
```

Python 程式：ch13-3-3.py

Python 程式是使用 paho.mqtt.publish 模組的 MQTT 通訊協定來發送資料，執行程式可以看到持續間隔讀取溫度和溼度值，這 2 個值會上傳至 ThingSpeak 網站，請按 Ctrl + C 鍵結束程式執行，如下圖所示：

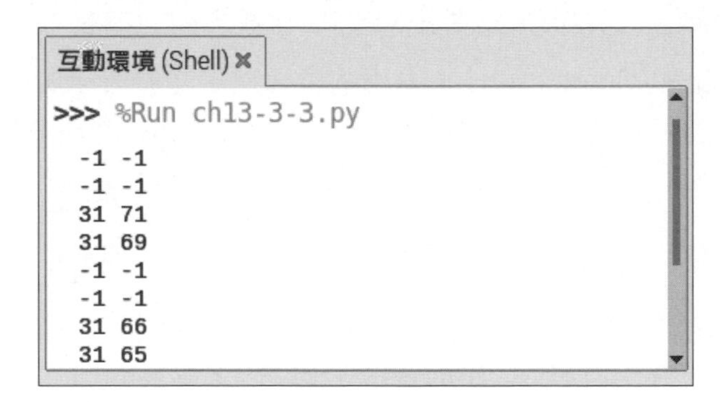

上述圖例的每一列都有 2 個值，左邊是溫度；右邊是溼度，讀取成功就會等待 15 秒後再讀取下一次的值，如果 2 個值都是 -1 表示讀取失敗，等待 1 秒就會再次讀取。

```
01: import RPi.GPIO as GPIO
02: import dht11
03: from time import sleep
04: import paho.mqtt.publish as publish
```

→接下頁

```
05:
06: GPIO.setwarnings(False)
07: GPIO.setmode(GPIO.BCM)
08: GPIO.cleanup()
09:
10: dht = dht11.DHT11(pin = 24)
11:
12: mqttHost = "mqtt.thingspeak.com"
13: channelID = "1256814"
14: apiKey = "PAHZWIEW7F1SU7ZP"
15: tTransport = "websockets"
16: tPort = 80
17: tTLS = None
18: topic = "channels/" + channelID + "/publish/" + apiKey
19:
20: def getSensorData():
21:     r = dht.read()
22:     if r.is_valid():
23:         return(str(r.temperature), str(r.humidity))
24:     else:
25:         return(str(-1), str(-1))
26:
27: while True:
28:     try:
29:         T, RH = getSensorData()
30:         print(T, RH)
31:         if T != '-1' and RH != '-1':
32:             tPayload = "field1=" + T + "&field2=" + RH
33:             publish.single(topic, payload=tPayload,
                         hostname=mqttHost, port=tPort, tls=tTLS,
                         transport=tTransport)
34:             sleep(15)
35:         else:
36:             sleep(1)
37:     except:
38:         print('Error...')
39:         break
```

上述程式碼在第 4 列匯入 paho.mqtt.publish 模組的別名 publish，第 12~18 列指定 MQTT 通訊協定所需的相關參數，如下所示：

```
mqttHost = "mqtt.thingspeak.com"
channelID = "1256814"
apiKey = "PAHZWIEW7F1SU7ZP"
tTransport = "websockets"
tPort = 80
tTLS = None
```

上述 mqttHost 變數是 MQTT 主機的網址，channelID 和 apiKey 分別是頻道編號和 API 金鑰，tTransport 指定使用 WebSocket，tPort 是埠號 80，tTLS 變數是否使用 SSL 加密傳輸，值 None 是不使用，然後使用 channelID 和 apiKey 變數建立出版主題（Topic）字串，如下所示：

```
topic = "channels/" + channelID + "/publish/" + apiKey
```

接著在第 20~25 列的 getSensorData() 函數取得 DHT11 感測器的溫度和溼度值，第 27~39 列的 while 無窮迴圈持續上傳溫度和溼度值，我們是在第 31~36 列的 if/else 條件判斷是否成功取得資料，如果成功取得數據，就在第 32~33 列上傳資料，如下所示：

```
tPayload = "field1=" + T + "&field2=" + RH
publish.single(topic, payload=tPayload,
        hostname=mqttHost, port=tPort, tls=tTLS,
        transport=tTransport)
```

上述 tPayload 變數建立 2 個欄位 field1~2 值的字串，其值分別是溫度和溼度值，然後呼叫 publish.single() 方法上傳資料，參數依序是出版主題字串、欄位值字串、主機名稱、埠號、是否加密和上傳方法，成功上傳就在第 34 列等待 15 秒鐘，如果讀取失敗，就在第 36 列等待 1 秒鐘後，馬上進行下一次讀取。

等到持續上傳一定數量的溫度和溼度數據資料後，我們可以在 ThingSpeak 網站的 **Lab's Temperature & Humidity** 頻道看到溫度和溼度 2 個值的即時統計圖表，如下圖所示：

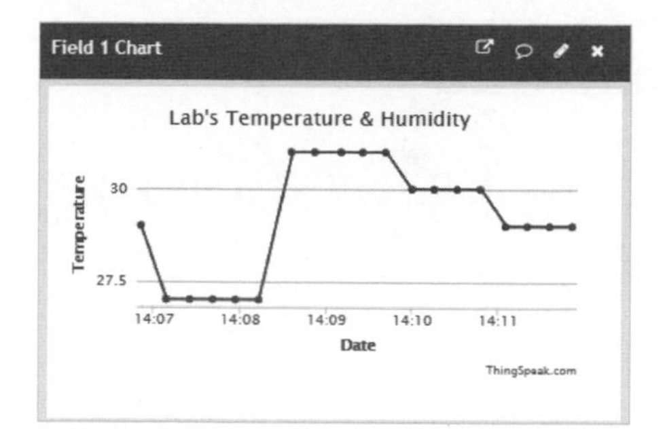

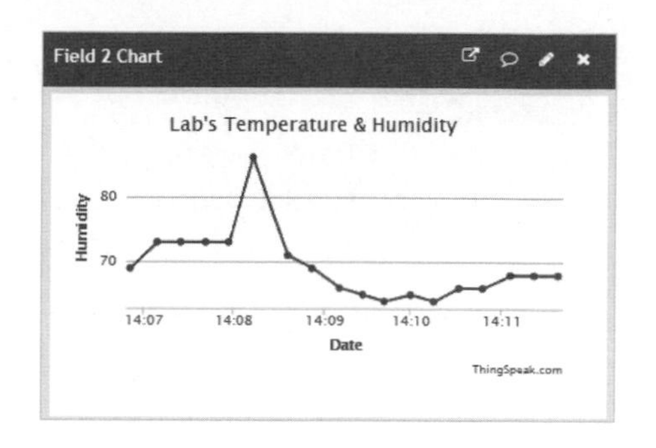

13-4 物聯網實驗範例：使用 Node-RED

Node-RED 是 IBM Emerging Technology 開發，一套開放原始碼使用瀏覽器 Web 介面的視覺化物聯網開發工具，我們可以拖拉節點和連接節點來建立流程 (Flows)，使用流程來輕鬆建立物聯網應用程式。

請注意！由於樹莓派預設安裝的 Node-RED 版本較舊，請先進入終端機如下升級 Node-RED：

```
bash <(curl -sL https://raw.githubusercontent.com/node-red/
linux-installers/master/deb/update-nodejs-and-nodered)
 --node16
```

啟動 Node-RED 後，也請先於**節點管理**安裝 node-red-dashboard 套件 (安裝方式參閱 13-5)。其餘相關說明則請參考下載附檔的 F1786\Ch13 資料夾。

13-4-1 在樹莓派啟動 Node-RED

樹莓派支援 Node-RED 開發工具 (如果沒有安裝，請使用 Recommended software 安裝 Node-RED)，我們可以馬上使用 Node-RED 來控制樹莓派的 GPIO 接腳和建立監控儀表板。在樹莓派啟動 Node-RED 的步驟，如下所示：

Step 1：請啟動樹莓派執行「選單 / 軟體開發 /Node-RED」命令，可以看到主控台視窗 (Node-RED console) 正在啟動 Node-RED，如下圖所示：

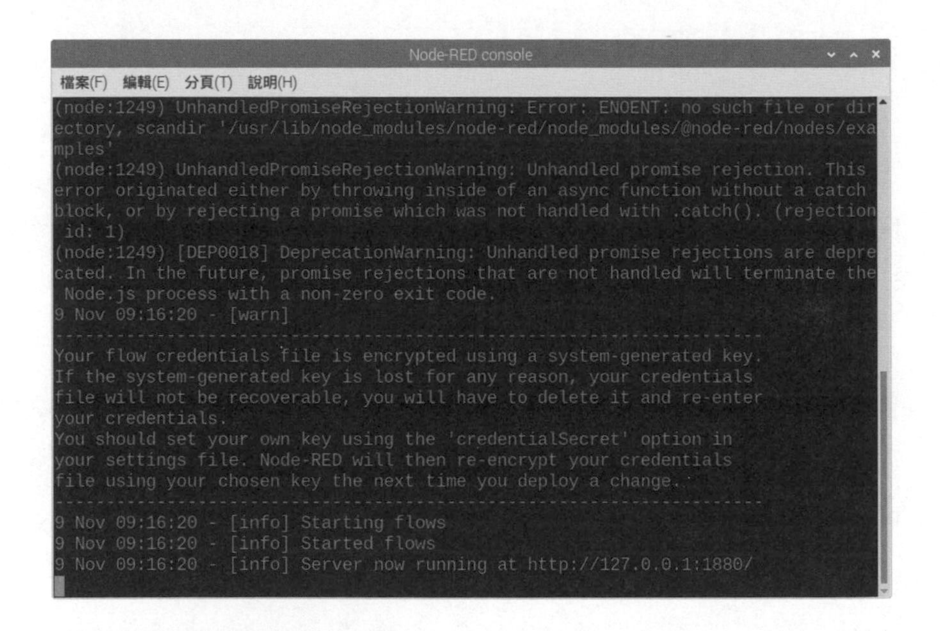

Step 2：等到成功啟動 Node-RED，可以在最後看到 Server now running at http://127.0.0.1:1880/ 訊息文字。

Step 3：然後執行「選單 / 網際網路 /Chromium 網頁瀏覽器」命令啟動瀏覽器，在上方欄位輸入 URL 網址 http://127.0.0.1:1880/，按 Enter 鍵，可以看到 Node-RED 的 Web 使用介面，如下圖所示：

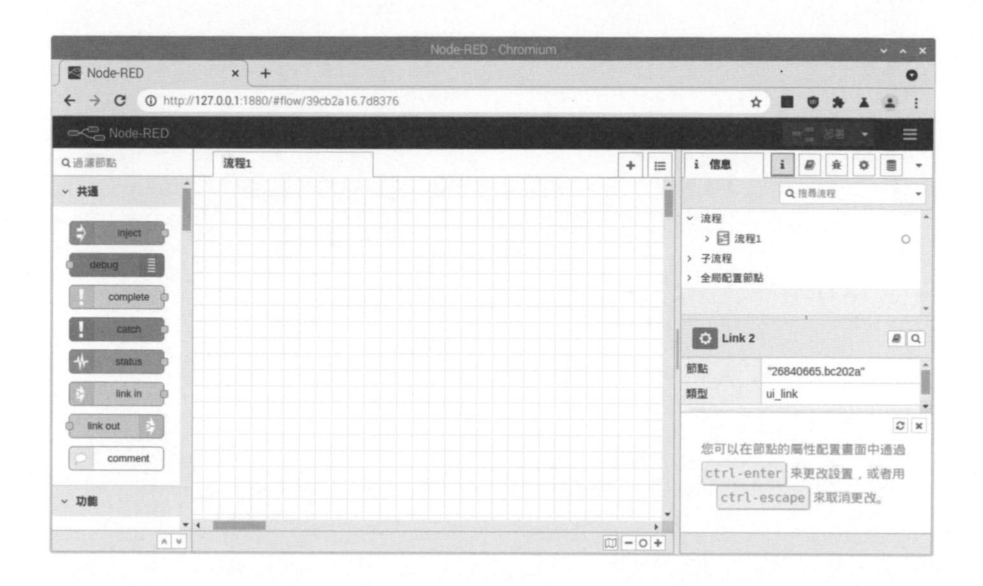

上述 Web 使用介面的左邊是區段分類的節點（Nodes）清單，位在中間的編輯區域可以讓我們拖拉節點來建立流程（Flow），右邊有多個功能標籤，可以顯示節點資訊、除錯資訊、管理配置節點和儀表板版面配置等。

當建立流程後，請按右上方紅色**部署**鈕來部署和儲存程式，如果流程有更改，我們需要再次按下此按鈕來部署和儲存程式，位在按鈕右邊的三條線是主選單，點選可以顯示主選單的功能表，如右圖所示：

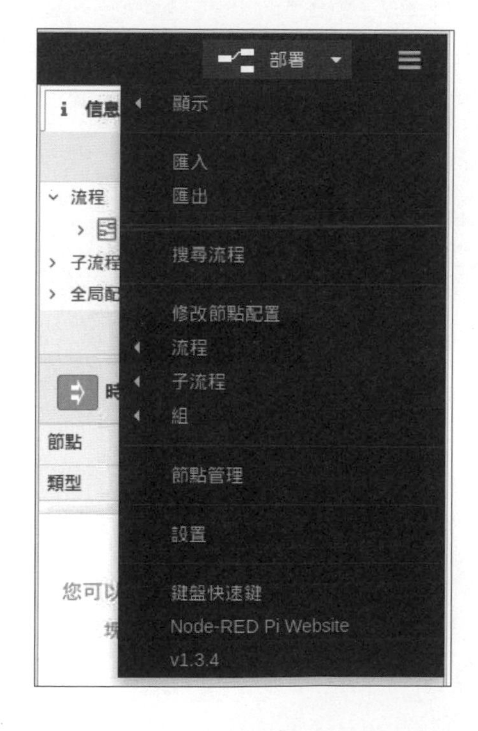

右述**匯入**和**匯出**命令可以匯出流程成 JSON 檔案，和從 JSON 檔案匯入流程，例如：使用 Node-RED 範例 ch13-4-2.json 檔案（副檔名 .json）為例，請執行主選單的**匯入**命令，可以看到「匯入節點」對話方塊，按**匯入所選檔案**鈕選擇 JSON 檔案後，按**匯入**鈕匯入流程，如下圖所示：

請注意！因為 Node-RED 大部分編輯操作可以使用鍵盤按鍵，請執行主選單的鍵盤快速鍵命令，可以檢視鍵盤按鍵的功能說明。

13-4-2 在 Node-RED 建立第一個流程

在成功啟動 Node-RED 後，我們可以建立第一個簡單流程來說明 Node-RED 的基本使用，其步驟如下所示：

Step 1：請啟動 Node-RED 後，拖拉左邊「共通」區段的 **inject** 節點至中間的流程編輯區域，目前上方的標籤是**流程 1**，如下圖所示：

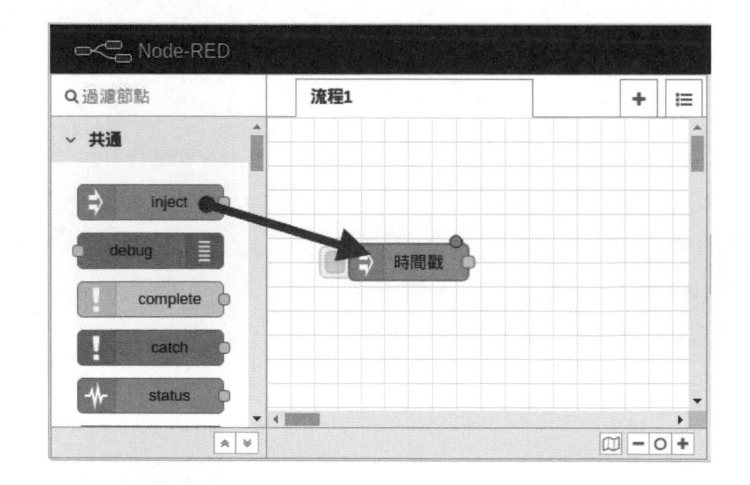

Step 2：按二下節點，在「編輯 inject 節點」對話方塊的 **msg.payload** 欄位，點選「=」後欄位前方小箭頭的下拉式清單選**文字列**的字串後，輸入 **Hello World!**，按**完成**鈕完成編輯。

編輯 inject 節點
刪除 取消 完成
屬性
名稱 名稱
msg. payload = Hello World!
msg. topic =
添加
立刻執行於 0.1 秒後, 此後
重複 無
有效

Step 3：請拖拉左邊「共通」區段的 **debug** 節點至中間的流程編輯區域，如下圖所示：

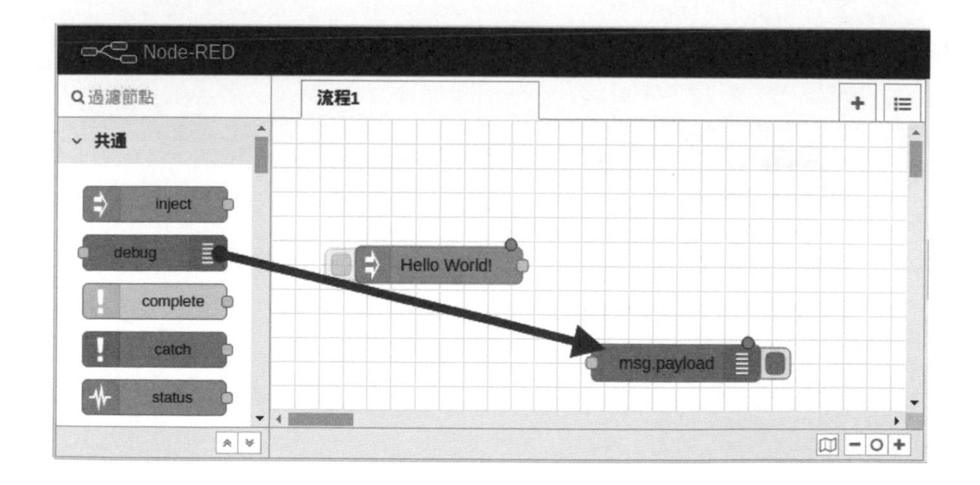

Step 4：將游標移至 **inject** 節點後的小圓點，按住滑鼠左鍵進行拖拉，可以看到橙色線，請拖拉至 **debug** 節點前方小圓點，放開滑鼠左鍵，即可建立 2 個節點之間的連接線（刪除節點或連接線請選取後，按 Del 鍵）。

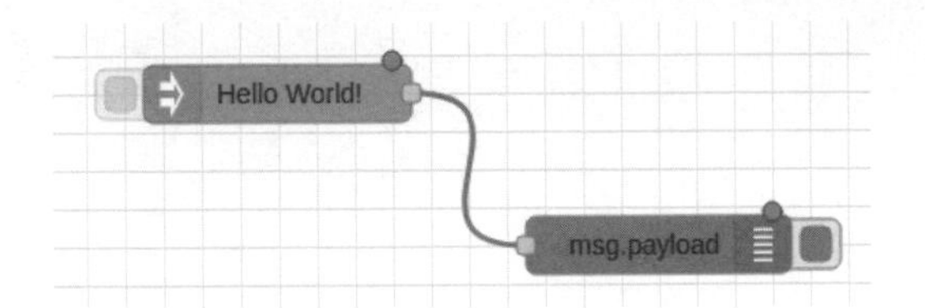

Step 5：請按右上方紅色**部署**鈕儲存和部署應用程式，可以看到部署成功訊息，表示已經成功儲存和部署應用程式。

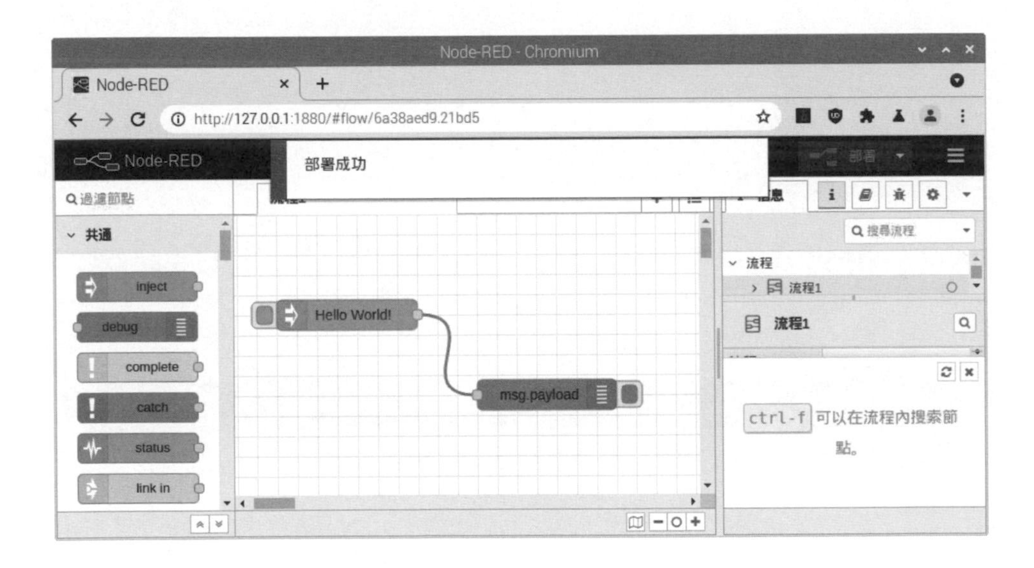

Step 6：現在，我們可以測試執行流程的 Node-RED 程式，請按 **inject** 節點前方的圓角方框，可以在右邊烏龜標籤（除錯窗口）看到送出的訊息文字，每按一次顯示 1 個 Hello World!，如下圖所示：

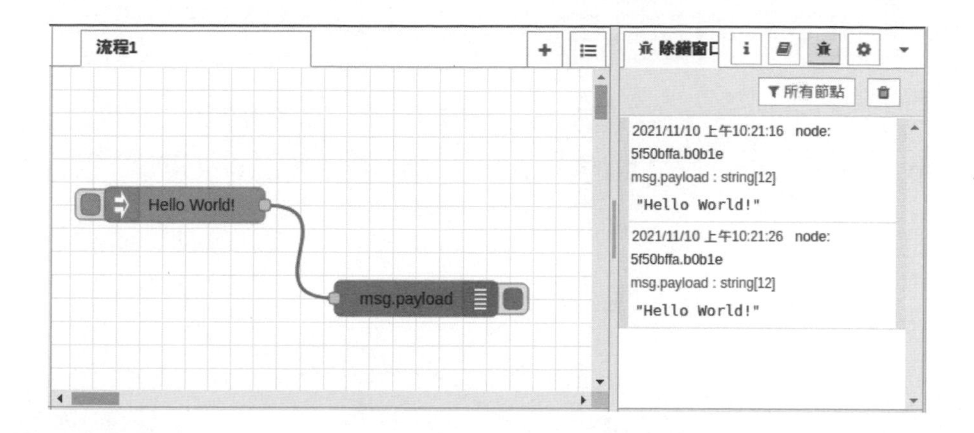

13-4-3 控制 LED 燈

Node-RED 提供樹莓派的專屬節點，可以讓我們使用這些節點來控制 GPIO 接腳，例如：點亮和熄滅 LED 燈。

樹莓派的 Node-RED 節點說明

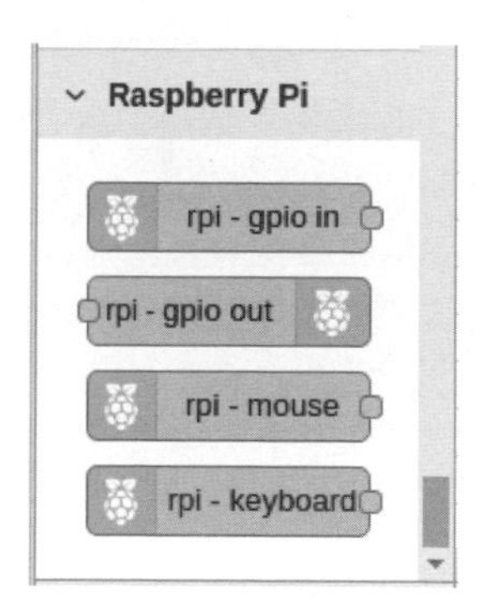

在 Node-RED 左邊節點清單的最後可以看到「Raspberry_Pi」區段，這是一些針對樹莓派的專屬節點，如右圖所示：

右述節點包含 GPIO、滑鼠和鍵盤，在本章是使用 rpi-gpio out 和 rpi-gpio in 這 2 個 GPIO 控制節點。

電子電路設計

電子電路設計和第 7-3-1 節完全相同，LED 燈是連接至 GPIO18。

Node-RED 程式控制 LED 燈：ch13-4-3.json

Node-RED 程式使用 2 個 inject 節點送出 1 和 0 的字串，可以在 rpi-gpio out 節點 GPIO18 接腳的數位輸出 1 來點亮；輸出 0 來熄滅紅色 LED 燈，如下圖所示：

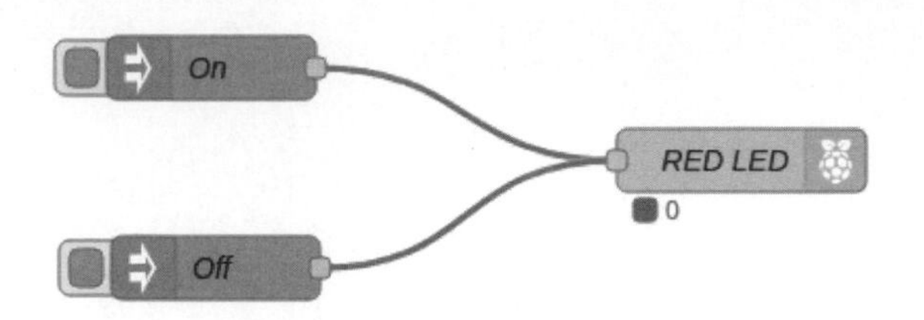

按**部署**鈕部署和儲存程式後，點選 inject 節點 On 前的圓角框可以點亮；Off 是熄滅。流程的三個節點說明，如下所示：

- inject 節點 On：在 **msg.payload** 欄選文字列的字串後，在欄位輸入 1，這是送出的訊息內容，**名稱**欄是節點名稱 On，如下圖所示：

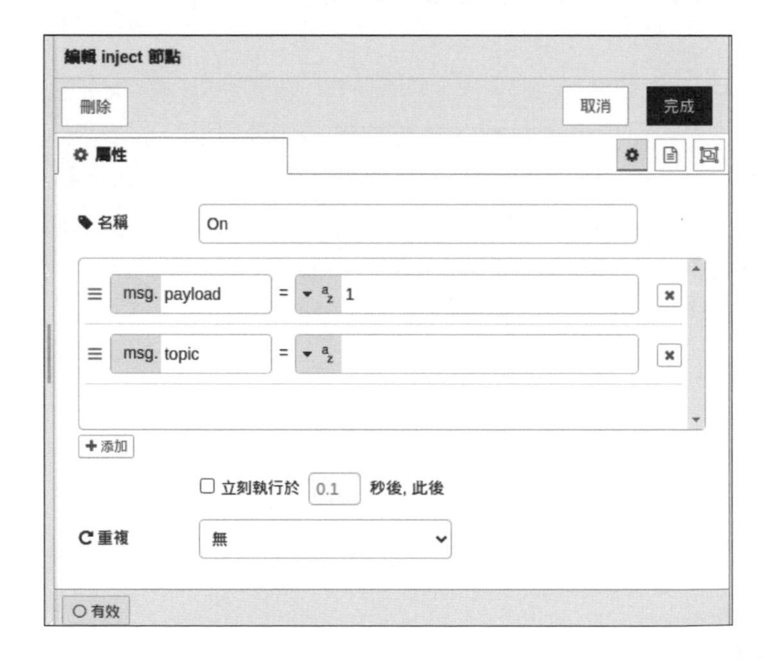

- inject 節點 Off：在 **msg.payload** 欄選文字列的字串後，在欄位輸入 0 的送出訊息，**名稱**欄是節點名稱 Off，如下圖所示：

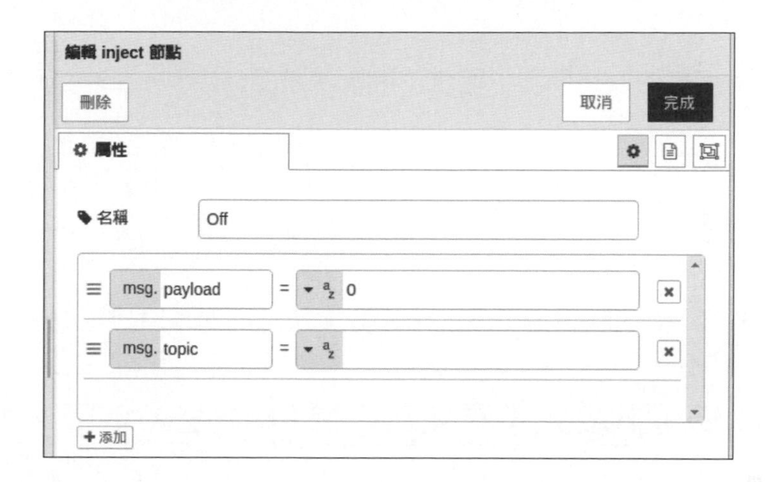

- rpi-gpio out 節點 RED LED：在 **Pin** 欄的腳位表格選 12 的 GPIO18，**Type** 欄選 Digital output 數位輸出，勾選 **Initialise pin state?** 設定接腳初始狀態，low (0) 是輸出 0，即初始狀態是熄滅，**名稱**欄的節點名稱是 RED LED，如下圖所示：

13-4-4 按鍵開關與 LED 燈

在第 13-4-3 節的流程只使用 rpi-gpio out 節點，這一節我們準備加上 rpi-gpio in 節點的按鍵開關，可以使用按鍵開關來控制 LED 燈的點亮與熄滅。

電子電路設計

電子電路設計和第 7-3-3 節完全相同，按鍵開關是連接至 GPIO2。

Node-RED 程式使用按鍵開關控制 LED 燈：ch13-4-4.json

Node-RED 程式是使用 rpi-gpio in 節點連接按鍵開關 GPIO2 的數位輸入，同時使用 1 個 switch 節點的條件判斷是否按下，2 個 change 節點更改訊息送出 0 和 1 的字串，可以在 rpi-gpio out 節點 GPIO18 接腳，使用數位輸出來點亮和熄滅紅色 LED 燈，如下圖所示：

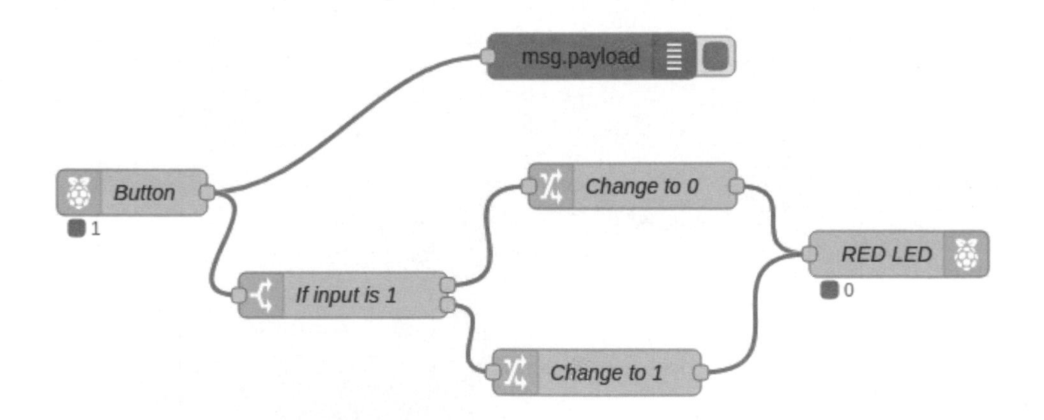

按**部署**鈕部署和儲存程式後，按下按鍵開關可以點亮；再按一下熄滅。流程主要節點的說明，如下所示：

- rpi-gpio in 節點 Button：在 **Pin** 欄選 3 的 GPIO2，**Resistor?** 欄指定電阻是 pullup（或 pulldown），**名稱**欄是節點名稱 Button，如下圖所示：

屬性
GPIO06 - 31　32 - GPIO12
GPIO13 - 33　34 - Ground
GPIO19 - 35　36 - GPIO16
GPIO26 - 37　38 - GPIO20
Ground - 39　40 - GPIO21
3
Resistor?　pullup　Debounce　25　mS
Read initial state of pin on deploy/restart?
名稱　Button

- switch 節點 if input is 1：這是條件判斷節點，**名稱**欄是節點名稱，**屬性**欄是判斷 msg.payload 值，在下方框可以建立多個條件，第 1 個條件是當 msg.payload 等於 1 時輸出 1，除此以外的其他值時，輸出 2（按左下方**添加**鈕可以新增其他條件），如下圖所示：

- change 節點 Change to 0：因為 switch 節點的條件是輸出 1 和 2，我們需要改成輸出 0 和 1，所以使用 change 節點來更改訊息，在「規則」框可以新增規則來更改訊息，選**設定**就是指定敘述，可以將 msg.payload 的值指定成字串 0，如下圖所示：

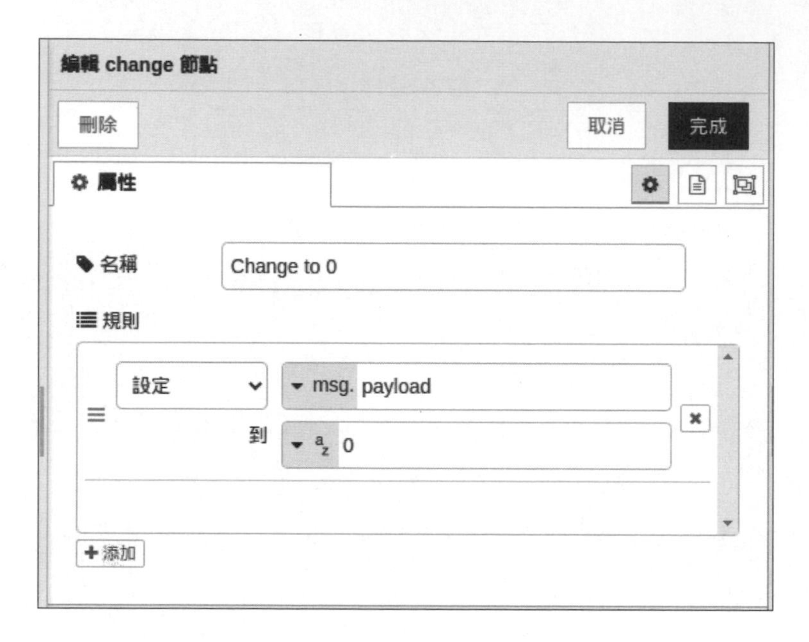

- change 節點 Change to 1：在「規則」框使用**設定**操作，可以指定 msg.payload 的值是字串 1，如下圖所示：

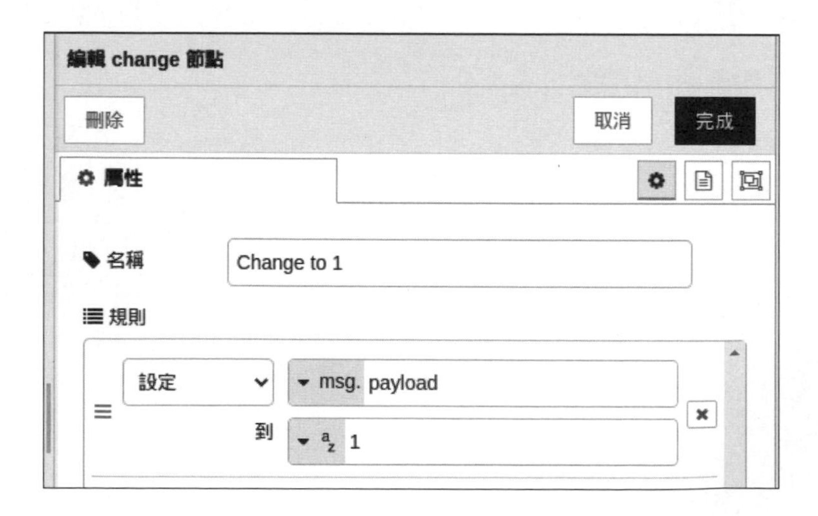

13-5 物聯網實驗範例：Node-RED 儀表板

Node-RED 儀表板可以幫助我們建立 IoT 物聯網監控所需的 Web 使用介面，我們準備修改第 13-4-4 節的 Node-RED 流程，改用儀表板的 Button 元件取代按鍵開關來點亮和熄滅 LED 燈。

Node-RED 儀表板預設擁有一頁名為 Home 的 Tab 標籤，在此標籤下可以新增多個 Group 群組，每一個群組擁有 1~ 多個元件的 Widget 小工具，即儀表板節點的介面元件，其組成結構如下圖所示：

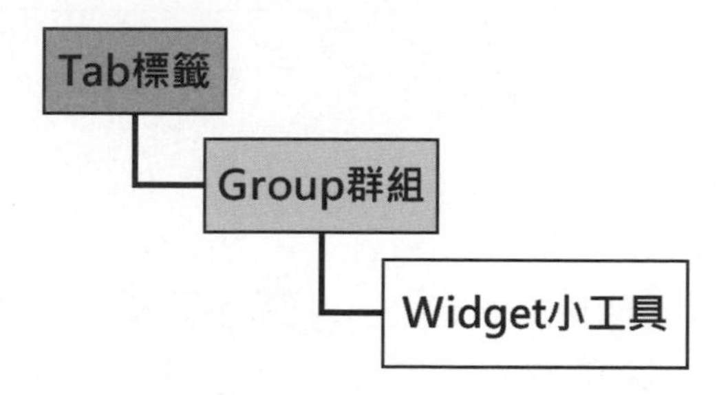

在 Node-RED 儀表板安裝 led 節點

led 節點是一個指示燈的儀表板節點，在 Node-RED 需要自行安裝 node-red-contrib-ui-led 節點，請執行主選單的**節點管理**命令開啟節點管理，在**安裝**標籤的欄位輸入 led，找到 node-red-contrib-ui-led 節點後，按**安裝**鈕安裝此節點，如下圖所示：

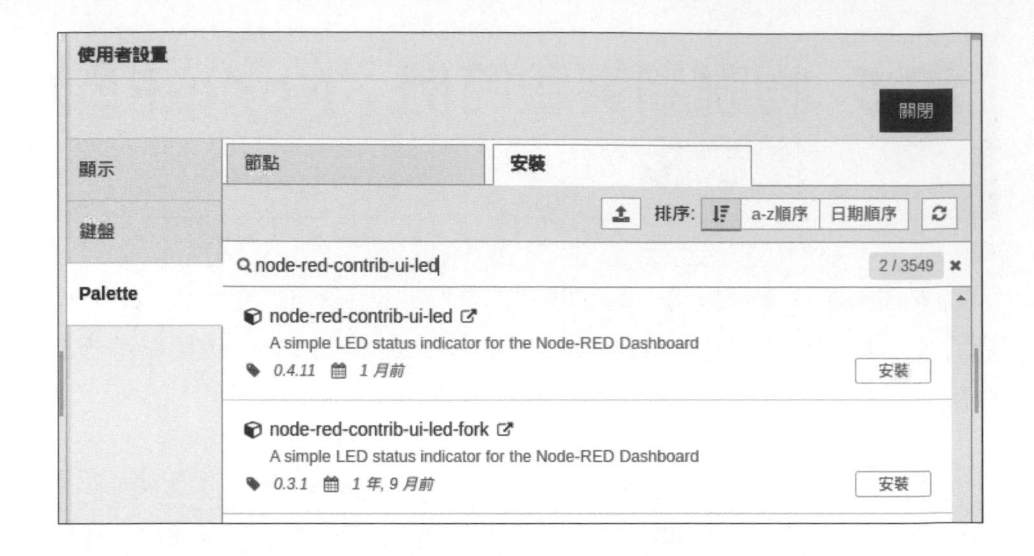

使用儀表板的 Button 元件控制 LED 燈：ch13-5.json

在 Node-RED 程式共使用 2 個 Button 元件和 1 個 Led 元件，再加上 gpio out 節點 GPIO18，就可以建立儀表板，使用按鈕元件來控制 LED 燈，如右圖所示：

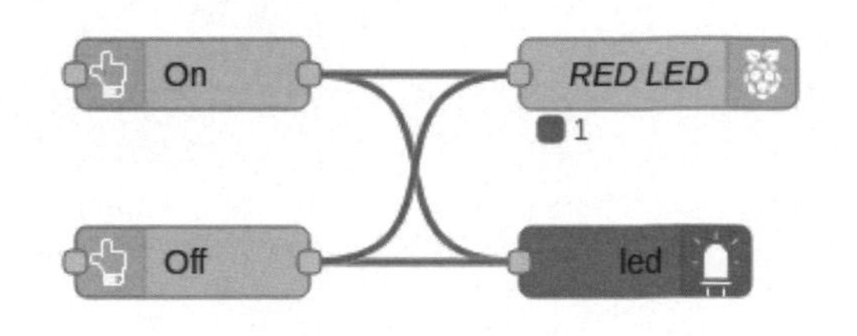

Node-RED 儀表板的 dashboard 版面配置（Layout），如右圖所示：

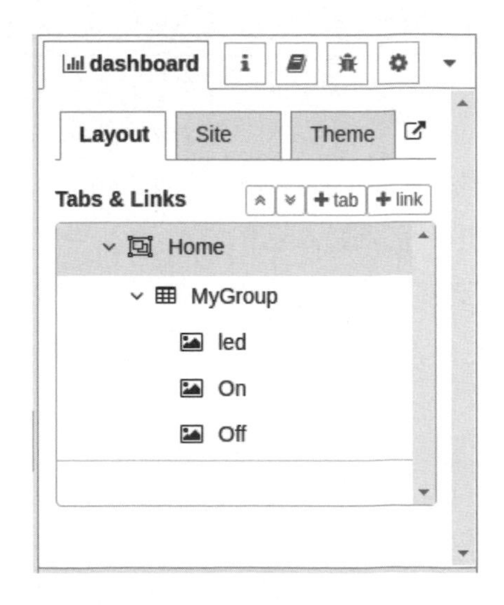

- button 節點（On）：在 **Group** 欄選 **[Home] MyGroup**（需自行在 Home 標籤下新增名為 MyGroup 的群組），**Label** 欄輸入 On，在 **Payload** 欄輸入字串 1，即按下按鈕輸出字串 1，如下圖所示：

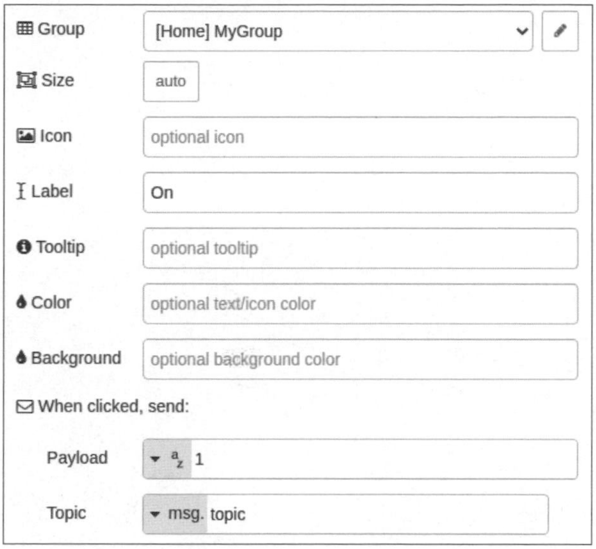

Group [Home] MyGroup
Size auto
Icon optional icon
Label On
Tooltip optional tooltip
Color optional text/icon color
Background optional background color
When clicked, send:
Payload a z 1
Topic msg. topic

- button 節點（Off）：在 **Group** 欄選 **[Home] MyGroup**，**Label** 欄輸入 Off，在 **Payload** 欄輸入字串 0，即按下按鈕輸出字串 0，如下圖所示：

Group [Home] MyGroup
Size auto
Icon optional icon
Label Off
Tooltip optional tooltip
Color optional text/icon color
Background optional background color
When clicked, send:
Payload a z 0
Topic msg. topic

- led 節點：在**組**欄選 **[Home] MyGroup**，**Label** 欄輸入**紅色 LED**，在下方框可以建立不同 msg.payload 屬性值對應顯示的指示燈色彩（請按下方 **Color** 鈕來新增），以此例字串 0 是 black 黑色；字串 1 是 red 紅色，如下圖所示：

組 [Home] MyGroup
Size auto
Label 紅色LED
Label Placement left　Label Alignment left
Shape circle
Show glow effect around LED
Preview
Colors for value of msg.payload

msg.payload	Color
0	black
1	red

Node-RED 程式執行結果的網址是 http://127.0.01:1880/ui/，在儀表板按 **ON** 鈕，可以看到儀表板的指示燈顯示紅色，同時 LED 燈亮起，如下圖所示：

按 **OFF** 鈕，可以看到儀表板的指示燈顯示黑色，同時 LED 燈熄滅，如下圖所示：

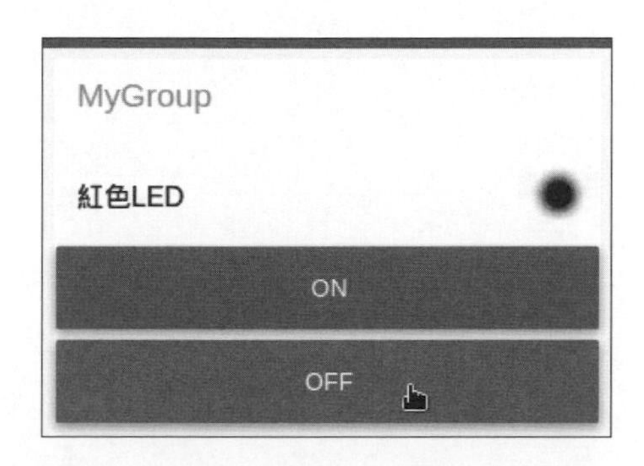

學習評量

1. 請簡單說明什麼是 IoT 物聯網？
2. Python 程式可以使用什麼模組建立 Web 伺服器？
3. 請簡單說明 ThingSpeak 網站的功能？然後參考第 13-3-2 節的說明在 ThingSpeak 網站註冊帳號，和新增 Lab's brightness 頻道建立名為 brightness 的亮度欄位。
4. 請簡單說明 Python 程式如何上傳資料至 ThingSpeak 網站？然後參考第 13-2-2 節，將光敏電阻值上傳至學習評量 3. 的 brightness 亮度欄位。
5. 請簡單說明 Node-RED 是什麼？我們如何使用 Node-RED 流程來控制 LED 燈？
6. 請問什麼是 Node-RED 儀表板？在 Node-RED 儀表板是如何組織節點的介面元件？

MEMO

AIoT 實驗範例：Node-RED+TensorFlow.js

14-1 認識 TensorFlow.js

TensorFlow 是一套開放原始碼和高效能的數值計算函式庫，一個建立機器學習的框架，我們可以使用 Python 或 JavaScript 語言搭配 TensorFlow 來開發機器學習專案，JavaScript 版的 TensorFlow 稱為 TensorFlow.js。

TensorFlow.js 在硬體運算部分支援 CPU、顯示卡 GPU 和 Google 客製化 TPU（TensorFlow Processing Unit），來加速機器學習的訓練（瀏覽器是使用 WebGL；Node.js 才能使用 GPU），如右圖所示：

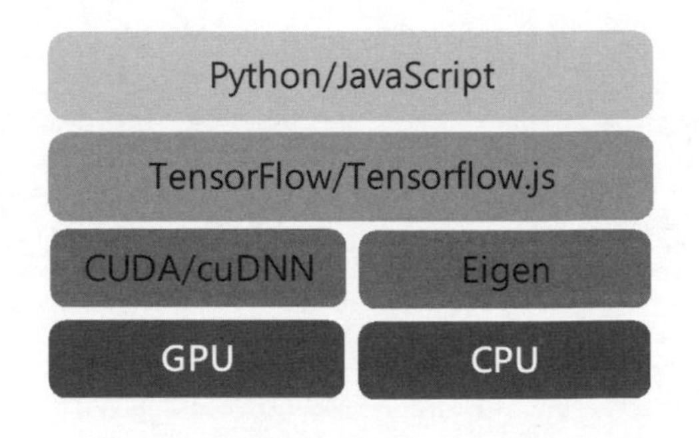

上述圖例的 TensorFlow 如果是在 CPU 執行，TensorFlow 是使用低階 Eigen 函式庫來執行張量運算，如果是 GPU，使用的是 NVIDA 開發的深度學習運算函式庫 cuDNN。

14-2 相關 Node-RED 節點的安裝與使用

在說明本章 AIoT 實驗範例的 Node-RED 流程前，我們需要安裝一些 Node-RED 相關節點，在這一節就是說明這些 Node-RED 節點的安裝與使用。

14-2-1 預覽和註記圖片

在 Node-RED 可以安裝 node-red-contrib-image-output 節點來預覽圖片，node-red-node-annotate-image 節點是註記圖片內容。

使用 image 節點預覽圖片：ch14-2-1.json

在安裝後，Node-RED 程式可以使用「輸出」區段的 image 節點來預覽圖片，圖片是使用 file in 節點來載入，如下圖所示：

- file in 節點：讀取**檔案名**欄的檔案，以此例是讀取圖檔，輸出是一個 Buffer 物件（文字內容是選 utf8 編碼的一個字串），如下圖所示：

- image preview 節點：即 image 節點，**Property** 欄是圖片內容來源的屬性名稱，**Width** 欄指定圖片寬度，高度會自動依比例調整，如下圖所示：

Node-RED 程式的執行結果，只需點選 inject 節點，就可以看到「\Ch14\images\koala.jpg」圖檔的預覽圖片，如下圖所示：

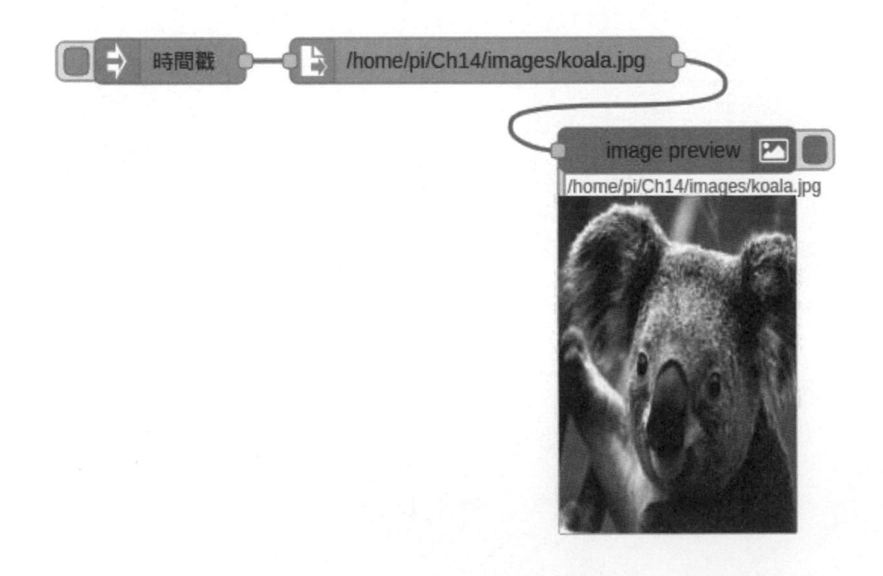

使用 annotate image 節點註記圖片：ch14-2-1a.json

在安裝後，如果需要註記圖片，Node-RED 程式可以使用「utility」區段的 annotate image 節點，我們需要建立 msg.annotations 屬性值替圖片註記標籤，和新增長方形或圓形外框（可以使用在第 14-3 節的機器學習，用來註記辨識結果的圖片），如下所示：

```
[
    {
        "label": "cat",
        "bbox": [
            4.735950767993927,
            27.59294629096985,
            330.78828209638596,
            242.19613552093506
        ],
        "labelLocation": "top"
    }
]
```

上述屬性值是一個陣列，每一個元素是一個物件，label 是標籤文字；bbox 是外框座標；labelLocation 是標籤顯示位置（top 是上方；bottom 是下方）。

當 Node-RED 程式使用 file in 節點載入圖片後，使用 change 節點建立 msg.annotations 屬性值，可以在圖片內容加上註記後，在 image 節點預覽註記後的圖片內容，如下圖所示：

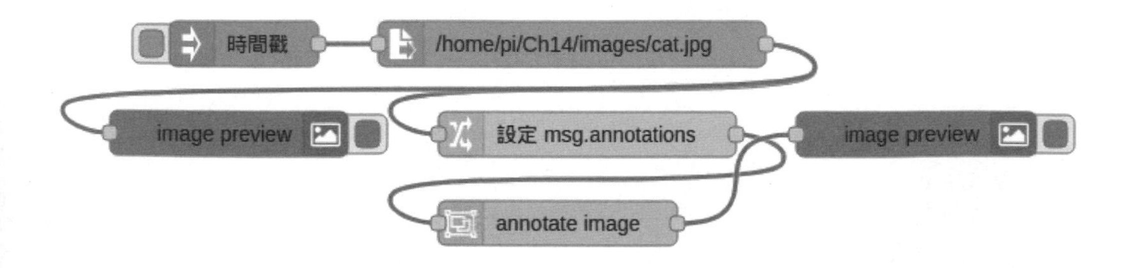

● change 節點：使用**設定**操作，指定 msg.annotations 屬性值（點選欄位後的…可以開啟編輯器），如下圖所示：

● annotate image 節點：預設值，如果需要，可以自行指定註記的框線色彩和寬度，字型色彩和尺寸，如下圖所示：

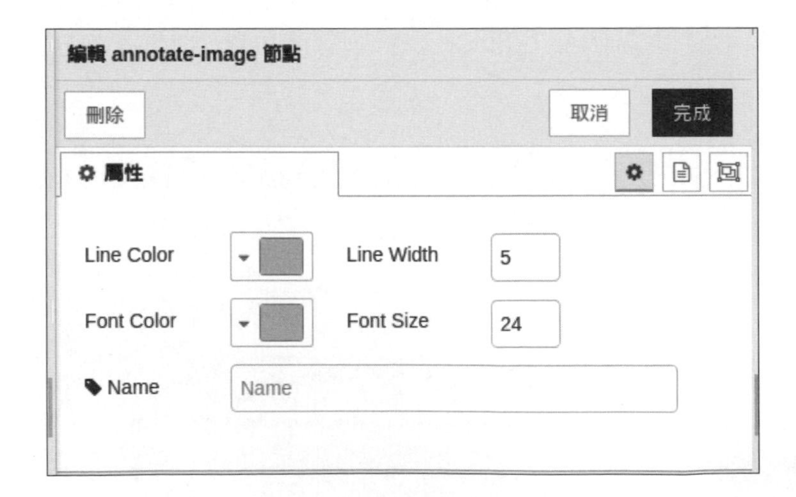

Node-RED 程式的執行結果，當點選 inject 節點後，可以看到「\Ch14\images\cat.jpg」圖檔顯示的預覽圖片，和註記後的圖片內容，如下圖所示：

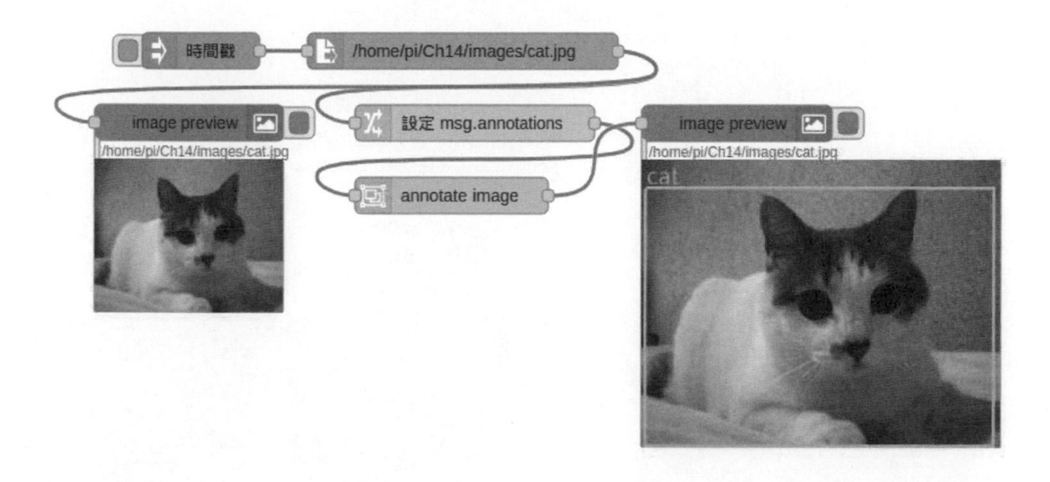

14-2-2 選擇 Raspberry Pi OS 作業系統檔案

Node-RED 的 node-red-contrib-browser-utils 節點是瀏覽器相關工具，我們可以使用 file inject 節點選擇 Raspberry Pi OS 作業系統的檔案。

在安裝後，Node-RED 程式：ch14-2-2.json 可以使用「輸入」區段的 file inject 節點，讓使用者自行選擇 Raspberry Pi OS 作業系統的檔案，例如：dog4.jpg 圖檔，如下圖所示：

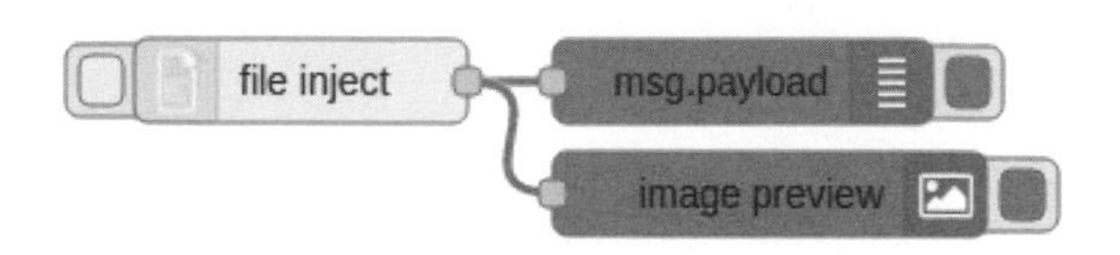

- file inject 節點：預設值，只支援 Name 名稱屬性。

Node-RED 程式的執行結果，請點選 file inject 節點前的按鈕，可以開啟對話方塊來選擇圖檔，請選擇位在「\Ch14\images\」目錄的 dog4.jpg 圖檔，就可以看到顯示的預覽圖片，如下圖所示：

在「除錯窗口」標籤可以看到圖片內容的 Buffer 資料，如下圖所示：

14-2-3 內嵌框架

HTML 內嵌框架 <iframe> 標籤可以使用 node-red-node-ui-iframe 節點來建立，在安裝此節點後，我們可以在 Node-RED 儀表板嵌入其他網站或 Node-RED 程式建立的 Web 網站。

Node-RED 程式：ch14-2-3.json 共有 2 個流程，在第 1 個流程是靜態 Web 網頁，第 2 個流程只有 1 個 iframe 節點，可以內嵌顯示第 1 個流程的 Web 網頁內容，如下圖所示：

- http in 節點：建立 Web 網站的路由，在**請求方式**欄選 HTTP 方法，支援 GET、POST、PUT、DELETE 和 PATCH，以此例是 GET 方法，在 **URL** 欄位輸入路由「/hello」，如下圖所示：

- template 節點：建立 Web 網頁內容，輸入的 HTML 標籤就是回應資料（沒有使用 Mustache 模板，只有單純 HTML 標籤），如下所示：

```
<html>
    <head>
        <title>Hello</title>
    </head>
    <body>
        <h1>我的Hello World!網頁</h1>
    </body>
</html>
```

- http response 節點：使用預設值，可以建立 msg.payload 屬性值的 HTTP 回應給瀏覽器。

- iframe 節點：在 **Group** 欄選 **[Home] IFrame**（需自行新增名為 IFrame 的群組），**URL** 欄是第 1 個流程的 URL 網址，在 **Scale** 欄設定縮放尺寸，如下圖所示：

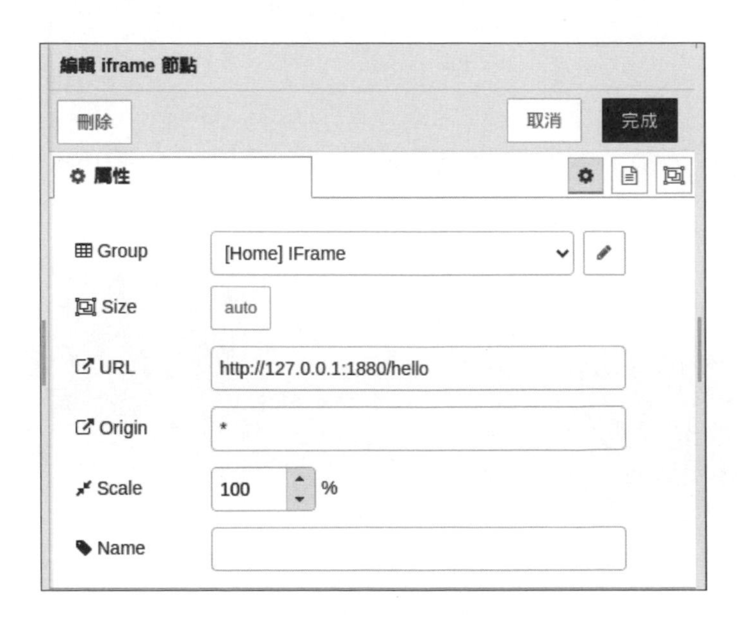

Node-RED 程式執行結果的網址是 http://127.0.0.1:1880/ui/，可以在儀表板看到 IFrame 元件顯示的網頁內容，如右圖所示：

14-2-4 使用 Webcam 網路攝影機

在 Node-RED 只需安裝 node-red-node-ui-webcam 節點，就可以在儀表板開啟 Webcam 網路攝影機來擷取圖片。Node-RED 程式：ch14-2-4.json 是使用 webcam 節點擷取圖片後，在 image 節點預覽取得的圖片內容，如下圖所示：

- webcam 節點：在 **Group** 欄選 **[Home] WebCam**（需自行新增名為 WebCam 的群組）後，在 **Size** 欄輸入尺寸（最大 10x10），如下圖所示：

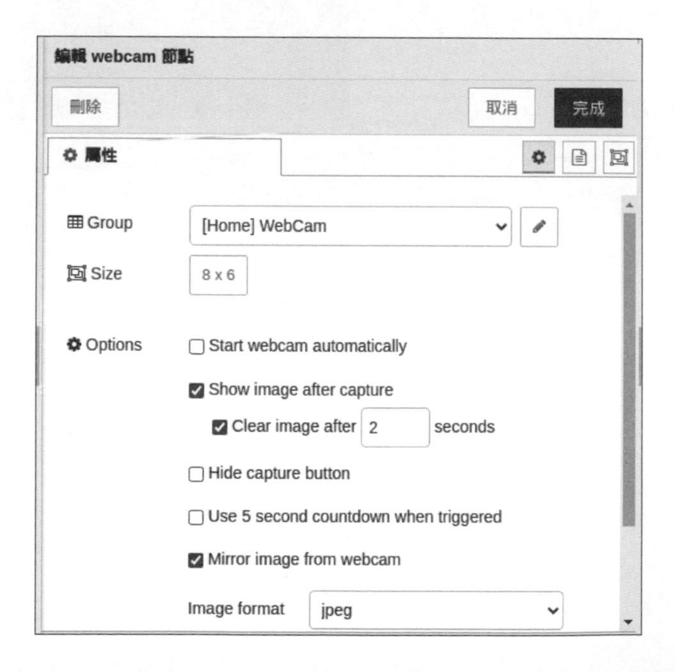

上述 Options 選項設定的說明，如下表所示：

選項	說明
Start webcam automatically	自動啟動Webcam
Show image after capture	在擷取圖片後，顯示圖片
Clear image after seconds	顯示圖片幾秒鐘後清除圖片
Hide capture button	隱藏擷取圖片按鈕
Use 5 second countdown when triggered	使用5秒倒數來擷取圖片
Mirror image from webcam	使用鏡像圖片，即左右相反
Image format	選擇輸出的圖片格式

Node-RED 程式執行結果的網址是 http://127.0.0.1:1880/ui/，請點選 webcam 圖示啟用攝影機後，就可以點選右下方攝影機圖示來擷取圖片，和在流程的 image 節點預覽圖片內容，如右圖所示：

點選右下角攝影機圖示，可以擷取目前影像的圖片，在 image 節點可以預覽擷取的圖片內容，如下圖所示：

14-3 AIoT 實驗範例：Node-RED+COCO-SSD

AIoT 就是人工智慧（AI）+ 物聯網（IoT），當 IoT 物聯網導入 AI 人工智慧後，AIoT 就擁有自行學習的能力，可以透過數據訓練來不斷的自我強化，以便提供更佳的客製化服務體驗和人性化需求。

COCO-SSD 預訓練模型是 Google 公司在 2017 年六月釋出，這就是移植「物體偵測 API」（Object Detection API）的 COCO-SSD 模型，資料集是使用 COCO；SSD 是基於 MobileNet 或 Inception 的 SSD 模型（Single Shot Multi-box Detector），可以在單一圖片上辨識出多個物體。

Node-RED 支援多種 TensorFlow.js 預訓練模型的節點，請注意！因為版本和模組相依問題，請勿同時安裝這些節點，在本節是使用 node-red-contrib-tfjs-coco-ssd 節點來使用 COCO-SSD 預訓練模型。

在 Node-RED 安裝 node-red-contrib-tfjs-coco-ssd 節點

請開啟 Node-RED 節點管理後，在**安裝**標籤輸入 tfjs，可以找到 node-red-contrib-tfjs-coco-ssd 節點，按**安裝**鈕安裝此節點，如下圖所示：

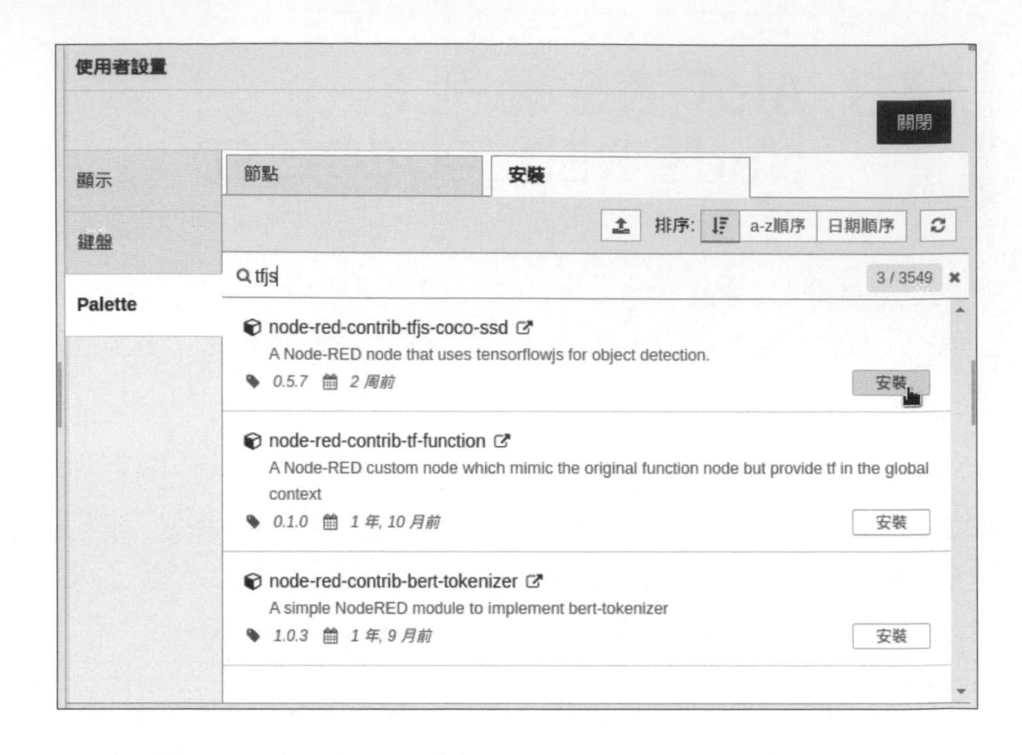

然後在上方可以看到一個警告訊息，說明可能需重新啟動 Node-RED，請按**安裝**鈕確認安裝此節點。

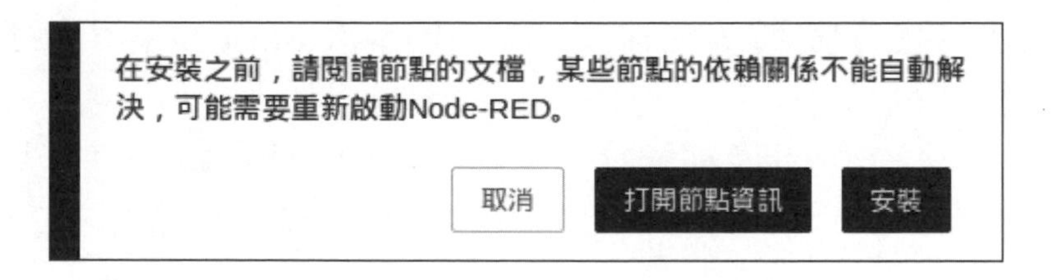

安裝節點需花一些時間，請稍等一下，等到節點安裝完成後，如果需要，請記得重新啟動 Node-RED 來完成節點的安裝。

使用 COCO-SSD 預訓練模型辨識圖片上的物體：ch14-3.json

Node-RED 程式使用 file inject 節點選擇圖片後，使用 image 節點預覽選擇圖片，然後送入 tfj coco ssd 節點辨識別圖片內容的物體後，使用 annotate image 節點在圖片上標上註記方框和物體名稱後，再使用 image 節點預覽顯示註記後的圖片，即圖片辨識結果，如下圖所示：

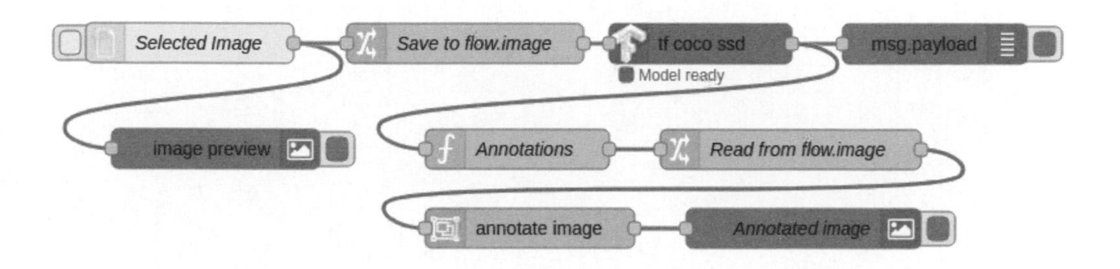

- file inject 節點（Selected Image）：在 **Name** 欄輸入 Selected Image。
- image 節點（image preview）：在 **Width** 欄輸入寬度是 100，如下圖所示：

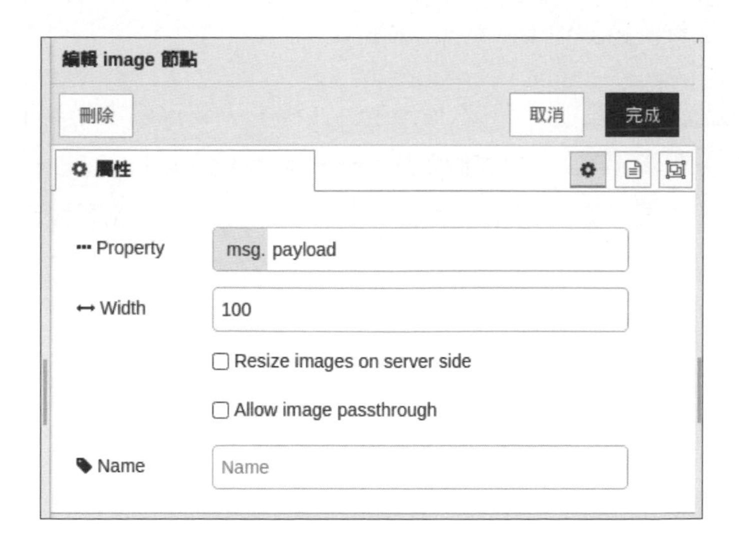

- change 節點（Save to flow.image）：使用**設定**操作，將圖片內容的 msg.payload 屬性值指定給 flow.image 變數先儲存起來，如下圖所示：

- tf coco ssd 節點：預設值，其辨識結果是 msg.payload 屬性值（因為會取代原圖片內容，所以使用 flow.image 變數先儲存原圖片內容）。

- debug 節點：預設值。

- function 節點：請輸入下列 JavaScript 程式碼取出辨識結果的 class 分類屬性，和繪出物件方框座標的 bbox 屬性，COCO-SSD 預訓練模型可以在單一圖片辨識出多個物體，所以 msg.paylaod 屬性值是一個陣列，我們需要使用 for 迴圈取出所有辨識出的物體，如下所示：

```
msg.annotations = []
for (i = 0; i < msg.payload.length; i++) {
    var obj = {}
    obj.label = msg.payload[i].class;
    obj.bbox = msg.payload[i].bbox;
    msg.annotations[i] = obj;
}
return msg;
```

上述 msg.annotations 屬性值是一個陣列，其值是用來在 annotate image 節點標示每一個物體的方框和顯示分類名稱。在 for 迴圈的 msg.payload.length 屬性值是辨識出的物體數，各物體的 label 屬性就是 class 分類名稱；bbox 屬性就是 bbox，最後新增至 msg.annotations 屬性值。

- change 節點（Read from flow.image）：使用**設定**操作，將 flow.image 變數儲存的圖片再回存至 msg.payload 屬性，如下圖所示：

- annotate image 節點：預設值，可以指定標示的框線色彩、寬度；字型色彩和尺寸，這是使用 msg.annotations 屬性值在 msg.payload 屬性值的圖片（只支援 JPEG 格式）上標示註記。

- image 節點（Annotated image）：在 **Width** 欄輸入寬度是 200。

Node-RED 程式的執行結果，請點選 file inject 節點選取 JPG 圖片 face01.jpg，就可以看到預覽圖片和在之後標示辨識出的物體 Tie 和 Person 的圖片，如下圖所示：

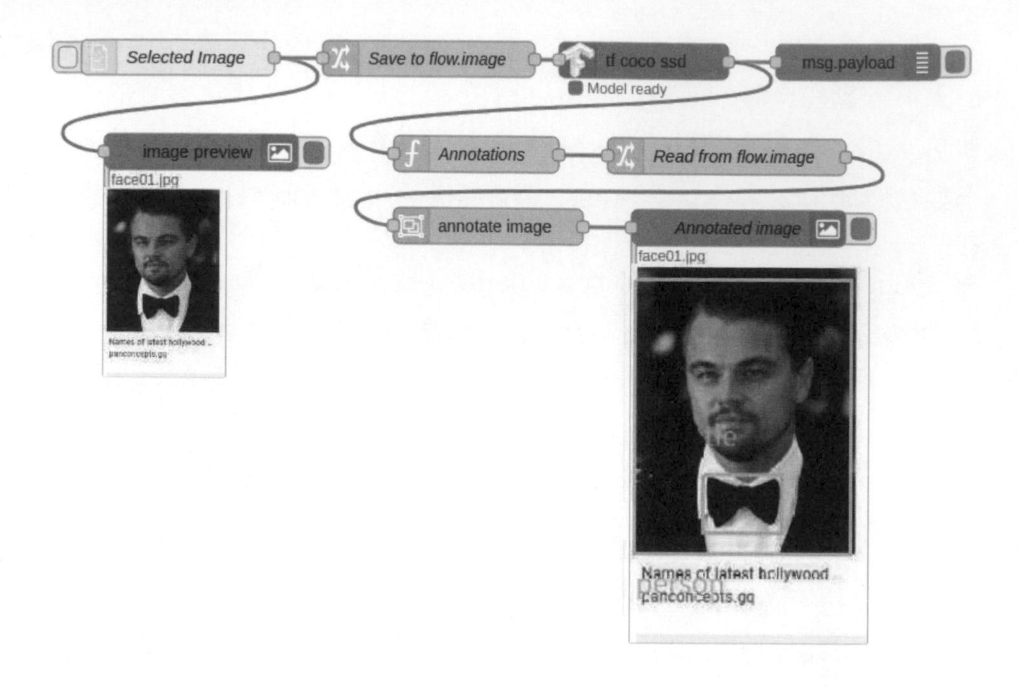

在「除錯窗口」標籤頁可以看到 2 個物體的辨識結果，如下圖所示：

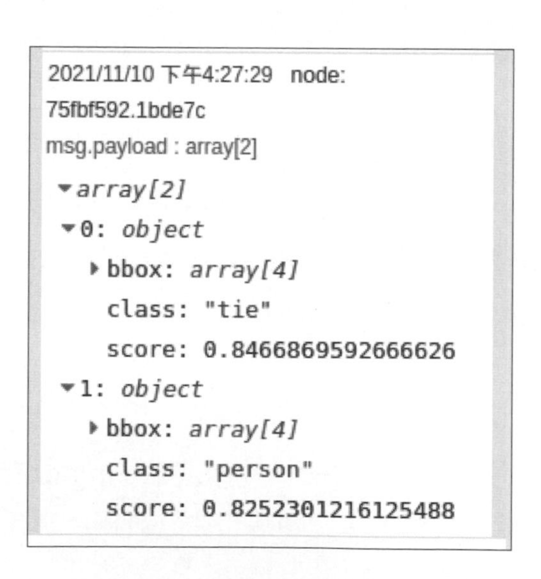

Node-RED 程式：ch14-3a.json 改用儀表板的 Webcam 節點來擷取圖片、辨識物體和標記圖片。

14-4 AIoT 實驗範例：Node-RED 與 Teachable Machine

Teachable Machine 是 Google 推出的網頁工具，不需要專業知識和撰寫程式碼，就可以替網站和應用程式訓練機器學習模型，支援辨識圖片、辨識姿勢和分類聲音。

我們準備使用 Teachable Machine 訓練機器學習模型，可以分類剪刀、石頭和布的圖片。然後，在 Node-RED 儀表板執行 Tensorflow.js 程式來使用此機器學習模型，可以使用 Webcam 即時分類出影像的圖片是剪刀、石頭或布。

14-4-1 使用 Teachable Machine 訓練機器學習模型

現在，我們就可以使用 Teachable Machine 來訓練一個機器學習模型。

步驟一：新增專案和選擇機器學習模型的類型

使用 Teachable Machine 的第一步是新增專案和選擇機器學習模型的種類，其步驟如下所示：

Step 1：請啟動瀏覽器進入下列 URL 網址後，按 **Get Started** 鈕開始新增專案。

```
https://teachablemachine.withgoogle.com/
```

Step 2：選第 1 個 **Image Project** 辨識圖片專案，Audio Project 是分類聲音；Pose Project 是辨識姿勢。

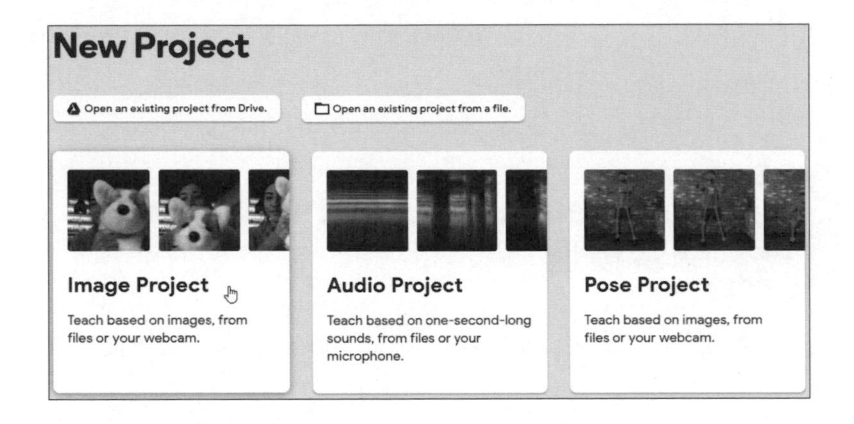

Step 3：再選 **Standard Image model** 建立標準的圖片模型。

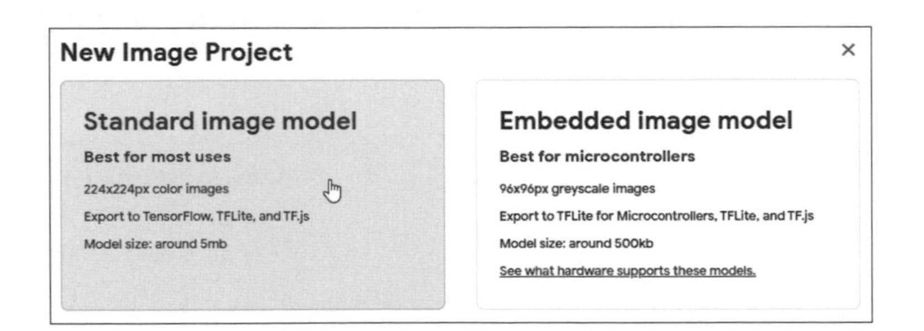

Step 4：可以看到 Teachable Machine 機器學習的模型訓練介面，如下圖所示：

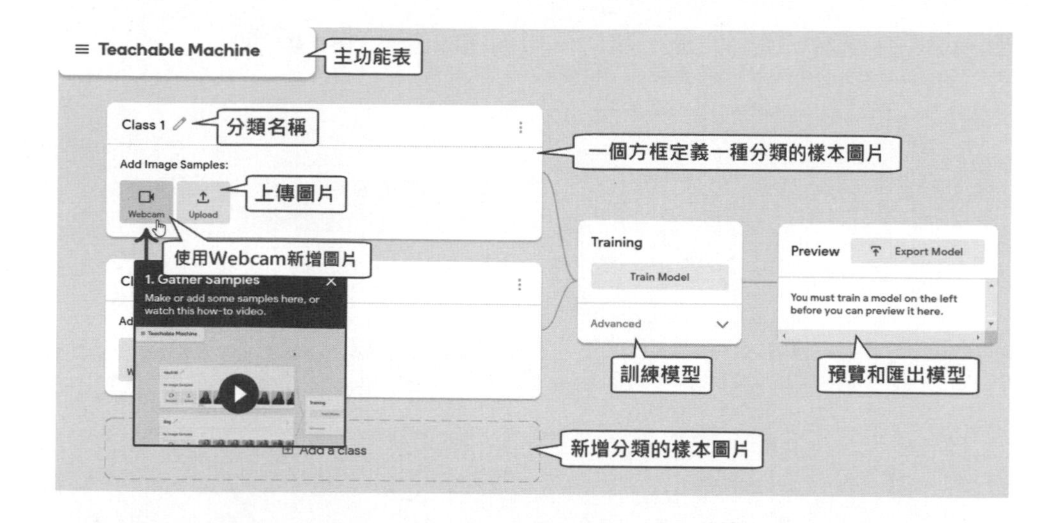

步驟二：建立分類和新增各分類的樣本圖片

在新增專案和選擇模型種類後，接著我們需要建立分類來新增樣本圖片，以剪刀、石頭或布來說，需要建立三種分類，然後在各分類使用 Webcam 新增樣本圖片，其步驟如下所示：

Step 1：點選方框左上角的筆形圖示，可以修改分類名稱，請將第 1 個分類 Class 1 改成 **Rock** 石頭；第 2 個改成 **Paper** 布，點選下方虛線框的 **Add a class** 新增一個分類。

Step 2：在新增一個分類後，將此分類更名成 **Scissors** 剪刀。

Step 3：在「Rock」框點選 **Webcam** 鈕，使用 Webcam 新增分類的樣本圖片（**Upload** 鈕是上傳樣本圖片），請按**允許**鈕允許網頁使用 Webcam 網路攝影機。

Step 4：然後按住 **Hold to Record** 鈕，就可以使用 Webcam 持續在右邊框產生影像中「石頭」的樣本圖片（請試著旋轉、前進和後退來產生不同角度和尺寸的樣本圖片），在右邊框可以自行挑選樣本圖片，不需要的圖片，請將游標移至圖片上，點選垃圾桶圖示來刪除圖片。

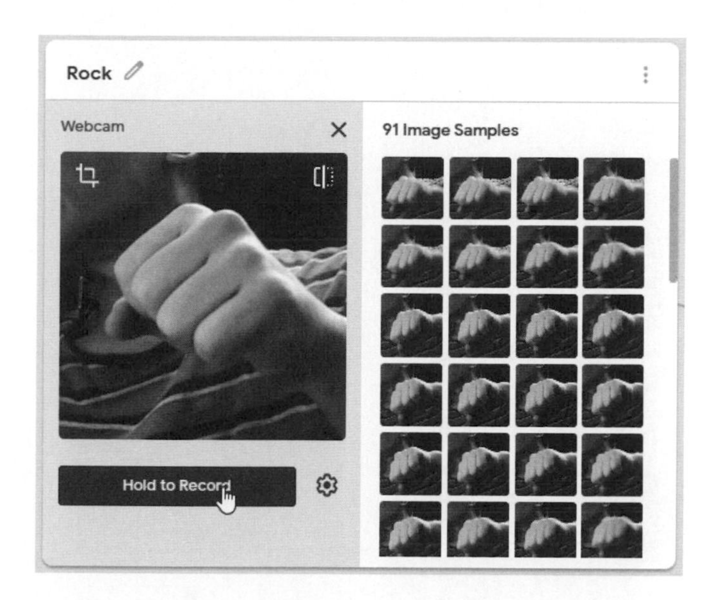

Step 5：在「Paper」框點選 **Webcam** 鈕，按住 **Hold to Record** 鈕，使用 Webcam 持續在右邊框產生影像中「布」的樣本圖片。

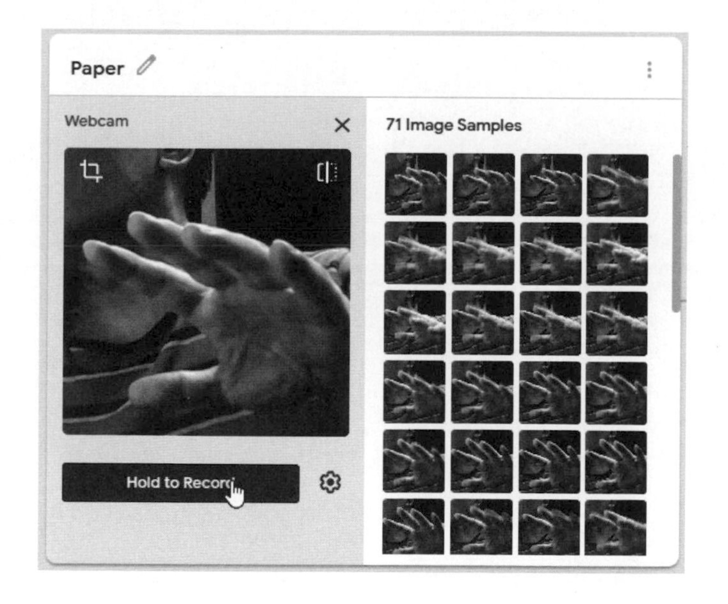

Step 6：在「Scissors」框點選 **Webcam** 鈕，按住 **Hold to Record** 鈕，使用 Webcam 持續在右邊框產生影像中「剪刀」的樣本圖片。

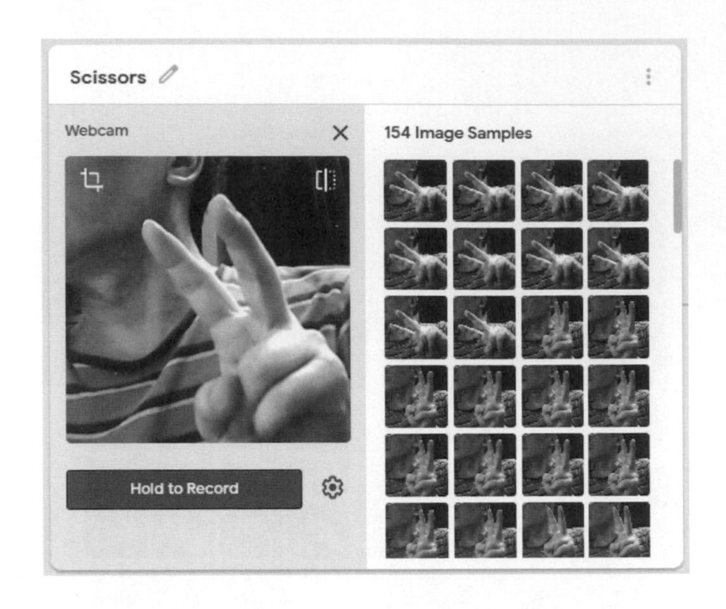

步驟三：訓練模型

在完成三個分類的樣本圖片新增後，就可以開始訓練模型，其步驟如下所示：

Step 1：在中間的「Training」框按 **Train Model** 鈕，開始訓練模型。

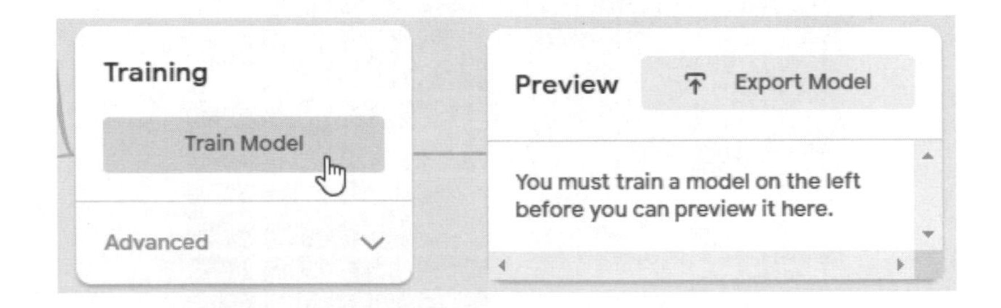

Step 2：可以看到正在準備訓練資料後，開始訓練模型，模型訓練時間需視樣本數而定，請稍等一下，等待模型訓練完成。

步驟四：預覽、測試與優化模型

在完成模型訓練後，我們可以預覽、測試與優化模型，其步驟如下所示：

Step 1：在完成模型訓練後，可以在「Training」框看到 Model Trained 訊息文字，然後在「Preview」框匯出模型，不過，在匯出模型前，建議先測試模型來優化模型的準確度。

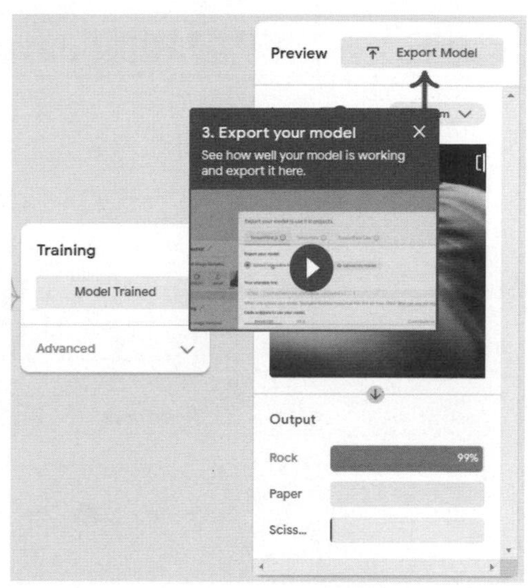

Step 2：請在「Preview」框預覽模型的辨識結果，在中間是 Webcam 影像，在下方是辨識結果的百分比，即模型分類圖片的結果，如下圖所示：

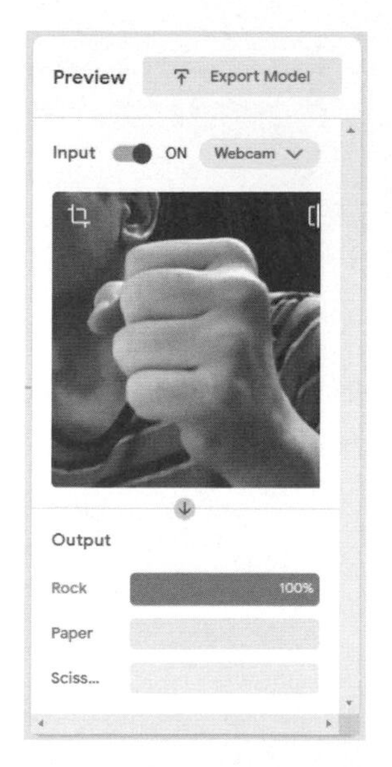

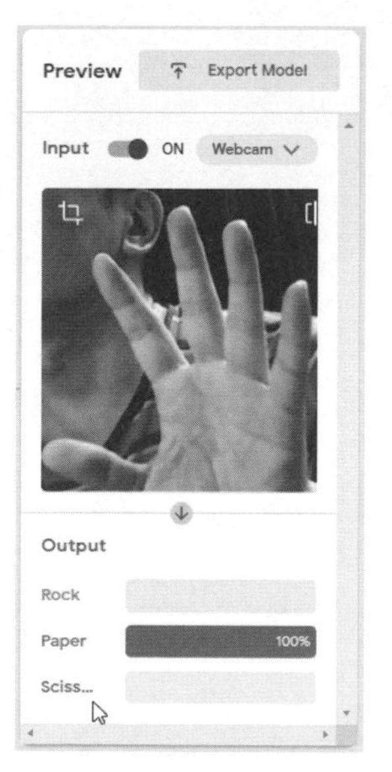

請在 Webcam 擺出不同角度和大小的剪刀、石頭或布來測試模型的準確度，如果發現某些情況的辨識錯誤率較高時，請增加此情況的樣本圖片來重新訓練模型，即可優化模型直到得到滿意的準確率為止。

步驟五：匯出模型和複製 JavaScript 程式碼

當增加各分類樣本圖片來優化出滿意的模型後，就可以匯出模型和複製 JavaScript 程式碼，其步驟如下所示：

Step 1：請在「Preview」按旁邊的 **Export Model** 鈕來匯出模型。

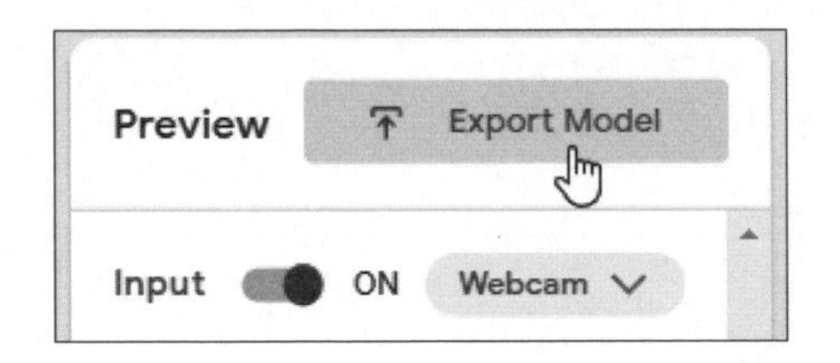

Step 2：Teachable Machine 支援匯出三種模型，請選 **Tensorflow.js** 後，選 **Upload (shareable link)**，按 **Upload my model** 鈕上傳模型。

Export your model to use it in projects.
Tensorflow.js Tensorflow Tensorflow Lite
Export your model:
Upload (shareable link) Download Upload my model

Step 3：等到成功上傳模型後，在 **Your shareable link:** 的下方可以看到模型的 URL 網址，可以按後方 **Copy** 圖示複製此網址。

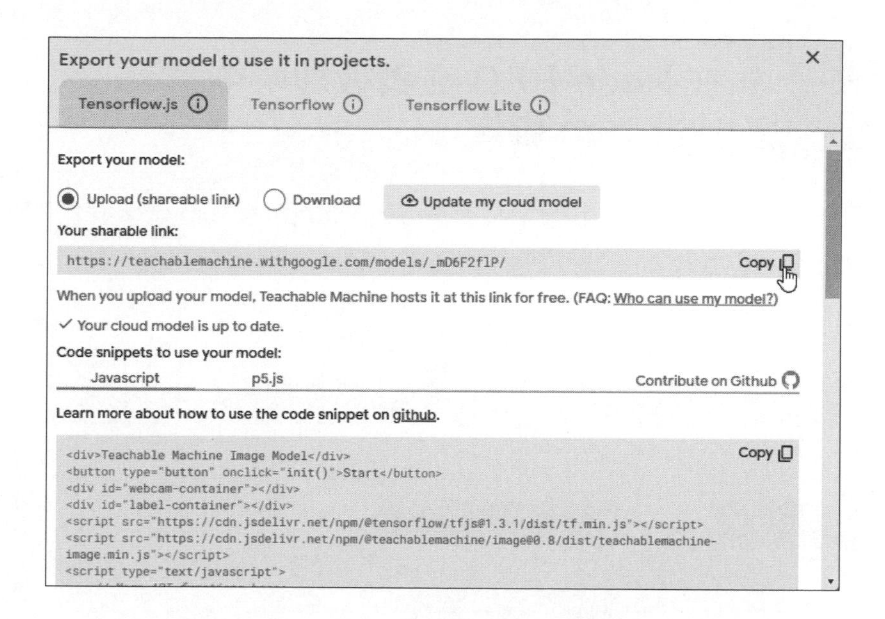

Step 4：在下方選 **JavaScript**，按 **Copy** 圖示複製使用此 Tensorflow.js 模型的 JavaScript 程式碼，我們準備使用此程式碼在第 14-4-2 節建立 Node-RED 的 Web 網站。

步驟六：儲存專案

在完成模型匯出後，我們可以儲存專案至 Google 雲端硬碟，其步驟如下所示：

Step 1：請開啟主功能表，執行 **Save project to Drive** 命令儲存專案至 Google 雲端硬碟。

右述 **Open project from Drive** 命令，可以從雲端硬碟開啟我們儲存的 Teachable Machine 專案。

14-4-2 在 Node-RED 儀表板即時辨識 Webcam 影像

在成功訓練模型、匯出模型和複製 JavaScript 程式碼後，我們就可以建立 Node-RED 程式：ch14-4-2.json，在儀表板即時辨識 Webcam 影像，如下圖所示：

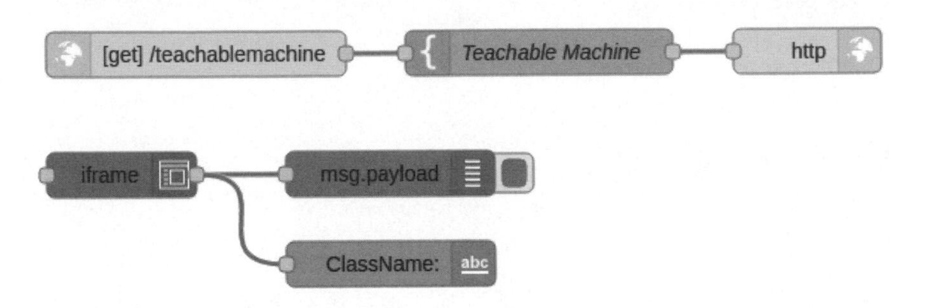

- http in 節點：使用 GET 方法，路由是「/teachablemachine」。
- template 節點：請將第 14-4-1 節複製的 JavaScript 程式碼貼入此節點，如下圖所示：

```
44          webcam.update(); // update the webcam frame
45          await predict();
46          window.requestAnimationFrame(loop);
47      }
48
49      // run the webcam image through the image model
50      async function predict() {
51          var pre_className = "";
52          // predict can take in an image, video or canvas html element
53          const prediction = await model.predict(webcam.canvas);
54          for (let i = 0; i < maxPredictions; i++) {
55              const classPrediction =
56                  prediction[i].className + ": " + prediction[i].probability.toFixed(2);
57              labelContainer.childNodes[i].innerHTML = classPrediction;
58              if (prediction[i].probability.toFixed(2) >= 0.8) {
59                  var className = prediction[i].className;
60                  if (className != pre_className) {
61                      window.postMessage(className, "http://127.0.0.1:1880/");
62                      pre_className = className;
63                  }
64              }
65          }
66      }
67  </script>
68
```

上述程式碼首先在第 51 列插入下列程式碼，變數 pre_className 可以記住前一個辨識出的分類名稱，如下所示：

```
var pre_className = "";
```

然後在第 58~64 列新增 if 條件敘述判斷預測的可能性是否超過 0.8（即 80%），如果是，就取得分類名稱 className，內層 if 條件判斷和之前的分類名稱是否相同，如果不同，就使用 HTML5 Web Messaging 的 postMessage() 方法將分類字串（第 1 個參數）傳遞給 iframe 節點父網頁的 Web 網站（第 2 個參數），如下所示：

```
if (prediction[i].probability.toFixed(2) >= 0.8) {
    var className = prediction[i].className;
    if (className != pre_className) {
        window.postMessage(className,"http://127.0.0.1:1880/");
        pre_className = className;
    }
}
```

在 iframe 節點後的 Node-RED 流程，可以使用 msg.payload 屬性值取得傳遞的分類名稱字串。

- http response 節點：預設值。
- iframe 節點：在 **Group** 欄選 **[Home] Teachable Machine**（需自行新增名為 Teachable Machine 的群組），**Size** 欄選 10x10，在 **URL** 欄輸入 **http://127.0.0.1:1880/teachablemachine**（即第 1 個流程的 Web 網頁），如下圖所示：

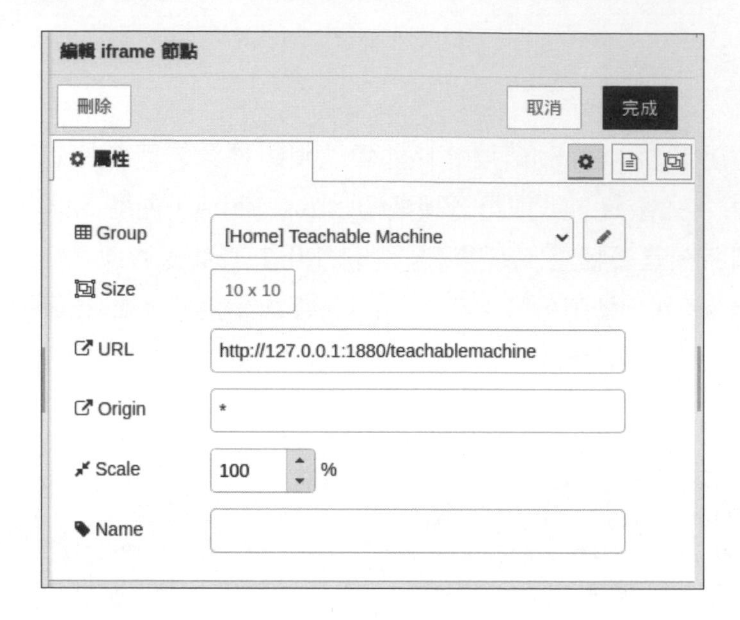

- debug 節點：預設值。

- text 節點：在 **Group** 欄選 **[Home] Teachable Machine**，**Label** 欄輸入 **ClassName:**，如下圖所示：

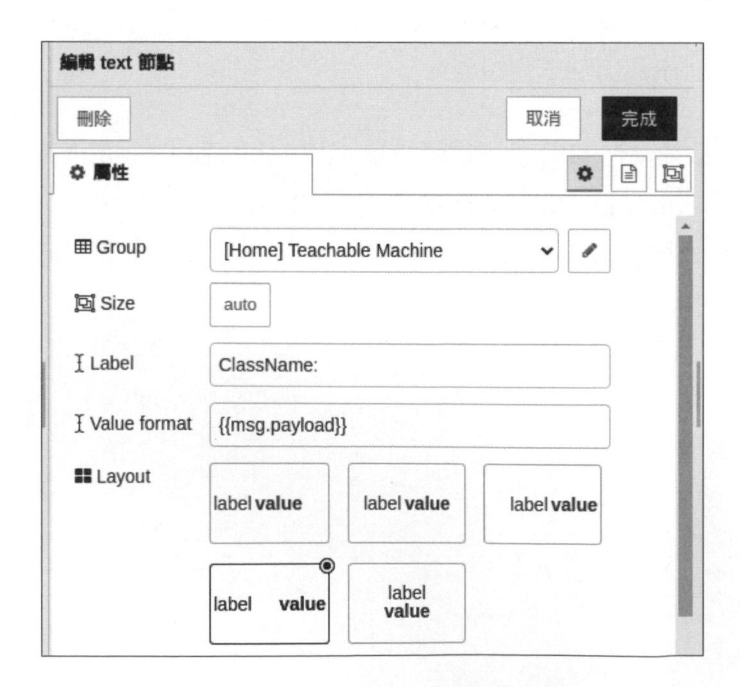

Node-RED 程式執行結果的網址是 http://127.0.01:1880/ui/，可以看到儀表板的 iframe 節點顯示的 Web 網站（即第 1 個流程），請按 **Start** 鈕啟動 Webcam 後，可以在上方 text 節點看到影像的辨識結果，以此例是剪刀，如下圖所示：

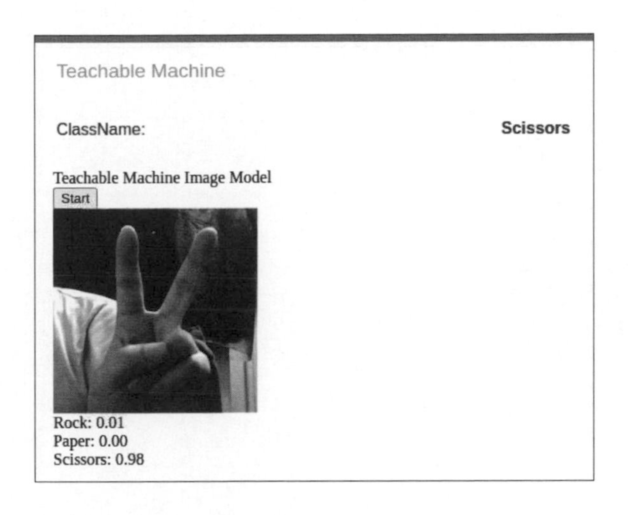

學習評量

1. 請簡單說明什麼是 TensorFlow.js？
2. 請簡單說明 Node-RED 如何預覽圖片、註記圖片和使用 Webcam 網路攝影機？
3. 請簡單說明什麼是 HTML 的內嵌框架？
4. 請問什麼是 AIoT？什麼是物體偵測 COCO-SSD？
5. 請參考第 14-3 節的說明和範例，建立 Node-RED 程式可以識別和計算出 Webcam 擷取圖片中的人數。
6. 請擴充第 13-5 節的 Node-RED 程式，使用第 14-4 節的 Teachable Machine 訓練能夠辨識 2 種手勢的模型後，可以使用手勢來點亮和熄滅 LED 燈。

MEMO

chapter 15

硬體介面實驗範例（一）：樹莓派 WiFi 遙控視訊車

15-1 認識樹莓派智慧車

樹莓派智慧車就是一種輪型機器人的原型，我們可以使用樹莓派打造多種不同類型的輪型機器人，不過，並不是每一種智慧車都真的有智慧，大部分使用樹莓派打造的智慧車，只是使用不同方式進行的遙控車或自走車，如下所示：

- 紅外線遙控車：使用電視等家電使用的紅外線遙控器來控制智慧車的行進，智慧車需要使用紅外線接收器來接收紅外線訊號，以便控制智慧車。
- 藍牙遙控車：使用藍牙遠端控制智慧車，我們可以使用藍牙功能的電腦、平板或智慧型手機來控制智慧車的行進。
- WiFi 遙控車：使用 WiFi 遠端控制智慧車，我們需要使用連網電腦、平板或智慧型手機來控制智慧車的行進，樹莓派可以使用 Web 網頁介面或 SSH 遠端連線來控制智慧車。
- 紅外線尋跡自走車：在智慧車可以使用 2 個或 3 個紅外線尋跡模組，依據地面上繪製的黑色和白色線條來自行尋跡行走的自走車，簡單的說，就是跟著線走的一輛自走車。
- 超音波避障自走車：在智慧車使用超音波測距模組來偵測多個方向的距離（左、左前、前、右前、右方），以便判斷出最佳的行車路徑，和避開前方的障礙物。

在本章打造的樹莓派智慧車是一輛 WiFi 遙控車（在第 16 章說明如何打造超音波避障、物體追蹤和 AI 自駕車），因為遙控車擁有 Pi 相機模組的串流視訊，也就是說，我們打造的是一輛樹莓派 WiFi 遙控視訊車，如下圖所示：

15-2 樹莓派的直流馬達控制

直流馬達（DC Motor）的線路連接方式並不複雜，只需將電線接上直流電源和接地（GND），馬達就會轉動；反接電源線，馬達就會反轉，如右圖所示：

上述直流馬達控制主要是控制馬達的轉速和方向（順時鐘或逆時鐘轉）。在這一節我們準備使用 L298N 馬達模組控制 2 顆直流馬達的轉動，在第 15-4-2 節說明如何使用 PWM 控制直流馬達的轉速。

L298N 馬達模組

L298N 馬達模組是常用的馬達控制模組，相當多智慧車都是使用此模組來驅動 2 個車輪，模組能夠同時驅動 2 顆直流馬達或 1 顆步進馬達，如右圖所示：

上述 L298N 馬達模組驅動一顆馬達需要使用樹莓派 2 個 GPIO 接腳，可以控制馬達順時鐘（正轉）或逆時鐘轉（反轉），2 顆馬達共需 4 個 GPIO 接腳。

在 L298N 馬達模組前方的 IN1 和 IN2 接腳（3 個藍色接頭面向前，接腳是位在右方）是控制第 1 顆馬達；IN3 和 IN4 接腳控制第 2 顆馬達，其控制方式如下表所示：

IN1/IN3	IN2/IN4	功能
HIGH（1）	LOW（0）	馬達正轉
LOW（0）	HIGH（1）	馬達反轉
IN1 = IN2、IN3 = IN4	IN2 = IN1、IN4 = IN3	馬達快速停止

電子電路設計

L298N 馬達模組和 2 顆直流馬達都是使用 18650 電池盒供電 (7.4v)，其電子電路設計的接線圖，如下圖所示：

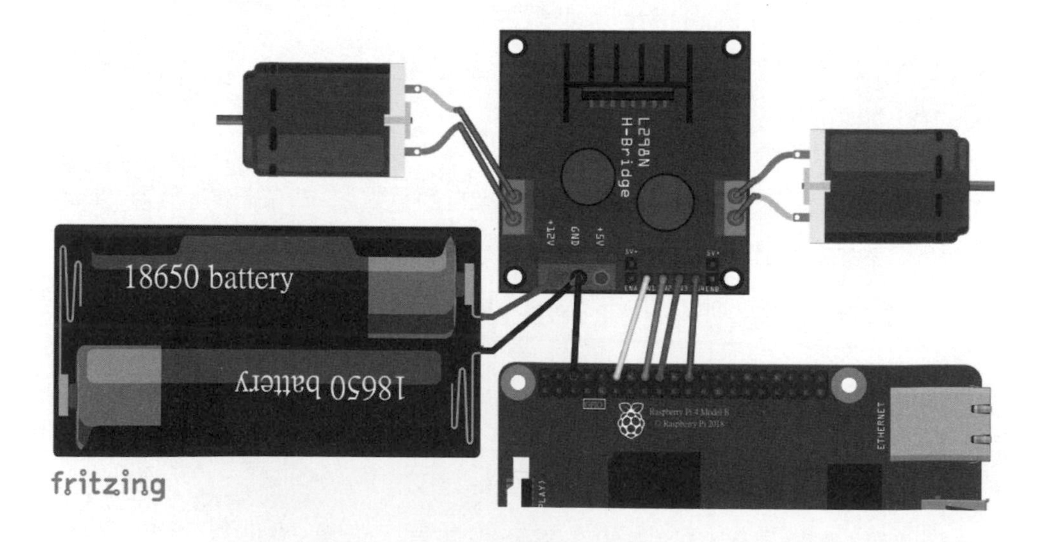

上述 L298N 馬達模組使用接線連接樹莓派的 GPIO 接腳，電源是一個 18650 電池盒，其說明如下所示：

- 左右 2 邊的藍色接頭：分別連接 2 顆馬達的 2 條電源線（請使用十字或一字小起子鬆開上方螺絲後，在下方將電線插入 2 片金屬片之中，再鎖緊接線），先不用考量 2 條線的正負極（影響馬達正轉或反轉），在接好電源線測試執行 Python 程式時，再行調整是否有反接電源線。

- 在前方右邊是 IN1~4 接腳，請使用杜邦線（接頭是 2 母）依序連接樹莓派的 GPIO18、23、24 和 25 接腳。

- 在前方左邊的 3 個藍色接頭：最左邊是連接 18650 電池盒的正極，中間連接 GND，右邊連接 L298N 馬達模組的電源，如果左邊電源小於 12V，可同時替 L298N 馬達模組本身供電。請注意！在中間 GND 除了連接電池盒的負極，同時也需連接樹莓派的 GND 接腳。

Python 程式：ch15-2.py

Python 程式是使用 RPi.GPIO 模組以 IN1~IN4 接腳的數位輸出來控制 2 顆馬達，執行程式在提示文字後輸入命令 f、b、r、l、s，可以控制 2 顆馬達的前進、後退、右轉、左轉和停止，輸入 q 鍵結束程式執行，如下圖所示：

互動環境 (Shell) ✖

```
Python 3.7.3 (/usr/bin/python3)
>>> %Run ch15-2.py
  Enter command('q' to exit):f
  Forward...
  Enter command('q' to exit):b
  Backward...
  Enter command('q' to exit):r
  Turn Right...
  Enter command('q' to exit):l
  Turn Left...
  Enter command('q' to exit):s
  Stop...
  Enter command('q' to exit):q
  Quit

>>>
```

上述圖例輸入命令字元 f，按 Enter 鍵是前進；b 是後退；l 是左轉；r 是右轉；s 是停止。

```
01: import RPi.GPIO as GPIO
02:
03: GPIO.setwarnings(False)
04: GPIO.setmode(GPIO.BCM)
05:
06: in1 = 18
07: in2 = 23
08: in3 = 24
09: in4 = 25
10:
11: GPIO.setup(in1, GPIO.OUT)
12: GPIO.setup(in2, GPIO.OUT)
13: GPIO.setup(in3, GPIO.OUT)
14: GPIO.setup(in4, GPIO.OUT)
15:
16: while True:
17:     cmd = input("Enter command('q' to exit):")
18:     # Quit
19:     if cmd == 'q':
20:         print("Quit")
21:         GPIO.output(in1, False)
22:         GPIO.output(in2, False)
23:         GPIO.output(in3, False)
24:         GPIO.output(in4, False)
25:         break
26:     # Forward
27:     if cmd == 'go' or cmd == 'g' or cmd == 'f':
28:         print("Forward...")
29:         GPIO.output(in1, True)
30:         GPIO.output(in2, False)
31:         GPIO.output(in3, True)
32:         GPIO.output(in4, False)
33:     # Backward
34:     if cmd == 'back' or cmd == 'b':
35:         print("Backward...")
36:         GPIO.output(in1, False)
37:         GPIO.output(in2, True)
```

→接下頁

```
38:         GPIO.output(in3, False)
39:         GPIO.output(in4, True)
40:     # Turn Right
41:     if cmd == 'right' or cmd == 'r':
42:         print("Turn Right...")
43:         GPIO.output(in1, True)
44:         GPIO.output(in2, False)
45:         GPIO.output(in3, False)
46:         GPIO.output(in4, False)
47:     # Trun Left
48:     if cmd == 'left' or cmd == 'l':
49:         print("Turn Left...")
50:         GPIO.output(in1, False)
51:         GPIO.output(in2, False)
52:         GPIO.output(in3, True)
53:         GPIO.output(in4, False)
54:     # Stop
55:     if cmd == 'stop' or cmd == 's':
56:         print("Stop...")
57:         GPIO.output(in1, False)
58:         GPIO.output(in2, False)
59:         GPIO.output(in3, False)
60:         GPIO.output(in4, False)
```

上述第 6~9 列指定 IN1~4 的 GPIO 接腳名稱，在第 11~14 列設定接腳是數位輸出，第 16~60 列的 while 無窮迴圈是在第 17 列取得使用者輸入的命令。

在第 19~25 列的 if 條件是結束跳出 while 無窮迴圈，第 21~24 列停止 2 顆馬達（都輸出 False），在第 27~32 列的 if 條件是前進，可以輸入 go、g 或 f 命令，我們是使用 4 個接腳的數位輸出來控制旋轉方向，如下所示：

```
GPIO.output(in1, True)
GPIO.output(in2, False)
GPIO.output(in3, True)
GPIO.output(in4, False)
```

上述 IN1 和 IN3 輸出 True；IN2 和 IN4 輸出 False，這是前進，如果發現 2 顆馬達的旋轉方向相反，請對調 L298N 馬達模組連接馬達的 2 條電源線。同理，第 34~39 列的 if 條件是後退（IN1 和 IN3 輸出 False；IN2 和 IN4 輸出 True），可以輸入 back 或 b，在第 41~46 列的 if 條件是右轉，可以輸入 right 或 r，如下所示：

```
GPIO.output(in1, True)
GPIO.output(in2, False)
GPIO.output(in3, False)
GPIO.output(in4, False)
```

上述右轉控制是讓 IN1~3 的馬達旋轉，IN3~4 的馬達停止，同理，第 48~53 列的 if 條件是左轉（IN1~3 的馬達停止，IN3~4 的馬達旋轉），可以輸入 left 或 l，在第 55~60 列的 if 條件是停止（都輸出 False），可以輸入 stop 或 s。

Python 程式：ch15-2a.py

Python 程式和 ch15-2.py 的功能完全相同，只是改用 GPIO Zero 模組的 Motor 物件來控制 2 顆馬達，如下所示：

```
01: from gpiozero import Motor
02:
03: in1 = 18
04: in2 = 23
05: in3 = 24
06: in4 = 25
07:
08: motor1 = Motor(forward=in1, backward=in2)
09: motor2 = Motor(forward=in3, backward=in4)
10:
11: while True:
12:     cmd = input("Enter command('q' to exit):")
13:     # Quit
14:     if cmd == 'q':
```

→接下頁

```
15:         print("Quit")
16:         motor1.stop()
17:         motor2.stop()
18:         break
19:     # Forward
20:     if cmd == 'go' or cmd == 'g' or cmd == 'f':
21:         print("Forward...")
22:         motor1.forward()
23:         motor2.forward()
24:     # Backward
25:     if cmd == 'back' or cmd == 'b':
26:         print("Backward...")
27:         motor1.backward()
28:         motor2.backward()
29:     # Turn Right
30:     if cmd == 'right' or cmd == 'r':
31:         print("Turn Right...")
32:         motor1.forward()
33:         motor2.stop()
34:     # Trun Left
35:     if cmd == 'left' or cmd == 'l':
36:         print("Turn Left...")
37:         motor1.stop()
38:         motor2.forward()
39:     # Stop
40:     if cmd == 'stop' or cmd == 's':
41:         print("Stop...")
42:         motor1.stop()
43:         motor2.stop()
```

上述程式碼在第 1 列匯入 gpiozero 模組的 Motor 類別，第 8~9 列建立 Motor 物件，如下所示：

```
motor1 = Motor(forward=in1, backward=in2)
motor2 = Motor(forward=in3, backward=in4)
```

上述 Motor 物件需要指定 2 個 GPIO 接腳來控制馬達，然後使用 Motor 物件的方法來前進、後退和停止，如下表所示：

方法	說明
forward()	前進
backward()	後退
stop()	停止

在第 20~23 列的 if 條件是前進，也就是 2 顆馬達都是 forward()，如下所示：

```
motor1.forward()
motor2.forward()
```

第 25~28 列的 if 條件是後退，2 顆馬達都是 backward()，在第 30~38 列的 2 個 if 條件是右轉和左轉，1 顆馬達是 forward()；另一顆是停止，如下所示：

```
motor1.forward()
motor2.stop()
```

上述程式碼是右轉，左轉的順序相反，motor1 停止；motor2 前進，第 40~43 列是停止，2 顆馬達都是 stop()。

15-3 再談 Python 的 Flask 框架

在第 10-5 節我們已經使用 Flask 框架建立相機模組的串流視訊，因為第 15-4 節打造的 WiFi 遙控視訊車不只擁有串流視訊，還需要 WiFi 遠端連線來遙控視訊車，換句話說，我們需要使用 Flask 框架建立 Web 網站，以便透過 Web 介面來遠端連線控制直流馬達。

15-3-1 使用 Flask 框架建立 Web 網站

在樹莓派安裝 Flask 框架的指令請參閱第 10-5 節，這一節我們準備說明如何使用 Flask 框架，將樹莓派轉變成一個 Web 網站。

建立簡單的 Web 網站：ch15-3-1.py

基本上，Flask 框架的使用和第 13-2 節的 bottle 模組十分相似，現在，就讓我們使用 Flask 框架建立一個簡單的 Web 網站，如下所示：

```
01: from flask import Flask
02:
03: app = Flask(__name__)
04:
05: @app.route("/")
06: def main():
07:     return "Hello World!"
08:
09: if __name__ == "__main__":
10:     app.run(host="0.0.0.0", port=8080, debug=True)
```

上述程式碼在第 1 列匯入 Flask 框架，然後在第 3 列建立 Flask() 物件 app，如下所示：

```
app = Flask(__name__)
```

上述參數值 __name__ 是 Python 語言的特殊變數，其值如果是 "__main__"，表示是主程式，而不是匯入的模組，如果不是，就是匯入模組名稱。請注意！我們一定需要使用 __name__ 參數值，以便 Flask 框架可以找到 Web 網站的相關檔案，例如：在本節後說明的模板檔案。

接著在第 5~7 列使用 Python 裝飾者（Decorator）定義路由 "/"，如下所示：

```
@app.route("/")
def main():
    return "Hello World!"
```

上述 main() 方法是瀏覽網站首頁執行的函數，可以傳回一個字串，最後在第 9~10 列啟動 Web 伺服器，如下所示：

```
if __name__ == "__main__":
    app.run(host="0.0.0.0", port=8080, debug=True)
```

上述 if 條件判斷變數 __name__ 的值是否是 "__main__"，如果是主程式，就呼叫 run() 方法啟動 Web 伺服器，第 1 個參數是本機網址，第 2 個參數是埠號，最後是否使用偵錯模式。

在 Thonny 請執行「執行 / 在終端機執行目前程式」命令來啟動 Web 伺服器，可以看到 Web 伺服器正在執行中，結束伺服器請按 Ctrl + C 鍵，如下圖所示：

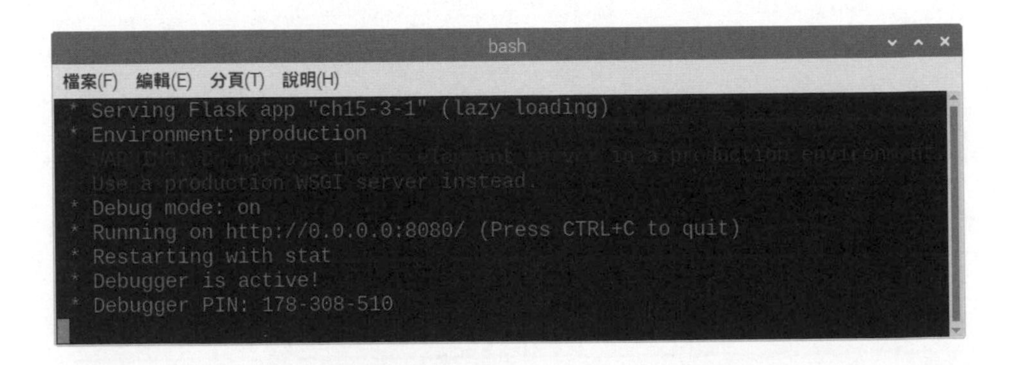

然後，我們可以啟動瀏覽器，URL 網址是樹莓派的 IP 位址或本機 localhost，埠號 8080，可以看到網頁內容是 main() 函數回傳的字串，如下圖所示：

使用模板建立 Web 網站：ch15-3-1a.py、hello.html

Flask 框架可以使用模版的 HTML 網頁來建立 Web 網站顯示的內容，在 Flask 框架是使用 Jinja2 模板引擎（Template Engine），可以讓我們在 HTML 網頁中內嵌變數，然後動態插入變數值來建立網頁內容。

在使用模板建立 Web 網站前，我們需要先了解 Flask 網站的結構，如下圖所示：

```
├ch15-3-1a.py
└templates
    └──hello.html
```

上述 Python 程式 ch15-3-1a.py 是使用 Flask 框架建立的 Web 伺服器，在同一目錄下擁有名為 templates 的子目錄，Flask 框架使用的模板檔案 hello.html 就是位在此目錄下，Python 程式碼如下所示：

```
01: from flask import Flask, render_template
02: import datetime
03:
04: app = Flask(__name__)
05:
06: @app.route("/")
07: def main():
08:     now = datetime.datetime.now()
09:     now_str = now.strftime("%Y-%m-%d %H:%M")
```

→接下頁

```
10:     templateData = {
11:         'name' : 'Joe Chen',
12:         'title' : 'Hello!',
13:         'now' : now_str
14:     }
15:     return render_template('hello.html', **templateData)
16:
17: if __name__ == "__main__":
18:     app.run(host="0.0.0.0", port=8080, debug=True)
```

上述程式碼的第 1 列匯入 Flask 框架和 render_template，在第 2 列匯入 datetime 模組，第 8~9 列建立現在的日期 / 時間字串，在第 10~14 列建立傳遞至模板的動態變數，如下所示：

```
templateData = {
    'name' : 'Joe Chen',
    'title' : 'Hello!',
    'now' : now_str
}
```

上述程式碼建立 Python 字典，擁有 3 個動態變數 name、title 和 now 的鍵和值，然後在第 15 列使用 render_template() 以模板來建立網頁內容，如下所示：

```
return render_template('hello.html', **templateData)
```

上述程式碼的第 1 個參數是模板檔案名稱，第 2 個參數的字典是需要置換網頁內容的變數值。

Jinja2 模板是 HTML 文件 templates\hello.html，我們只是在之中建立「{{」和「}}」包圍的動態變數，如下所示：

```
<title>{{ title }}</title>
```

上述 {{ title }} 在網頁中標示一個位置，<title> 標籤值是變數 title，在使用模板引擎產生網頁內容前，我們需要傳入此動態變數值，在上述位置換成變數值後，就可以產生網頁內容，如下所示：

```
01: <!DOCTYPE html>
02: <html>
03: <head>
04: <title>{{ title }}</title>
05: <meta http-equiv="content-type" content="text/html;charset=utf-8" />
06: </head>
07: <body>
08: <h1>Hi! {{ name }}</h1>
09: <h2>The date and time on the Pi is {{ now }}</h2>
10: </body>
11: </html>
```

上述第 4、8 和 9 列是置換的 3 個動態變數 title、name 和 now。在執行 Python 程式成功啟動 Web 伺服器後，就可以啟動瀏覽器輸入 URL 網址：http://localhost:8080，可以看到網頁內容，如下圖所示：

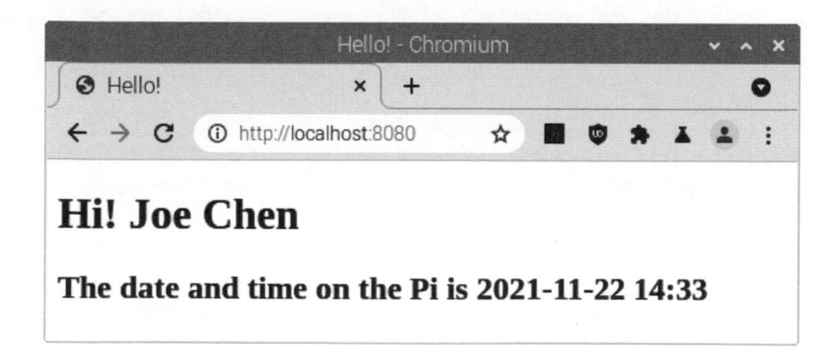

上述瀏覽器的標籤名稱 Hello!、姓名和日期 / 時間字串是模板引擎動態置入的網頁內容。

在路由使用參數：ch15-3-1b.py、hello.html

在 Flask 框架的路由可以使用參數，如下所示：

```
@app.route("/")
@app.route("/<name>")
def main(name=None):
    now = datetime.datetime.now()
    now_str = now.strftime("%Y-%m-%d %H:%M")
    templateData = {
        'name' : name,
        'title' : 'Hello!',
        'now' : now_str
    }
    return render_template('hello.html', **templateData)
```

上述 @app.route("/<name>") 的 <name> 是 URL 網址參數，我們可以在 main() 函數看到同名參數 name，templateData 字典的 'name' 鍵就是參數 name 變數的值，也就是 URL 參數值。

在瀏覽器的 URL 網址需要加上姓名參數，可以更改網頁顯示的姓名，如下所示：

```
http://localhost:8080/Tom Wang
```

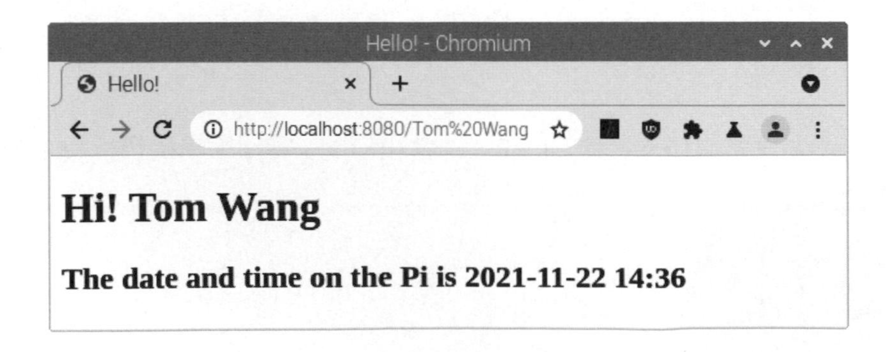

15-3-2 使用 Flask 框架控制 GPIO

我們準備改用 Flask 框架建立和第 13-2-1 節相同的範例專案，並且改用 HTML 網頁建立按鈕介面和 JavaScript 程式碼，可以讓我們遠端點亮或熄滅 2 個紅色和綠色的 LED 燈。

電子電路設計

本節實驗的電子電路設計和第 13-2-1 節完全相同。

Python 程式：ch15-3-2.py

Python 程式是使用 Flask 框架建立 Web 伺服器，GPIO Zero 模組控制 LED 燈，執行程式可以啟動 Web 伺服器，請按 Ctrl + C 鍵結束程式執行，如下圖所示：

上述訊息指出傾聽埠號 8080。請啟動瀏覽器輸入樹莓派的 IP 位址（或本機 localhost）和埠號 8080 來瀏覽 Web 介面，如下所示：

```
http://localhost:8080/
```

請輸入上述 URL 網址，按 Enter 鍵，稍等一下，可以看到網頁內容，如下圖所示：

上述圖例顯示 2 個 LED 燈的狀態，True 是點亮；False 是熄滅，按下方 2 個按鈕可以切換點亮或熄滅 LED 燈。

```
01: from flask import Flask, render_template
02: from gpiozero import LED
03:
04: app = Flask(__name__)
05:
06: leds = [LED(18), LED(23)]
07: states = [False, False]
08:
09: def update_leds():
10:     for i, value in enumerate(states):
11:         if value == True:
12:             leds[i].on()
13:         else:
14:             leds[i].off()
15:
16: @app.route("/")
17: @app.route("/<led>")
18: def main(led='-1'):
19:     if led >= '0' and led <='1':
20:         pos = int(led)
21:         states[pos] = not states[pos]
22:         update_leds()
23:     templateData = {
24:         'title': 'GPIO Control',
```

→接下頁

```
25:         'LED0' : str(states[0]),
26:         'LED1' : str(states[1])
27:     }
28:     return render_template('gpio.html', **templateData)
29:
30: if __name__ == "__main__":
31:     app.run(host="0.0.0.0", port=8080, debug=True)
```

上述第 1 列程式碼匯入 flask 的模組，在第 2 列匯入 GPIO Zero 模組的 LED 類別，在第 4 列建立 Flask() 物件 app，第 6~7 列建立 2 個清單，leds 清單是 2 個 LED 物件，states 清單儲存 2 個 LED 的狀態，第 9~14 列的 update_leds() 函數依據 states 清單來更新 2 個 LED 物件的狀態，在第 10~14 列的 for 迴圈依序取出 2 個 LED 燈，第 11~14 列 if/else 條件判斷是點亮或熄滅。

在第 16~28 列的 main() 函數有參數 led，預設值是 '-1'，第 28 列回傳模板 gpio.html 的網頁內容，函數使用 @route() 函數定義「/」和「/<led>」路由，<led> 是參數，在 URL 網址需加上「/0」或「/1」，0 是紅色 LED 燈；1 是綠色 LED 燈。

第 19~22 列的 if 條件判斷是否是 0 或 1，如果是 0 或 1，就切換 states 清單的狀態，True 變 False；False 變 True，然後在第 22 列呼叫 update_leds() 函數更新狀態，第 23~27 列建立動態變數的 Python 字典，LED0 和 LED1 是 2 個 LED 的狀態。

HTML 網頁：templates\gpio.html

```
01: <!DOCTYPE html>
02: <html>
03: <head>
04: <title>{{ title }}</title>
05: <meta http-equiv="content-type" content="text/html;charset=utf-8" />
06: <script>
```

→ 接下頁

```
07: function changed(led) {
08:     window.location.href='/' + led
09: }
10: </script>
11: </head>
12: <body>
13: <h1>Web Interface GPIO Control</h1>
14: <h2>LED 0: {{ LED0 }}</h2>
15: <h2>LED 1: {{ LED1 }}</h2>
16: <input type='button' onClick='changed(0)' value='LED 0'/> |
17: <input type='button' onClick='changed(1)' value='LED 1'/>
18: </body>
19: </html>
```

上述第 6~10 列的 <script> 標籤是 JavaScript 程式碼，內含第 7~9 列的 changed() 函數，可以使用參數 0 或 1 指定 window.location.href 屬性來重新載入網頁，在第 13~17 列是 HTML 網頁內容，第 14~15 列使用動態變數顯示 2 個 LED 燈的狀態。

在第 16~17 列是 2 個 <input> 標籤的按鈕，使用 onClick 屬性指定呼叫 JavaScript 的 changed() 函數，參數分別是 0 和 1。

15-3-3 建立 Web 介面的直流馬達控制

我們準備整合 Flask 框架和第 15-2 節的直流馬達控制，可以使用 Web 介面遠端控制直流馬達，HTML 網頁擁有 5 個按鈕來操控 2 顆馬達的前進、後退、右轉、左轉和停止。

電子電路設計

本節實驗的電子電路設計和第 15-2 節完全相同。

Python 程式：ch15-3-3.py

Python 程式是使用 Flask 框架建立 Web 伺服器，RPi.GPIO 模組控制直流馬達，經筆者測試可能需要使用終端機執行 ch15-3-3.py 程式啟動 Web 伺服器，如此才能驅動直流馬達（按 Ctrl + C 鍵結束程式執行），如下所示：

```
$ cd Ch15 Enter
$ python3 ch15-3-3.py Enter
```

```
pi@raspberrypi ~/Ch15
檔案(F) 編輯(E) 分頁(T) 說明(H)
pi@raspberrypi:~ $ cd Ch15
pi@raspberrypi:~/Ch15 $ python3 ch15-3-3.py
 * Serving Flask app "ch15-3-3" (lazy loading)
 * Environment: production
   Use a production WSGI server instead.
 * Debug mode: on
 * Running on http://0.0.0.0:8080/ (Press CTRL+C to quit)
 * Restarting with stat
 * Debugger is active!
 * Debugger PIN: 178-308-510
```

然後啟動瀏覽器輸入樹莓派的 IP 位址（或本機 localhost）和埠號 8080 來瀏覽 Web 介面，如下所示：

```
http://localhost:8080/
```

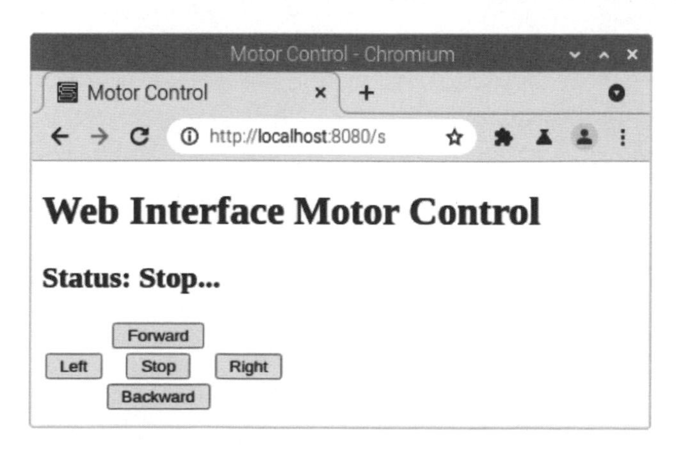

上述圖例共顯示 5 個按鈕，按下按鈕就可以控制 2 顆直流馬達，在上方顯示目前的操作狀態。因為是使用 Web 介面，我們一樣可以在 PC 電腦的 Windows 作業系統，啟動 Chrome 瀏覽器來控制 2 顆直流馬達 (需要使用 IP 位址來連接)，如下圖所示：

在本章書附的 Python 程式：ch15-3-3a.py，其功能和 ch15-3-3.py 完全相同，只是改用 GPIO Zero 模組的 Motor 物件來控制 2 顆馬達。

```
01: from flask import Flask, render_template
02: import RPi.GPIO as GPIO
03:
04: app = Flask(__name__)
05:
06: GPIO.setwarnings(False)
07: GPIO.setmode(GPIO.BCM)
08:
09: in1 = 18
10: in2 = 23
11: in3 = 24
12: in4 = 25
13:
14: GPIO.setup(in1, GPIO.OUT)
15: GPIO.setup(in2, GPIO.OUT)
16: GPIO.setup(in3, GPIO.OUT)
17: GPIO.setup(in4, GPIO.OUT)
18:
```

→ 接下頁

```
19: @app.route("/")
20: @app.route("/<cmd>")
21: def main(cmd=None):
22:     status = "None..."
23:     # Forward
24:     if cmd == 'f':
25:         status = "Forward..."
26:         GPIO.output(in1, True)
27:         GPIO.output(in2, False)
28:         GPIO.output(in3, True)
29:         GPIO.output(in4, False)
30:     # Backward
31:     if cmd == 'b':
32:         status = "Backward..."
33:         GPIO.output(in1, False)
34:         GPIO.output(in2, True)
35:         GPIO.output(in3, False)
36:         GPIO.output(in4, True)
37:     # Turn Right
38:     if cmd == 'r':
39:         status = "Turn Right..."
40:         GPIO.output(in1, True)
41:         GPIO.output(in2, False)
42:         GPIO.output(in3, False)
43:         GPIO.output(in4, False)
44:     # Trun Left
45:     if cmd == 'l':
46:         status = "Turn Left..."
47:         GPIO.output(in1, False)
48:         GPIO.output(in2, False)
49:         GPIO.output(in3, True)
50:         GPIO.output(in4, False)
51:     # Stop
52:     if cmd == 's':
53:         status = "Stop..."
54:         GPIO.output(in1, False)
55:         GPIO.output(in2, False)
56:         GPIO.output(in3, False)
57:         GPIO.output(in4, False)
58:     templateData = {
59:         'title': 'Motor Control',
```

→接下頁

```
60:         'status' : status
61:     }
62:     return render_template('motor.html', **templateData)
63:
64: if __name__ == "__main__":
65:     app.run(host="0.0.0.0", port=8080, debug=True)
```

上述第 1 列程式碼匯入 Flask 框架，在第 2 列匯入 RPi.GPIO 模組，第 4 列建立 Flask() 物件 app，在第 6~7 列設定 RPi.GPIO 模組，第 9~12 列指定 4 個 GPIO 接腳名稱，在第 14~17 列指定 4 個 GPIO 接腳是數位輸出。

第 19~20 列使用 @route() 函數定義「/」和「/<cmd>」路由，<cmd> 的參數值是 f、b、r、l 和 s，可以前進、後退、右轉、左轉和停止，第 21~62 列 main() 函數擁有參數 cmd（預設值 None），第 62 列回傳模板 moto.html 的網頁內容。

在第 24~57 列的 5 個 if 條件判斷 cmd 參數值來控制 2 顆馬達前進、後退、右轉、左轉和停止，第 58~61 列建立動態變數的 Python 字典，status 變數是目前的操作狀態。

HTML 網頁：templates\moto.html

```
01: <!DOCTYPE html>
02: <html>
03: <head>
04: <title>{{ title }}</title>
05: <meta http-equiv="content-type" content="text/html;charset=utf-8" />
06: <script>
07: function motor(cmd) {
08:     window.location.href='/' + cmd
09: }
10: </script>
11: </head>
```

→ 接下頁

```
12: <body>
13: <h1>Web Interface Motor Control</h1>
14: <h2>Status: {{ status }}</h2>
15: <table>
16: <tr>
17:   <td> </td>
18:   <td align="cEnter">
19:     <input type="button" onClick="motor('f')" value=" Forward "/>
20:   </td>
21:   <td> </td>
22: </tr>
23: <tr>
24:   <td><input type="button" onClick="motor('l')" value=" Left "/></td>
25:   <td align="cEnter">
26:     <input type="button" onClick="motor('s')" value=" Stop "/>
27:   </td>
28:   <td><input type="button" onClick="motor('r')" value=" Right "/></td>
29: </tr>
30: <tr>
31:   <td> </td>
32:   <td align="cEnter">
33:     <input type="button" onClick="motor('b')" value=" Backward "/></
td>
34:   <td> </td>
35: </tr>
36: </table>
37: </body>
38: </html>
```

上述第 6~10 列的 <script> 標籤是 JavaScript 程式碼，內含第 7~9 列的 motor() 函數，可以使用參數值指定 window.location.href 屬性來重新載入網頁，在第 13~36 列是 HTML 網頁內容，第 14 列使用動態變數顯示目前的操作狀態。

在第 15~36 列使用 HTML 表格編排 5 個 <input> 標籤的按鈕，onClick 屬性指定呼叫 JavaScript 的 motor() 函數，參數分別是 f、l、s、r 和 b，可以控制 2 顆馬達的前進、後退、右轉、左轉和停止。

15-3-4 使用 Flask+OpenCV 建立串流視訊

OpenCV 可以處理樹莓派相機模組或 Webcam 網路攝影機的影像資料，Python 程式只需整合 Flask，就可以在 Web 介面建立串流視訊。

Flask 是使用 HTTP 的 Multipart 回應來建立串流視訊，其回應資料是 Multipart/x-mixed-replace 類型，我們可以自行定義標記名稱，例如：--frame，然後使用標記將回應資料分割成一個一個資料區塊，每一個資料區塊就是視訊的一張影格，即 JPG 圖片資料，如下所示：

```
HTTP/1.1 200 OK
Content-Type: multipart/x-mixed-replace; boundary=frame
--frame
Content-Type: image/jpeg
<JPG圖片資料>
--frame
Content-Type: image/jpeg
<JPG圖片資料>
--frame
Content-Type: image/jpeg
<JPG圖片資料>
...
```

簡單的說，我們就是在網頁不停的顯示每一個影格的圖片來產生串流視訊的顯示效果。

Python 程式：ch15-3-4.py

Python 程式是使用 Flask 框架建立 Web 伺服器，OpenCV 取得 Webcam 網路攝影機的影格來在網頁顯示串流視訊，請注意！我們需要使用第 11-2 節的 Python 虛擬環境 opencv 執行本程式，和在 opencv 虛擬環境安裝 Flask（請參閱第 10-5 節的說明）。

在 Thonny 切換至虛擬環境 opencv 後，就可以執行 Python 程式啟動 Web 伺服器，請按 Ctrl + C 鍵結束程式執行，如下圖所示：

```
bash
檔案(F)  編輯(E)  分頁(T)  說明(H)
 * Serving Flask app 'ch15-3-4' (lazy loading)
 * Environment: production
   Use a production WSGI server instead.
 * Debug mode: off
 * Running on all addresses.
   WARNING: This is a development server. Do not use it in a production deployment.
 * Running on http://192.168.1.113:8080/ (Press CTRL+C to quit)
```

上述訊息指出傾聽埠號 8080。請啟動瀏覽器輸入樹莓派的 IP 位址（或 localhost）和埠號 8080 來瀏覽 Web 介面，如下所示：

```
http://localhost:8080/
```

請輸入上述 URL 網址，按 Enter 鍵，稍等一下，可以看到網頁內容的串流視訊，如下圖所示：

```
01: from flask import Flask, render_template, Response
02: import cv2
03:
04: app = Flask(__name__)
05: cap = cv2.VideoCapture(0)
```

上述第 1 列程式碼匯入 Flask 框架，在第 2 列匯入 OpenCV，第 4 列建立 Flask() 物件 app，在第 5 列建立樹莓派相機模組或 Webcam 網路攝影機的 VideoCapture 物件。

在下方第 7~16 列的 get_frames() 函式使用 yield 生成器來取得每一個影格 JPG 圖片格式的回應資料，第 8~16 列的 while 無窮迴圈在第 9 列呼叫 read() 方法來讀取影格，如下所示：

```
07: def get_frames():
08:     while True:
09:         ret, frame = cap.read()
10:         if not success:
11:             break
12:         else:
13:             _, buffer = cv2.imencode('.jpg', frame)
14:             frame = buffer.tobytes()
15:             yield (b'--frame\r\n'
16:                b'Content-Type: image/jpeg\r\n\r\n' + frame + b'\r\n')
```

上述第 13 列呼叫 imencode() 方法編碼成 JPG 格式的圖片資料，在第 14 列轉換成原始資料的二進位資料後，在第 15~16 列使用 yield 生成器回應 JPG 圖片資料的區段。

在下方第 18~21 列的 video_feed() 函數使用 @route() 函數定義「/video_feed」路由，第 20~21 列建立回應的 Response 物件，這是呼叫第 1 個參數的 get_frames() 函數取得回應的 JPG 圖片資料，第 2 個參數指定 MIME 類型，如下所示：

```
18: @app.route('/video_feed')
19: def video_feed():
20:     return Response(get_frames(),
21:             mimetype='multipart/x-mixed-replace; boundary=frame')
22:
23: @app.route('/')
24: def index():
25:     return render_template('video.html')
26:
27: if __name__ == '__main__':
28:     app.run(host="0.0.0.0", port=8080, debug=False)
```

上述第 23~25 列程式碼使用 @route() 函數定義「/」路由，在第 25 列回傳模板 video.html 的網頁內容。

HTML 網頁：templates\video.html

```
01: <!doctype html>
02: <html lang="en">
03: <head>
04:   <title>Flask+OpenCV Streaming Video</title>
05: </head>
06: <body>
07:   <h3>Pictures Streaming</h3>
08:   <img src="{{ url_for('video_feed') }}">
09: </body>
10: </html>
```

上述第 8 列是 <img> 圖片標籤，在 src 屬性值使用「{{」和「}}」呼叫 url_for() 函式取得參數 'video_feed' 路由的 URL 網址。

15-4 打造樹莓派 WiFi 遙控視訊車

樹莓派 WiFi 遙控視訊車除了樹莓派外，我們還需要購買一些材料，詳細的材料零件清單請參閱附錄 A，當購買好所需材料後，我們就可以著手打造樹莓派 WiFi 遙控視訊車。

15-4-1 組裝 WiFi 遙控視訊車的硬體

因為本書是使用標準零件來打造 WiFi 遙控視訊車的硬體，所以這一節筆者只準備簡單說明如何組裝 WiFi 遙控視訊車，其基本步驟如下所示：

步驟一：組裝車體、馬達和車輪

樹莓派 WiFi 遙控視訊車的車體是完整套件（與 Arduino 智慧車使用相同的車體），本身就提供組裝說明書來詳細說明組裝過程，在車身的亞克力板前後都有一層膠膜，在組裝前記得先移除，如右圖所示：

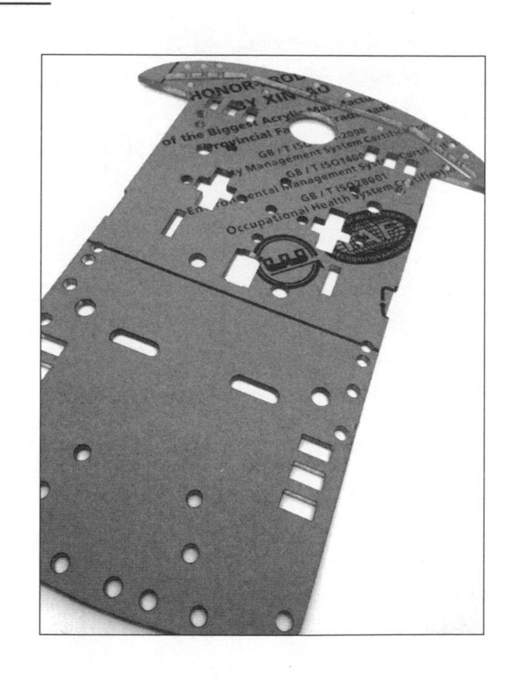

在車體套件包含馬達、車輪、電池盒和開關，如下圖所示：

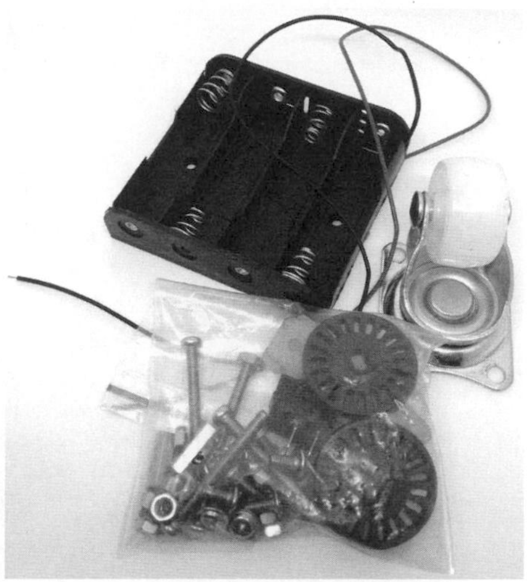

請參閱說明書來組裝車體，電池盒是安裝在下方，以便上方有足夠空間安裝樹莓派和行動電源，建議使用焊接方式來連接馬達和電源線。請注意！馬達 2 個電源接點是向外；面向車輪。

步驟二：安裝樹莓派和 L298N 馬達模組

樹莓派是安裝在車體偏後方的位置，在樹莓派前方是提供電源的 3A 行動電源，L298N 馬達模組使用銅柱和螺絲組固定在車體後方，位在車尾萬向輪的上方，整個 L298N 模組是架高在樹莓派上方，在最後是 18650 電池盒。

步驟三：安裝與連接相機模組

請參閱第 10-2-1 節說明安裝與連接樹莓派的相機模組後，為了方便固定模組，筆者是使用相機模組架和銅柱，其安裝位置是架高在行動電源和樹莓派之間，如下圖所示：

步驟四：連接直流馬達、樹莓派和 L298N 馬達模組

接著將 2 顆馬達的電源線連接至 L298N 馬達模組，接線方式請參閱第 15-2 節，2 條電源線的方向並沒有關係，在實際測試時，如果發現接反了，只需重新更改接線位置即可（2 顆馬達是使用 18650 電池盒供電，樹莓派是使用 3A 行動電源），如下圖所示：

15-4-2 撰寫遙控視訊車軟體的 Python 程式

樹莓派遙控視訊車的 Python 程式是使用第 10-5 節的串流視訊，我們準備修改 Python 程式 app.py 和網頁 index.html 建立串流視訊和遙控控制的 Web 使用介面，為了提供更佳的介面操作，這是使用 AJAX 技術來控制 WiFi 遙控視訊車的行走。

在撰寫遙控視訊車軟體的 Python 程式前，因為是使用 18650 電池盒供電，如果使用全速前進，直流馬達的轉速可能太快，我們可以使用 PWM 控制直流馬達的轉速，自行調校成最適合的前進速度，和左右轉彎的角度。

直流馬達的 PWM 轉速控制：ch15-4-2.py

Python 程式可以使用 PWM 控制直流馬達的轉速，這是修改 ch15-2.py，將 L298N 的 4 個腳位都改成 PWM 腳位，如下所示：

```
GPIO.setup(in1, GPIO.OUT)
pwm1 = GPIO.PWM(in1, 100)
pwm1.start(0)
GPIO.setup(in2, GPIO.OUT)
pwm2 = GPIO.PWM(in2, 100)
pwm2.start(0)
GPIO.setup(in3, GPIO.OUT)
pwm3 = GPIO.PWM(in3, 100)
pwm3.start(0)
GPIO.setup(in4, GPIO.OUT)
pwm4 = GPIO.PWM(in4, 100)
pwm4.start(0)
```

然後，建立 5 個函數來控制直流馬達的停止、前進、後退、右轉和左轉，如下所示：

```
def stop():
    pwm1.start(0)
    pwm2.start(0)
    pwm3.start(0)
    pwm4.start(0)

def forward(speed=100):
    pwm1.start(speed)
    pwm2.start(0)
    pwm3.start(speed)
    pwm4.start(0)

def backward(speed=100):
    pwm1.start(0)
    pwm2.start(speed)
    pwm3.start(0)
    pwm4.start(speed)

def turn_right(speed=50):
    pwm1.start(0)
    pwm2.start(0)
    pwm3.start(speed)
    pwm4.start(0)

def turn_left(speed=50):
    pwm1.start(speed)
    pwm2.start(0)
    pwm3.start(0)
    pwm4.start(0)
```

上述 forward()、backward()、turn_right() 和 turn_left() 函數的參數是轉速，函數是呼叫 start() 方法指定勤務循環，值從 0~100，100 就是全速；0 就是停止。

Python 程式：ch15-4-2a.py 改用 GPIO Zero 模組的 Motor 物件來控制直流馬達的轉速，在建立 Motor 物件時需指定 pwm 參數值 True 來啟用 PWM 轉速控制，如下所示：

```
motor1 = Motor(forward=in1, backward=in2, pwm=True)
motor2 = Motor(forward=in3, backward=in4, pwm=True)
```

然後在 forward() 和 backward() 方法可以指定參數的轉速，如下所示：

```
motor1.forward(speed)
motor1.backward(speed)
```

安裝與執行遙控視訊車軟體的 Python 程式

請將 WiFi 遙控視訊車的樹莓派接上行動電源，和在電池盒裝上 2 顆 18650 電池，然後使用第 3-6 節的 WinSCP 工具上傳 app.py、camera_pi.py 和 index.html 三個檔案至樹莓派 (flask-video-streaming-opencv 目錄是 OpenCV 版)，如下所示：

- 上傳書附「Ch15\app.py」取代樹莓派「/home/pi/flask-video-streaming」目錄的同名 Python 程式。
- 上傳書附「Ch15\camera_pi.py」取代樹莓派「/home/pi/flask-video-streaming」目錄的同名 Python 程式，此程式新增 2 列程式碼來更改解析度和顛倒影像，如下所示：

```
camera.resolution = (320, 240)
camera.vflip = True
```

- 上傳書附「Ch15\templates\index.html」取代樹莓派「/home/pi/flask-video-streaming/templates」目錄的同名 HTML 網頁。

接著在 Windows 電腦使用 PuTTY 遠端連線樹莓派或啟動終端機，首先切換至「/home/pi/flask-video-streaming」目錄，然後輸入下列指令來執行 Python 程式 app.py，如下所示：

```
$ cd /home/pi/flask-video-streaming Enter
$ sudo python3 app.py Enter
```

現在，我們可以在樹莓派遠端連接的桌面環境啟動 Web 瀏覽器，然後輸入下列網址，如下所示：

```
http://localhost:5000
```

上述網址是本機 localhost，埠號是 5000，成功載入網頁可以在上方看到相機模組的串流視訊，下方是 5 個直流馬達控制按鈕，可以控制視訊車的行走方向，如下圖所示：

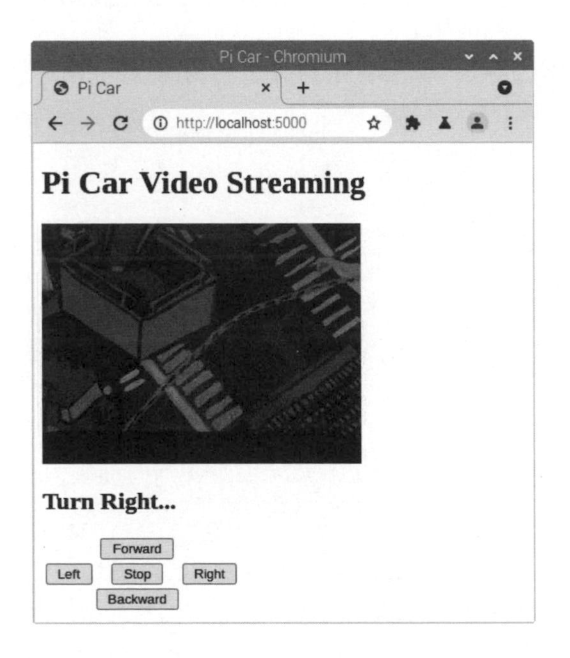

在 Windows 電腦或 Android 行動裝置啟動瀏覽器，請輸入樹莓派的 IP 位址和埠號 5000，以筆者測試的樹莓派為例是 192.168.1.113，如下所示：

```
http://192.168.1.113:5000
```

我們一樣可以看到串流視訊和遙控視訊車的行走，這是使用 Android 行動裝置放大頁面後的顯示結果，如下圖所示：

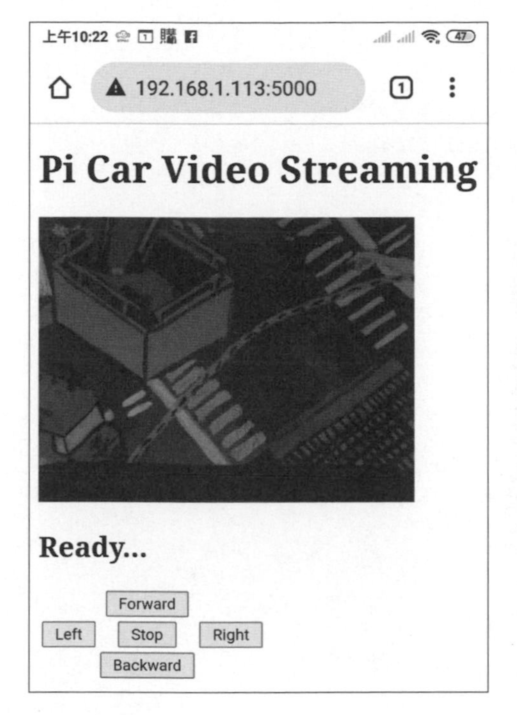

Python 程式：flask-video-streaming/app.py

Python 程式是修改第 10-5 節的 app.py，新增 L298N 直流馬達控制的程式碼（即整合 Python 程式：ch15-4-2.py 的馬達控制函數），如下所示：

```
001: #!/usr/bin/env python
002: from importlib import import_module
003: import os
004: from flask import Flask, render_template, Response
005: import RPi.GPIO as GPIO
006: from time import sleep
```

上述程式碼在第 2 列匯入 Flask 框架的模組，第 5 列是 RPi.GPIO 模組，第 6 列是 time 模組的 sleep() 方法。在下方第 15 列匯入 picamera 相機模組，以便在 Flask 建立串流視訊，如下所示：

```
008: # import camera driver
009: #if os.environ.get('CAMERA'):
010: #    Camera = import_module('camera_' +
                          os.environ['CAMERA']).Camera
011: #else:
012: #    from camera import Camera
013:
014: # Raspberry Pi camera module (requires picamera package)
015: from camera_pi import Camera
016:
017: app = Flask(__name__)
018:
019: GPIO.setwarnings(False)
020: GPIO.setmode(GPIO.BCM)
021:
022: in1 = 18
023: in2 = 23
024: in3 = 24
025: in4 = 25
026:
027: delay = 1
028:
029: GPIO.setup(in1, GPIO.OUT)
030: pwm1 = GPIO.PWM(in1, 100)
031: pwm1.start(0)
032: GPIO.setup(in2, GPIO.OUT)
033: pwm2 = GPIO.PWM(in2, 100)
034: pwm2.start(0)
035: GPIO.setup(in3, GPIO.OUT)
036: pwm3 = GPIO.PWM(in3, 100)
037: pwm3.start(0)
038: GPIO.setup(in4, GPIO.OUT)
039: pwm4 = GPIO.PWM(in4, 100)
040: pwm4.start(0)
```

上述程式碼在第 27 列指定延遲時間變數 delay 是 1 秒，第 29~40 列初始 GPIO 接腳 18、23、24 和 25 是 PWM 輸出。在下方第 42~70 列是控制視訊車停止、前進、後退、右轉和左轉的 stop()、forward()、backward()、turn_right() 和 turn_left() 共 5 個函數，使用 start() 方法指定勤務循環值來指定轉速，如下所示：

```
042: def stop():
043:     pwm1.start(0)
044:     pwm2.start(0)
045:     pwm3.start(0)
046:     pwm4.start(0)
047:
048: def forward(speed=100):
049:     pwm1.start(speed)
050:     pwm2.start(0)
051:     pwm3.start(speed)
052:     pwm4.start(0)
053:
054: def backward(speed=100):
055:     pwm1.start(0)
056:     pwm2.start(speed)
057:     pwm3.start(0)
058:     pwm4.start(speed)
059:
060: def turn_right(speed=50):
061:     pwm1.start(0)
062:     pwm2.start(0)
063:     pwm3.start(speed)
064:     pwm4.start(0)
065:
066: def turn_left(speed=50):
067:     pwm1.start(speed)
068:     pwm2.start(0)
069:     pwm3.start(0)
070:     pwm4.start(0)
071:
072: speed = 50
```

上述程式碼是在第 72 列指定轉速 50。在下方第 74~105 列分別是控制視訊車行走方向的「/f」、「/b」、「/r」、「/l」和「/s」路由，為了避免視訊車行走太快，前進、後退、右轉和左轉在呼叫第 42~70 列的對應函數後，在暫停 delay 變數的 1 秒後，就會呼叫 stop() 函數停止行走，如下所示：

```
074: @app.route("/f")
075: def go_forward():
076:     forward(speed)
```

→ 接下頁

```
077:     sleep(delay)
078:     stop()
079:     return "Forward..."
080:
081: @app.route("/b")
082: def go_backward():
083:     backward(speed)
084:     sleep(delay)
085:     stop()
086:     return "Backward..."
087:
088: @app.route("/r")
089: def go_turn_right():
090:     turn_right(speed)
091:     sleep(delay)
092:     stop()
093:     return "Turn Right..."
094:
095: @app.route("/l")
096: def go_turn_left():
097:     turn_left(speed)
098:     sleep(delay)
099:     stop()
100:     return "Turn Left..."
101:
102: @app.route("/s")
103: def go_stope():
104:     stop()
105:     return "Stop..."
106:
107: @app.route('/')
108: def index():
109:     """Video streaming home page."""
110:     return render_template('index.html')
```

上述程式碼在第 107~110 列定義首頁路由「/」，第 110 列使用 render_template() 以 index.html 建立回應的網頁內容。在下方第 112~117 列的 gen() 函數使用生成器，以 Pi 相機模組的影格來產生串流視訊（詳細的作法說明，請參閱第 15-3-4 節），如下所示：

```
112: def gen(camera):
113:     """Video streaming generator function."""
114:     while True:
115:         frame = camera.get_frame()
116:         yield (b'--frame\r\n'
117:                b'Content-Type: image/jpeg\r\n\r\n' + frame + b'\r\n')
118:
119: @app.route('/video_feed')
120: def video_feed():
121:     """Video streaming route. … img tag."""
122:     return Response(gen(Camera()),
123:          mimetype='multipart/x-mixed-replace; boundary=frame')
124:
125: if __name__ == '__main__':
126:     app.run(host='0.0.0.0', threaded=True)
```

上述程式碼在第 119~123 列建立串流視訊的「/video_feed」路由,第 122~123 列呼叫 gen() 函數產生回應的串流視訊,在第 125~126 列的 if 條件是使用本機 IP 位址來啟動 Web 伺服器。

HTML 網頁:flask-video-streaming/templates/index.html

HTML 網頁 index.html 除了顯示 Pi 相機模組的串流視訊外,馬達控制的 JavaScript 程式碼是使用 jQuery 函式庫以 AJAX 技術來送出 HTTP 請求,首先在第 6 列含括 jQuery 函式庫,如下所示:

```
01: <!DOCTYPE html>
02: <html>
03: <head>
04: <title>Pi Car</title>
05: <meta http-equiv="content-type" content="text/html;charset=utf-8" />
06: <script src=" https://code.jquery.com/jquery-3.6.0.min.js"></script>
07: <script>
08: function motor(cmd) {
09:     $.get('/' + cmd, callback);
10: }
```

上述第 8~10 列的 motor() 函數是在第 9 列呼叫 jQuery 的 get() 方法送出 AJAX 請求，函數第 2 個參數值 callback 就是下方第 11~17 列的回撥函數。

在下方第 12~16 列的 if/else 條件判斷是否請求成功，如果成功，就在第 13 列顯示回傳的訊息文字，這是 app.py 程式第 79、86、93、100 和 105 列回傳的訊息文字，如下所示：

```
11: function callback(value, status) {
12:     if (status == "success") {
13:         $('#output').text(value);
14:     }
15:     else
16:        $('#output').text("Error!");
17: }
18:
19: $(document).ready(function() {
20:     $('#output').text("Ready...");
21: });
22: </script>
```

上述第 19~21 列是 jQuery 函式庫 ready 事件的處理函數，第 20 列是在下方第 27 列顯示 Ready…訊息文字，第 26 列是顯示串流視訊的 <img> 標籤，第 27 列是顯示訊息文字的 <span> 標籤，如下所示：

```
23: </head>
24: <body>
25: <h1>Pi Car Video Streaming</h1>
26: <img src="{{ url_for('video_feed') }}">
27: <h2><span id="output"></span></h2>
28: <table>
29: <tr>
30:   <td> </td>
31:   <td align="cEnter">
32:     <input type="button" onClick="motor('f')" value=" Forward "/>
33:   </td>
```

→接下頁

```
34:   <td> </td>
35: </tr>
36: <tr>
37:   <td><input type="button" onClick="motor('l')" value=" Left "/></td>
38:   <td align="cEnter">
39:     <input type="button" onClick="motor('s')" value=" Stop "/>
40:   </td>
41:   <td><input type="button" onClick="motor('r')" value=" Right "/></td>
42: </tr>
43: <tr>
44:   <td> </td>
45:   <td align="cEnter">
46:     <input type="button" onClick="motor('b')" value=" Backward "/></td>
47:   <td> </td>
48: </tr>
49: </table>
50: </body>
51: </html>
```

上述第 28~49 列的 <table> 表格標籤編排 5 個按鈕，onClick 屬性呼叫第 8~10 列的 motor() 函數，參數是路由，可以使用 AJAX 請求控制視訊車方向的前進、左轉、停上、右轉和後退。

15-4-3 建立 jQuery Mobile 行動頁面的控制程式

為了建立行動裝置更佳的 Web 使用介面，我們可以使用 jQuery Mobile 建立 WiFi 遙控視訊車的行動頁面。Python 程式：app2.py 是使用 Flask 框架的 request 物件，可以依據使用者代理 (User Agent) 資訊來判斷瀏覽器是 PC 電腦或行動裝置，然後自動顯示標準 PC 電腦的 HTML 網頁 (index.html)，或 jQuery Mobile 行動頁面 (mobile.html)，如下圖所示：

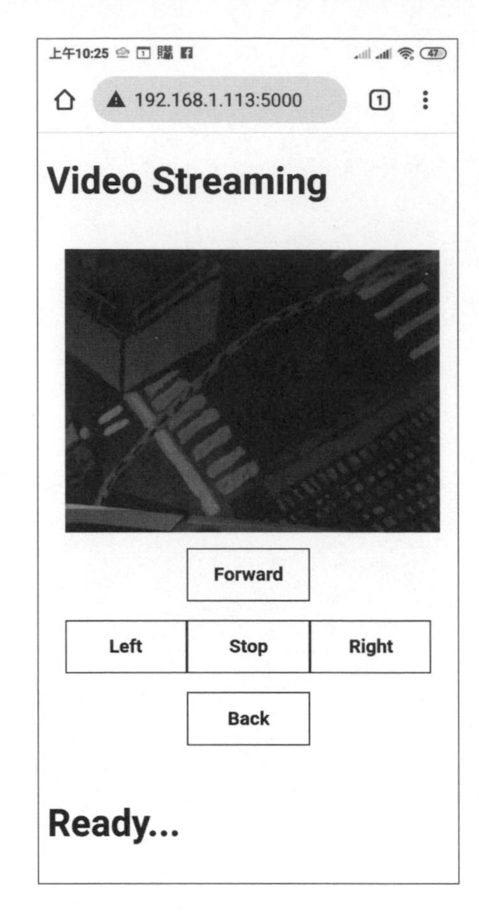

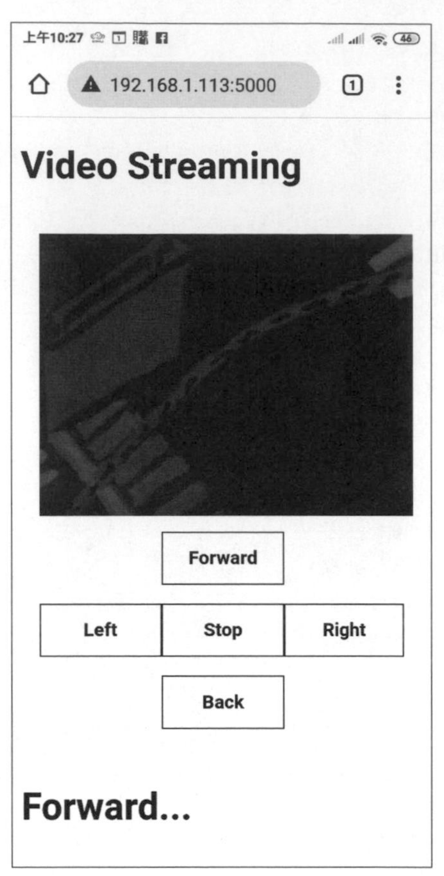

上述圖例是執行 app2.py 程式啟動 Web 伺服器，這是在 Android 行動裝置瀏覽的 jQuery Mobile 頁面。

Python 程式：flask-video-streaming/app2.py

Python 程式是修改第 15-4-2 節的 app.py 程式，在首頁「/」路由新增程式碼判斷瀏覽器是 PC 電腦或行動裝置，首先在程式開頭匯入 request 物件，如下所示：

```
from flask import Flask, render_template, Response, request
```

上述程式碼最後匯入 request 物件，然後在「/」路由的 index() 函數判斷使用者代理 (User Agent) 資訊，如下所示：

```
@app.route('/')
def index():
    """Video streaming home page."""
    platform = request.user_agent.platform
    if platform == 'android' or platform == 'iphone':
        return render_template('mobile.html')
    return render_template('index.html')
```

上述程式碼使用 request.user_agent.platform 取得瀏覽器執行的平台，if 條件判斷平台是否是 Android 或 iOS，如果是，就回應 mobile.html，否則回應第 15-4-2 節的 index.html。

HTML 網頁：
flask-video-streaming/templates/mobile.html

HTML 網頁 mobile.html 是使用 jQuery Mobile 框架的行動頁面，在 <script> 標籤使用 jQuery 函式庫的 get() 方法送出 AJAX 請求，如下所示：

```
function callback(value, status) {
    if (status == "success") {
        $('#output').text(value);
    }
    else
       $('#output').text("Error!");
}

$(document).ready(function() {
    $('#output').text("Ready...");
    $("#control").delegate("a", "click", function () {
       $.get('/' + $(this).attr('id'), callback);
    });
});
```

上述 JavaScript 程式碼的 callback() 函數可以取得回傳訊息，在 ready() 事件處理使用 delegate() 方法在所有 <a> 標籤註冊 click 事件，當使用者按下按鈕，就呼叫 get() 方法送出 AJAX 請求來控制視訊車方向的前進、左轉、停上、右轉和後退。

在 jQuey Mobile 頁面的內容區段，首先使用 <img> 標籤顯示相機模組的串流視訊，如下所示：

```
<div data-role="main" class="ui-content">
  <img src="{{ url_for('video_feed') }}">
  <div id="control">
    <div class="ui-grid-b">
      <div class="ui-block-a"><span></span></div>
      <div class="ui-block-b"><span>
          <a id="f" class="ui-btn">Forward</a></span></div>
      <div class="ui-block-c"><span></span></div>
      <div class="ui-block-a"><span>
          <a id="l" class="ui-btn">Left</a></span></div>
      <div class="ui-block-b"><span>
          <a id="s" class="ui-btn">Stop</a></span></div>
      <div class="ui-block-c"><span>
          <a id="r" class="ui-btn">Right</a></span></div>
      <div class="ui-block-a"><span></span></div>
      <div class="ui-block-b"><span>
          <a id="b" class="ui-btn">Back</a></span></div>
      <div class="ui-block-c"><span></span></div>
    </div>
  </div>
</div>
```

上述 <div class="ui-grid-b"> 標籤是 Grid 元件，使用格子方式編排 5 個 <a> 標籤，這些 <a> 標籤的外觀是按鈕元件，中間三個是同一行按鈕。

學習評量

1. 請簡單說明什麼是樹莓派智慧車？
2. 請說明 L298N 馬達模組？在樹莓派如何使用 L298N 馬達模組？如何控制馬達的轉速？
3. 請舉例說明 Flask 框架如何建立 Web 網站？
4. 請問如何使用 Flask 框架建立 Web 介面來控制 GPIO？
5. 請參閱第 15-4 節說明使用樹莓派自行打造一輛 WiFi 遙控視訊車。
6. 第 15-4 節的 Python 程式 app.py 是使用 RPi.GPIO 模組，請改寫 Python 程式，使用 GPIO Zero 模組的 Motor 物件來控制 2 顆馬達。

MEMO

硬體介面實驗範例（二）：樹莓派 AI 自駕車

16-1 OpenCV 色彩偵測與追蹤

色彩偵測（Color Detection）是一種在圖像偵測出特定色彩的技術，在實務上，我們可以追蹤特定色彩的物體，或在圖像或影像中偵測不同色彩的線條或幾何形狀。

16-1-1 OpenCV 圖像的色彩偵測

在使用 OpenCV 讀取圖檔後，就可以使用相關方法在圖像中找出指定色彩區域的輪廓，其基本步驟如下圖所示：

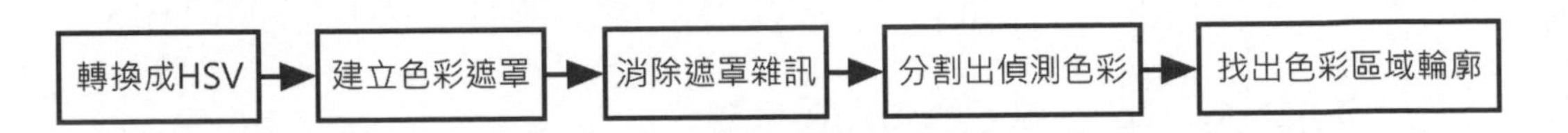

Python 程式：ch16-1-1.py 是使用 OpenCV 偵測圖像中黃色區域的輪廓，因為是黃色球，所以就是在偵測黃色球的物體。在 Python 程式碼匯入相關套件後，呼叫 imread() 方法讀取 balls.jpg 圖檔，如下所示：

```
import cv2
import numpy as np

img = cv2.imread("images/balls.jpg")
```

Step 1：將圖像的 BGR 色彩轉換成 HSV 色彩

OpenCV 讀取的圖檔是 BGR 色彩，在圖像中偵測特定色彩需要改用 HSV 色彩，即使用色相（或稱色調）、飽和度和明度來描述特定色彩，其說明如下所示：

- 色相（Hue）：色彩屬性，就是紅色、綠色或黃色等顏色名稱。
- 飽和度（Saturation）：色彩純度，值範圍是 0~100，其值愈高表示愈純；值愈低則會逐漸變成灰色。
- 明度（Value）：即亮度（Brightness），值範圍是 0~100，其值愈高就愈明亮。

在 OpenCV 是呼叫 cvtColor() 方法轉換成 HSV 色彩，第 2 個參數是 cv2.COLOR_BGR2HSV，可以從 BGR 轉換成 HSV，如下所示：

```
hsv = cv2.cvtColor(img, cv2.COLOR_BGR2HSV)
```

Step 2：建立黃色範圍的色彩遮罩

色彩偵測需要在圖像中分割出指定色彩的區域，所以需要建立指定色彩的遮罩來分割圖像，以黃色為例，可以使用 np.array() 方法定義黃色範圍的 HSV 值（請使用第 16-2-2 節的 hsv_tester.py 找出最佳色相值），如下所示：

```
yellow_lower = np.array([17, 100, 100], np.uint8)
yellow_upper = np.array([37, 255, 255], np.uint8)
mask = cv2.inRange(hsv, yellow_lower, yellow_upper)
```

上述程式碼呼叫 inRange() 方法建立黃色高低範圍的色彩遮罩。

Step 3：消除色彩遮罩的雜訊

因為建立的色彩遮罩或多或少都有一些雜訊，我們需要使用影像型態學（Morphology）的膨脹（Dilation）、侵蝕（Erosion）、關閉（Closing）和開啟（Opening）等運算來消除色彩遮罩中的雜訊。

Python 程式碼首先使用 np.ones() 方法建立元素值是 1，尺寸 7x7 的矩陣，即核（Kernel），尺寸大小可以是 3x3、5x5 或 7x7，這是用來掃瞄影像執行前述影像型態學操作的運算，如下所示：

```
kernel = np.ones((7, 7), np.uint8)
mask = cv2.morphologyEx(mask, cv2.MORPH_CLOSE, kernel)
mask = cv2.morphologyEx(mask, cv2.MORPH_OPEN, kernel)
```

上述程式碼呼叫 2 次 morphologyEx() 方法執行影像型態學操作的運算，方法的最後 1 個參數是核，第 2 個參數是運算類型，如下所示：

- cv2.MORPH_CLOSE：關閉運算可以刪除不需要的黑點雜訊。
- cv2.MORPH_OPEN：開啟運算可以在黑色區域刪除白色雜訊。

Step 4：使用色彩遮罩分割出偵測色彩

現在，我們可以執行影像分割（Image Segmentation）操作，從圖像中使用遮罩分割出特定色彩的區域。在 Python 程式碼是呼叫 bitwise_and() 方法執行 AND 位元運算來分割圖像，如下所示：

```
segmented_img = cv2.bitwise_and(img, img, mask=mask)
cv2.imshow("Segmented Image", segmented_img)
```

上述程式碼在分割圖像後，呼叫 imshow() 方法顯示分割後的圖像，可以看到 OpenCV 偵測出的黃色球，如右圖所示：

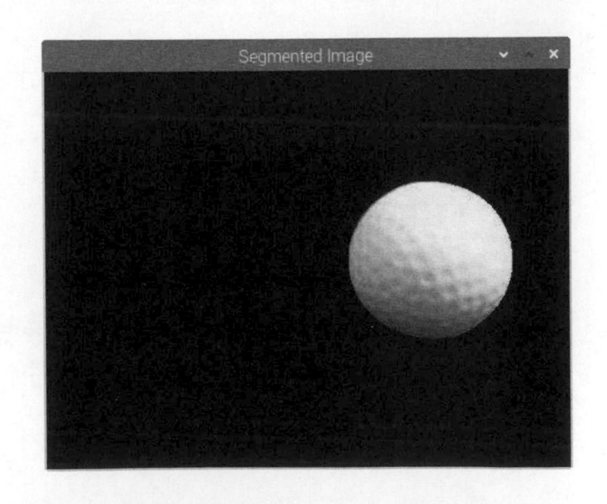

Step 5：找出和繪出色彩區域的物體輪廓線

當分割圖像找出色彩區域的物體後，Python 程式碼可以呼叫 findContours() 方法找出此色彩區域的輪廓，其回傳值是所有延著邊緣的連續點，如下所示：

```
contours, hierarchy = cv2.findContours(mask.copy(),
                                       cv2.RETR_EXTERNAL,
                                       cv2.CHAIN_APPROX_SIMPLE)
output_segmented = cv2.drawContours(segmented_img,
                                    contours, -1, (0, 0, 255), 3)
cv2.imshow("Segmented Output", output_segmented)
```

上述程式碼呼叫 drawContours() 方法繪出紅色輪廓線後，再呼叫 imshow() 方法顯示輸出結果的圖像，如右圖所示：

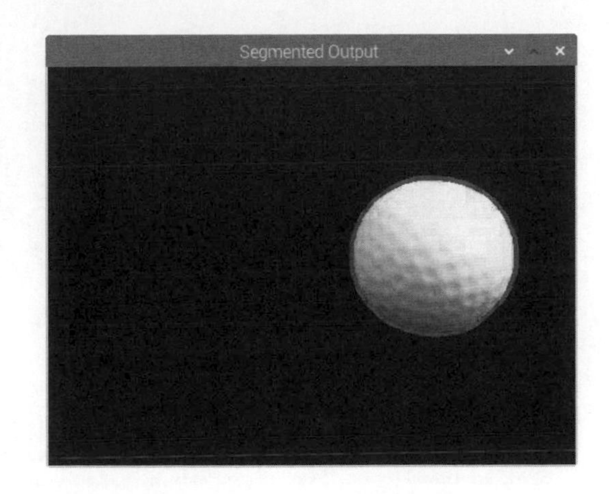

Step 6：在原始圖像繪出物體的輪廓線

最後，Python 程式碼可以再次呼叫 drawContours() 方法，在原始圖像上繪出黃色物體的輪廓線，如下所示：

```
output_original = cv2.drawContours(img, contours, -1, (0, 0, 255), 3)
cv2.imshow("Original Output", output_original)
cv2.waitKey(0)
cv2.destroyAllWindows()
```

上述程式碼呼叫 imshow() 方法，在原始圖像繪出黃色球的紅色輪廓線，如右圖所示：

Python 程式：ch16-1-1a.py 可以在圖像中偵測出紅色球，其輸出結果可以看到紅色球外的黃色輪廓線，如右圖所示：

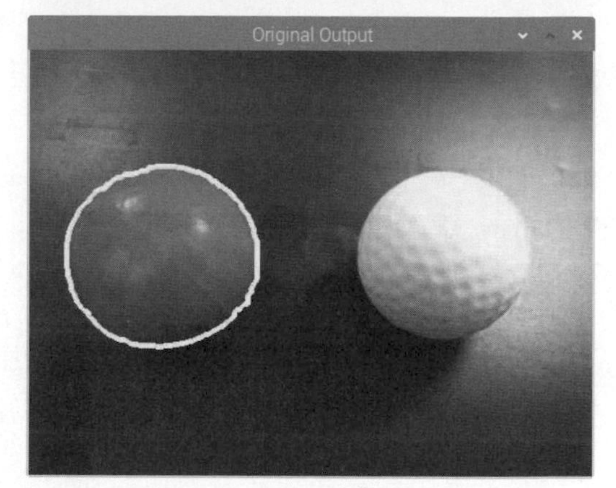

16-1-2 使用 OpenCV 即時追蹤黃色球

在了解 OpenCV 色彩偵測後，我們就可以使用 OpenCV 開啟 Pi 相機模組或 Webcam 攝影機來即時追蹤一顆黃色球。

說明

因為室內光線不同或色差，同樣是黃色仍然會有些差異，為了找出黃色的最佳 Hue 色相值，請執行 Python 程式：hsv_tester.py，然後嘗試輸入不同 Hue 色相值，儘可能找出符合最大球體區域和移動至不同位置時都能偵測到最大黃色球，就表示已經找到最佳的色相值，筆者黃色球找出的 Hue 色相值是 27。

使用 OpenCV 即時追蹤黃色球：ch16-1-2.py

Python 程式的執行結果可以開啟 Pi 相機模組或 Webcam 攝影機來即時追蹤手上的黃色球，位在中間的紅點是球的圓心，如右圖所示：

Python 程式碼首先在第 1~2 列匯入 Numpy 和 OpenCV 套件，如下所示：

```
01: import numpy as np
02: import cv2
03:
04: hue_value = 27
05: yellow_lower = np.array([hue_value-10, 100, 100], np.uint8)
06: yellow_upper = np.array([hue_value+10, 255, 255], np.uint8)
07: kernel = np.ones((7,7), np.uint8)
08:
09: cap = cv2.VideoCapture(0)
```

上述第 4 列指定最佳 Hue 值 27，在第 5~6 列建立黃色上下範圍的 HSV 色彩值，第 7 列建立 7x7 矩陣的核，在第 9 列建立 VideoCapture 物件。在下方第 11~40 列的 while 無窮迴圈，可以在第 12 列使用 read() 方法讀取影像的影格，如下所示：

```
11: while True:
12:     ret, frame = cap.read()
13:     if not ret:
14:         break
15:     frame = cv2.flip(frame, -1)
16:     hsv = cv2.cvtColor(frame, cv2.COLOR_BGR2HSV)
17:     mask = cv2.inRange(hsv, yellow_lower, yellow_upper)
18:     mask = cv2.morphologyEx(mask, cv2.MORPH_CLOSE, kernel)
19:     mask = cv2.morphologyEx(mask, cv2.MORPH_OPEN, kernel)
20:     cnts = cv2.findContours(mask.copy(), cv2.RETR_EXTERNAL,
21:                             cv2.CHAIN_APPROX_SIMPLE)
```

上述第 15 列呼叫 flip() 方法翻轉影格，在第 16 列使用 cvtColor() 方法將影格轉換成 HSV 色彩，第 17 列呼叫 inRange() 方法建立色彩遮罩，在第 18~19 列使用影像型態學運算來清除雜訊，第 20~21 列找出黃色球物體的輪廓。

請注意！Webcam 使用者若看到上下顛倒的影像，請將第 14 行的 -1 改成 1。

在下方第 22 列取出輪廓，因為回傳值是 2 個元素的清單，[-2] 就是取出第 1 個元素（因為 OpenCV 3 的同名方法是回傳 3 個元素的清單；OpenCV 2 是回傳 2 個，[-2] 可以同時適用 OpenCV 2 和 3），第 24~36 列的 if 條件判斷是否找到黃色球，在第 26 列使用 cv2.contourArea 輪廓面積常數和 max() 函數來找出最大面積的黃色球，如下所示：

```
22:     balls = cnts[-2]    # 取得輪廓
23:     # 是否有偵測到
24:     if len(balls) > 0:
25:         # 找出最大面積的球
26:         c = max(balls, key=cv2.contourArea)
27:         # 取出座標和半徑
28:         (x, y), radius = cv2.minEnclosingCircle(c)
29:         M = cv2.moments(c)
30:         # 計算出圓心座標
```

→ 接下頁

```
31:         center = (int(M["m10"] / M["m00"]), int(M["m01"] / M["m00"]))
32:         # 只處理半徑是 50~300 之間的球
33:         if (radius < 300) & (radius > 50 ) :
34:             # 繪出球的外框
35:             cv2.circle(frame, (int(x), int(y)), int(radius),
                           (0, 255, 255), 2)
36:             cv2.circle(frame, center, 5, (0, 0, 255), -1)  # 繪出中心點
```

上述第 28 列呼叫 minEnclosingCircle() 方法取出黃色球座標和半徑，在第 29~31 列計算出圓心座標，第 33~36 列的 if 條件判斷是否是半徑 50~300 之間的黃色球，在第 35 列繪出黃色球的輪廓線；第 36 列繪出圓心的紅點。在下方第 38 列顯示影格，如下所示：

```
38:     cv2.imshow("Frame", frame)
39:     if cv2.waitKey(1) & 0xFF == ord('q'):
40:       break
41:
42: cap.release()
43: cv2.destroyAllWindows()
```

Python 程式：ch16-1-2red.py 可以使用 OpenCV 即時追蹤紅色球的物體。

使用 picamera 模組即時追蹤黃色球：ch16-2-1b.py

除了使用 OpenCV，如果樹莓派是使用 Pi 相機模組，我們還可以使用 picamera 套件建立即時追蹤黃色球的 Python 程式，首先請在 Python 虛擬環境 opencv 安裝 picamera 套件，如下所示：

```
$ pip install picamera Enter
```

Python 程式：ch16-2-1a.py 可以使用 Pi 相機模組來顯示即時影像，在下方第 1~2 列匯入 PiRGBArray 和 PiCamera 物件，第 3~4 列是 OpenCV 和 Numpy 套件，如下所示：

```
01: from picamera.array import PiRGBArray
02: from picamera import PiCamera
03: import cv2
04: import numpy as np
05:
06: camera = PiCamera()
07: camera.resolution = (640, 480)
08: camera.framerate = 32
09: camera.vflip = True
10: camera.hflip = True
11: rawCapture = PiRGBArray(camera, size=(640, 480))
```

上述第 6 列建立 PiCamera 物件，在第 7~8 列指定影格尺寸和影格率，第 9~10 列翻轉影格，在第 11 列建立 Pi 相機尺寸的 PiRGBArray 物件，用來儲存從影像讀取的影格。

在下方第 13~20 列的 for 迴圈呼叫 capture_continuous() 方法讀取影格，format 格式是 BGR 色彩，在第 15 列取得影格的 Numpy 陣列，第 17 列顯示影格，第 18 列清除 PiRGBArray 物件，如下所示：

```
13: for frame in camera.capture_continuous(rawCapture, format="bgr",
14:                                         use_video_port=True):
15:     image = frame.array
16:
17:     cv2.imshow("Camera Output", image)
18:     rawCapture.truncate(0)
19:     if cv2.waitKey(1) & 0xFF == ord('q'):
20:         break
21:
22: cv2.destroyAllWindows()
```

Python 程式：hsv_tester_picamera.py 改用 picamera 套件找出最佳 Hue 色相值。Python 程式：ch16-1-2b.py 是 ch16-1-2.py 的 picamera 版，可以使用 Pi 相機模組來即時追蹤一顆黃色球的物體。

16-2 打造自動避障和物體追蹤車

在了解 OpenCV 色彩偵測與追蹤後，我們就可以著手打造 OpenCV 物體追蹤車，為了偵測位在前方的障礙物，筆者已經修改第 15 章的智慧車，在車輛前方安裝超音波感測器 HC-SR04，和將 Pi 相機模組移至行動電源的前方，以便在第 16-4 節可以檢測前方二條車道線來打造 AI 自駕車，如下圖所示：

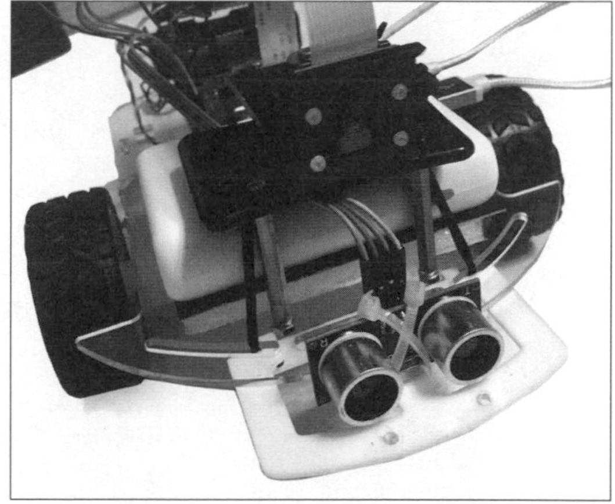

請注意！因為 Python 虛擬環境 opencv 需要使用 Pi 相機模組和控制樹莓派 GPIO，請在虛擬環境先安裝 picamera 和 RPi.GPIO 套件，如下所示：

```
$ pip install picamera Enter
$ pip install RPi.GPIO Enter
```

16-2-1 在樹莓派使用超音波感測器

超音波感測器（Ping Sensor）一個硬體模組，這是使用超音波發射器、接收器和控制電路所組成，在市面上很容易可以購買到的型號是 HC-SR04，請確認購買的是同時支援 5v 和 3.3v 開發板的版本，如右圖所示：

上述超音波感測器的原理是發射一連串 40KHz 聲波（一種頻率很高的聲音，人類耳朵並沒有辦法聽到），當聲波踫到物體，就會反彈聲波回到感測器，感測器可以接收回音且測量花費時間來計算出距離。

HC-SR04 超音波感測器的接腳共有 4 個，其說明如下表所示：

HC-SR04 接腳	說明
Vcc	VCC 電源
Trig	連接數位 GPIO，當 HIGH 時送出聲波
Echo	連接數位 GPIO 來接收 Trig 腳位送出的反彈聲波
GND	GND 接地

電子電路設計

完成本節實驗的電子電路設計需要使用到的電子元件，如下所示：

- HC-SR04 超音波感測器 3.3v x 1
- 麵包板 x 1
- 公 - 母杜邦線 x 4

請依據下圖連接建立電子電路，HC-SR04 超音波感測器的 Trig 接腳連接 GPIO16，Echo 接腳連接 GPIO12，VCC 接腳連接 3V3，GND 接腳連接 GND，就完成本節實驗的電子電路設計，如下圖所示：

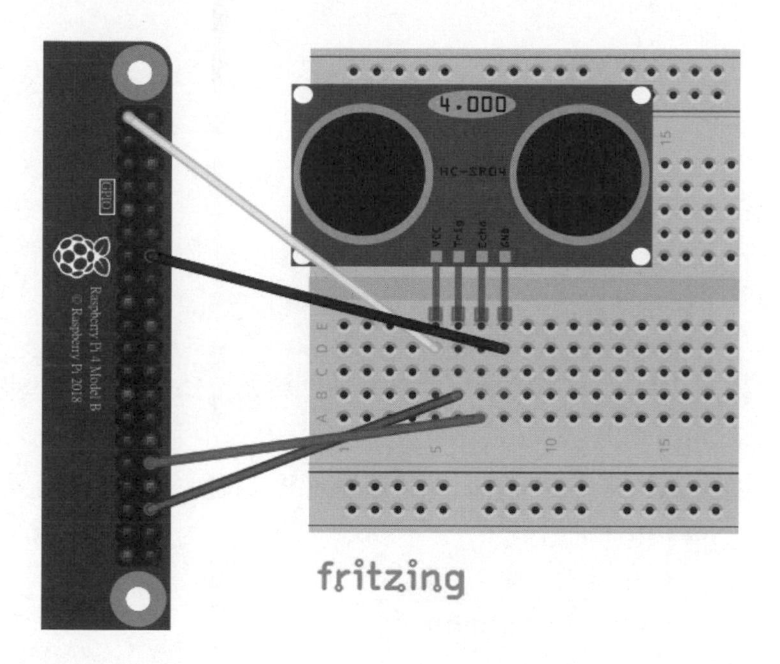

使用超音波感測器測量距離：ch16-2-1.py

Python 程式是使用 RPi.GPIO 套件來使用 HC-SR04 超音波感測器，其執行結果可以看到測量的距離值，單位是公分，如下圖所示：

互動環境 (Shell)

```
Python 3.7.3 (/home/pi/.virtualenvs/opencv/bin/python3)
>>> %Run ch16-2-1.py

  Distance: 11.27 cm

>>> %Run ch16-2-1.py

  Distance: 14.87 cm

>>>
```

```
01: import RPi.GPIO as GPIO
02: import time
03:
04: GPIO.setmode(GPIO.BCM)
05: GPIO_TRIG = 16
06: GPIO_ECHO = 12
07: GPIO.setup(GPIO_TRIG, GPIO.OUT)
08: GPIO.setup(GPIO_ECHO, GPIO.IN)
```

上述程式碼在第 1 列匯入 GPIO 物件，第 2 列匯入 time 模組，然後在第 4 列指定模式是 GPIO.BCM，第 7 列指定接腳 GPIO16 是數位輸出 GPIO.OUT，第 8 列是指定 GPIO12 是數位輸入 GPIO.IN。

在下方第 10~11 列依據超音波感測器的產品規格手冊（Datasheet），首先在 Trig 接腳輸出 LOW 共 2 秒後，在第 12~14 列以間隔 0.00001 秒來快速切換 LOW 和 HIGH 後，即可測量出聲波反彈的時間來計算出之間的距離，如下所示：

```
10: GPIO.output(GPIO_TRIG, GPIO.LOW)
11: time.sleep(2)
12: GPIO.output(GPIO_TRIG, GPIO.HIGH)
13: time.sleep(0.00001)
14: GPIO.output(GPIO_TRIG, GPIO.LOW)
15: while GPIO.input(GPIO_ECHO)==0:
16:     start_time = time.time()
17: while GPIO.input(GPIO_ECHO)==1:
18:     Bounce_back_time = time.time()
19: pulse_duration = Bounce_back_time - start_time
20: distance = round(pulse_duration * 17150, 2)
21: print("Distance:", distance, "cm")
22: GPIO.cleanup()
```

上述程式碼在第 15~16 列的 while 迴圈取得 Echo 接腳是 LOW 時的開始時間，第 17~18 列的 while 迴圈取得反彈回感測器接收的時間，即 Echo 接腳是 HIGH，在第 19 列計算出聲波反彈的時間後，在第 20 列計算出距離值，最後在第 22 列清除 GPIO 設定。

使用 Bluetin_Echo 套件取得超音波感測器距離:ch16-2-1a.py

Python 程式可以使用 Bluetin_Echo 套件來取得 HCSR04 超音波感測器的距離值,首先請在 Python 虛擬環境安裝 Bluetin_Echo,如下所示:

```
$ pip install Bluetin_Echo Enter
```

然後執行 Python 程式取得 HC-SR04 超音波感測器測量的距離值,其單位是公分,如下圖所示:

```
互動環境 (Shell)
Python 3.7.3 (/home/pi/.virtualenvs/opencv/bin/python3)
>>> %Run ch16-2-1a.py
  15.710361187331046 cm
>>> %Run ch16-2-1a.py
  12.10835193748494 cm
>>>
```

```
01: from Bluetin_Echo import Echo
02:
03: TRIGGER_PIN = 16
04: ECHO_PIN = 12
05: speed_of_sound = 315
06:
07: echo = Echo(TRIGGER_PIN, ECHO_PIN, speed_of_sound)
08:
09: samples = 5
10: result = echo.read("cm", samples)
11: print(result, "cm")
12: echo.stop()
```

上述程式碼在第 1 列匯入 Echo 物件，第 3~4 列是 Trig 和 Echo 接腳的 GPIO，在第 5 列可以自行指定音速值（預設值是 343）來調整測量的準確度，第 7 列建立 Echo 物件。

在第 9 列指定取樣次數是 5 次，可以測量 5 次來回傳平均值，第 10 列呼叫 read() 方法測量距離，第 1 個參數是單位（cm、mm 或 inch），第 2 個參數是取樣次數，在第 11 列顯示距離值，第 12 列呼叫 stop() 方法清除 GPIO 設定。

16-2-2 打造超音波感測器的自動避障車

當在第 15 章樹莓派智慧車前方安裝超音波感測器 HC-SR04 後，透過測量距離，我們就可以輕鬆打造出一台自動避障車，當偵測出前方障礙物，就隨機左轉或右轉來避開前方的障礙物。

調整 2 顆直流馬達的轉速誤差：moto_tester.py

在實務上，每顆直流馬達的轉速都會有些許轉速上的誤差，Python 程式：moto_tester.py 修改第 15 章 ch15-4-2.py 的車輛行走函數，新增左 / 右輪的轉速變數，可以調整直流馬達的 PWM 轉速來調整 2 輪的轉速差，如下所示：

```
f_lspeed = 40
f_rspeed = 50
t_rspeed = 50
t_lspeed = 59
```

上述變數依序是前進的左輪轉速、前進的右輪轉速、右轉的轉速和左轉的轉速，在車輛行走函數新增轉速參數和延遲時間，可以控制車輛前進、後退、左轉和右轉的行走速度和時間，如下所示：

```
def forward(left_speed=100, right_speed=100, delay=1):
    pwm1.start(right_speed)
    pwm2.start(0)
    pwm3.start(left_speed)
    pwm4.start(0)
    sleep(delay)
    stop()

def backward(left_speed=100, right_speed=100, delay=1):
    pwm1.start(0)
    pwm2.start(right_speed)
    pwm3.start(0)
    pwm4.start(left_speed)
    sleep(delay)
    stop()

def turn_right(speed=50, delay=1):
    pwm1.start(0)
    pwm2.start(0)
    pwm3.start(speed)
    pwm4.start(0)
    sleep(delay)
    stop()

def turn_left(speed=50, delay=1):
    pwm1.start(speed)
    pwm2.start(0)
    pwm3.start(0)
    pwm4.start(0)
    sleep(delay)
    stop()
```

超音波避障車：ch16-2-2.py

Python 程式：ch16-2-2.py 是超音波自動避障車的控制程式，程式是使用 moto_tester.py 的車輛行走函數，同時開啟 Pi 相機模組來顯示行走時的即時影像。

在自動避障部分的程式碼是當超音波偵測到前方障礙物的距離後，使用隨機方式，決定左轉或右轉來避障行走，如下所示：

```
result = echo.read("cm", samples)
print(result, "cm")
if result <= 25:  # 在前方有障礙物
    if result < 20:  # 太近，後退後才轉彎
        backward(f_lspeed, f_rspeed, 1)
    import random
    if random.randint(1, 100) > 50:
        turn_left(t_lspeed, 1)
    else:
        turn_right(t_rspeed, 1)
else:
    forward(f_lspeed, f_rspeed, 1)
```

上述 if/else 條件判斷前方障礙物的距離，小於等於 25，就表示前方有障礙物，需要轉彎，如果距離太近，就會先呼叫 backward() 函數後退一段距離後，再使用亂數決定呼叫 turn_left() 函數來左轉或 turn_right() 函數右轉，如果前方沒有障礙物，就呼叫 forward() 函數繼續的前行。

16-2-3 打造 OpenCV 黃色球自動追蹤車

我們只需活用第 16-1-2 節的 Python 程式範例，就可以輕鬆打造出一台 OpenCV 自動追蹤一顆黃色球的自走車。Python 程式：ch16-2-3.py 就是使用第 16-1-2 節的方式來追蹤黃色球，在呼叫 findContours() 方法偵測到黃色球後，使用黃色球位在影格的位置來判斷車輛行走方式，即可追蹤這一顆黃色球。

在追蹤黃色球部分的程式碼，首先宣告 4 個變數儲存黃色球面積、圓心座標和半徑，for 迴圈可以一一處理每一顆偵測到的黃色球來找出最大面積的黃色球 (請注意！本節範例是使用和第 16-1-2 節不同的方法來找出最大黃色球)，如下所示：

```
ball_area = 0
ball_x = 0
ball_y = 0
ball_radius = 0
for contour in contours:
    # 找出最大的球
    x, y, width, height = cv2.boundingRect(contour)
    found_area = width * height   # 計算面積
    center_x = x + (width / 2)
    center_y = y + (height / 2)
    if ball_area < found_area:
        ball_area = found_area
        ball_x = int(center_x)
        ball_y = int(center_y)
        ball_radius = int(width / 2)
```

上述程式碼呼叫 boundingRect() 方法找出球範圍的長方形方框後，計算出長方形面積 (請注意！球面積是指此方框的面積，並非圓面積)，和中心點座標，if 條件判斷找到的面積是否比較大，如果是，就表示有找到更大面積的球，即可更新目前最大面積的黃色球資訊。

在下方 if 條件判斷找到的黃色球是否夠大，如果超過此面積，就表示偵測到黃色球，然後繪出輪廓線和圓心座標，如果沒有找到黃色球，就呼叫 stop() 函數停止行走，如下所示：

```
if ball_area > 10000:  # 找到球
    print(ball_area)
    # 繪出球的外框
    cv2.circle(image, (ball_x, ball_y), ball_radius, (0, 255, 255), 2)
    cv2.circle(image, (ball_x, ball_y) , 5, (0, 0, 255), -1)  # 繪出中心點
    if ball_x > (center_image_x + (image_width/3)):  # 偏右
        turn_right(t_rspeed, 0.3)
        print("Turning right")
    elif ball_x < (center_image_x - (image_width/3)): # 偏左
        turn_left(t_lspeed, 0.3)
        print("Turning left")
```

→ 接下頁

```
    else:
        forward(f_lspeed, f_rspeed, 1)
        print("Forward")
else:
    stop()
    print("Stop")
```

上述 if/elif/else 多選一條件可以判斷黃色球是否偏向影格的左邊或右邊，如果位在右邊 1/3，就呼叫 turn_right() 函數右轉，位在左邊 1/3，就呼叫 turn_left() 函數來左轉，位在中間偏移不大時，就呼叫 forward() 函數繼續的前行。

16-3 車道自動偵測系統

在市面上目前銷售的車輛很多都已經提供「車道維持輔助系統」(Lane Keep Assist System，LKAS)，這是專門針對快速道路或高速公路行駛所設計的輔助系統，可以降低駕駛不小心偏離行駛車道產生的風險。

基本上，車道維持輔助系統主要有兩大元件：一是車道自動偵測（如何檢測出車道線）；二是路徑 / 動作規劃（如何轉動方向盤來維持車輛行駛在車道的中間位置）。

在這一節我們準備使用 OpenCV 建立車道自動偵測系統，可以在圖像中檢測出白色的左右車道線，其執行結果如下圖所示：

上述圖例的下半部分使用二條紅色線標示出左 / 右車道線，這就是從圖像中檢測出的白色車道線。車道自動偵測的基本步驟，如下圖所示：

Step 1：將目標圖像轉換成灰階圖像

因為兩條車道線是白色，我們只需轉換成灰階圖像，即可偵測出白色車道線，如果是其他色彩的車道線，需要轉換成 HSV 色彩，如果需要使用 HSV 色彩來偵測白色車道線，其 HSV 色彩範圍如下所示：

```
white_lower = np.array([80,0,0] , np.uint8)
white_upper = np.array([255,160,255] , np.uint8)
```

Python 程式：ch16-3.py 可以將目標圖像轉換成灰階圖像，如下所示：

```
01: import cv2
02: 
03: image = cv2.imread("images/road_lane1.jpg")
04: img = cv2.cvtColor(image, cv2.COLOR_BGR2GRAY)
05: cv2.imshow("Road Lane", img)
06: 
07: cv2.waitKey(0)
08: cv2.destroyAllWindows()
```

上述程式碼在第 4 列呼叫 cvtColor() 方法將彩色圖像轉換成灰階圖像，其執行結果如下圖所示：

Step 2：使用高斯模糊讓影像平滑模糊化

高斯模糊（Gaussian Blur）是 Photoshop 和 GIMP 等影像處理軟體廣泛支援的特效處理，這是一種濾波器，可以過濾掉影像中的高頻內容（例如：雜訊和細節層次），如此會導致影像邊緣變得比較模糊，也稱為高斯平滑（Gaussian Smoothing）。

因為 OpenCV 邊緣檢測對雜訊十分敏感，我們需要使用高斯模糊來過濾掉圖像的雜訊。Python 程式：ch16-3a.py 使用高斯模糊讓影像平滑模糊化，如下所示：

```
…
03: image = cv2.imread("images/road_lane1.jpg")
04: image = cv2.cvtColor(image, cv2.COLOR_BGR2GRAY)
05: img = cv2.GaussianBlur(image, (5, 5), 0)
06: cv2.imshow("Road Lane", img)
…
```

上述程式碼在第 5 列呼叫 GaussianBlur() 方法的高斯模糊，第 2 個參數是核尺寸，其執行結果圖像看起來比較模糊，如下圖所示：

Step 3：使用 Canny 運算執行邊緣檢測

邊緣檢測的作法就是檢查灰階突然改變來截取出圖像不連續部分的特徵，即各種物體的邊緣，目前已經有多種邊緣檢測方法，Canny 運算是 John F. Canny 在 1986 年開發的邊緣檢測方法。

Python 程式：ch16-3b.py 使用 OpenCV 的 Canny() 方法來執行邊緣檢測，如下所示：

```
…
07: edges = cv2.Canny(image,50, 150)
08: cv2.imshow("Road Lane edges", edges)
…
```

上述程式碼在第 7 列呼叫 Canny() 方法，此方法共有 3 個參數，最後 2 個參數是 2 個閥值，可以過濾掉梯度低於第 2 個參數值（不認為這是邊緣），第 3 個參數決定什麼值是邊緣，其執行結果如下圖所示：

如果車道線不是白色而是其他色彩時，請使用第 16-1-1 節的相同方法來建立色彩遮罩，Python 程式：ch16-3b_yellow.py 是黃色車道的邊緣檢測，如下所示：

```
hsv = cv2.cvtColor(image, cv2.COLOR_BGR2HSV)
hsv = cv2.GaussianBlur(hsv, (5, 5), 0)
hue_value = 25
yellow_lower = np.array([hue_value-10, 100, 100], np.uint8)
yellow_upper = np.array([hue_value+10, 255, 255], np.uint8)
mask_yellow = cv2.inRange(hsv, yellow_lower, yellow_upper)
cv2.imshow("Mask Yellow", mask_yellow)
edges = cv2.Canny(mask_yellow, 50, 150)
cv2.imshow("Road Lane edges", edges)
```

Python 程式：ch16-3b_blue.py 是藍色車道的邊緣檢測，ch16-3b_yellow_blue.py 可以同時執行藍色或黃色車道的邊緣檢測。

Step 4：分割出圖片中車道所在的區域

現在，我們已經執行邊緣檢測找出圖像中所有物體的邊緣，問題是二條車道線到底是位在圖像的哪一個區域，因為是偵測車道，事實上，我們有興趣的上只有哪二條車道線。

Python 程式：ch16-3c 是使用三角形分割圖像中車道線所在的區域，在第 10 列取得圖像高和寬度後，第 13~15 列的 Numpy 陣列定義三角形的 3 個端點，如下所示：

```
…
10: height, width = edges.shape
11: print(height, width)
12: # 三角形區域
13: triangle = np.array([[(0, height),
14:                       (width//2-20, height//2),
15:                       (width, height)]])
16: # 建立相同尺寸的黑色圖片
17: mask = np.zeros_like(edges)
18: # 截取出車道位置的三角形
19: mask = cv2.fillPoly(mask, triangle, 255)
20: isolated_area = cv2.bitwise_and(edges, mask)
21: cv2.imshow("Isolated Area", isolated_area)
22: isolated_area2 = cv2.addWeighted(mask, 0.8, isolated_area, 1, 1)
23: cv2.imshow("Isolated Area2", isolated_area2)…
```

上述程式碼在第 17 列建立相同圖像尺寸的黑色圖像後，第 19 列呼叫 fillPoly() 方法建立填滿三角形的遮罩圖像，第 20 列呼叫 bitwise_and() 方法執行 AND 位元運算來分割圖像，在第 21 列顯示分割圖像，其執行結果就只看到左右車道的二條車道線，如下圖所示：

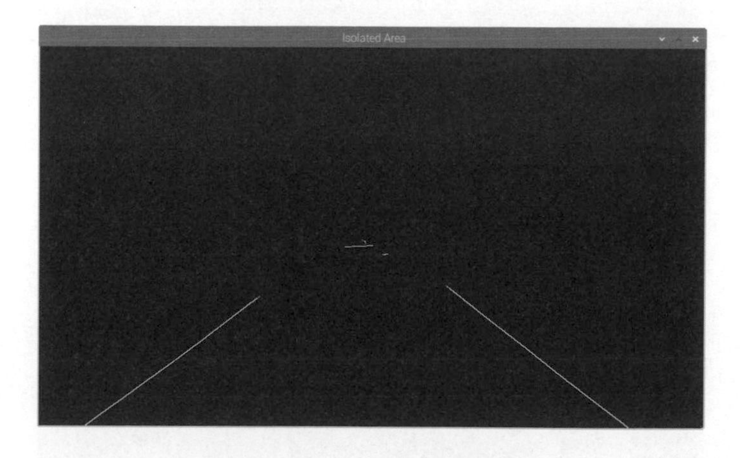

在第 22 列呼叫 addWeighted() 方法依據權重來合併二張圖像，可以看到位在三角形分割區域中的兩條車道線，如下圖所示：

當觀察圖像後，可以發現車道線位置都位在圖像的下半部分，所以，Python 程式：ch16-3c_rectangle.py 改用長方形來分割圖像中的車道線區域，如下所示：

```
rectangle = np.array([[
            (0, int(height * 1 / 2)+20),
            (width, int(height * 1 / 2)+20),
            (width, height),
            (0, height),
           ]])
```

上述程式碼定義分割區域是圖像的下半部分，可以看到偵測到的左右車道線的邊緣各有二條線，如下圖所示：

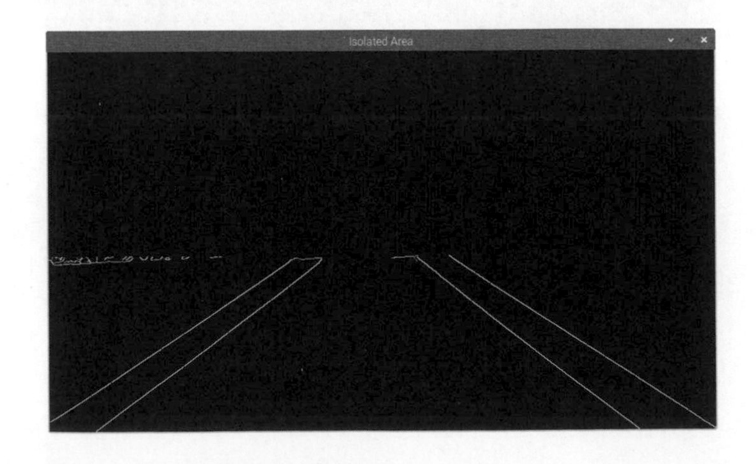

Step 5：霍夫變換的直線檢測

霍夫變換（Hough Transform）是在 1962 年由 Paul Hough 首次提出，Richard Duda 和 Peter Hart 在 1972 年推廣此變換方法，霍夫變換可以從影像中檢測出幾何形狀，例如：直線、圓形和橢圓等幾何形狀。

Python 程式：ch16-3d.py 使用霍夫變換執行直線檢測，可以在圖像偵測二條車道線，其執行結果就是本節最前面的哪張圖。當 Python 程式碼分割出車道線所在區域後，在第 22~28 列的 display_lines() 函數可以在圖像上繪出直線，標示出偵測到的車道線，如下所示：

```
...
22: def display_lines(image, lines):
23:     lines_image = np.zeros_like(image)
24:     if lines is not None:
25:         for line in lines:
26:             x1, y1, x2, y2 = line
27:             cv2.line(lines_image, (x1, y1), (x2, y2), (0, 0, 255), 10)
28:     return lines_image
```

上述程式碼在第 23 列建立 lines_image 黑色圖片的 Numpy 陣列後，第 24~27 列的 if 條件判斷是否有找到車道線，有，就在第 25~27 列的 for 迴圈一一取出直線的座標，第 27 列呼叫 line() 方法繪出直線。

在下方第 30~54 列的 average_slope_intercept() 函數可以計算每一條車道邊緣線的斜率和截距，然後依據斜率值來分辨屬於左車道或右車道的邊緣線，在第 31~33 列共建立三個清單，分別用來儲存車道線、屬於左車道的線和屬於右車道的線，如下所示：

```
30: def average_slope_intercept(image, lines):
31:     lane_lines = []
32:     left_fit = []
33:     right_fit = []
34:
```

→ 接下頁

```
35:     if lines is not None:
36:         for line in lines:
37:             print(line)
38:             x1, y1, x2, y2 = line.reshape(4)
39:             parameters = np.polyfit((x1, x2), (y1, y2), 1)
40:             print(parameters)
41:             slope = parameters[0]
42:             intercept = parameters[1]
43:             if slope < 0:    # 這是左車道線
44:                 left_fit.append((slope, intercept))
45:             else:            # 這是右車道線
46:                 right_fit.append((slope, intercept))
```

上述第 35~46 列的 if 條件判斷是否有檢測到直線，如果有，在第 36~46 列的 for 迴圈一一取出這些直線（邊緣線可能會有很多條），第 38 列在重塑形狀後，在第 39 列呼叫 polyfit() 方法來曲線擬合座標，可以在第 41 列取得斜率，第 42 列取得截距，在第 43~46 列的 if/else 條件判斷斜率，小於 0 的線屬於左車道線；否則屬於右車道線。

在下方第 49~50 列計算左右車道線的平均斜率和截距（因為可能有多條直線），然後在第 52~53 列呼叫 make_points() 函數，依據平均斜率和平均截距來計算出標示左右車道線的直線座標，在第 54 列回傳的是偵測到的車道線，如下所示：

```
48:     # 計算左右車道的平均斜率和截距
49:     right_average = np.average(right_fit, axis=0)
50:     left_average = np.average(left_fit, axis=0)
51:     # 依據平均斜率和截距來計算出左右車道線
52:     lane_lines.append(make_points(image, left_average))
53:     lane_lines.append(make_points(image, right_average))
54:     return lane_lines
55:
56: def make_points(image, average):
57:     print(average)
58:     try:  # 避免斜率是 0
59:         slope, intercept = average
```

→ 接下頁

```
60:     except TypeError:
61:         slope, intercept = 0.001, 0
62:     y1 = image.shape[0]
63:     y2 = int(y1 * (3/5))
64:     x1 = int((y1 - intercept) // slope)
65:     x2 = int((y2 - intercept) // slope)
66:     return np.array([x1, y1, x2, y2])
```

上述第 56~66 列的 make_points() 函數可以產生繪出標示車道線的 Numpy 陣列，在第 57~61 列取出斜率和截距，第 62~65 列計算出這條直線的開始和結束座標，然後回傳直線座標的 Numpy 陣列。

在下方第 68~69 列呼叫 HoughLinesP() 方法，這就是霍夫變換的直線檢測，參數 minLineLength 是最小直線的長度；maxLineGap 是在各線之間的間隙值，第 70 列呼叫 average_slope_intercept() 函數計算出平均斜率和截距後，在第 71 列呼叫 display_lines() 函數繪出標示的車道線，如下所示：

```
68: lines = cv2.HoughLinesP(isolated_area, 2, np.pi/180, 100,
69:               np.array([]), minLineLength=40, maxLineGap=5)
70: averaged_lines = average_slope_intercept(copy, lines)
71: black_lines = display_lines(copy, averaged_lines)
72: lanes = cv2.addWeighted(copy, 0.8, black_lines, 1, 1)
73: cv2.imshow("Road Lane", lanes)
…
```

上述程式碼在第 72 列呼叫 addWeighted() 方法在原圖像權重合併使用紅色標示的車道線。

因為是使用三角形區域分割圖像，此時偵測到一邊車道線的機率很大，例如：road_lane3.jpg 和 road_lane4.jpg 圖檔。在 Python 程式：ch13-6e.py 改用長方形區域來分割圖像，就可以成功在 road_lane3.jpg 和 road_lane4.jpg 偵測和標示出 2 條車道線。

請注意！長方形區域在左右車道線都可以檢測出二條邊緣線，所以最後標示的車道線是繪在白色車道線的中間（因為計算 2 條邊緣線的平均），如下圖所示：

16-4 打造樹莓派 AI 自駕車

AI 自駕車就是使用深度學習（Deep Learning）來自動控制車輛的行駛，在本節筆者準備使用 GitHub 的 DeepPiCar 專案來說明如何使用樹莓派打造出一台 AI 自駕車。

說明

請注意！本節內容的主要目的是說明 AI 自駕車的原理和實作方法，因為可能影響的變數太多，筆者並無法保證一定可以依據本節說明和步驟來成功打造出一台可成功行駛的 AI 自駕車。

16-4-1 DeepPiCar 專案

DeepPiCar 專案是一個 GitHub 的開放原始碼專案，其專案的 URL 網址，如下所示：

https://github.com/dctian/DeepPiCar

master ▾ 1 branch 1 tag Go to file Add file ▾ Code ▾

dctian Merge pull request #3 from depplenny/patch-1 ... d01bd62 on 19 Mar 2020 81 commits

.idea	remove this file from source control	3 years ago
doc	Update documentations	3 years ago
driver	Update deep_pi_car.py	2 years ago
models	Delete .gitkeep	3 years ago
.gitignore	updated project files	3 years ago
LICENSE	Initial commit	3 years ago
README.md	More edits to Readme	3 years ago

點選 **Code** 鈕，執行 **Download ZIP** 選項可以下載整個專案的檔案，請捲動至 GitHub 網頁至最後，可以看到此專案的 6 篇 Medium 文章，各篇文章依序說明如何打造車體和撰寫 Python 程式碼。GitHub 專案目錄的簡單說明，如下所示：

- doc 目錄：更新文章和最新的安裝設定步驟說明。
- driver 目錄：在 code 子目錄是自駕車的 Python 程式檔；data 子目錄是測試的圖檔和影片檔。
- models 目錄：lane_navigation 和 object_detection 兩個子目錄分別是深度學習的自動導航行駛和偵測障礙物和交通號誌的 Python 程式，可以訓練自駕車所需的 TensorFlow 和 TensorFlow Lite 模型。

本書改寫的 DeepPiCar 專案：deep_pi_car.py

原始 DeepPiCar 專案是使用樹莓派 3+Google 邊緣運算 TPU 的 USB 加速棒來實作，二條車道線是藍色，在本書改用樹莓派 4 且支援各種色彩的車道線，因為沒有 TPU 加速棒，為了提升執行效能，將原來 TensorFlow 模型轉換成 TensorFlow Lite 版本，和改寫 Python 程式可以使用 TensorFlow Lite 執行自動導航行駛。

完整 Python 程式檔和 TensorFlow Lite 模型檔是位在「ch16-4」子目錄，如右圖所示：

名稱
images
model_result
convert_keras2tflite.py
deep_pi_car.py
driver_main.py
end_to_end_lane_follower.py
hand_coded_lane_follower.py
LICENSE
objects_on_road_processor.py
opencv_test.py
pi_car_motor.py
README.md
save_training_data.py
traffic_objects.py
traffic_sign_detect.py

右述「images」子目錄是測試圖檔和影片檔；「model_result」子目錄是 TensorFlow Lite 模型檔，Python 程式：deep_pi_car.py 是自駕車的主程式，在 main() 函數建立 DeepPiCar 物件後，呼叫 drive() 方法來自動導航行駛，其參數是車速，如下所示：

```
def main():
    with DeepPiCar() as car:
        car.drive(30)
```

在 DeepPiCar 類別的 __init__() 建構子方法建立直流馬達和導航行駛等物件，如下所示：

```
self.motor = Motor()

self.lane_follower = HandCodedLaneFollower(self)
#from end_to_end_lane_follower import EndToEndLaneFollower
#self.lane_follower = EndToEndLaneFollower(self)

self.traffic_sign_processor = ObjectsOnRoadProcessor(self)
```

上述 Motor 物件是控制直流馬達的 pi_car_motor.py 程式，預設使用第 16-4-2 節 hand_coded_lane_follower.py 程式的 HandCodedLaneFollower 物件來自動導航行駛，註解掉的 2 列是第 16-4-3 節 end_to_end_lane_follower.py 程式的 EndToEndLaneFollower 物件，可以使用深度學習來自動導航行駛（只能二擇一），最後是第 16-4-4 節 objects_on_road_processor.py 程式的 ObjectsOnRoadProcessor 物件，使用遷移學習來偵測障礙物和交通號誌。DeepPiCar 類別的主要方法說明，如下表所示：

方法	說明
drive()	開啟 VideoCapture 物件進行車道偵測與自動導航行駛，預設註解掉第 97~99 列，沒有偵測障礙物和交通號誌
follow_lane()	呼叫 HandCodedLaneFollower 物件的 follow_lane() 方法來自動導航行駛
process_objects_on_road()	處理偵測到的障礙物和交通號誌

請注意！Webcam 使用者執行 deep_pi_car.py 時若看到上下顛倒的影像，請將該程式第 92 行的 -1 改成 1。

相關 Python 程式檔案在本節後各小節會一一說明。請注意！第 16-2 節三輪自走車套件的行駛穩定度不足，請使用四輪自走車套件來打造自駕車，當樹莓派沒有邊緣運算的 TPU 加速棒時，圖形處理效能仍然不足，自駕車的行駛和轉彎速度都需深度調校後，才能避免車道偵測回傳的角度趕不上車輛行駛的速度。

所以，在 deep_pi_car.py 的 drive() 函數降低每秒 30 個影格成 5 個影格，變數 target 值 5 是 0~5 即降低成 1/6（30fps/6=5fps），這是使用 counter 計數器讓每 6 個影格只取一個影格，如下所示：

```
target = 5    # 1/6
counter = 0
while self.camera.isOpened():
    if counter == target:
```

→ 接下頁

```
        ret, image_lane = self.camera.read()
        counter = 0
    else:
        ret = self.camera.grab()
        counter += 1
        continue
...
```

直流馬達控制的 Motor 類別：pi_car_motor.py

原始 DeepPiCar 專案的車體是使用 SunFounder PiCar Robot Kit，此套件已經提供 Python 套件 picar 來控制直流馬達，因為本書是使用一般常用的自走車套件，所以新增 Python 程式：pi_car_motor.py 的 Motor 物件來控制直流馬達。

當偵測出車道後，就需要轉動方向盤來維持車輛行駛在車道的中間位置，在實作上 Motor 物件是使用左 / 右輪的 PWM 差來轉向車輛，車道導航 hand_coded_lane_follower.py 回傳的角度範圍，如右圖所示：

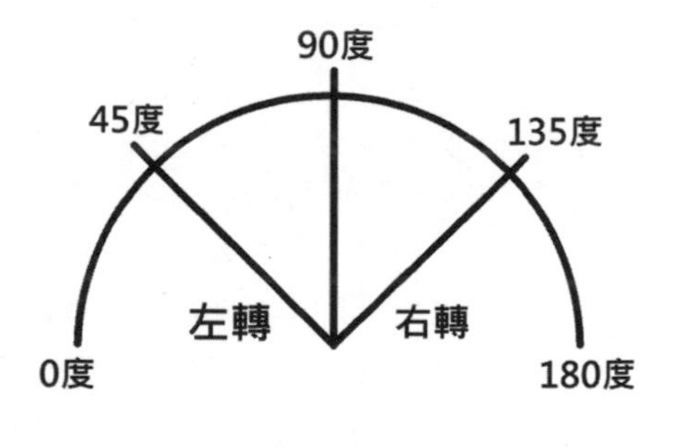

上述 90 度就是前行，如果車道有偏移，回傳 91~180 度是向右轉；0~89 度是向左轉。在 Motor 類別的建構子方法初始一些屬性，如下所示：

```
self.left_speed = 15
self.right_speed = 20
self.MINI_SPEED = 25
self.current_speed = 40
```

上述 left_speed 和 right_speed 屬性是基本速度的 PWM 值，可以用來調整左 / 右輪的轉速差，因為 DeepPiCar 自駕車設定的車速範圍是 25~40，MINI_SPEED 就是最低速度，current_speed 是目前速度，在程式碼是使用 MINI_SPEED 和 current_speed 這 2 個屬性計算直流馬達最後輸出的 PWM 值。

在 DeepPiCar 自駕車是使用 move() 方法來前行和轉向，speed 參數是車速範圍 25~40，lef_inc 和 right_inc 是左 / 右輪不同的 PWM 增量值，首先更新 current_speed 屬性值成為目前參數的車速，如下所示：

```
def move(self, speed=40, left_inc=0, right_inc=0, dir=True, delay=0):
    self.current_speed = speed
    lspeed = self.left_speed + (speed - self.MINI_SPEED) + left_inc
    rspeed = self.right_speed + (speed - self.MINI_SPEED) + right_inc
    print(lspeed, rspeed)
    if dir:   # forward
        self.forward(lspeed, rspeed)
    else:     # backward
        self.backward(lspeed, rspeed)
    sleep(delay)
```

因為車輛是在行駛間逐步的進行轉向，在作法上是調整左 / 右輪不同的 PWM 值來逐步轉向，程式碼可以使用下列運算式計算出左 / 右輪的實際 PWM 值（left_inc 和 right_inc 是右 / 左轉的 PWM 增量值），如下所示：

```
lspeed = self.left_speed + (speed - self.MINI_SPEED) + left_inc
rspeed = self.right_speed + (speed - self.MINI_SPEED) + right_inc
```

上述運算式使用基本速度的 PWM 值加上速度差和左 / 右輪增量值，在最後的 if/else 條件是判斷車輛是向前和後退行駛。

Motor 類別的 turn_angle() 方法可以依據回傳的角度值，轉換成左 / 右輪的 PWM 增量值，以便進行轉向行駛，如下所示：

```
def turn_angle(self, angle=90):
    if angle > 90:
        inc = (angle - 90)
        inc = inc // 2
        self.move(self.current_speed, left_inc=inc)
```

上述 if 條件判斷角度是否大於 90 度，如果是，表示逐步向右轉，在計算出 PWM 增量值是 1/2 角度差的 inc 後（請注意！實際增量值 inc 的計算公式，需視不同車輛自行調校後來建立增量值公式），呼叫 move() 方法調整左輪的 PWM 增量值。

在下方 if 條件是小於 90 度，也就是逐步向左轉，調整的是右輪的 PWM 增量值，如下所示：

```
if angle < 90:
    inc = (90 - angle)
    inc = inc // 2
    self.move(self.current_speed, right_inc=inc)
sleep(0.2)
self.move(self.current_speed)
```

上述程式碼最後呼叫 sleep() 暫停一段時間後（可以在這段時間來進行轉向，5fps 就是 0.2 秒間隔時間），再呼叫 move() 方法恢復成目前速度的左 / 右輪 PWM 值。

請注意！當計算出不同的角度差時，就表示車輛是進入不同孤度的彎道，PWM 值可能需要加權增加來轉向速度，此部分因不同車輛都不同，請花時間自行調校出正確的 PWM 增量值公式。

在 Python 虛擬環境 opencv 安裝 TensorFlow Lite

因為本書改寫的 DeepPiCar 專案都是使用 TensorFlow Lite，請參考第 12-3-1 節的說明和步驟，在 Python 虛擬環境 opencv 安裝 TensorFlow Lite，或直接使用第 12-3-1 節的 Python 虛擬環境 tflite，此時記得在 tflite 虛擬環境安裝 RPi.GPIO 套件，如下所示：

```
$ pip install RPi.GPIO Enter
```

16-4-2 車道偵測與自動導航行駛

DeepPiCar 專案的車道偵測就是使用和第 16-3 節的方法來進行左右車道線的偵測，自動導航行駛部分是使用置中的車頭方向線來計算出模擬方向盤的旋轉角度。

Python 程式：hand_coded_lane_follower.py 是車道偵測與自動導航行駛，可以使用 2 條車道線的斜率計算出導航行駛的模擬方向盤角度（並沒有使用深度學習），單獨執行 Python 程式可以開啟 video01.avi 影片檔來測試自動導航行駛（影片是藍色車道線）。

如果是在第 16-4-1 節執行 deep_pi_car.py 自駕車主程式，就是匯入 HandCodedLaneFollower 類別，呼叫 HandCodedLaneFollower 物件 follow_lane() 方法來自動導航行駛，可以開啟 Pi 相機模組看到偵測到的車道線（因為光線問題，筆者是用黃色車道線為例），當影格偵測到兩條車道線後，位在中間的紅色線就是車頭的方向，如下圖所示：

當影格只偵測到一條車道時，車頭方向是延著單一車道的斜率來計算出紅色的車頭線，如下圖所示：

Python 程式碼是呼叫 HandCodedLaneFollower 物件的 follow_lane() 方法，執行車道偵測與自動導航行駛；steer() 方法可以計算出模擬轉動方向盤的角度。其主要函數的說明，如下表所示：

函數	說明
detect_lane()	依序呼叫 detect_edges()、region_of_interest() 等函數來偵測出車道線
detect_edges()	使用程式檔案開頭的 _LANE_COLOR 常數值，決定偵測的是黃色、白色或藍色車道線 (預設為藍色)
region_of_interest()	使用長方形分割出車道的區域是下半部分，可以使用 _HEIGHT_OFFSET 常數調整高度位移
detect_line_segments()	偵測左和右二條車道線
average_slope_intercept()	計算出左和右二條車道線的平均斜率和截距
compute_steering_angle()	計算出模擬轉動方向盤的角度

在 hand_coded_lane_follower.py 程式可以在開頭常數指定車道線色彩 (_LANE_COLOR)、影格車道線區域的高度位移 (_HEIGHT_OFFSET) 和攝影機置中偏移的百分比 (_MID_OFFSET_PERCENT)，如下所示：

```
...
_LANE_COLOR = "blue"
#_LANE_COLOR = "yellow"  # 作者在以上範例改用黃色線
#_LANE_COLOR = "white"
```

→ 接下頁

```
#_LANE_COLOR = "red"
#_LANE_COLOR = "black"
_HEIGHT_OFFSET = 20
_MID_OFFSET_PERCENT = 0     #0.02
...
```

16-4-3 深度學習的自動導航行駛

因為第 16-4-2 節執行 Python 程式時，可以錄下行駛過程的影像，和儲存各影格成檔名包含方向盤角度的圖檔，換句話說，我們可以使用這些圖檔來訓練深度學習模型來自動導航行駛。

訓練 Nvidia 自駕車的深度學習模型

原 DeepPiCar 專案是使用位在「models\lane_navigation\code」目錄名為 end_to_end_lane_navigation.ipynb 的 Jupyter Notebook 來訓練深度學習模型，請使用 Google Colab 執行模型訓練。

訓練模型所需的圖檔是位在「models\lane_navigation\data\images」目錄；完成訓練的 TensorFlow 模型檔是位在「models\lane_navigation\data\model_result」目錄的 lane_navigation.h5。

Python 程式碼使用的深度學習模型是 Nvidia 自駕車的 CNN 卷積神經網路，其 PDF 模型文件檔的 URL 網址，如下所示：

https://images.nvidia.com/content/tegra/automotive/images/2016/solutions/pdf/end-to-end-dl-using-px.pdf

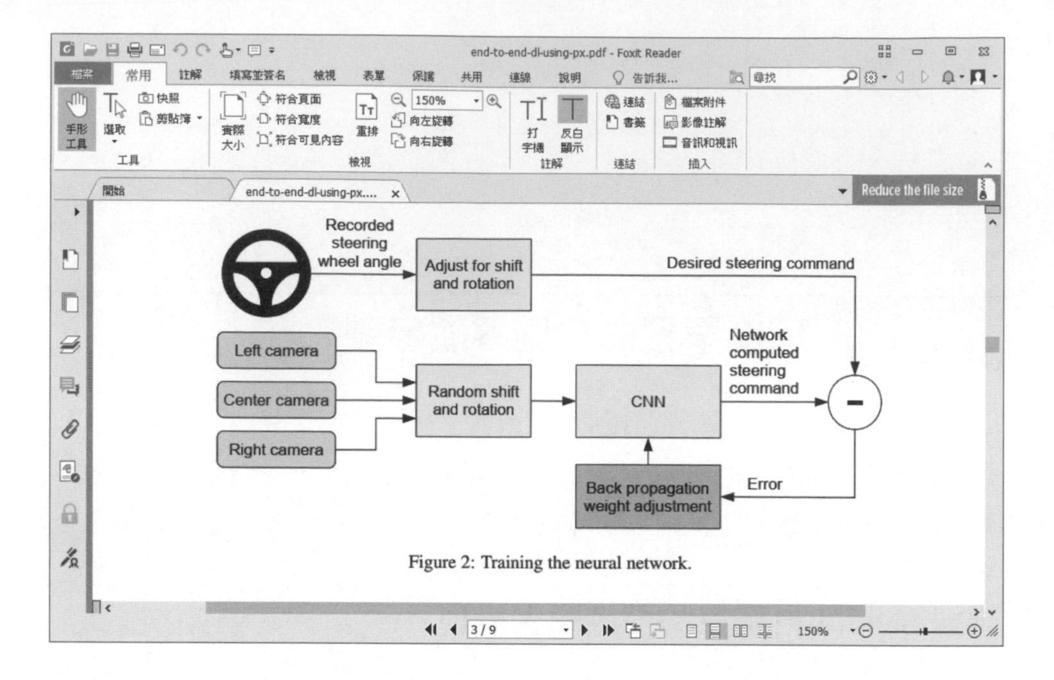

上述深度學習模型是一個擁有 10 層的 CNN 卷積神經網路，其輸出結果是方向盤轉動的角度。

轉換成 TensorFlow Lite 模型：convert_keras2tflite.py

Jupyter Notebook：end_to_end_lane_navigation.ipynb 訓練的 TensorFlow 模型檔名是 lane_navigation.h5，為了提昇執行效能，本書已經轉換成 TensorFlow Lite 版本的模型檔，和改用 TensorFlow Lite 載入模型來進行推論。

請使用 Google Colab 或在 Windows 電腦安裝 TensorFlow 後，執行位在「ch16-4」子目錄的 Python 程式：convert_keras2tflite.py，可以將 TensorFlow 模型轉換成 TensorFlow Lite 版本，如下所示：

```
import tensorflow as tf

model = tf.keras.models.load_model('model_result\lane_navigation.h5')
converter = tf.lite.TFLiteConverter.from_keras_model(model)
tflite_model = converter.convert()
open("model_result\lane_navigation.tflite", "wb").write(tflite_model)
```

上述程式碼的執行結果，可以在「ch16-4\model_result」目錄建立轉換的 lane_navigation.tflite 模型檔。

深度學習的自動導航行駛：end_to_end_lane_follower.py

Python 程式：end_to_end_lane_follower.py 已經改用 TensorFlow Lite 載入 lane_navigation.tflite 模型檔來進行推論，單獨執行 Python 程式可以開啟 video01.avi 影片檔來測試自動導航行駛。

請注意！此現成模型是針對藍色車道線訓練，因此在以下展示中只能用來偵測藍線。

在 Python 程式碼是呼叫 EndToEndLaneFollower 物件的 follow_lane() 方法來自動導航行駛；compute_steering_angle() 方法是使用 TensorFlow Lite 推論出模擬方向盤的角度，如下所示：

```
input_details = self.model.get_input_details()
output_details = self.model.get_output_details()
input_data = np.expand_dims(preprocessed, axis=0)
input_data = input_data.astype("float32")
self.model.set_tensor(input_details[0]["index"],input_data)

self.model.invoke()

steering_angle = self.model.get_tensor(output_details[0]["index"])
steering_angle = steering_angle[0][0]
```

16-4-4 遷移學習的障礙物和交通號誌偵測

在人類的學習過程中，我們常常會從之前任務學習到的知識直接套用在目前的任務上，這就是「遷移學習」(Transfer Learning)。遷移學習是一種機器學習技術，可以將原來針對指定任務所建立的已訓練模型，直接更改任務來訓練出解決其他相關任務的模型。

使用遷移學習訓練偵測障礙物和交通號誌的模型

原 DeepPiCar 專案是使用位在「models\object_detection\code」目錄名為 tensorflow_traffic_sign_detection.ipynb 的 Jupyter Notebook，可以在 Google Colab 使用遷移學習來訓練 MobileNet_ssd_v2 深度學習模型，此模型可以辨識出 6 種障礙物和交通號誌。

訓練模型所需的圖檔是位在「models\object_detection\data\images」目錄；最後訓練出的 TensorFlow Lite 模型檔是位在「models\object_detection\data\model_result」目錄，有 2 個檔案，如右圖所示：

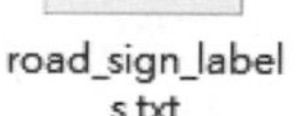

偵測障礙物和交通號誌：objects_on_road_processor.py

Python 程式：objects_on_road_processor.py 是使用 TensorFlow Lite 載入前述遷移學習訓練的模型來進行推論，可以辨識樂高積木的行人和多種交通號誌，如右圖所示：

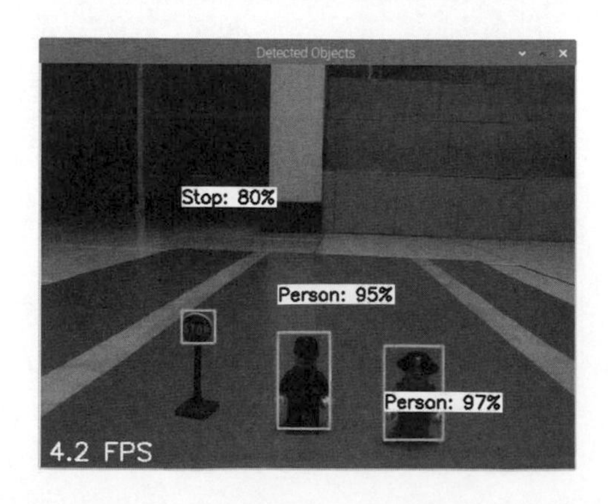

Python 程式碼是呼叫 ObjectsOnRoadProcessor 物件的 process_objects_on_road() 方法，可以處理車道的障礙物和路旁的交通號誌，如下所示：

```
def process_objects_on_road(self, frame):
    # Main entry point of the Road Object Handler
    logging.debug('Processing objects.................................')
    #frame = cv2.cvtColor(frame, cv2.COLOR_BGR2RGB)
    objects, final_frame = self.detect_objects(frame)
    self.control_car(objects)
    logging.debug('Processing objects END..............................')

    return final_frame
```

上述程式碼在轉換成 RGB 色彩後，呼叫 detect_objects() 方法來偵測物體，如果有偵測到，就呼叫 control_car() 方法來控制自駕車行駛。

在 ObjectsOnRoadProcessor 類別的 __init__ 建構子方法首先載入 TensorFlow Lite 模型和標籤檔後，使用 Python 字典定義 6 種可辨識的物體，如下所示：

```
self.traffic_objects = {0: GreenTrafficLight(),
                        1: Person(),
                        2: RedTrafficLight(),
                        3: SpeedLimit(25),
                        4: SpeedLimit(40),
                        5: StopSign()}
```

上述字典定義 6 種物體的物件，即紅燈（RedTrafficLight）、綠燈（GreenTrafficLight）、停止號誌（StopSign）、行人（Person）、速限 25（SpeedLimit(25)）與速限 40（SpeedLimit(40)），鍵對應的值是在 Python 程式：traffic_object.py 的 5 種物件（2 種速限是使用相同的 SpeedLimit 物件），這些物件都是繼承 TrafficObject 類別，實作 set_car_state() 方法來處理不同障礙物和交通號誌的行駛。

ObjectsOnRoadProcessor 類別主要成員方法的說明，如下表所示：

方法	說明
control_car()	依據傳入偵測到的物體來設定速限或停車，最後呼叫 resume_driving() 方法來恢復行駛
resume_driving()	依據參數的自駕車狀態呼叫 set_speed() 方法來停車或恢復行駛
set_speed()	指定參數值的車速，值 0 是停車，不等於 0，就指定成參數的車速
detect_objects()	使用 TensorFlow Lite 模型來偵測障礙物和交通號誌

Python 程式：traffic_sign_detect.py 可以測試 TensorFlow Lite 是否可以成功偵測到障礙物和交通號誌。

學習評量

1. 請問 OpenCV 如何執行色彩偵測？其基本偵測步驟為何？
2. 請問 Python 程式是如何使用 OpenCV 追蹤一顆黃色球？
3. 請簡單說明超音波感測器？樹莓派如何使用超音波感測器來測量距離？
4. 請問什麼是車道自動偵測系統？其基本偵測步驟為何？
5. 請簡單描述第 16-4 節 AI 自駕車的功能？
6. 如果現在手上有一顆藍色球，請修改第 16-1-2 節的 Python 程式，可以追蹤你手上的這一顆藍色球。